关键矿产资源勘查与开发江西省重点实验室
江西省地质调查勘查院　　成果

# 赣北幕阜山东坪石英脉型黑钨矿床

楼法生　曹圣华　孔若颜　吴志春　杨世文
王会敏　李吉明　徐荣华　熊燕云　朱西敏　著

地质出版社
·北　京·

## 内 容 提 要

本书在系统收集综合研究已有的地质、矿产、物化探、遥感和科研成果资料基础上，阐述了幕阜山-九宫山复式花岗岩体与稀有、有色金属成矿关系，区域构造与钨矿床控矿构造特征、东坪典型矿床的地质特征、成矿机理及成矿过程，构建了三维地质模型，总结了赣北地区钨多金属成矿规律，并划分了成矿单元和找钨远景区；分析了香炉山-东坪钨多金属矿集区钨矿成矿潜力，提出了下一步找矿方向。

本书可供地质科研、普查找矿、教学、资源规划等部门相关人员阅读参考。

**图书在版编目（CIP）数据**

赣北幕阜山东坪石英脉型黑钨矿床 / 楼法生等著.
北京：地质出版社，2025. 6. --ISBN 978-7-116-14664-8

Ⅰ. P618. 67

中国国家版本馆 CIP 数据核字第 2025PQ4079 号

GANBEI MUFUSHAN DONGPING SHIYINGMAIXING HEIWUKUANGCHUANG

---

**责任编辑**：田　野　王　者
**责任校对**：王　瑛
**出版发行**：地质出版社
**社址邮编**：北京市海淀区学院路 31 号，100083
**电　　话**：（010）66554528（邮购部）；（010）66554631（编辑室）
**网　　址**：https://www.gph.clmpg.com
**传　　真**：（010）66554686
**印　　刷**：北京地大彩印有限公司
**开　　本**：787mm×1092mm　1/16
**印　　张**：16
**字　　数**：400 千字
**审 图 号**：赣 S（2025）004 号
**版　　次**：2025 年 6 月北京第 1 版
**印　　次**：2025 年 6 月北京第 1 次印刷
**定　　价**：198.00 元
**书　　号**：ISBN 978-7-116-14664-8

---

# 序

赣北东坪石英脉型黑钨矿床是运用南岭地区钨矿“五层楼”模式和成矿系列理论，在赣北地区新发现的首个“五层楼”式石英脉型黑钨矿床，探明钨（$WO_3$）资源量21.39×$10^4$t，平均品位0.45%。证实了赣北东坪石英脉型黑钨矿床与香炉山矽卡岩型白钨矿床构成一个大型矿集区，是赣北钨矿成矿带的重要组成部分。赣北钨矿带（或称为江南钨矿带）空间上与长江中下游铜多金属矿带平行分布。

本书以矿床成矿系列理论为指导，采取从面到线、从线到点的野外系统调查，针对幕阜山-九宫山复式花岗岩体与稀有、有色金属成矿关系，区域构造与钨矿床控矿构造解析等进行专题研究，结合矿物学、岩石学、年代学、同位素地球化学、矿床学等研究手段，取得了下列新认识和新进展。

一是在成岩成矿机制研究方面，首次运用黑钨矿LA-ICP-MS测年技术，获得东坪钨矿床黑钨矿LA-ICP-MS U-Pb年龄129.5±5.4 Ma，精准厘定东坪黑钨矿床成矿时代约为130 Ma，钨成矿时代为早白垩世，与隐伏花岗岩关系密切；通过矿床地球化学示踪，查明东坪钨矿存在两阶段黑钨矿成矿作用，认为地壳泥质岩石重熔形成的花岗岩浆上侵定位，部分岩浆源区含基性-超基性岩夹层抑或在形成过程有地幔物质加入，经过强烈分异演化，在岩浆房隆起部位的内外接触带成矿。

二是通过矿田构造解析，认为东坪矿区控矿构造为双桥山群层内发育的枢纽近北北东走向的背斜，石英脉体侵位于背斜两翼的褶劈理内，呈西侧矿带脉体北东-南西走向、倾向南东，东侧矿带脉体呈北北东-南南西走向、倾向北西的展布特征；构建了香炉山-东坪矽卡岩型+石英脉型钨多金属矿集区控矿构造模型，认为东坪、香炉山2个矿区可能是同源成矿流体在不同成矿环境下形成的一套成矿系列，即江南地块与燕山期S型酸性岩浆活动有关的钨锡银铅锌矿床成矿系列。

三是系统研究总结了赣北及邻区的地质、地球化学和地球物理资料，厘定了钨矿成矿规律，划分出香炉山钨矿田外围、九宫山、沙店-东坪等3处找钨远景区，分析了成矿潜力，指出了下一步找矿方向。

本书是继江西省出版赣南地区《西华山钨矿地质》（吴永乐等，1987），时隔30余年后又一部关于黑钨矿床研究的杰作，既是关于赣北地区石英脉型黑钨矿找矿实践的理论升华的成果，也是地勘单位、科研院校和矿山企业共同协作、不同学科交叉和科研与生产密切结合的结晶。无疑，此书的出版对大专院校、科研单位和企业从事钨矿研究与勘查的同行具有重要的参考价值，对作者们的辛勤劳动表示热忱祝贺！

中国工程院院士

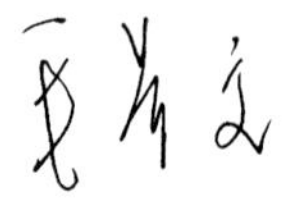

2025年5月19日

# 前　言

赣北幕阜山地区位于湘鄂赣三省交界处，大地构造位置处于扬子板块与华夏板块结合带的江南造山带东段，以燕山期强烈的构造-岩浆作用和大规模的钨多金属、稀有金属成矿作用而著称，是研究构造-岩浆活动对有色金属、稀有金属成矿制约关系的天然实验室。

钨是全球关注的战略性关键矿产。石英脉型黑钨矿床是江西省传统优势钨矿床，也是江西省钨资源消耗量最大的类型，广布省境。石英脉型矿床以开发利用早，品质优，资源丰富，矿石易选，矿床数量多而驰名中外。南岭成矿带孕育了钨矿“五层楼”模式和“成矿系列”等原创性成矿理论，是我国黑钨矿资源的主产地，历经百年开采，储量急剧下降，难以满足国家战略需求，严重威胁国家资源安全。如何突破传统的钨成矿理论与勘查技术制约，开辟找钨战略新区，实现隐伏矿体深部精准定位，是亟待解决的关键科技问题。

赣北东坪钨矿床具有“五层楼”式石英脉型黑钨矿床所特有的垂向脉体分带及各分带对应的矿物组合、蚀变与矿化特征，是赣北首个得到确认的外接触带型“五层楼”式石英脉型黑钨矿床，可与赣南盘古山、画眉坳、漂塘、淘锡坑等钨矿床进行对比。东坪矿床的发现丰富和完善了“五层楼”式石英脉型钨矿床成矿理论和成矿规律，使江西省形成了赣西北黑钨、白钨矿并举(东坪、香炉山、大湖塘)、赣东北白钨矿（朱溪)、赣南黑钨矿“三足鼎立”格局，改变了江西省乃至全国钨矿资源分布格局，对赣西北地区乃至长江中下游成矿带地质找矿具有重要的指导意义。因此，开展赣北幕阜山东坪石英脉型黑钨矿成矿机理与成矿预测研究，探讨成矿规律和建立找矿预测模型，可以进一步展示赣北地区石英脉型黑钨矿床地质找矿成果，提升黑钨矿成矿理论研究水平，对指导新一轮找矿突破战略行动具有重要的理论与实际意义。

东坪钨矿区位于江西省武宁县城北西约50km处，行政区属武宁县甫田乡管辖。地理坐标：东经114°54′00″~114°55′15″，北纬29°21′15″~29°22′15″。矿区所处大地构造为江南隆起带东段九岭逆冲隆起之幕阜山-九宫山凸起。地层主要为新元古界双桥山群安乐林组浅变质岩系。东坪矿床受控于区内北东向断裂及褶皱构造，矿体沿裂隙呈脉状产出于安乐林组浅变质碎屑岩内石英脉中。矿区岩浆岩均为隐伏侵入岩，岩石类型为黑云母二长花岗岩、二云母二长花岗岩及白云母二长花岗岩。矿区共圈定出具有工业价值的矿体 173 条。根据矿体产出位置与空间展布特征可划分为两个矿带，矿带内矿体走向均为北东向。矿床工业类型为石英脉带型黑钨矿床，成因类型为高温热液型。东坪矿区探获工业保有钨资源储量（122b+332+333）矿石量 $4772.9\times10^4$t，钨金属量（$WO_3$）213941t，平均品位 0.448%；钨矿保有低品位矿资源量（332+333）矿石量 $610.5\times10^4$t，钨（$WO_3$）金属量 59456t，平均品位 0.097%（江西省地质调查研究院，2016）。

本书以幕阜山东坪石英脉型钨多金属矿床为重点研究对象，探讨了东坪典型矿床的地质特征、成矿机理及成矿过程，三维地质模型，幕阜山-九宫山复式花岗岩体与稀有、有色金属成矿关系，区域构造与钨矿床控矿构造解析等，总结了江西及赣北香炉山-东坪矿集区的钨多金属矿成矿规律，合理划分了成矿单元、找钨远景区，提出了下一步找矿建议。

本书是“赣北东坪石英脉型黑钨矿成矿机理与成矿预测研究”项目的全部研究成果，参考了原勘查单位提交的《江西武宁县东坪铜多金属矿（扩深）资源储量核实报告》（江西省地质调查研究院，2016）、江西省自然资源厅所属“赣北地区构造岩浆成矿作用与东坪典型矿床研究”（江西省地质调查研究院，2022）和中国地质调查局所属“江西东坪地区 1∶5 万矿产地质调查”（江西省地质调查研究院，2021）等项目的部分成果。

本书第一章区域成矿地质背景由楼法生、李吉明、朱西敏、徐荣华编写，第二章幕阜山-九宫山复式花岗岩体由曹圣华、王会敏、孔若颜、杨世文等编写，第三章区域构造与钨矿床控矿构造特征由孔若颜、曹圣华、徐荣华编写，第四章东坪钨矿床地质特征由楼法生、李吉明、杨世文、熊燕云等编写，第五章东坪钨矿床三维地质建模由吴志春、楼法生、王会敏、徐荣华编写，第六章成矿规律与成矿预测由曹圣华、孔若颜、王会敏等编写，全书由楼法生、曹圣华统筹定稿。

书中引用了大量的区域地质调查、矿区勘查、科学研究等资料及历年来公开发表的论文和论著成果，书中对前人成果资料的引用、标注难免存在挂一漏万现象，在此深表歉意！同时对前人为江西钨矿研究作出的贡献表示崇高的敬意！

本书的出版得到关键矿产资源勘查与开发江西省重点实验室、江西省地质调查勘查院、江西省自然科学基金（项目编号：20242BAB20138）资助。由于作者知识水平所限，书中可能存在许多问题与不足，恳请读者批评指正。

作　者

**2024 年 12 月**

# 目　　录

# 第一章 区域成矿地质背景

幕阜山位于湘鄂赣边界，呈近东西向展布，其大地构造位置处于扬子板块东南侧的江南造山带东段（图 1-1），幕阜山-九宫山-莲花山凸起中部，东侧为鄱阳湖坳陷，南侧为修水-武宁盆地，北侧为长江中下游成矿带（李吉明等，2016）。武宁县东坪黑钨矿床即位于幕阜山江西境内沙店岩体南东侧。

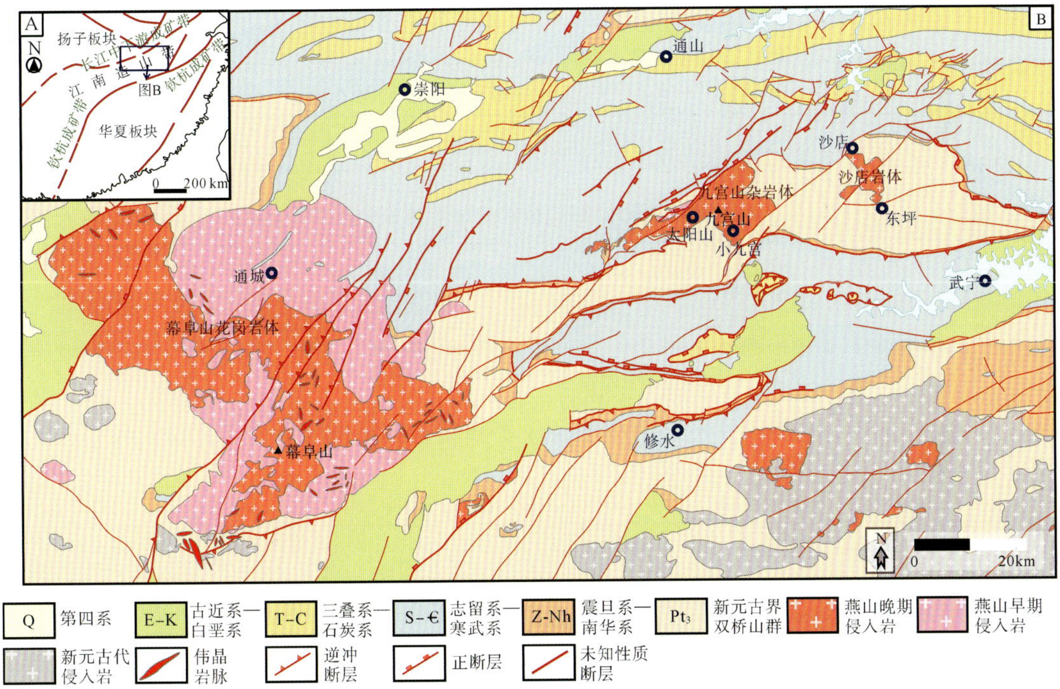


图 1-1 区域地质构造图

A—研究区大地构造位置图（据胡正华等，2018，有修改）；B—幕阜山-九宫山区域地质图

江南造山带主体呈北东走向展布，形成于新元古代古华南洋消亡、扬子-华夏板块之间的弧（陆）-陆碰撞作用，是一套由强烈变形的新元古代变质沉积-火山岩系和同期侵入岩共同构成的地质构造单元（薛怀民等，2010；徐先兵等，2015；段政等，2019；严加永等，2022；Yao et al.，2019；Shu et al.，2021）。晋宁期扬子-华夏板块陆-陆拼合造山过程中，新元古代基底地层（双桥山群）经历了绿片岩相变质作用和以紧闭褶皱及强面理化为特征的构造变形，碰撞拼合导致了区域性的角度不整合，之后沉积了南华系裂谷沉积-火山岩建造（薛怀民等，2010；徐先兵等，2015；Wang and Li，2003；Sun et al.，2017；Yao et al.，2019）。古生代海相及海陆交互相地层和中生代陆相地层不整合覆盖于前寒武纪构

造单元之上，并共同经历了多期次板内造山变形和陆内伸展作用（张岳桥等，2009，2012；徐先兵等，2015；Li et al.，2016，2020，2023；Sun et al.，2017；Shen et al.，2020；Shu et al.，2021；Chen et al.，2023）。

# 第一节　区域地质概况

## 一、地层

研究区区域地层属扬子地层区，从新元古界青白口系至中-新生界均有出露，以新元古界青白口系双桥山群浅变质岩系出露最为广泛，构成九宫山复式背斜的核部（图 1-1）。震旦系及古生界寒武系、奥陶系、志留系、石炭系及二叠系分布于背斜两翼的通山-九江坳陷、修武坳陷盆地内。中生界三叠系分布于南部修武坳陷的向斜核部，白垩系则分布于断陷盆地内。第四系沿山间凹地、山麓、坡脚及水系发育。

各地层系统之间的接触关系及各自岩性组合特征（表 1-1）自老至新简述如下。

**表 1-1　研究区区域地层简表**

| 界 | 系 | 统 | 组 | 代号 | 主要岩性 |
|---|---|---|---|---|---|
| 新生界 | 第四系 | 全新统 | 联圩组 | $Qhl^{1-2l}$ | 黏土、亚黏土、砂砾石 |
| | | 更新统 | 新港黏土 | $Qp^3x$ | 黏土 |
| | | | 进贤组 | $Qp^3j$ | 网纹状红土 |
| | 古近系 | 古新统 | 磨下组 | $E_{1-2}m$ | 砂砾岩、砂岩 |
| 中生界 | 白垩系 | 上统 | 莲荷组 | $K_2l$ | 砂砾岩夹砂岩、泥岩 |
| | | | 塘边组 | $K_2t$ | 砂岩、粉砂岩、泥岩 |
| | | | 河口组 | $K_2h$ | 砾岩、砂砾岩夹砂岩、粉砂岩 |
| | 三叠系 | 下统 | 青龙组 | $T_1q$ | 薄层状灰岩 |
| | | | 殷坑组 | $T_1y$ | 黄绿色泥岩 |
| 古生界 | 二叠系 | 上统 | 长兴组 | $P_3c$ | 灰岩 |
| | | | 吴家坪组 | $P_3w$ | 含燧石灰岩 |
| | | | 龙潭组 | $P_3lt$ | 炭质页岩夹煤 |
| | | 中统 | 茅口组 | $P_2m$ | 厚层状灰岩 |
| | | | 小江边组 | $P_2x$ | 瘤状灰岩 |
| | | 下统 | 栖霞组 | $P_1q$ | 黑色含沥青、燧石灰岩 |
| | | | 梁山组 | $P_1l$ | 砂岩、页岩夹煤 |

续表

| 界 | 系 | 统 | 组 | 代号 | 主要岩性 |
| --- | --- | --- | --- | --- | --- |
| 古生界 | 石炭系 | 上统 | 黄龙组 | $C_2h$ | 灰岩 |
| | 志留系 | 中统 | 茅山组 | $S_2m$ | 紫红色砂岩、粉砂岩 |
| | | | 坟头组 | $S_2f$ | 粉砂岩、页岩、含砾砂岩 |
| | | 下统 | 清水组 | $S_1q$ | 紫红色砂岩、泥岩 |
| | | | 殿背组 | $S_1d$ | 页岩、砂岩 |
| | | | 梨树窝组 | $S_1l$ | 砂岩、粉砂岩、页岩 |
| | | | 新开岭组 | $O_3S_1xk$ | 黑色含炭含硅页岩 |
| | 奥陶系 | 上统 | 黄泥岗组 | $O_3h$ | 页岩夹灰岩 |
| | | | 砚瓦山组 | $O_3y$ | 瘤状灰岩夹泥质条带 |
| | | | 胡乐组 | $O_{2-3}h$ | 黑色页岩 |
| | | 中统 | 宁国组 | $O_{1-2}n$ | 页岩 |
| | | 下统 | 印渚埠组 | $O_1y$ | 页岩、砂质页岩夹扁豆状灰岩 |
| | 寒武系 | 上统 | 西阳山组 | $\epsilon_3x$ | 瘤状灰岩、黑色页岩 |
| | | | 华严寺组 | $\epsilon_3h$ | 条带状灰岩、泥质灰岩 |
| | | 中统 | 杨柳岗组 | $\epsilon_2y$ | 灰岩夹粉砂岩、页岩 |
| | | 下统 | 观音堂组 | $\epsilon_1g$ | 页岩、粉砂质页岩夹细砂岩 |
| | | | 荷塘组 | $\epsilon_1h$ | 炭质页岩夹粉砂岩、石煤层 |
| 新元古界 | 震旦系 | 上统 | 灯影组 | $Z_2d$ | 白云岩夹灰岩 |
| | | 下统 | 陡山沱组 | $Z_1d$ | 绢云泥岩、微晶白云岩 |
| | 青白口系 | 下统 | 修水组 | $Pt_3^{1a}x$ | 变质复成分砾岩、变质砂岩夹板岩 |
| | | | 安乐林组 | $Pt_3^{1a}a$ | 变质砂岩、板岩 |

**1. 新元古界**

新元古界出露有青白口系双桥山群安乐林组和修水组及震旦系。

（1）安乐林组（$Pt_3^{1a}a$）

主要岩性为灰绿色、黄绿色、青灰色、灰色变质粉砂质、凝灰质变质细砂岩、粉砂质板岩、千枚状板岩、变沉凝灰岩等，由变质砂岩类与板岩类构成基本层序，沉积韵律明显，各种原生沉积构造多见，尤其是板岩中常含条纹条带构造成为其特征之一，区域地层厚度大于1200m。在区域上还夹变细碧岩和石英角斑岩。地层中含较丰富的微古植物化石，主要有：*Protoleiosphaeridium infriatum*，*Leiopsophosphaera minor*，*Zonosphaeridium minutum*，*Trachysphaeridium hyalinum*，*T. rugusum*，*Lophosphaeridium rugosum*，*Dictyosphaera sinica* 等。地层系统归属于双桥山群，在区域上，整合于计林组红色岩系之上，修水组砾岩之下，地质年代为新元古代早青白口世。

（2）修水组（$Pt_3^{1a}x$）

与下伏安乐林组呈整合接触。下部主要由灰绿色块状变质砂质复成分砾岩、变质含砾不等粒长石岩屑砂岩、灰绿色中-厚层状变质细砂岩及灰绿色中-薄层状变质粉砂岩组成；中部为黄绿-灰绿色粉砂质黑云绢云母板岩夹灰绿色中层状含泥质条带变质细砂岩、变质含泥粉砂岩与含铁含粉砂绢云母板岩互层；上部为灰绿色中厚层-块状变质中-细粒长石岩屑砂岩、变含砾不等粒长石岩屑砂岩，夹少量灰绿色粉砂质黑云绢云母板岩。

（3）震旦系

陡山沱组（$Z_1d$），岩性主要为绢云泥岩，顶部为灰、灰褐色绢云泥岩与微晶白云岩，与下伏地层呈角度不整合接触。

灯影组（$Z_2d$），岩性主要为深灰色白云岩。

**2. 古生界**

（1）寒武系

研究区寒武系自下而上为荷塘组（$\epsilon_1h$），岩性主要为黑色薄层含炭硅质岩、炭质板岩、含炭硅质板岩，底部石煤层，与下伏地层呈整合接触。

观音堂组（$\epsilon_1g$），岩性主要为黄绿色，灰绿色页岩、粉砂质页岩夹少量细砂岩，产三叶虫化石。

杨柳岗组（$\epsilon_2y$），岩性主要为薄层状条纹条带泥质灰岩、微晶-粉晶灰岩夹钙质页岩。

华严寺组（$\epsilon_3h$），岩性主要为薄-中厚层状泥质条带灰岩夹少量灰岩凸镜体和薄层泥质灰岩。

西阳山组（$\epsilon_3x$），岩性主要为泥质灰岩、瘤状灰岩、黑色泥页岩。

（2）奥陶系

研究区奥陶系自下而上为印渚埠组（$O_1y$），岩性以泥页岩为主，间夹灰岩瘤或灰岩透镜体。

宁国组（$O_{1-2}n$），岩性以页岩为主，偶夹黑色炭质页岩。

胡乐组（$O_{2-3}h$），岩性主要为黑色或灰黑色含炭页岩夹薄层硅质岩。

砚瓦山组（$O_3y$），岩性为瘤状或网纹状灰岩，或含大量灰岩瘤的钙质泥岩。

黄泥岗组（$O_3h$），岩性主要为泥页岩夹灰岩瘤或灰岩透镜体。

新开岭组（$O_3S_1xk$），岩性主要为炭质笔石页岩、含炭粉砂质页岩。

（3）志留系

梨树窝组（$S_1l$），以黄绿色中-厚层状石英砂岩为主，夹同色粉砂岩、砂质页岩，或由三者组成韵律复层。

殿背组（$S_1d$），以灰绿色、青灰色薄层状泥页岩及粉砂质页岩为主，夹少量薄层状砂岩，常由石英砂岩、粉砂质泥页岩夹薄层状砂岩、泥页岩组成韵律复层。

清水组（$S_1q$），以紫红色为表征，伴有黄绿色、青灰色、灰白色之砂岩、泥质岩沉积。常由砂岩—砂、泥岩混合层—粉砂质泥岩组成基本层序。下部产少量的双壳类化石，层面见虫迹化石。

坟头组（$S_2f$），下段为黄绿色、灰绿色页岩、粉砂质页岩夹少量砂岩，上段为黄绿色、灰绿色泥质或细粒长石石英砂岩夹粉砂质页岩。

茅山组（$S_2m$），下部为灰绿色中厚层-块状粉砂岩夹少量中薄层岩屑石英细砂岩和粉砂质泥岩；中上部为紫红色、黄绿色中-厚层岩屑石英细砂岩和粉砂质泥岩、泥岩互层，组成多个旋回层，发育大型板状、楔状和槽状交错层理，以及小型交错层理和波状层理。

（4）石炭系

石炭系仅出露黄龙组（$C_2h$），岩性为灰岩，与下伏地层呈角度不整合接触关系。

（5）二叠系

二叠系自下而上为梁山组（$P_1l$），灰色、灰黑色细砂岩、粉砂岩、含炭粉砂质页岩夹灰岩透镜体及煤层。

栖霞组（$P_1q$），深灰色、灰黑色含燧石结核或条带灰岩、沥青质臭灰岩夹少量薄层硅质岩。

小江边组（$P_2x$），以瘤状灰岩为特征。

茅口组（$P_2m$），厚层状灰岩。

龙潭组（$P_3lt$），灰色、深灰色粉砂质黏土岩或粉砂质页岩夹薄煤层，与下伏地层呈平行不整合接触关系。

吴家坪组（$P_3w$），含燧石薄层状灰岩。

长兴组（$P_3c$），浅色灰岩。

**3. 中生界**

（1）三叠系

殷坑组（$T_1y$），黄绿色泥岩。

青龙组（$T_1q$），薄层状灰岩，与下伏地层呈整合接触关系。

（2）白垩系

河口组（$K_2h$），以砾岩、砂砾岩为主。

塘边组（$K_2t$），砂岩、粉砂岩及泥岩。

莲荷组（$K_2l$），砂砾岩及砂岩，岩性组合具典型的“粗—细—粗”的特征。白垩系与下伏地层呈角度不整合接触关系。

**4. 新生界**

古近系磨下组（$E_{1-2}m$），砂砾岩、砂岩，与下伏地层呈角度不整合接触关系。

第四系为网纹状黏土、黏土、亚黏土及砂砾石。

## 二、岩浆岩

区域上历经新元古代、中生代、新生代构造-岩浆活动。新元古代与新生代岩浆活动规模较小，前者见有基性辉绿岩脉侵位于双桥山群，后者以少量玄武岩喷溢为主。中生代构造岩浆活动频繁，形成了规模宏大的幕阜山-九宫山复式花岗岩岩基，岩性以过铝质强分异花岗岩类为主，与区内成矿关系密切。幕阜山-九宫山侵入岩带，总体呈北东东向展布，基本上沿江南造山带北缘分布，包括：幕阜山岩体、九宫山杂岩体、沙店岩体等。九宫山杂岩体可进一步划分为北坡太阳山岩体与南坡小九宫山岩体，前者分布于杨宫—付家山—洞子山一带，距东坪矿区较远，后者分布于东坪矿区以西约 20km 的小九宫山一带。沙店岩体产出于东坪矿区以北约 1.5km 处。

九宫山南坡小九宫山岩体、沙店岩体的形成均与继承性深大断裂有关，主要受北东、北北东、东西向断裂构造的控制，呈不规则岩基、岩株、岩瘤状产出。侵入于新元古代浅变质地层、古生代地层，岩体与围岩接触关系清楚，接触面以外倾为主，产状平缓，斜切围岩片理。岩体内接触带普遍发育有细粒冷凝边，常有围岩捕虏体出现，内接触带岩性有含石榴子石、红柱石混染细粒钠化斑状花岗岩和细粒斑状文象花岗岩。岩体自变质及后期蚀变有钠长石化、云英岩化、高岭土化、叶蜡石化等。围岩热接触变质作用明显，形成角岩、角岩化等岩石，接触变质晕宽 100～3500m，变质类型有红柱石型、红柱石-矽线石型。岩体原生流动构造不发育，沿侵入面可见长石斑晶及暗色包体定向排列。

区内热液蚀变作用强烈，有硅化、云英岩化、（磁）黄铁矿化、透闪石化、电气石化、绿泥石化、角岩化等。蚀变具有一定的分带性，岩体内接触带普遍发育硅化、云英岩化，局部发育钠长石化、电气石化及绿泥石化。外接触带主要是角岩化，少量硅化。硅化和云英岩化常伴有钨、锡矿化，是区内重要的钨、锡矿化类型。

## 三、构造

研究区地处扬子板块东南缘与江南造山带交叉部位，所处大地构造位置为江南隆起带的幕阜山-九宫山隆起，褶皱、断裂十分发育，地层出露齐全，青白口系双桥山群组成浅变质褶皱基底，另有部分燕山期花岗岩出露。晋宁运动造成本区强烈褶皱并伴随区域变质作用形成研究区褶皱基底。南华纪—志留纪经历了南华裂谷海盆的形成及消亡阶段；燕山期挤压推覆作用，形成了研究区近东西向主体构造线，其后随着挤压应力的消退及山体抬升隆起，燕山中晚期北北东向构造强烈活动，并伴随中酸性岩浆岩的侵位。构造应力场由南北向挤压转为南北向扭动，形成研究区北东东向主体构造的格局。多旋回的构造活动相互叠加影响，形成现今繁杂而又有序的构造格局。

晋宁运动是研究区最早的一次构造运动，为罗迪尼亚（Rodinia）大陆形成阶段。其构造活动强烈，由华南洋向扬子板块俯冲，在扬子板块东南边缘形成增生的褶皱带。研究区双桥山群遭受东西向挤压，形成近南北向倒转同斜褶皱，并伴随着南北向剪切变形带的发育。

印支期华南-华北板块陆-陆碰撞拼合，形成秦岭-大别-苏鲁造山带，普遍认为是形成于三叠纪华南板块向华北板块之下的俯冲作用，表现为大范围的高压-超高压（HP-UHP）变质岩带，这一构造运动在华南和华北板块均表现为地壳的强烈缩短和广泛分布的前陆逆冲断层及断层相关褶皱。在幕阜山地区，这一构造表现为近东西走向的褶皱变形和逆冲断层，新元古界双桥山群至三叠系均卷入这一期变形中。

该期构造运动为研究区发育了较广泛的构造形迹，奠定了研究区的主要构造格局。燕山早期中国东部发生了从近东西向的特提斯构造域向北北东向滨太平洋构造域的转换。区域构造应力场为北西-南东向，环太平洋构造域的构造面貌明显呈北东-北北东向，形成一系列北北东-北东向纵弯褶皱、逆断层或逆掩断层。该期构造在研究区主要表现为北东-北北东向构造，对早期南北向构造产生强烈的破坏作用。

# 第二节 区域地球物理、地球化学及自然重砂特征

## 一、区域地球物理特征

### 1. 岩（矿）石密度、磁性特征

岩石物性是地球物理研究的重要基础资料，是联系地质与地球物理场的纽带和桥梁，是地球科学研究建立地质地球物理模型的基础。所以，岩石及地层的地球物理特征，即物性研究，就成为进行地球物理场的分析解释，并进而解决地质问题的前提。物性数据主要来源为江西省 1982—1994 年专题区域岩石物性调查成果，及历年来在成矿带上进行物探工作所获取的各类岩石物性数据。区内沉积岩、火成岩、变质岩等三大类岩石的物性存在明显差异（表 1-2）。根据物性参数统计结果，将特征简述如下。

**表 1-2 江西省两个地层区各大岩类物性参数值的比较**

| 物性参数 | 岩石大类 | 扬子地层区 | | 东南地层区 | |
|---|---|---|---|---|---|
| | | 样品数量/个 | 均值 | 样品数量/个 | 均值 |
| 密度/$10^3$kg·m$^{-3}$ | 变质岩 | 6927 | 2.60 | 5267 | 2.66 |
| | 沉积岩 | 8773 | 2.63 | 7215 | 2.66 |
| | 火成岩 | 1251 | 2.67 | 1993 | 2.62 |
| 磁化率/$10^{-6}$SI | 变质岩 | 863 | 128.38 | 1171 | 131.99 |
| | 沉积岩 | 1731 | 28.82 | 1352 | 38.51 |
| | 火成岩 | 268 | 63.20 | 737 | 74.11 |
| 剩磁强度/$10^{-3}$ A·m$^{-1}$ | 变质岩 | 574 | 3.39 | 794 | 2.68 |
| | 沉积岩 | 1318 | 2.48 | 967 | 2.71 |
| | 火成岩 | 243 | 9.61 | 519 | 2.84 |

注：1. 不含上三叠统—第四系的岩石/矿石；2. 密度为算术均值，磁性为几何均值。

密度特征：变质岩密度均值为 $2.60\times10^3$kg/m$^3$，沉积岩密度均值为 $2.63\times10^3$kg/m$^3$，火成岩密度均值为 $2.67\times10^3$kg/m$^3$，相差在 $0.03\times10^3\sim0.07\times10^3$kg/m$^3$，密度按变质岩-沉积岩-火成岩的顺序递增，故在一定空间组合下可用重力法加以区分。

磁性特征：变质岩磁化率均值为 $128.38\times10^{-6}$SI，剩磁强度均值为 $3.39\times10^{-3}$A/m，沉积岩磁化率均值为 $28.82\times10^{-6}$SI，剩磁强度均值为 $2.48\times10^{-3}$A/m，火成岩磁化率均值为 $63.20\times10^{-6}$SI，剩磁强度均值为 $9.61\times10^{-3}$A/m，磁化率按沉积岩-火成岩-变质岩顺序递增。研究区地表出露大面积的新元古界双桥山群变质岩基底，由于其磁化率相对高的原因，形成了该区高磁背景。

区内与钨密切相关的酸性岩类密度比中-基性花岗岩类低，且通常侵入于泥盆纪以前（含泥盆纪）浅变质岩层中，与地层存在一定的密度差，为利用重力研究其深部构造、花岗岩类岩体分布、成岩成矿环境、构造岩浆控矿规律等提供了基础。而在钨锡多金属成矿过程中，与岩浆热液成矿作用有关的含磁性矿物、金属硫化物的蚀变带、含矿构造、含矿岩体、含矿地层，具有弱磁性、低阻高极化率特性，具备采用高精度磁测和常规电法间接找矿的前提条件。

**2. 区域重力场特征**

区域1∶50万布格重力异常平面图（图1-2B）显示，赣北幕阜山地区的重力异常总体走向为北东东向，局部形成圈闭，大致以修水-武宁为界，重力场呈中间高、南北两侧低的“两低一高”格局，向东抬升 。其中，修水-武宁坳陷对应的重力场特征表现为相对重力高值区，而南北两侧的山地及花岗岩体区对应着重力低值区，与地势呈镜像反映。在区域重力低背景上叠加局部异常明显：北侧香炉山-东坪重力低值异常带总体走向为北东东向，重力场值范围在$-72\times10^{-5}\sim-48\times10^{-5}m/s^2$，边缘多为陡变的等值线密集带，推测反映的是修武盆地边缘断裂，往南变得宽缓。此外，在白岭、香炉山、东坪等3处见有重力低圈闭异常，受省界范围限制未显示完整。南侧为一北东向不规则椭圆形重力低值区，异常中心在九岭大湖塘地区。

经区域改正后，在剩余重力异常图上（图1-2C），大湖塘地区重力低异常所圈定的范围与地表出露的花岗岩体范围相吻合，推测局部重力低异常由九岭花岗岩体引起。白岭重力低值范围与地表出露的花岗岩体范围相吻合，推测该处重力低为白岭花岗岩引起。而香炉山-东坪地区，地表未见岩体出露，剩余重力低异常呈北东东向串珠状排列，受断裂构造控制明显，推测其深部存在隐伏花岗岩体。区内已知的香炉山钨矿床和东坪钨矿床均处于重力低异常的边部或正负异常交接带（图1-2B，C），推测成矿与深部隐伏花岗岩体关系密切，对区内进一步找矿具有指导意义。

**3. 区域磁场特征**

赣北幕阜山地区处于赣北磁场抬高区，在区域1∶50万航磁异常$\triangle T$平面图上（图1-2D），航磁异常总体呈北东东向展布，局部地段扭曲变化。香炉山-东坪典型矿床的区域磁异常特征显示为区域磁力高值背景上叠加局部异常特征明显，串珠状高磁异常走向为北东东向，磁场强度为90~260nT。串珠状磁异常推测为中酸性侵入岩体引起。从区域宏观上看重磁异常对比结果，磁异常形态与重力异常形态相似，反映为重磁同源，且东坪典型矿床呈现重低磁高的特征。

据航磁资料并结合邻区磁场特征，大致以婺源—宜黄—遂川一线为界，可将江西省区域磁场划分为3个一级磁场区（图1-3）。分界线以北为赣西北强波动磁场区（Ⅰ）和赣中西平稳低磁场区（Ⅱ），分界线以南为赣东南波动强磁场区（Ⅲ）。赣北东坪石英脉型黑钨矿床主要位于赣西北强波动磁场区（Ⅰ）中的赣北磁场抬高区。

（1）赣西北强波动磁场区（Ⅰ）

包括九江-瑞昌负磁场区、赣北磁场抬高区两个二级磁场区。

九江-瑞昌负磁场区：在-50nT的磁场背景上叠加有-100~-150nT的局部异常，在其

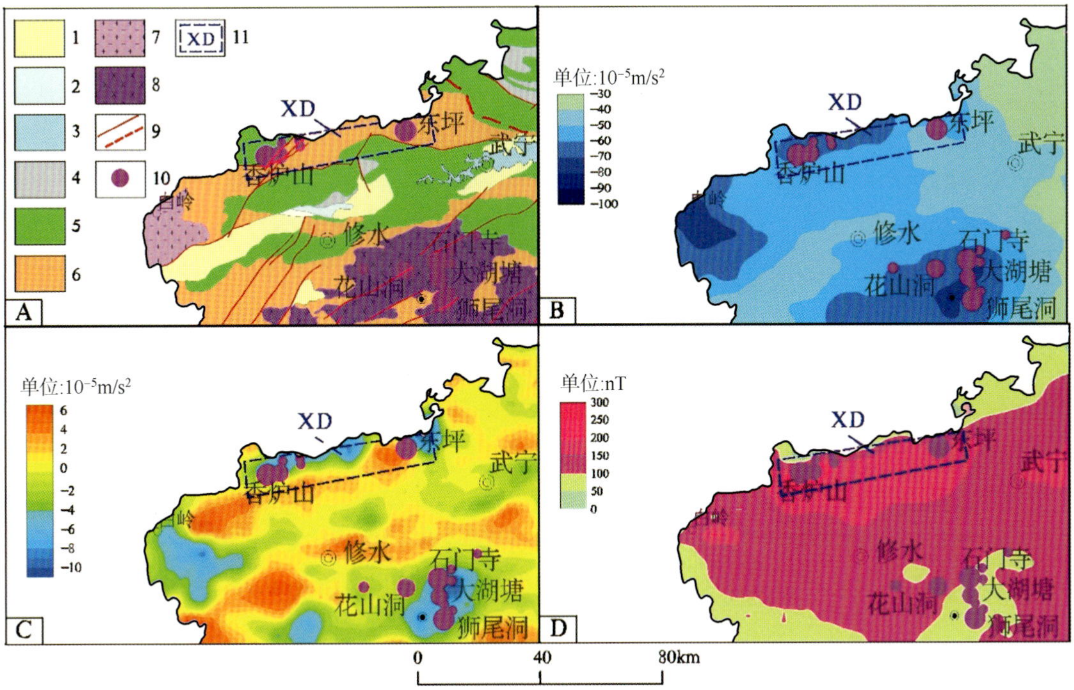


图 1-2　赣北香炉山-东坪区域地质矿产及物探剖析图

（据江西省地质调查研究院，2014）

A—地质矿产图；B—布格重力异常图；C—剩余重力异常图；D—航磁 $\Delta T$ 异常图

1—白垩系—第四系；2—燕山期陆相火山岩；3—侏罗系内陆河湖相沉积；4—泥盆系—三叠系沉积盖层；5—南华系—志留系沉积盖层；6—扬子区青白口纪变质基底；7—燕山期岩浆岩；8—晋宁期岩浆岩；9—实测断裂/推测断裂；10—钨矿床（点）；11—香炉山-东坪矿集区

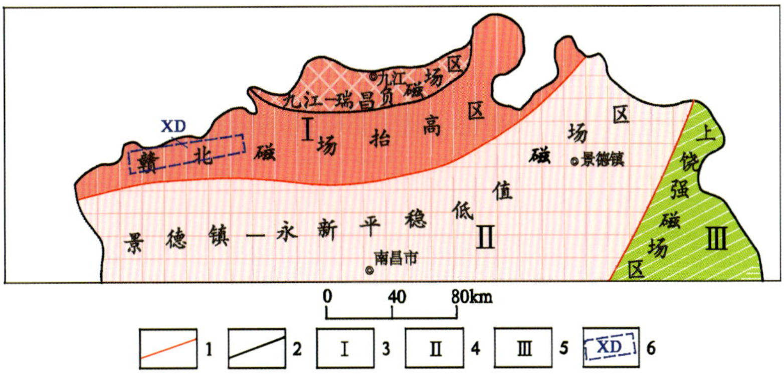


图 1-3　江西北部区域磁场分区图

（据江西省地质调查研究院，2014）

1—一级分区界线；2—二级分区界线；3—赣西北强波动磁场区；4—赣中西平稳低磁场区；5—赣东南波动强磁场区；6—香炉山-东坪钨矿集区

北侧还叠加多处-50~0nT 呈北西向条带状展布的局部异常。其南侧德安一带出现的弧形强异常带，在其北侧伴生的强负异常，并且与前述负异常叠加成更显著的负磁场，反映了九江-瑞昌坳陷区负磁场分布特征。区内出露地层主要为志留系—三叠系。岩浆岩不甚发育，仅见零星出露的燕山期花岗闪长斑岩体（株）。负磁场主要是因出露地层不具磁性而形成一定的负异常，该场景基本反映了九江-瑞昌坳陷的轮廓。而在负磁场区叠加的局部高值异常则应是含磁性的花岗闪长斑岩体所致。

赣北磁场抬高区：位于赣北的修水—德安—都昌—皖西南一带，为大范围的低缓正磁异常，唯有德安—星子—都昌一带磁异常强度较大，且呈弧形展布。最大值大于200nT，另在幕阜山一带也有个别局部异常强度大于150nT。抬高区呈北东东向带状展布，其南侧为大范围的平稳正背景场。区内出露地层主要为中元古界和古生界，北东东-北东向断裂构造发育，出露岩体主要为燕山期二长花岗岩，对空间而言，抬高区位于九岭-鄣公山隆起区与九江-瑞昌坳陷区之间的转换带部位。因此该异常为与构造、岩浆活动有关的磁性变质岩引起。

（2）赣中西平稳低磁场区（Ⅱ）

景德镇-永新平稳低值磁场区：位于鄣公山—九岭—万洋山一带，以磁场背景在北东方向上正负相间分布为特征，背景场走向为北东东向。磁场值大多在-50~50nT之间变化，局部磁异常较少，仅在宜丰—高安一带南侧较明显呈北东东向正负相伴异常分布。

出露地层主要为中元古界和古生界、新生界。岩浆岩在九岭—万洋山一带较发育，自晋宁-燕山期均有岩浆活动。由于中元古界、古生界及扬子区岩浆岩基本不具磁性或为微弱磁性。因此，这是形成本区平稳低值磁场的根本原因。

（3）赣东南波动强磁场区（Ⅲ）

上饶强磁场区：该区位于怀玉山一带，正负区域异常带相间分布，呈北东走向，强度大，最大值为1380nT，最小值为-400nT，局部地磁异常达万余纳特。

中元古界—新生界均有出露，但以双桥山群、震旦系、寒武系、奥陶系、石炭系、侏罗系和白垩系为主。岩浆岩较发育，以燕山期中酸性花岗岩、花岗闪长斑岩为主，强磁性的基性岩和超基性岩带也较发育。含磁性的震旦系细碧岩和寒武系含磁黄铁矿化炭质板岩以及因热液变质作用所产生的磁铁矿化、磁黄铁矿化的岩层是引起区内强磁场的主要场源，并叠加有局部强磁性超基性岩带和火山岩等场源。

## 二、区域钨元素地球化学特征

全省钨元素以$7.2\times10^{-6}$为异常下限，共圈定三氧化钨异常区域共504处，异常总面积约9332$km^2$，钨元素与钼、锡、铋、金、银等元素组合异常217个，异常面积8047$km^2$。据统计，在江西省已知的604处钨矿床点中，落在钨元素地球化学异常内的矿床点仅有219处，占总钨矿点的36.26%（图1-4）。

香炉山-东坪钨矿集区内，钨元素以$7.2\times10^{-6}$为异常下限，共圈定三氧化钨异常区域2处，均具有3级浓度分带。异常主要呈近东西向条带状展布，与区域断裂构造方向一致。地球化学异常在区内具有重要的找矿指示意义，已发现的大型以上规模矿床有2个：香炉山矽卡岩型白钨矿床、东坪石脉型黑钨矿床，无一例外地落在地球化学异常区内（江西省地质调查研究院，2014）。

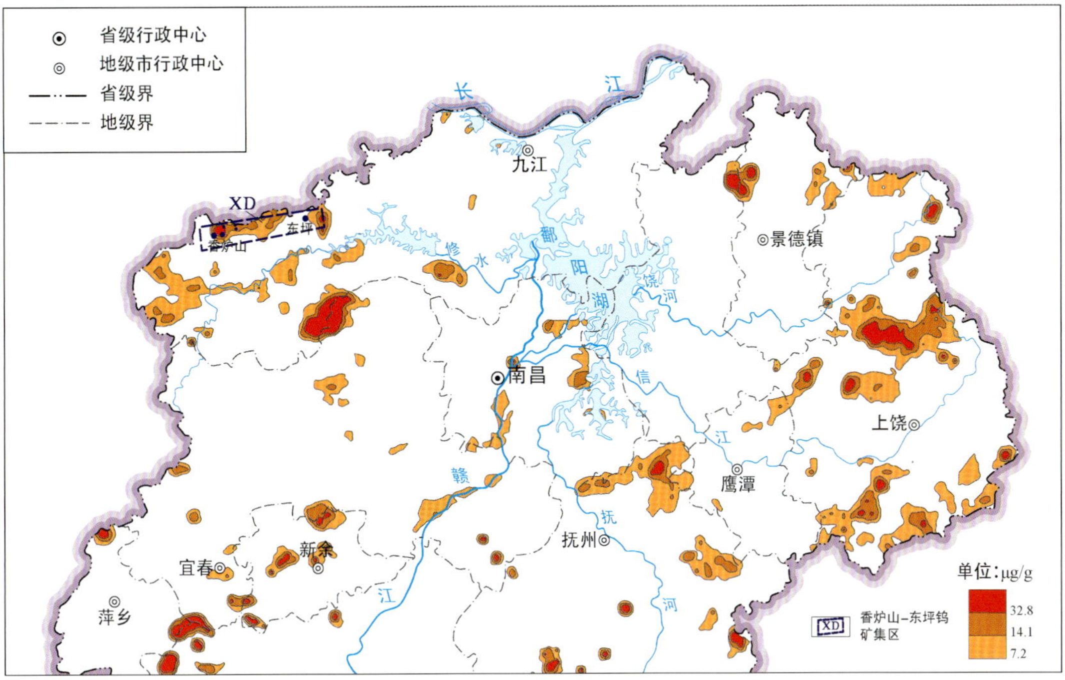


图 1-4　江西北部钨元素地球化学异常图

（据江西省地质调查研究院，2014）

## 三、区域自然重砂特征

### 1. 黑钨矿自然重砂特征

以黑钨矿为主的黑钨、白钨、锡石组合异常出现于赣西北九岭山复式岩体分布地区；赣中武功山区黑钨组合异常多富锡石；赣南多数钨异常也以黑钨矿为主，但亦有地区性差异。于都图幅旱叫山地区的黑钨组合异常，多伴有铌钽矿物，遂川图幅隆木-弹前复式岩体分布区则以黑钨、锡石、白钨、辉铋、铌钽矿矿物异常为特征；兴国图幅钨矿组合除含辉铋矿较多外，尚普遍出现黄金。前者富铋反映了属于高中温矿床，含金的标志则反映了该区广泛分布有与金矿有关的震旦系存在这一地质背景特征。自然重砂黑钨矿异常分 3 级，主要分布于分宜下桐岭、安福浒坑、武宁大湖塘和浮梁茅棚店等地区，其异常分布特征见图 1-5。

省内自然重砂黑钨矿Ⅰ级异常共圈出 27 个，总面积为 1998.02km$^2$，主要分布于修水香炉山、玉山紫湖镇、丰城徐山、安福浒坑、武功山、分宜下桐岭、西下、泰和小龙、遂川良碧洲以及赣南各地。在Ⅰ级异常中均发现很多大、中、小型钨矿床及大量钨矿化点，说明自然重砂黑钨矿物异常与钨矿关系较为密切，对寻找钨矿有重要指示作用。

省内自然重砂黑钨矿Ⅱ级异常共圈出 41 处，总面积为 3686.36km$^2$。主要分布于崇贤、坪溪、黄沙—隘上、大王山—鸭公嶂、鹅井、笔架山—蛤胡岽一带。

省内自然重砂黑钨矿Ⅲ级异常共圈出 59 个，总面积为 3534.16km$^2$。主要分布于大埠、双溪、中棚、关田、白石、上富镇一带。

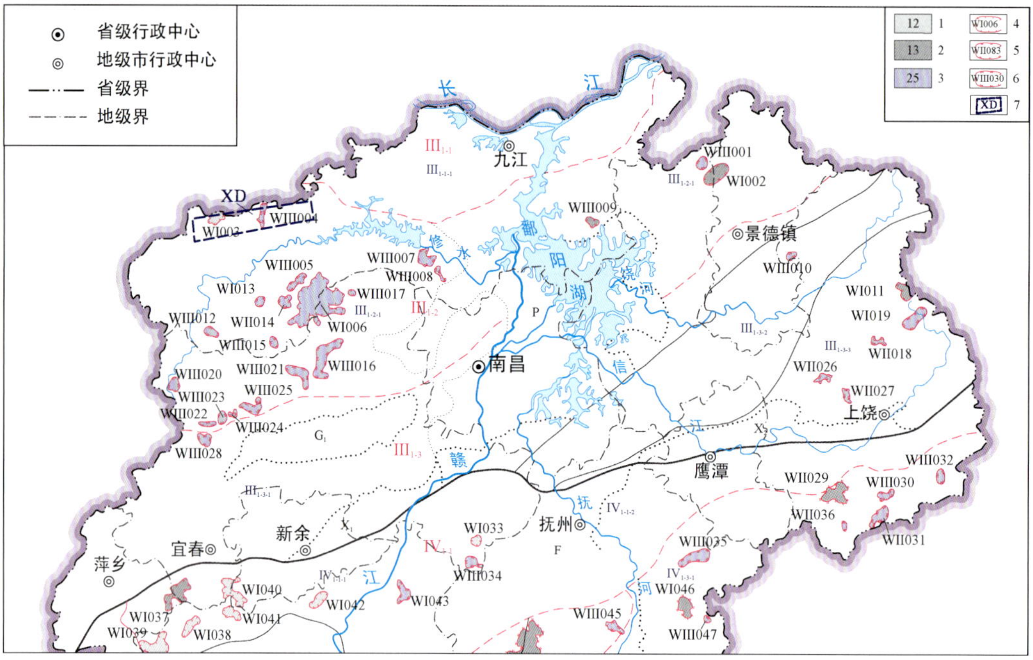


图 1-5　江西北部自然重砂黑钨矿矿物异常图

（据江西省地质调查研究院，2014）

1—黑钨矿Ⅰ级异常及颜色代号；2—黑钨矿Ⅱ级异常及颜色代号；3—黑钨矿Ⅲ级异常及颜色代号；

4—黑钨矿Ⅰ级异常及其异常代号；5—黑钨矿Ⅱ级异常及其异常代号；6—黑钨矿Ⅲ级异常及其异常代号；

7—香炉山-东坪钨矿集区范围

## 2. 白钨矿自然重砂特征

白钨矿及其矿物组合异常普遍与矿化相联系。庐山汉阳峰以南，混合岩地区，有含量很高、分布十分普遍的白钨矿、磷钇矿、铌钽矿矿物异常，区内有具工业价值的稀有金属矿床。白钨矿、磷钇矿、雄黄、辰砂组合异常，反映了鄱阳湖北岸阳储岭一带中低温斑岩型钨矿的矿化特点。幕阜山区高湖和香炉山矽卡岩多金属矿化，则出现白钨矿、黑钨矿组合的重砂异常，可区别于斑岩型的重砂矿物组合。伴随接触交代矽卡岩白钨、铅锌矿床而产出，组成此组合的矿物，主要来源于矿化的矽卡岩中。如石灰窑下异常，为白钨矿、锡石、方铅、辰砂、金组合异常，反映了营前岩体接触带矽卡岩含白钨矿多金属。自然重砂白钨矿矿物分 3 级异常，分布位置与黑钨矿大致相同（图 1-6）。

省内白钨矿Ⅰ级异常共 10 处，异常总面积为 1418.40km$^2$，主要分布于修水香炉山-高湖、都昌高桥、崇仁流坊、兴国崇贤、宁都青塘、上犹石灰窑下、定南岿美山和全南五里亭等地。在Ⅰ级异常中均发现很多大、中、小型钨矿床及大量钨矿化点。

省内自然重砂白钨矿Ⅱ级异常共 21 处，异常总面积 3419.42km$^2$。主要分布在靖安昆山、兴国黄沙坑、浮梁县桃岭、宜春新坊、遂川里洞、左安镇一带。

省内自然重砂白钨矿Ⅲ级异常共 51 处，异常总面积达 4476.05km$^2$。主要分布在铜鼓高脑—双港口—白竹、奉新上富、寻乌吉潭镇、南康横市镇、乐安、乐平、赣州塘坑口一带。

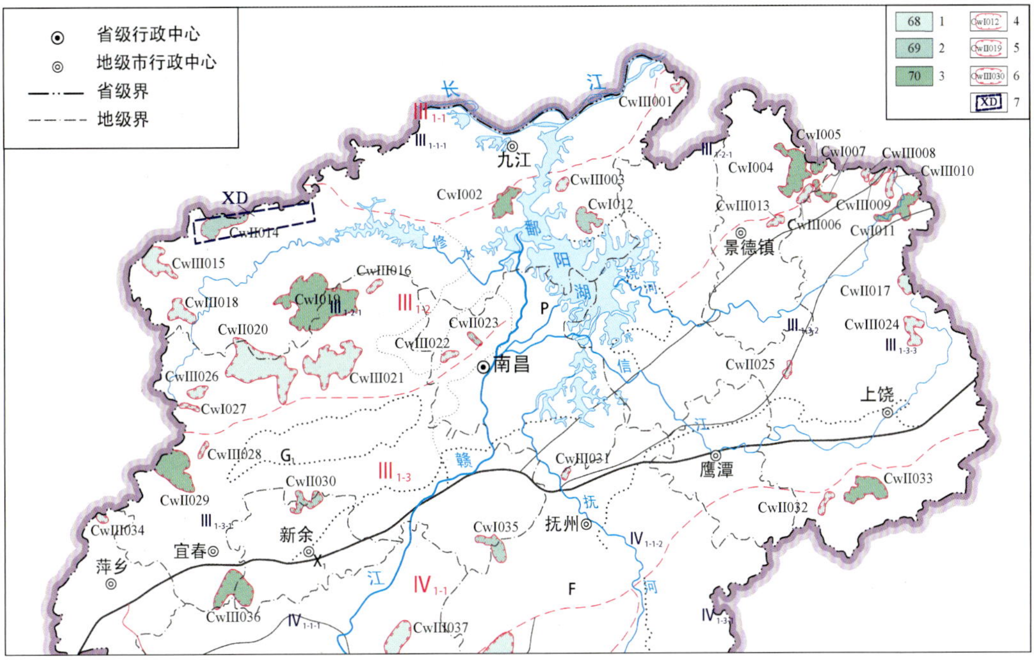


图 1-6　江西北部自然重砂白钨矿矿物异常图

（据江西省地质调查研究院，2014）

1—白钨矿Ⅰ级异常及颜色代号；2—白钨矿Ⅱ级异常及颜色代号；3—白钨矿Ⅲ级异常及颜色代号；4—白钨矿Ⅰ级异常及其异常代号；5—白钨矿Ⅱ级异常及其异常代号；6—白钨矿Ⅲ级异常及其异常代号；7—香炉山-东坪钨矿集区范围

## 四、东坪地区地球物理、地球化学及自然重砂特征

研究区内共圈定1个航磁异常，即赣C1-1987-71，该异常为C级异常，异常面积为75.76km$^2$，主要分布在南部宋家至东坪一带，区内包括了东坪钨铜矿床。区内存在两个1：20万重砂异常，分别为沙店黑钨矿、泡铋矿172号Ⅲ级异常、锡石黑钨矿173号Ⅱ级异常（图1-7）。

**1. 沙店黑钨矿、泡铋矿172号重砂Ⅲ级异常**

该异常位于通山县燕夏区大塘山南约10km，沙店、雷洞一带，面积约37km$^2$，形似不规则瘤状。异常区出露为沙店二长花岗岩体，其北缘与古生界呈断层接触，其他和板溪群呈侵入接触。区内断裂、脉岩较发育，其中石英脉分布最为广泛，细晶岩脉、微晶岩脉次之。有益矿物的出现和二长花岗岩关系密切。区内重砂异常、异常点含量及强度见表1-3。

**表1-3　沙店黑钨矿、泡铋矿172号重砂异常特征表**

| 矿物名称 | 各级次重砂样品/个 | | | | 含量（粒或克）/20kg | | 样品总个数 |
|---|---|---|---|---|---|---|---|
| | 一级 | 二级 | 三级 | 四级 | 一般 | 最高 | |
| 黑钨矿 | 6 | 9 | 4 | 6 | 30粒 | 192粒 | 河床样31个<br>人工重砂1个 |
| 泡铋矿 | 10 | 10 | 5 | 3 | 几粒 | 304粒 | |
| 独居石 | 13 | 4 | 8 | | 几粒 | 0.0397g | |

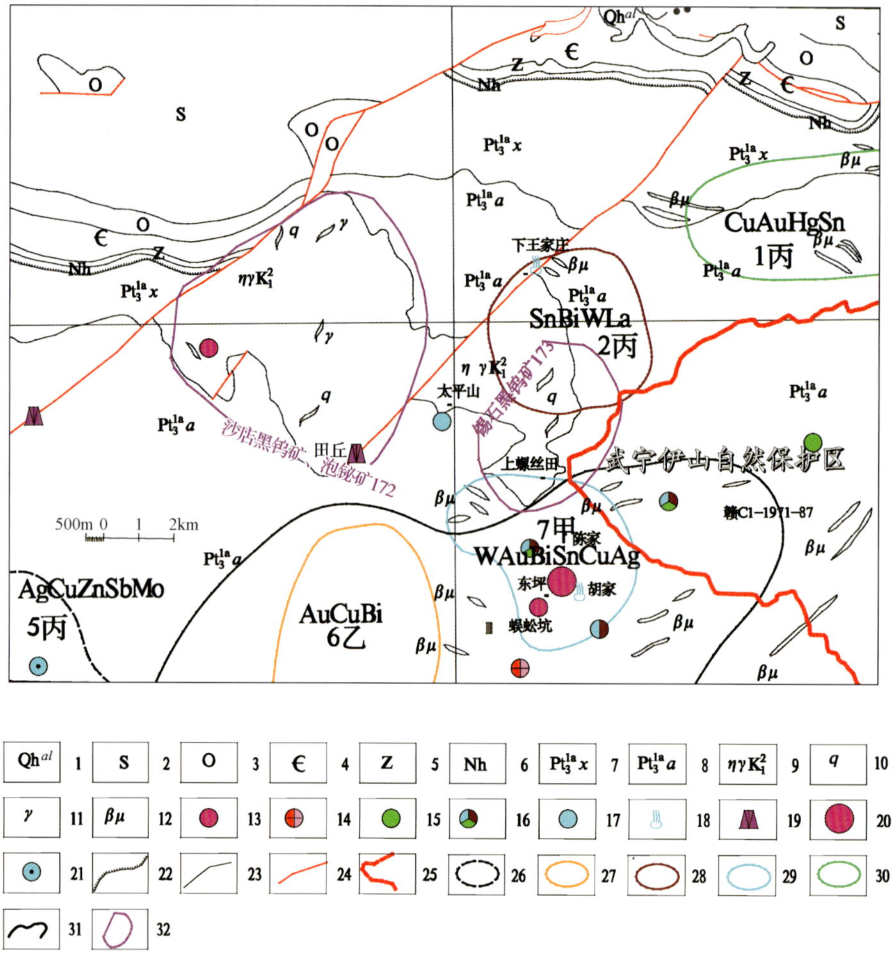


图 1-7　东坪地区航磁、化探异常图

（据江西省地质调查研究院，2021）

1—第四系；2—志留系；3—奥陶系；4—寒武系；5—震旦系；6—南华系；7—青白口系修水组；8—青白口系安乐林组；9—早白垩世第二阶段侵入体黑云二长花岗岩；10—石英脉；11—花岗岩脉；12—辉绿岩脉；13—钨矿点；14—金银矿点；15—铜矿点；16—多金属矿点；17—钼矿（化）点；18—温泉点；19—粉石英（硅石）矿点；20—特大型钨矿床；21—钒矿点；22—不整合界线；23—地质界线；24—断层；25—武宁伊山自然保护区；26—5 丙 Ag 异常；27—6 乙 Au 异常；28—2 丙 Sn 异常；29—7 甲 W 异常；30—1 丙 Cu 异常；31—物探异常；32—重砂异常

黑钨矿：为黑色板状，或呈板柱状晶体，矿物直径一般为 0.15～0.5mm，最大为 1.4mm（长轴）。

泡铋矿：呈浅绿色、灰色柱状及不规则形状，直径一般为 0.1~0.5mm，最大为 0.9mm。

**2. 螺丝田锡石黑钨矿 173 号重砂Ⅱ级异常**

该异常位于江西省武宁县甫田乡东坪大队螺丝田附近，面积为 $12km^2$。为幕阜山复背斜北翼，为一花岗岩岩基边缘，石英脉发育。其围岩经变质为黑云母堇青石角岩。异常南约 4km 为东坪钨矿床。其重砂异常点及强度见表 1-4。

**表 1-4　螺丝田锡石黑钨矿 173 号重砂异常特征表**

| 矿物名称 | 各级次重砂样品/个 | | | | 样品总个数 |
|---|---|---|---|---|---|
| | 一级 | 二级 | 三级 | 四级 | |
| 黑钨矿 | 4 | 3 | 1 | 1 | 河床样 10 个<br>人工重砂 3 个 |
| 锡石 | 2 | | 4 | 2 | |
| 泡铋矿 | 2 | 7 | 1 | | |

黑钨矿：为黑色、黑褐色板状，不规则粒状，矿物直径一般为 0.2~0.8mm，最大的大于 1mm（与石英连生）。

锡石：黑色、烟灰色，不规则粒状，少见柱状，粒径一般 0.1~1mm。

**3. 水系沉积物综合异常**

研究区内共圈定 5 个 1：10 万水系沉积物综合异常，异常见表 1-5。其中主要有乙类异常 2 处，丙类异常 3 处（图 1-7）。

**表 1-5　研究区水系沉积物综合异常一览表**

| 序号 | 异常编号 | 异常类别 | 主成矿元素 | 面积/$km^2$ | 异常主要特征 | 异常评价 |
|---|---|---|---|---|---|---|
| 1 | 1 丙 | 丙类 | Cu、Au、Hg、Sn | 15.83 | 异常呈椭圆状，总体呈近东西向展布，东部延出图外 | 出露于修水组和安乐林组，受北东向断裂控制，主要以 Cu、Au、Hg、Sn 元素为主的综合异常，有较多的基性岩脉侵入 |
| 2 | 2 丙 | 丙类 | Sn、Bi、W、La | 9.39 | 异常呈近圆状，总体呈南东向展布，西部延出省外 | 出露于安乐林组，并受燕山早期花岗岩侵入，受北东向断裂控制，主要以 Sn、Bi、W、La 元素为主的综合异常。有较多的基性岩脉侵入 |
| 3 | 7 甲 | 甲类 | W、Au、Bi、Sn、Cu、Ag | 15.72 | 异常呈近椭圆状，总体呈北西向展布 | 出露于安乐林组，主要以 W、Au、Bi、Sn、Cu、Ag 元素为主的综合异常，有较多的基性岩脉侵入 |
| 4 | 6 乙 | 乙类 | Au、Cu、Bi | 15.97 | 异常呈近椭圆状，总体呈南北向展布 | 出露于安乐林组，受北东向断裂控制，主要以 Au、Cu、Bi 元素为主的综合异常 |
| 5 | 5 丙 | 丙类 | Ag、Cu、Zn、Sb、Mo | 5.38 | 异常呈近圆状，西部延处图外 | 出露于安乐林组，受北东向断裂控制，主要以 Ag、Cu、Zn、Sb、Mo 元素为主的综合异常 |

## 第三节　区域矿产概况

研究区经历了中新生代强烈的构造-岩浆活动，为区内有色金属、稀有金属矿产的形成创造了必要条件，已查明金属矿产以钨、铜、锑、稀有金属矿产为主。非金属矿产主要为石英、辉绿岩等建筑材料矿产，地热水矿产资源丰富。

## 一、有色金属矿产

研究区有色金属矿产主要有：钨、锑、钼、金、银、铜、铅锌等。典型矿床包括香炉山白钨矿床、东坪黑钨矿床和驼背山锑矿床。钨矿（化）点有蜈蚣坑黑钨矿点、雷洞钨矿点等十余处。

**1. 修水县香炉山白钨矿床**

矿区位于修水县城西北 35km。矿床系 1958 年冶勘江西分局 220 队发现，1977—1988 年由江西省地质局赣西北大队进行勘查，并提交矿区详查地质报告，查明资源储量：$WO_3$ $19.87\times10^4t$，后经近期勘查，又查明洞下（彤坪）区段所获资源储量 $5.68\times10^4t$，合计达 $25.55\times10^4t$，为一超大型钨矿床。矿区位于九岭隆起与九江坳陷接壤处，区域上处于北东向香炉山背斜南西倾伏端、香炉山钨矿田西南段。矿区为半隐伏钨矿床，包括香炉山和背斜南西倾没端的洞下（彤坪）两个区段，并以前者为主。钨矿体产于岩体内外接触带中，总体呈北东向展布，埋深 40~450m，分布于标高 400m 以上，由接触带、内接触带和外接触带 3 种类型 50 个钨矿体组成，矿石品位（$WO_3$）0.08%~1.291%，为与燕山晚期 S 型花岗岩有关的岩浆期后高中温热液成因接触交代型白钨矿。

**2. 武宁县驼背山锑矿床**

矿区位于武宁县西南方位的清江乡境内。大地构造位于江南造山带东段修水-武宁坳陷西段，北接九宫山隆起。区内矿体按其形态和控制因素，分层状和脉状两种类型。层状矿体产于层间硅化破碎带内，呈层状、似层状、扁豆状，形态不甚规则，并见分支复合现象。矿体产状大体与地层一致，多为近东西向，一般产于背斜南翼的矿体陡，达 60°~80°，产于北翼及背、向斜轴部附近的矿体产状平缓，一般为 15°~30°。矿体规模不等，一般长数十米至 100~200m，平均宽数十米，平均厚一般小于 5m。矿床成因为中低温热液叠加层控锑矿床，初步探明锑金属量 $2.6\times10^4t$，平均品位 2.76%，为一中型锑矿床。

**3. 其他钨多金属矿（化）点**

花墩桥钨矿点：位于通城岩体的西北缘。区内构造主要为岩体接触带构造，次为岩体内外断裂、裂隙构造。云英岩化花岗岩型白钨矿产于接触带内侧云英岩或云英岩化中细粒黑云母二长花岗岩中；石英脉型钨矿充填于内、外接触带的断裂、裂隙构造中。

大坪钨矿点：矿床位于通城岩体的西北缘，花墩桥钨矿的东侧。区内构造形迹主要表现为北西向褶皱与一系列张性断裂、裂隙为主的构造形式。云英岩化闪长岩型白钨矿产于岩株体、脉状岩体的云英岩或云英岩化闪长岩中。

朱冲垄钨矿点：位于沙店岩体内、外接触带，含钨石英脉产于接触带附近的节理、裂隙和层间剥离构造中。

蜈蚣坑黑钨矿点：出露地层为新元古界安乐林组，周围 2~5km 见燕山期二长花岗岩。矿体充填于北东向构造裂隙、解理。以硅化、绢云母化、云英岩化为主。见含钨石英脉两条，间隔 60cm，产状基本一致，宽 2~5cm。

太平山钼矿化点：位于大平山附近，产于沙洲店细粒含斑黑云母二长花岗岩岩体与安乐林组二段的外接触带附近。带内岩石普遍遭到热蚀变，见角岩化、硅化、黄铁矿化、褐铁矿化。褐铁矿化带宽 15~35cm，产状与层理一致。

通山县雷洞钨矿点：位于沙洲店二长花岗岩侵入岩中，黑钨矿主要产于节理之中的石英脉内。具硅化、云英岩化。石英脉呈单脉出现，共发现 4 条，石英脉厚4.5~7.5cm。

## 二、稀有金属矿产

江西境内修水县稀有金属以铍、钽矿为主，主要分布于江西省北西部幕阜山一带，产于燕山早期白岭花岗岩体内，产地 26 处，除盆形山铍矿床具中型规模外，余者均为矿点。成因类型有气成-高温热液云英岩化花岗岩型及花岗伟晶岩型两种，前者工业价值较大，后者一般为矿点或仅有矿化现象。近几年湖南省地质调查院、湖南省核工业地质局 311 地质队、湖南省有色地质勘查局 247 地质队等单位在湖南省境内幕阜山发现了一批花岗岩型、伟晶岩型及砂矿型稀有、稀土金属矿床（点）（表 1-6）。

**表 1-6　幕阜山地区部分稀有金属矿床（点）**

| 矿床（点）名称 | 位置 | 类型 | 矿种 | 规模 |
|---|---|---|---|---|
| 簸箕窝铍矿点 | 江西修水县簸箕窝 | 花岗岩型 | 铍矿 | 矿点 |
| 盆形山铍矿床 | 江西修水县盆形山 | 花岗岩型 | 铍矿 | 中型 |
| 毛家岭铍矿点 | 江西修水县毛家岭 | 花岗岩型 | 铍矿 | 矿点 |
| 狮子尖铍矿点 | 湖北通城麦市狮子尖 | 花岗岩型 | 铍矿 | 矿点 |
| 麦市铍矿点 | 湖北通城麦市 | 花岗岩型 | 铍矿 | 矿点 |
| 凤凰翅锂钽矿点 | 湖北通城凤凰翅 | 伟晶岩型 | 锂矿、钽矿 | 矿点 |
| 仁里钽铌矿床 | 湖南平江县仁里 | 伟晶岩型 | 钽铌矿 | 大型 |
| 传梓源铌钽锂矿床 | 湖南平江县传梓源 | 伟晶岩型 | 铌钽矿、锂矿 | 大型 |
| 梅仙铌钽矿床 | 湖南平江县梅仙 | 伟晶岩型 | 铌钽矿 | 小型 |
| 大坳绿柱石矿床 | 湖南平江县大坳 | 伟晶岩型 | 铍矿 | 小型 |
| 寨上绿柱石、铌钽矿床 | 湖南平江县寨上 | 伟晶岩型 | 铌钽矿、铍矿 | 小型 |
| 秦家坊绿柱石、铌钽矿床 | 湖南平江县秦家坊 | 伟晶岩型 | 铌钽矿、铍矿 | 小型 |
| 断峰山铌钽矿床 | 湖北通城断峰山 | 伟晶岩型 | 铌钽矿 | 大型 |
| 麦埚绿柱石矿床 | 湖北通城麦埚 | 伟晶岩型 | 铍矿 | 小型 |
| 黄泥洞绿柱石矿床 | 湖北通城黄泥洞 | 伟晶岩型 | 铍矿 | 矿点 |
| 虎形山钨铍矿床 | 湖南临湘虎形山 | 石英脉型 | 铍矿、钨矿 | 大型 |
| 天井山绿柱石矿床 | 湖南汨罗市天井山 | 石英脉型 | 铍矿 | 小型 |
| 新墙河流域独居石砂矿床 | 湖南岳阳新墙河流域 | 砂矿型 | 独居石 | 大型 |
| 方山独居石砂矿床 | 湖南临湘市方山 | 砂矿型 | 独居石 | 中型 |

续表

| 矿床（点）名称 | 位置 | 类型 | 矿种 | 规模 |
|---|---|---|---|---|
| 詹家桥独居石砂矿床 | 湖南临湘市詹家桥 | 砂矿型 | 独居石 | 中型 |
| 南江桥独居石砂矿床 | 湖南平江县南江桥 | 砂矿型 | 独居石 | 中型 |
| 洞口铌钽矿砂矿床 | 湖南平江县洞口 | 砂矿型 | 铌钽矿 | 矿点 |
| 隽水独居石砂矿床 | 湖北通城县隽水 | 砂矿型 | 独居石 | 中型 |
| 南港独居石砂矿床 | 湖北通城县南港 | 砂矿型 | 独居石 | 中型 |
| 蔡石窝铌钽砂矿床 | 湖北通城县蔡石窝 | 砂矿型 | 铌钽矿 | 矿点 |

（据文春华等，2019）

**1. 修水县盆形山铍矿床**

矿区内出露燕山早期第二阶段中粒斑状二云母花岗岩（简称白岭花岗岩）和第三阶段细粒二云母花岗岩（简称盆形山花岗岩），二者呈侵入关系。成矿与盆形山岩体有密切关系，岩体时代属晚侏罗世。

含绿柱石云英岩化花岗岩型矿体，一般赋存于盆形山岩体的顶部及岩体局部凸出地段和岩体边缘内接触带中，具有工业意义的矿化，大多在内接触带 20m 范围内，尤以 15m 范围内矿化最富。矿体形态受成矿裂隙控制，呈细脉状、囊状断续出现，细脉走向长一般小于 1m，个别长达 40m，宽一般为 0.01~0.02m，最宽为 0.1~0.3m，矿脉延深与矿脉走向成正比，一般在 1m 内。囊状体较小，一般在（0.03~0.06m）×(0.03~0.1m）或（0.08~0.1m)×(0.20~0.3m）不等，大者可达 0.3m×0.5m 或 0.8m×1m。属气成-高温热液云英岩化花岗岩型铍矿床。

该区自 1957 年以来，由修水县有关部门组织开采，到 1974 年已采出绿柱石精矿 300 余吨，目前已停采。据已有生产和普查资料，估计全山绿柱石储量具中型规模，是本区铍矿极有远景的一种重要工业类型矿床，发展前景广阔（江西省地质局，1964）。

**2. 平江县仁里伟晶岩型钽铌矿床**

矿区位于平江县北面，幕阜山复式花岗岩体的西南缘。大地构造上位于扬子板块与华夏板块的交接部位、江南隆起带中段的幕阜山-九岭构造岩浆带，钦杭成矿带（北带）的中北部。

矿区分布大小伟晶岩脉 140 条（长度大于 100m，宽度大于 2m），其中在北部花岗岩体中有 95 条，在南部冷家溪群片岩中有 45 条。岩体内伟晶岩脉主要受北北东或近南北向构造控制，伟晶岩围岩为花岗岩，伟晶岩是燕山早期同期次的产物，伟晶岩脉产状不一，形状不规则，规模较小，长度均小于 670m（如 $\gamma\rho$13、$\gamma\rho$36、$\gamma\rho$20、$\gamma\rho$21 等），分带性较差，边缘带与围岩（花岗岩）呈渐变关系。局部有较强的钠长石化、白云母化，产状变化大。在岩体外接触带片岩地区的伟晶岩脉受北西向张扭性层状构造控制，其成矿母岩来自深部隐伏岩体，其成矿期晚于北部的燕山期花岗岩，一般岩脉规模大（最大 4000m，如 $\gamma\rho$5 号伟晶岩脉），呈似层状产出、平行分布，其产状与围岩产状总体上一致。北西向规模大的伟晶岩脉往往会形成大而富的铌钽矿矿体，是本区主要的矿体。

矿区获 333+334$Nb_2O_5$资源量 16395t、$Ta_2O_5$资源量 11395t（达超大型规模）、$Rb_2O$ 资

源量 20026t（大型规模）。矿床平均厚度 3.47m，平均品位 $Nb_2O_5$：0.043%、$Ta_2O_5$：0.029%、$Rb_2O$：0.06%，属富钽的稀有金属矿（据湖南省地质调查院，2018）。

**3. 平江县传梓源伟晶岩型铌钽锂矿床**

矿床位于湖南省平江县城东北 20km，地理上处于幕阜山岩体西南边缘，湖北省第五地质队革委会于 1971—1973 年在该地区开展了稀有金属勘探工作，提交了《湖南平江传梓源铌矿区初勘报告》，确定该矿床为一大型铌钽、锂的伟晶岩型矿床，铌钽铁矿工业矿石量 $208\times10^4$t，远景储量 $466\times10^4$t（据湖南省地质调查院，2018）。

传梓源矿床伟晶岩脉产于三墩小花岗岩株及外接触带的片岩中。它们受北西向压扭性裂隙控制，形成 3 个彼此平行的脉组，在东西长 3.5km，南北宽 lkm，共约 3.5$km^2$的范围内，产有宽大于 0.5m，长大于 50m 的伟晶岩脉 54 条，其中，成矿较好的有 32 条，形成 51 个工业矿体。主要矿脉为 $\gamma\rho$106、$\gamma\rho$204、$\gamma\rho$206、$\gamma\rho$301、$\gamma\rho$208、$\gamma\rho$116、$\gamma\rho$202 7 条。尤以 $\gamma\rho$106 矿脉最大，脉组长 1000～1700m，主单脉长4000～1200m，厚数米至 20m，最厚达 25.39m，延深大于 250m。矿体形态呈板脉状、支岔脉状，倾向发生倒转。稀有金属矿物为锰钽铌铁矿，次为锰钽矿及少量的细晶石。伴生有用矿物有绿柱石、矽铍石、锂辉石、铪锆石、石榴子石及条纹微斜长石、钠长石。南北向脉体和东西向脉体均为锰铌钽铁矿，矿物呈黑色、柱状、板柱状、毛发状及细粒状等。其中南北向矿体 $Nb_2O_5$平均品位 0.018%，$Ta_2O_5$平均品位 0.023%；东西向矿体 $Nb_2O_5$平均品位 0.012%，$Ta_2O_5$平均品位 0.022%（据湖南省地质调查院，2018）。

**4. 其他稀有金属矿点**

修水县簸箕窝铍矿点：位于修水县黄龙乡。区内广布燕山早期第二阶段中粒斑状二云母花岗岩（岩基）及第三阶段细粒二云母花岗岩，前者被后者侵入。北东向断层成组平行分布。节理发育，计有倾向 190°～250°、倾角 35°～38°及倾向 10°～20°或 110°～100°、倾角 25°～30°，后一组节理对成矿起控制作用。矿体呈脉状、团块状、浸染状分布于细粒二云母花岗岩中，矿化面积 0.35$km^2$，矿体形态变化不大。主要产于岩体顶部，与云英岩化、钠长石化关系较密切。共生矿物以绿柱石为主，黄铜矿、黄铁矿、石榴子石次之，尚有次生铀矿物。全区平均品位 BeO 为 0.0025%，手选绿柱石品位 2.07kg/t。围岩蚀变有云英岩化、钠长石化、硅化、石榴子石化。本区铍矿化范围小，品位低，工业利用价值不大。

盆形山南铌钽铁矿点：矿点产于燕山早期第二阶段中粒斑状二云母花岗岩的过渡相岩石中。矿体为花岗伟晶岩脉，呈北东向延伸。有用矿物主要为白云母、铌钽铁矿；脉石矿物有长石及石英。属含铌钽铁矿花岗伟晶岩型矿床，矿点规模小，品位低，工业利用价值不大。

## 三、非金属矿产

研究区内非金属矿产主要为一盘丘脉石英矿床、上董辉绿岩矿点、田丘脉石英矿，均为露天开采，开采成本低、安全系数高、经济效益好。

一盘丘脉石英矿床：位于北东向沙洲店断裂带中，脉石英沿断裂带产出，为灰白色，致密坚硬，宽 10～40m，长约 4km，走向为北东 40°。

上董辉绿岩矿点：为露天开采，有简易公路相通。灰绿色辉绿岩脉，脉宽 2～10m。

辉绿结构，块状构造。主要成分为辉石、斜长石。矿物粒径达5mm。测岩脉大致产状：40°∠70°。为一民采场，现已停采。

## 四、地热水

研究区位于幕阜山地热带，地热水资源十分丰富。

下王家庄温泉：位于湖北省咸宁市通山县洪港镇下王家庄，已经过详查，见钻孔1个，有当地居民将热水导入家中，作为温泉对外营业。硫黄味较浓，温泉水温超过50℃。

胡家温泉：位于江西省武宁县甫田乡太平山村胡家东坪钨矿内，见钻孔2个，硫黄味较浓，温泉水温超过43℃。

白岭温泉：位于江西省西北部，赣、鄂、湘三省交界处幕阜山脉中段黄龙山脚下，温泉出露分为南、北两区共3处，南区温泉村温泉水温65℃，流量143.08$m^3/d$；北区石皮黄村温泉水温43℃，坳口村温泉水温31~41℃。自古人们便开始利用温泉，从清代沿用至今的传统温汤池人们可以免费泡浴。白岭矿区地热田热储层呈带状分布，主要热储层为二长花岗岩中之断裂构造（热储层呈向北西倾斜延伸），地热田边界范围的确定主要根据控制地热水形成的断裂分布、地形地貌、岩性等因素综合考虑，就目前勘查控制程度而言，地热水分布受断裂控制，其中区域上北东向区域性断裂带（以$F_4$）为控热构造，赋水和热水通道为穿过温泉出露区内的北东向与北西向断裂交汇的裂隙带。

# 第二章　幕阜山-九宫山复式花岗岩体

幕阜山-九宫山复式花岗岩体位于湘鄂赣三省交界处，大地构造位于扬子与华夏板块交接部位的江南造山带东段。幕阜山-九宫山构造岩浆带多期次岩浆活动伴随了多阶段不同程度的稀有金属、钨多金属成矿作用，从而形成了区域广泛分布的稀有金属矿床、矿点。与幕阜山岩体成矿有关的稀有金属代表性矿床有湖南平江仁里、传梓源、麦埚，湖北断峰山等伟晶岩型铌钽锂矿床；九宫山岩体则以形成钨多金属矿为主，代表性矿床有江西香炉山钨矿床和东坪钨矿床（图 2-1）。幕阜山-九宫山复式花岗岩是中生代以来华南强烈的构造-岩浆作用的产物，以大规模的花岗岩岩浆作用及稀有金属、有色金属成矿作用而著称，是研究岩浆活动对稀有金属、有色金属成矿制约关系的天然实验室。

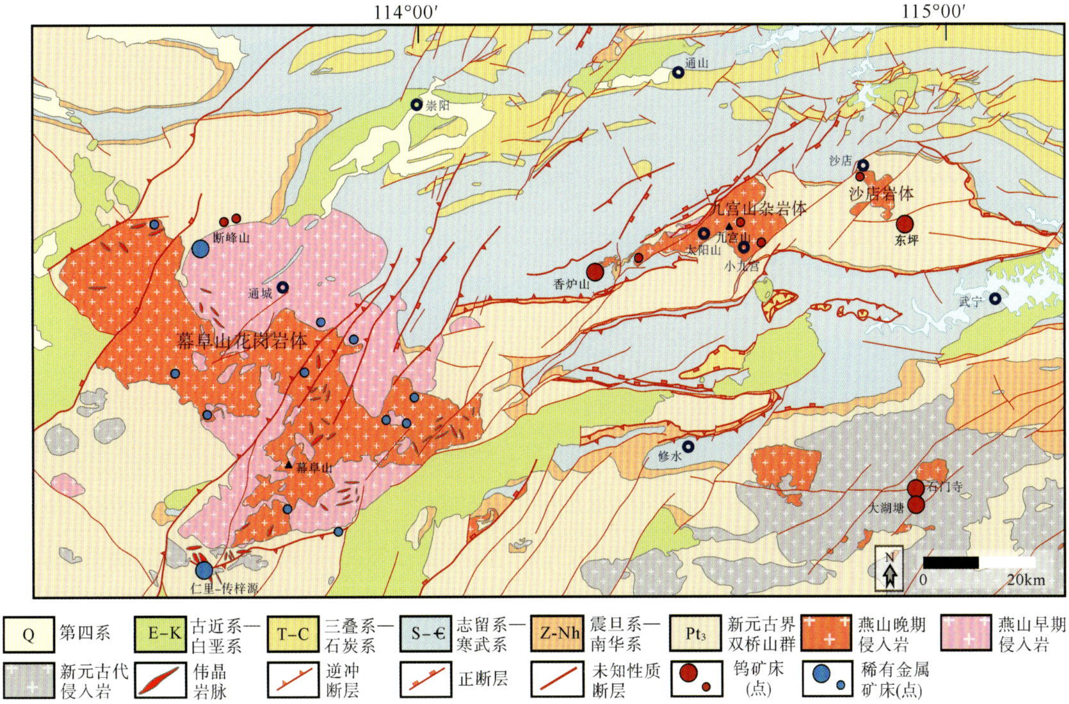


图 2-1　幕阜山-九宫山复式花岗岩体与稀有金属、钨多金属矿床分布略图

## 第一节　复式花岗岩体侵入期次划分

幕阜山-九宫山复式花岗岩体呈北东东向展布，自西向东称之为幕阜山花岗岩体（湖北

省境内称之为通城岩体、江西省境内称之为白岭岩体），出露面积约 2360km$^2$；香炉山花岗岩体，出露面积约 5km$^2$；九宫山杂岩体和沙店岩体，出露面积约 200km$^2$。岩性主要是中酸性-酸性花岗岩类，一般呈较大的岩基或岩株产出。区域岩浆活动最早始于新元古代晋宁期，晚侏罗世活动再次达到高峰，直至白垩纪早期结束，主要经历了前加里东期构造拼合→印支期俯冲汇聚→燕山早期汇聚走滑→燕山晚期离散走滑的构造发展过程（柏道远等，2006，2021，2023）。从东北部到西南部，幕阜山花岗岩年龄总体呈现由老至新的变化趋势，早期岩性以花岗闪长岩和黑云母花岗岩为主，中期以二云母花岗岩为主，晚期为零散分布的白云母花岗岩岩株。依据前人所获得的幕阜山-九宫山地区花岗岩、伟晶岩年代学数据，将幕阜山-九宫山复式花岗岩大致分为 3 个时代及多个侵入期次（表 2-1）。

**表 2-1　幕阜山-九宫山复式花岗岩体侵入期次划分表**

| 时代 | 序列 | 岩体名称 | 期次 | 主要岩性 | 同位素年龄/Ma | 参考文献 |
|---|---|---|---|---|---|---|
| 早白垩世 |  | 幕阜山南缘伟晶岩 |  | 微斜长石钠长石伟晶岩 | Nb-Ta 133～136 | Li P et al.，2020 |
|  |  |  |  | 白云母钠长石伟晶岩 | Ar-Ar 130～135 | 李鹏等，2017 |
|  |  |  |  | 锂云母钠长石伟晶岩 | Ar-Ar 125 |  |
|  |  |  |  | 二长伟晶岩 | Re-Os 130.1 | 周芳春等，2019 |
|  | 鹅湖序列 | 香炉山岩体 | 4 | 二云母花岗岩 | U-Pb 123 | 胡正华等，2018 |
|  |  | 太阳山岩体 | 3 | 黑云母二长花岗岩 |  |  |
|  |  | 小九宫岩体 | 2 | 中细粒黑云母二长花岗岩 | U-Pb 124.6 | 田彩霞等，2019 |
|  |  | 沙店岩体 | 1 | 中细粒黑云母花岗岩 | U-Pb 132.9 | 胡正华等，2018 |
|  | 黄龙山序列 | 幕阜山花岗岩体 | 5 | 细粒白云母二长花岗岩 | U-Pb 129.8 | 李鹏等，2017 |
|  |  |  | 4 | 细粒斑状二云母二长花岗岩 |  |  |
|  |  |  | 3 | 细粒二云母二长花岗岩 | U-Pb 138 | 李鹏等，2017 |
|  |  |  | 2 | 粗中粒二云母二长花岗岩 | U-Pb 140 | 陆凡等，2020 |
|  |  |  | 1 | 似斑状黑云母二长花岗岩 | U-Pb 142.9 | 许畅等，2019 |
| 晚侏罗世 | 月田序列 | 幕阜山花岗岩体 | 6 | 粗中粒黑云母二长花岗岩 | U-Pb 146.2 | 李鹏等，2017 |
|  |  |  | 5 | 中细粒黑云母二长花岗岩 | U-Pb 152 | 陆凡等，2020 |
|  |  |  | 4 | 中粒（少）斑状黑云母二长花岗岩 | U-Pb 152.5 | 姜鹏飞等，2021 |
|  |  |  | 3 | 含斑黑云母二长花岗岩 | U-Pb 151 | 王晶等，2020 |
|  |  |  | 2 | 黑云母花岗闪长岩 | U-Pb 154.9 | 湖北省地质调查院，2013 |
|  |  |  | 1 | 黑云母石英二长岩 | U-Pb 157.9 |  |
| 中侏罗世 | 南江桥序列 | 幕阜山花岗岩体 | 3 | 细中粒斑状黑云母二长花岗岩 |  |  |
|  |  |  | 2 | 中细粒黑云母花岗闪长岩 | Rb-Sr 170 | 束正祥等，2015 |
|  |  |  | 1 | 中细粒黑云母英云闪长岩 |  |  |

续表

| 时代 | 序列 | 岩体名称 | 期次 | 主要岩性 | 同位素年龄/Ma | 参考文献 |
|---|---|---|---|---|---|---|
| 新元古代 | | 幕阜山西缘三墩、张邦源岩体 | | 细中粒黑云母花岗闪长岩 | U-Pb 800 | 王晶等，2020 |
| | | 九宫山北坡岩体 | | 片麻状花岗岩 | U-Pb 830±8 | 王艳等，2018 |

## 一、晋宁期侵入岩

晋宁期侵入岩仅分布于幕阜山花岗岩体西南角，出露范围有限，多呈岩株或岩滴状产出，出露面积约 5.5$km^2$。岩体侵入于青白口系冷家溪群浅变质岩石之中，侵入界线清楚，局部岩层受岩体侵位影响产状变缓。已查明的新元古代花岗岩由北至南主要包括：张邦源岩体、饶村岩体、罗里岩体、渭洞岩体、彭家湾岩体和三墩岩体。

三墩花岗岩体位于幕阜山岩体南端，与仁里-传梓源超大型铌钽矿床稀有金属伟晶岩脉空间关系密切。岩体被天宝山、枫林石-浆市、张古冲-三墩 3 条压扭性断裂穿切，侵入于青白口系冷家溪群浅变质岩石之中，侵入界线清楚，局部岩层受岩体侵位影响产状变缓。Be-Nb-Ta-Li 伟晶岩穿切三墩花岗岩体及冷家溪群片岩接触边界，呈北西西-近东西向贯入三墩花岗岩体中，伟晶岩与花岗岩边界清晰。

三墩花岗岩岩体岩性主要为片麻状二云母斜长花岗岩，岩石结构以细中粒为主，具弱片麻状构造。全岩地球化学分析显示，三墩花岗岩体具有高钠、铝等特点，A/CNK 为 1.15~1.39，A /NK 为 1.39~1.69，属过铝质花岗岩；∑REE 为（70.45~84.36）$\times10^{-6}$，$La_N/Yb_N$ 为 10.82~11.23，轻稀土元素中度富集，Eu 弱亏损（δEu 为 0.99~0.77）；富集大离子亲石元素，Nb 亏损。综合分析，该岩体为 I 型花岗岩，形成于大陆火山弧构造背景下，推测为江南造山带形成过程中由格林威尔造山运动板块碰撞形成，为聚合板块边缘俯冲带岩浆作用的产物（黄志飚等，2018）。

近期有报道湖北省境内幕阜山-九宫山北坡太阳山早白垩世岩体获得了锆石 U-Pb 年龄为 830±8Ma（王艳等，2018），但从区域地质资料对比分析，九宫山地区存在晋宁期侵入岩的依据仍不充分。

## 二、燕山早期（中—晚侏罗世）侵入岩

### 1. 湖南境内幕阜山中—晚侏罗世侵入岩

燕山早期（中—晚侏罗世）花岗岩广泛分布于幕阜山复式岩基，构成了幕阜山花岗岩体的主体，由多个活动阶段的侵入体组成，燕山早期侵入体主要分布于岩基东北部和西南角。该时代花岗岩岩性主要为石英二长岩、黑云母花岗闪长岩、黑云母二长花岗岩及二云母二长花岗岩。湖南省地质调查院（2017）将中侏罗世侵入岩划分为南江桥序列，晚侏罗世岩体划分为月田序列。

中侏罗世南江桥序列主要以黑云母花岗闪长岩、黑云母二长花岗岩为主，其形成时代相对较早（Rb-Sr 全岩年龄为 170Ma），呈岩基侵入于新元古代变质砂岩、砂质板岩、板岩中，被晚期次花岗岩侵入，呈北西及北东向延长不规则状，位于岩基边部。主要造岩矿物钾长石含量 13.3%~32.2%，斜长石 35.2%~46.3%，石英 25.8%~30.8%，黑云母

6.8%~9.6%。

晚侏罗世月田序列主要以二云母二长花岗岩为主，侵位时代为146.2~157.9Ma（表2-1）呈不规则状侵入于早期的花岗岩中，以岩株形式出露。主要造岩矿物钾长石含量26.2%~34.4%，斜长石30.1%~35.6%，石英27.5%~30.9%，黑云母3%~4.8%，白云母2.1%~3.8%。

湖南平江县传梓源-仁里钽铌锂矿区北面主要出露月田序列粗中粒斑状黑云母二长花岗岩，按侵入先后分为一次和二次侵入，一次侵入的黑云母二长花岗岩呈大岩基产出，锆石$^{206}Pb/^{238}U$加权平均年龄为154.1±2.5Ma（Xiong et al.，2020），分边缘相和过渡相花岗岩，其中分布有大量的伟晶岩脉；二次侵入的白云母二长花岗岩呈北东和北西两个方向侵入于一次花岗岩中，锆石U-Pb加权平均年龄为141.0±2.4Ma，独居石Th-Pb加权平均年龄为140.7±2.2Ma（Xiong et al.，2020），普遍有白云母和斜长石化，在局部地段发育有钠长石化和云英岩化。北部幕阜山岩体内的伟晶岩脉主要产于燕山早期第一次侵入体边缘相，其围岩为花岗岩，伟晶岩脉中多含大小不一的花岗岩包体。其岩性以微斜长石为主，钠长石、石英次之，总体上伟晶岩中黑云母较多，白云母较少。局部地段钠长石化、白云母化较强烈，易形成小的铌钽等稀有金属矿体。矿区岩体呈岩基侵入冷家溪群变质岩中，其南缘岩体为燕山早期月田序列花岗岩，年龄为140Ma，该岩带宽500~2000m，沿幕阜山南缘呈带状分布，岩石呈灰白色，具似斑状结构、片麻状构造。斑晶为钾长石、斜长石及少量石英组成，含量8%~25%，基质组成为斜长石（25%~40%）、钾长石（30%~40%）、石英（30%~35%）、黑云母（6%~13%）等，副矿物见有锆石、独居石、石榴子石等；微量元素Be、Bi、Li平均含量远高于世界酸性岩值，为传梓源-仁里稀有金属矿床伟晶岩成矿的母岩。

由早至晚各岩体呈岩基产出者渐少，而以岩株、岩脉等小岩体产出者渐增，显然，这与控制岩浆活动的构造因素及其形成的方式有关。反映在岩石结构上由粗粒、粗粒斑状、中粗粒结构—中细粒、中细粒斑状—细粒、细粒少斑结构的特征。主要造岩矿物条纹长石数量增加，条纹形态趋于复杂，钠长石条纹从印支期开始逐增，斜长石减少，长石牌号降低，有从更中长石—更长石—钠长石的变化趋势；石英和白云母含量增加，黑云母减少，普通角闪石由少量到无。表现在岩石类型上有由黑云母花岗岩—二云母花岗岩—白云母花岗岩的演化序列。

**2. 湖北省通城晚侏罗世侵入岩体**

湖北省通城晚侏罗世侵入岩体划分为石英二长岩体、黑云母花岗闪长岩体、黑云母二长花岗岩体、二云母二长花岗岩体及细粒二云母二长花岗岩体（湖北省地质调查院，2013）。

（1）石英二长岩体

石英二长岩体主要分布在板江—月田公路两侧，呈北西走向透镜状分布。岩体南东侧侵入到青白口系雷神庙组一段中，后期被断层破坏，北西侧与黑云母花岗闪长岩体及黑云母二长花岗岩体呈过渡接触，较多出现岩浆混合现象。岩性为中细粒黑云母石英二长岩，具中细粒花岗结构，主要矿物成分有：钾长石（29%），粒度0.5~2mm，次棱角—次浑圆状；斜长石（43%），粒度0.5~2mm，次棱角—次浑圆状；石英（13%~15%），粒度0.2~1.5mm，他形粒状；黑云母（9%），粒度0.1~1mm，鳞片状。副矿物有磷灰石（1%）、锆石（<1%）、榍石（1%~2%）、褐铁矿（1%~2%）、绿帘石（3%）等。在韧性动力变质作用下，定向应力使岩石片理化，长石与石英及黑云母相间成层状分布，呈现

片状或条带状构造。钾长石主要是条纹长石和微斜长石，斜长石则以更长石居多，黑云母呈鳞片状，铁质普遍析出而使矿物颜色较深，吸收多色性不强。其$^{206}Pb/^{238}U$加权平均年龄为157.9±2.4Ma，MSWD=1.4（湖北省地质调查院，2013）。

（2）黑云母花岗闪长岩体

黑云母花岗闪长岩体主要分布在通城—关刀桥镇—塘湖镇一线，呈北西-南东向展布，呈岩基产出，与侏罗纪黑云母二长花岗岩体呈突变接触，岩体北东侧与寒武纪—志留纪地层呈侵入接触，接触界线弯曲，接触面倾角65°~85°。板江一带亦有少量出露，与青白口系雷神庙组呈侵入接触。根据物质成分及结构构造的变化、产出状态、相互间的接触关系划分为3个期次侵入体，各侵入体间呈渐变过渡的特征，为涌动接触。第1期侵入体岩性为中细粒黑云母英云闪长岩。第2期侵入体主要岩性为中细粒黑云花岗闪长岩，局部可见中细粒黑云花岗闪长岩、粗中粒黑云母花岗闪长岩。由早到晚具粒度由细变粗的演化特点。常以包体的形式出现于晚期黑云母二长花岗岩体和二云母二长花岗岩体中，包体长轴方向与流动面理一致，少量具烘烤壳。第3期侵入体岩性为细中粒黑云二长花岗岩。其$^{206}Pb/^{238}U$加权平均年龄为154.9±2.3Ma，MSWD=2.4（湖北省地质调查院，2013）。

（3）黑云母二长花岗岩体

黑云母二长花岗岩体呈不规则半环带状分布于通城县—麦市—黄龙及马岗镇—冬塔乡—板江一带，呈岩基产出。侵入岩体外侧与青白口系雷神庙组、寒武纪—志留纪地层呈侵入接触，外接触面倾向围岩，局部地段倾向岩体，倾角多数30°~50°，少数50°~80°。主要岩性有细中-粗中粒斑状黑云母二长花岗岩、细-中细粒黑云母二长花岗岩，各侵入体之间为渐变接触关系，由早到晚划分为4个期次侵入体，岩性分别为细-中细粒黑云母二长花岗岩、细中粒斑状黑云母二长花岗岩、细中粒少斑状黑云母二长花岗岩，中粒斑状黑云母二长花岗岩、中粒少斑状黑云母二长花岗岩，粗中粒斑状黑云母二长花岗岩、粗中粒黑云母二长花岗岩。具粒度由细变粗、斑晶由少变多的演化特点。其$^{206}Pb/^{238}U$加权平均年龄为153.8±3.4Ma，MSWD=2.6（湖北省地质调查院，2013）。

（4）二云母二长花岗岩体

二云母二长花岗岩体为本区出露面积最大的侵入岩体，呈岩基产出。由东、西两部分组成，东部出露于马岗镇—黄龙山一带，西部出露于月田—铁山水库一带。东部岩体大部侵入于早期黑云母二长花岗岩体内，大部分呈突变接触关系，部分地段在接触带上见暗色边；西部侵入青白口系，围岩以残留体形式广泛出现。主要岩性有细-粗中粒二云母二长花岗岩、细粒-细中粒少斑状二云母花岗岩及细-中粒斑状二云母二长花岗岩，岩性之间为渐变过渡关系。其$^{206}Pb/^{238}U$加权平均年龄为153.5±3.9Ma，MSWD=3.2（湖北省地质调查院，2013）。

（5）细粒二云母二长花岗岩体

该岩体侵入于较早的黑云母二长花岗岩体、二云母二长花岗岩体中，呈小岩株或岩墙状产出，与围岩界线清楚。主要岩性有细-中细粒二云母二长花岗岩、细粒二云母钾长花岗岩，局部可见中细粒（含斑状）二云母钾长花岗岩、细粒黑云母二长花岗岩。其$^{206}Pb/^{238}U$加权平均年龄为144.5±2.8Ma，MSWD=3.8（湖北省地质调查院，2013）。

## 三、燕山晚期（早白垩世）侵入岩

燕山晚期（早白垩世）花岗岩主要分布于幕阜山复式岩基中部和九宫山地区，构成了幕阜山-九宫山构造岩浆岩带的主体，由多个活动阶段的侵入体组成，该时代花岗岩岩性主要为石英二长岩、黑云母花岗闪长岩、黑云母二长花岗岩及二云母二长花岗岩。湖南省地质调查院（2017）将幕阜山早白垩世侵入岩划分为黄龙山序列，江西境内白岭早白垩世侵入岩划分为鹅湖序列。

### （一）幕阜山地区燕山晚期侵入岩

#### 1. 湖南幕阜山黄龙山序列侵入岩体

燕山晚期幕阜山侵入岩主要为黑云母二长花岗岩、二云母二长花岗岩、二云母花岗岩和白云母花岗岩。从空间分布看，黑云母二长花岗岩主要分布在幕阜山岩体西北部和中南部，范围较广；二云母二长花岗岩主要分布在幕阜山岩体北部和西南部，范围较广；二云母花岗岩、白云母花岗岩呈小岩体零散分布在幕阜山岩体中部和南部，范围较小。现以幕阜山麦市西部花岗岩为例将黄龙山序列特征概述如下。

幕阜山麦市西部花岗岩类型较多，主要由斑状黑云母二长花岗岩、电气石白云母二长花岗岩及石榴子石白云母二长花岗岩组成，野外观察到燕山晚期电气石白云母二长花岗岩侵入燕山早期斑状黑云母二长花岗岩中，接触带有明显冷凝边，在岩芯中也观察到电气石白云母二长花岗岩侵入斑状黑云母二长花岗岩，接触界线处见宽窄不一的混染带，最宽达 10cm。

斑状黑云母二长花岗岩：灰白色，斑晶为钾长石和少量斜长石，大小 1~2 cm，约含8%；中细粒基质矿物石英约占 20%，斜长石约占 35%，钾长石约占 28%，黑云母约占8%，其 $^{206}Pb/^{238}U$ 加权平均年龄为 151. 0±2. 7Ma（MSWD=3. 8）。

电气石白云母二长花岗岩：灰白色，中粒，主要矿物石英约占 25%，斜长石约占 30%，钾长石约占 35%，白云母约占 5%，电气石约占 4%。电气石呈柱状，长 1~3mm，显微镜下呈黄褐色，晶形较差；白云母具有鲜艳的干涉色，呈片状分布；斜长石呈板状，聚片双晶发育。其 $^{206}Pb/^{238}U$ 加权平均年龄为 132. 7±1. 6Ma（MSWD=1. 8）（李安邦等，2021）。

锆石 U-Pb 年龄表明，幕阜山复式岩体早白垩世二云母二长花岗岩、石榴子石白云母二长花岗岩以及电气石白云母二长花岗岩锆石年龄在 130~134Ma 之间，与伟晶岩稀有金属矿床成矿年龄接近。

#### 2. 湖北幕阜山通城早白垩世侵入岩体

幕阜山复式岩基燕山晚期（早白垩世）花岗岩湖北省境内主要分布于五里镇、通城县西、磐石、板江一带，侵入体以小岩株形态侵入到中生代侏罗纪侵入岩中，主要岩体包括细粒花岗闪长岩体和白云母二长花岗岩体。前者为岩基主体，后者多呈岩枝、岩株状分布于前两次侵入体内部。其中与稀有金属成矿相关的燕山晚期侵入体，总体呈现出较为清晰的演化顺序：花岗闪长岩/黑云母石英二长岩—黑云母二长花岗岩—二云母二长花岗岩—白云母二长花岗岩。

（1）黑云母花岗闪长岩体

黑云母花岗闪长岩体主要出露在五里镇周边，侵入到较早的黑云母二长花岗岩、二云母二长花岗岩及细粒二云母二长花岗岩体中，呈岩墙状产出，与围岩界线清楚。由于露头风化强烈，接触界面掩盖。主要岩性有细粒黑云母花岗闪长岩及细粒黑云母二长花岗岩。

（2）白云母二长花岗岩体

白云母二长花岗岩体分布于板江—冬塔乡一带及五里镇、磐石等地，呈小岩株产出，与围岩界线清楚。侵入到较早的花岗闪长岩体、黑云母二长花岗岩、二云母二长花岗岩中，见 10cm 宽的冷凝边，接触带上可见细中粒岩体碎块形成的角砾岩带，胶结物为细粒岩体，侵入接触十分明显；细粒岩体一侧见非常窄的云母富集带。主要岩性有中细粒-细中粒白云母二长花岗岩、细中粒黑云母二长花岗岩，局部可见中细粒斑状黑云母二长花岗岩。

**3. 江西白岭早白垩世侵入岩体**

该岩体主要分布于江西修水县与湖南交界处白岭—古市一带，为幕阜山复式岩基的东延部分，出露面积约 257. 38km$^2$，岩体呈不规则岩基（株）状产出，侵入于新元古界双桥山群中，局部呈断层接触，侵入面外倾，倾角较陡。围岩热接触变质作用强烈，可划分为角岩带和斑点板岩带，特征变质矿物为石榴子石。变质带宽 200~300m，最宽可达 500m。白岭岩体又细分为苦竹岭细粒黑云母花岗岩、金峰山中粒含斑-少斑黑云母花岗岩和鸣水洞中-细粒二云母花岗岩 3 个侵入体。从早到晚，成分变化不明显，而斑晶含量及岩石粒度变粗，反映了 S 型花岗岩同源岩浆的演化特征。

（1）金峰山中粒含斑-少斑黑云母花岗岩

似斑状结构，块状构造，基质为中粒花岗结构，斑晶为钾长石，呈自形板柱状，大小为 6~20mm，含量 20%~25%。基质粒径 2~6mm。基质矿物：斜长石（25%），自形板柱状为主，晶内常见钠长石聚片双晶纹，An=13，为更长石类，有明显的次生蚀变；钾长石（38%），半自形晶板柱状，晶内可见卡式双晶和少量钠长石条纹，有少量自形的斜长石微晶；石英（30%），他形粒状，晶内波状消光发育；黑云母（5%~10%），板片状或不规则板片状集合体，片径小于 1. 5mm×0. 2. 5mm；白云母含量少量，为交代产物。副矿物有锆石、独居石、钛铁矿、磁铁矿、金红石、磷灰石、石榴子石；次生蚀变矿物有绿泥石化、高岭土化、绢云母化。出露面积约 170. 49km$^2$

（2）苦竹岭细粒黑云母花岗岩

中粒花岗结构，块状构造，斜长石（20%~30%），自形-半自形板柱状，粒径 0. 2~1. 5mm，卡钠复合双晶、聚片双晶常见；钾长石（10%~40%），他形粒状、粒径 0. 15~2. 8mm，常见格状双晶，并熔蚀、交代、包裹斜长石、黑云母；石英（25%~35%），他形粒状，粒径 0. 1~2. 5mm，晶内波状消光发育；黑云母（10%~15%），板片状或不规则板片状集合体，片径 1. 3mm×0. 2mm；白云母含量少量，为交代产物。副矿物有锆石、磁铁矿、黄铁矿、磷灰石、石榴子石、绿帘石。出露面积约 40. 47km$^2$。

（3）鸣水洞中-细粒二云母花岗岩

细粒花岗结构，块状构造，粒径 1~5mm。斜长石（30%），自形半-自形板柱状，聚片双晶发育，常见环带构造，为更钠长石，常被石英、钾长石溶蚀；钾长石（30%），半自形板状-他形粒状，具蠕虫结构，卡式双晶发育；石英（30%），他形粒状，晶内波状消光发育；黑云母（7%），深-浅棕色，片状，多色性明显；白云母（3%），无色片状，干涉色高。副矿物有钛铁矿、磁铁矿、磷灰石。出露面积约 46. 42km$^2$。

**（二）九宫山地区燕山晚期侵入岩**

九宫山地区燕山晚期侵入岩自西向东出露有香炉山岩体、九宫山北坡太阳山岩体、九宫山南坡小九宫山岩体和沙店岩体等，主体岩性为黑云母花岗岩-二云母花岗岩，属于燕山晚期（早白垩世）S 型酸-超酸性的钙性-钙碱性系列，与钨多金属成矿关系密切，形成了大型-超大型香炉山钨多金属矿床、东坪黑钨矿床和多处矿（化）点等（图 2-2）。

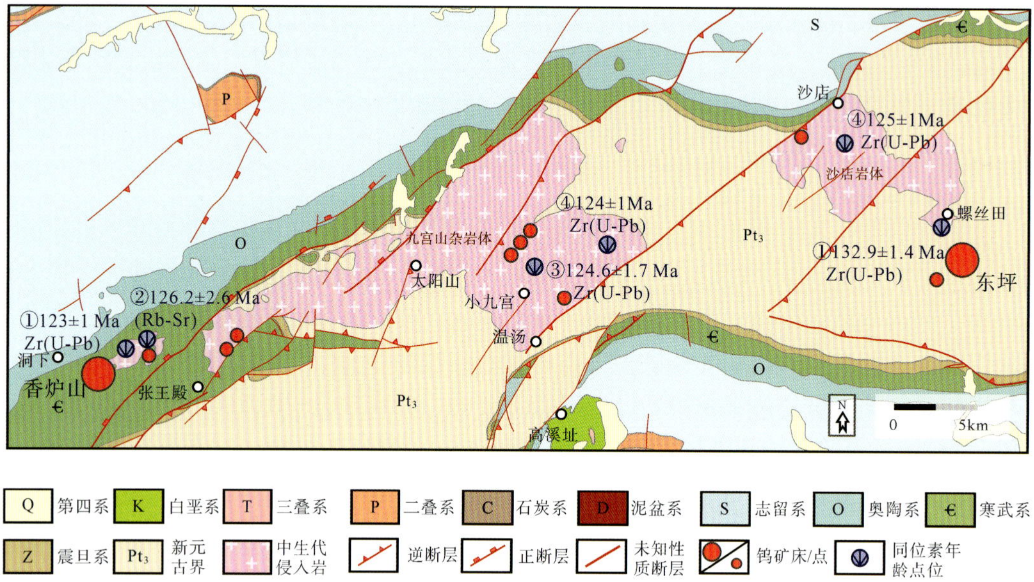


图 2-2 九宫山复式岩体与钨多金属矿床（点）分布略图

（同位素年龄数据来源：①据胡正华等，2018；②据张家菁等，2008；③据田彩霞等，2019；④据王艳等，2020）

### 1. 香炉山岩体

香炉山岩体又称之为任家山-高湖岩体，岩性以二云母花岗岩为主，其次有细晶岩脉和煌斑岩脉。二云母花岗岩主要产出于矿区北东侧，呈小岩株侵位于背斜核部杨柳岗组中，形成宽大于1000m的热接触变质圈，出露面积约5km$^2$。岩体外接触带均产生热变质现象，随岩性不同而产生不同的热变质带：①透辉石-黑云母矽卡岩化带，主要产于杨柳岗组泥质灰岩中，带宽50~300m，在其外围有100~800m之透闪石-绢云母矽卡岩化带。②含炭云英角岩化及含炭长英角岩化带，主要产于南华系至寒武系观音堂组泥砂质类岩石中，带宽由数百米至千余米不等，岩体内接触带有云英岩化及硅化。高湖钨矿化产于侵入体内接触带，受北北东和北西向的冷凝收缩裂隙的控制。此外尚有辉钼矿、锡石、黄铁矿化等。

细粒二云母二长花岗岩：风化色呈灰黄-灰褐色，新鲜色为灰色-灰白色，具细粒花岗结构，块状构造（图2-3A）。通过镜下观察岩石主要矿物成分由钾长石、斜长石和石英组成，次要矿物为黑云母和白云母等（图2-3B，C）。其中钾长石呈半自形厚板状、他形粒状，粒径一般为0.25~2mm，含量约占40%，成分以正长石为主，表面浑浊，局部可见高岭石化；斜长石呈半自形板柱状，粒径一般为0.3~2mm，含量约占34%，成分以更长石为主，发育细密的聚片双晶，环带构造不发育，局部轻微绢云母化、高岭石化；石英呈不规则他形晶体充填于不规则的空隙中，粒径一般为0.3~2.5mm，含量约占20%，局部见熔蚀边缘；暗色矿物以黑云母为主，粒径一般为0.1~0.8mm，含量约占5%；岩石中含少量白云母；副矿物含量小于1%，种类较多，分布于各矿物之间。

黑云母二长花岗岩：含斑状中细粒花岗结构，块状构造。基质主要矿物为钾长石、斜长石、石英，次要矿物为黑云母，主要矿物含量：钾长石27%，斜长石20%，石英43%，黑云母6%，白云母1%，绿泥石2%。斑晶为钾长石，偶见石英，含量5%~15%。斑晶大小一般为10~15mm。

前人年代学数据表明，香炉山黑云母二长花岗岩全岩 Rb-Sr 等时线年龄 126±2.6（张家菁等，2008），二云母二长花岗岩锆石 U-Pb 年龄为 123Ma（胡正华等，2018），时代为燕山晚期早白垩世。

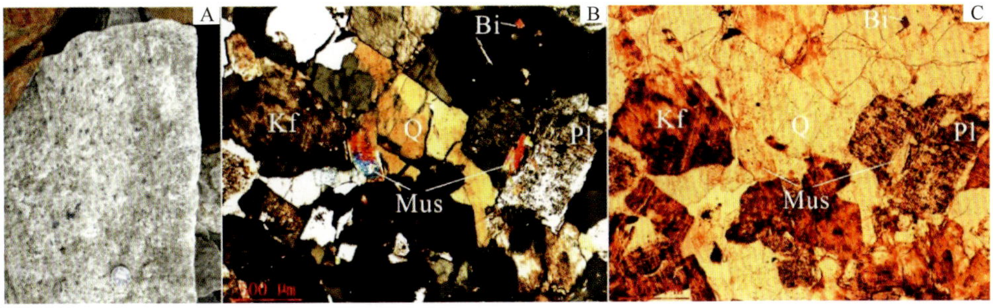


图 2-3　香炉山钨矿床成矿岩体岩相学特征

A—二云母二长花岗岩手标本；B—正交偏光显微镜下照片；C—单偏光显微镜下照片，长石双晶发育，具轻微绢云母化、高岭石化；Q—石英；Kf—钾长石；Pl—斜长石；Bi—黑云母；Mus—白云母

**2. 九宫山南坡小九宫岩体**

该岩体位于九宫山南坡小九宫至刘家桥一带，出露面积约 100km$^2$。平面上呈近东西向，岩体在北东、南西侧侵入前青白口系冷家溪群中，侵入界线十分清楚，局部岩层受岩体侵位影响产状变缓。南东侧与围岩、冷家溪群变质岩呈断裂接触，断裂走向为北东向，而西北部受太阳山岩体侵入，二者为超动型侵入接触。岩性为细粒黑云母二长花岗岩、含斑黑云母二长花岗岩、中粗粒黑云母二长花岗岩等。根据岩石结构不同，可划分为内部相、过渡相和边缘相。南坡小九宫侵入体中脉岩有细晶岩脉、石英脉及少数伟晶岩脉。

细粒黑云母二长花岗岩：主要由石英、长石和绿泥石等矿物组成。其中，长石含量约为 60%，呈自形长柱状，晶体颗粒 5~8mm，多发育卡式双晶、复合双晶，少数见细微格子状双晶，矿物颗粒表面蚀变严重，多表现为绢云母化；石英含量约占 35%，多呈半自形，晶体 500~800μm，可见颗粒内部发育有较多的破裂和裂隙构造；绿泥石含量较少约 5%，单偏光下呈灰绿色，可能为黑云母蚀变产物（图 2-4A，B）。

中粗粒黑云母二长花岗岩：主要由石英、长石和黑云母等矿物组成。其中，长石含量约为 65%，呈自形长柱状或半自形，晶体颗粒较大可达 5~10mm，多发育卡式双晶和复合双晶，部分颗粒可见颗粒表面发育有出溶条纹结构，矿物颗粒表面可见绿泥石化蚀变现象；石英含量约占 25%，多呈半自形，晶体 300~600μm，颗粒内部发育有后期裂隙；黑云母含量约 10%，呈自形片状或短柱状，少数充填于石英和长石矿物间隙，自形颗粒较大 0.5~2mm，部分颗粒可见明显的生长环带现象（图 2-4C，D）。

**3. 九宫山北坡太阳山岩体**

该岩体位于九宫山北坡，分布在太阳山至石龙口一带，总体呈北东-南西向展布。太阳山侵入体的主要围岩为双桥山群和早寒武世泥砂质岩类，外接触带宽 100~200m，主要为二云母石英角岩。内接触带仅见很窄的细粒边。侵入界线清楚，部分地段见混染岩带，与围岩边界一般较为规则，但局部见港湾状；北侧与寒武系呈断层接触，且岩体的展布方向与断裂走向近一致，说明岩体的侵位受断裂控制；南东侧超动侵入小九宫序列之中。岩体常见硅化绿泥石化。在菖蒲源、太阳山等地见北西方向和北东东方向展布的石英脉型白钨矿脉，并伴有黄铁矿、方铅矿化。岩石垂直分带也比较清楚，仅可见过渡相和边缘相，分别由中粗粒黑云母二长花岗岩（图 2-5C，D）和中细粒二长花岗岩组成（图 2-5A，B）。

图 2-4　九宫山南坡小九宫岩体细粒黑云母二长花岗岩（A，B）及
中粗粒黑云母二长花岗岩（C，D）手标本及显微照片
Q—石英；Fsp—长石；Bi—黑云母

图 2-5　九宫山北坡太阳山岩体中细粒二长花岗岩（A，B）及
中粗粒黑云母二长花岗岩（C，D）手标本及显微照片
Q—石英；Fsp—长石；Bi—黑云母；Mus—白云母；Chl—绿泥石

中细粒二长花岗岩：灰白色，岩石压碎较剧烈，暗色矿物常常呈定向排列，而使岩石具有压碎结构和片麻状构造。由石英、长石、白云母和绿泥石等矿物组成。其中，长石含量约为45%，呈自形，晶体较大1~4mm，多发育细微格子状双晶，矿物颗粒表面蚀变严重，多呈绢云母化或绿泥石化；石英含量约占40%，呈半自形，晶体大小为300~600μm，可见少数颗粒发育波状消光现象，部分颗粒边部发育有溶蚀边；白云母含量约10%，矿物颗粒较小50~100μm，多呈填隙状充填于石英和长石颗粒中间或成放射状集合体出现；绿泥石含量较少约5%，单偏光下呈灰绿色，可能为云母矿物蚀变产物（图2-5A，B）。微量矿物有磁铁矿、锆石、磷灰石等，次生矿物有绢云母、绿泥石、高岭石。

中粗粒黑云母二长花岗岩：主要由石英、长石、黑云母和白云母等矿物组成。其中，长石含量约为60%，呈自形，晶体颗粒可达8~20mm，多发育卡式双晶和细微格子状双晶，矿物颗粒表面见轻微蚀变；石英含量约占30%，多呈他形，晶体大小为200~500μm，大部分颗粒边界发育有溶蚀边现象；黑云母含量约15%，呈自形短柱状，多呈集合体形式出现或部分填隙于石英和长石颗粒之间；白云母含量极少，仅见少量白云母充填于后期裂隙或矿物间隙中（图2-5C，D）。

前人在九宫山北坡太阳山岩体西侧香炉山岩体获得锆石U-Pb年龄为123Ma（胡正华等，2018），南坡小九宫岩体锆石U-Pb年龄为124.6±1.7Ma（田彩霞等，2019）和124±1Ma（王艳等，2020），形成时代为中生代白垩纪，太阳山岩体较小九宫岩体形成较晚，均属于燕山晚期岩浆活动的产物。

**4. 沙店岩体**

沙店岩体侵位于幕阜山复背斜核部双桥山群中，面积约为45.42km$^2$。西北部与围岩呈逆断层接触，呈岩基产出。根据岩石结构可划分为3个相带：内部相中粒斑状黑云母二长花岗岩—过渡相中粒含黑云母二长花岗岩—边缘相细粒含斑黑云母二长花岗岩（图2-6），三相带互成过渡关系。

图2-6 沙店岩体细粒含斑黑云母二长花岗岩手标本（A）及显微照片（B）

Q—石英；Fsp—长石；Bi—黑云母

细粒含斑黑云母二长花岗岩：灰白色，风化后呈灰黄色，细粒花岗结构，块状构造。岩石是由斑晶（31%）和基质（67%）两部分组成，具多斑状结构。斑晶主要由长英矿物组成，含少量黑云母。石英斑晶溶蚀呈浑圆状、港湾状；钾长石斑晶表面普遍具泥化，成分多为正长石，少为条纹长石，部分较粗大的钾长石晶体内含多个斜长石和石英包体；斜长石斑晶呈自形宽板柱状，普遍绢云母化；黑云母斑晶具明显多色性即：$N_g=N_m$—暗褐色，$N_p$—浅褐色，少数伴析铁；基质由长石、石英和少量黑云母（具绿泥石化并伴析铁现象）构成，呈隐晶质集合体。

沙店岩体为高硅高钾钙碱性过铝质高分异 S 型花岗岩（晏超等，2017；李永明等，2018），成岩年龄为 132.9Ma（胡正华等，2018）和 125Ma（王艳等，2020），形成时代为早白垩世。沙店岩体内石英脉、细晶岩脉、伟晶岩脉等脉岩分布广泛，以石英脉最为发育。石英脉多以单脉出现，局部成群出现，受北东、北西向两组节理控制，宽度一般为 5~15cm，走向延伸数米至数十米，常有分叉、尖灭等现象。石英脉形成最晚，常见其穿插细晶岩脉及伟晶岩脉，且与区内钨、锡成矿关系密切（详见本书第四章）。

## 四、伟晶岩脉

幕阜山南缘地区伟晶岩分布众多，多达 4000 余条，西起窄板洞，东至三墩，北起秦家坊，南至传梓源，共约 $46km^2$。脉体厚度大于 1m，长度大于 50m 的伟晶岩共有 926 条，其中产于花岗岩内的有 712 条，产于岩体外带片岩中的有 214 条。伟晶岩主要产在幕阜山岩体中及其外缘的片岩（板岩）地层中，从幕阜山岩体至传梓源地区伟晶岩岩性具分带特征：①在岩体内带以钾长石伟晶岩为主；②往南外带 1~2km，以微斜长石-钠长石伟晶岩为主；③再往南外带 2~3km，以钠长石伟晶岩为主；④再往南外带至传梓源地区大于 3km，以钠长石-锂辉石伟晶岩为主（图 2-7）。

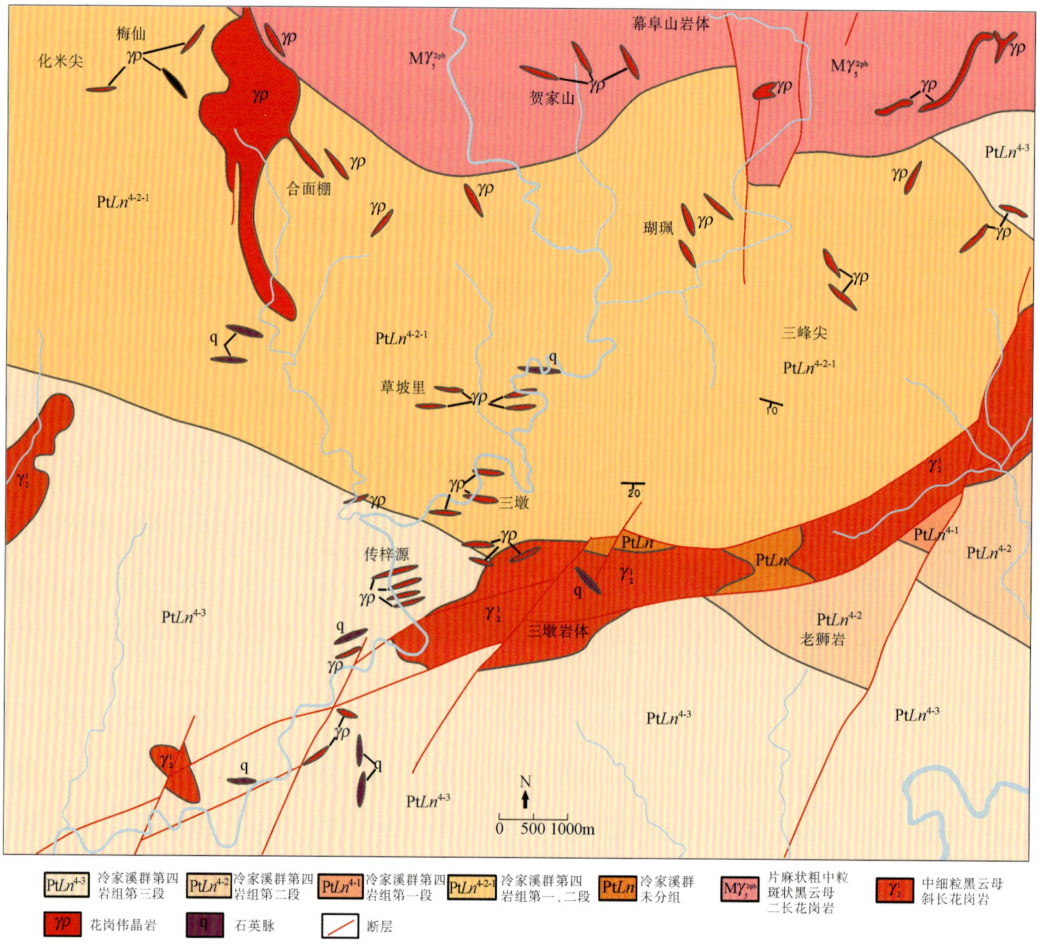


图 2-7　幕阜山南缘地区伟晶岩分布图

（据周芳春等，2019；湖南省地质调查院，2018）

伟晶岩形态十分复杂，主要为脉状及网脉状，受幕阜山花岗岩和断裂构造条件控制，伟晶岩呈北东向、东西向和北西向展布，产于花岗岩裂隙及板岩节理、板岩构造带中。随着离幕阜山母岩体远近和构造条件变化，伟晶岩在空间上出现有规律的变化，文春华（2017）根据伟晶岩造岩矿物与结构构造关系特征，由北往南可划分以下 5 种岩性类型。

钾长石伟晶岩（Ⅰ类型）：主要分布于贺家山地区，伟晶岩成群沿幕阜山花岗岩裂隙产出，走向为北东向，呈多组平行或斜交沿花岗岩张裂隙呈平直状产出，伟晶岩脉主要为板脉状、细脉状，岩脉厚度多在 0.5~2m 之间，与花岗岩接触边界平整（图 2-8A-1）。伟晶岩呈浅肉红色、灰白色，钾长石晶体为粗粒（图 2-8A-2），造岩矿物有：钾长石（75%~80%），粒径大小一般在 5~7cm 之间，最大者粒径可为 12cm；斜长石（5%~10%），粒径大小在 2~4cm 之间；石英（5%~8%），粒径一般为 3~7cm；黑云母（2%~5%），片径大小为 1~2cm。显微镜下显示钾长石为自形晶（图 2-8A-3），双晶变形，微裂缝发育，见石英沿裂缝充填；斜长石为聚片双晶，零星分布在钾长石颗粒之间；黑云母呈细小片状，沿微裂缝分布。

斜长石伟晶岩（Ⅱ类型）：主要分布于梅仙地区（图 2-7），距离幕阜山岩体 0~1km 范围内，伟晶岩沿幕阜山岩体外接触带呈斜交或相互穿插接触关系，其上往往见板岩盖层（图 2-8B-1），伟晶岩产在花岗岩外接触带周边或沿板岩地层板理及层理分布，以脉状分布为主。伟晶岩为灰白色，文象结构发育（图 2-8B-2），局部见团簇状云英岩化现象；造岩矿物有：微斜长石（35%~50%），粒径大小一般在 1~4cm 之间；斜长石（20%~35%），粒径大小一般在 2~3.5cm 之间；石英（8%~15%），粒径大小一般在 1~3cm 之间；黑云母（2%~5%），白云母（1%~3%），片径大小为 0.5~1cm。显微镜下显示微斜长石为他形晶，解理不发育；斜长石呈他形晶，聚片双晶发育。显微镜下在微斜长石和斜长石缝隙中可见石英呈蠕虫状镶嵌于其中（图 2-8B-3），形成文象结构；黑云母和白云母呈细鳞片状。

斜长石-钠长石伟晶岩（Ⅲ类型）：主要分布于瑚佩地区（图 2-7），距离幕阜山岩体 1~2km。伟晶岩主要产于板岩地层中，沿板理、裂隙呈脉状分布。伟晶岩主要造岩矿物有：斜长石（40%~60%），粒径大小一般为 0.5~3cm；石英（25%~45%），粒径大小一般为 0.5~2cm；钾长石（2%~8%），粒径大小一般为 1~2cm；白云母（3%~8%），片径一般为 0.5~1cm。副矿物有绿柱石、磷灰石、电气石、铌钽铁矿等。

钠长石伟晶岩（Ⅳ类型）：主要分布于三墩地区，距离幕阜山岩体 3~4km，伟晶岩产在板岩、片岩地层中，沿地层层理裂隙及板理、节理呈脉状分布，伟晶岩脉与围岩接触边界平整（图 2-8C-1）。伟晶岩为灰白色，伟晶结构，造岩矿物主要为：钠长石（45%~60%），粒径大小一般为 1~4cm；微斜长石（10%~20%），粒径大小一般为 0.5~2cm；石英（10%~15%），粒径大小一般为 0.5~2.5cm；白云母（5%~10%），片径一般为 0.5~1.5cm。显微镜下见钠长石交代微斜长石，使微斜长石变得支离破碎，反映出钠长石化现象发育（图 2-8C-2，3）。副矿物有磷灰石、绿柱石、铌钽铁矿等。

钠长石-锂辉石伟晶岩（Ⅴ类型）：主要分布于传梓源地区（图 2-7），距离幕阜山岩体

图 2-8　幕阜山南缘地区伟晶岩岩石及显微照片

（据湖南省地质调查院，2018；文春华等，2019）

A-1～A-3—钾长石伟晶岩：A-1—钾长石伟晶岩脉，A-2—粗粒钾长石，A-3—显微镜下钾长石呈自形晶；
B-1～B-3—斜长石伟晶岩：B-1—伟晶岩与花岗岩接触关系，B-2—文象结构伟晶岩，B-3—显微镜下蠕虫状石英；
C-1～C-3—钠长石伟晶岩：C-1—钠长石伟晶岩脉，C-2—伟晶结构钠长石伟晶岩，C-3—显微镜下钠长石交代斜长石；
D—钠长岩-锂辉石伟晶岩：D-1—锂辉石伟晶岩，D-2—铌钽铁矿，D-3—含绿柱石伟晶岩

4～5km，伟晶岩产在板岩地层中，呈板脉状、脉状展布，脉长可达 1km。伟晶岩造岩矿物主要为：钠长石（30%～35%），粒径大小一般为 0.5～3cm；锂辉石（35%～45%），粒径大小一般为 1～4cm；石英（10%～15%），粒径大小一般为 0.5～2cm；白云母（5%～10%），片径一般为 1～2cm。锂辉石呈柱状，解理十分发育，石英及白云母沿解理面充填（图 2-8D-1）；铌钽铁矿多呈板柱状、晶簇状、针状等，在钠长石伟晶岩中发育（图 2-8D-2）；绿柱石与石英共生（图 2-8D-3）。

李乐广等（2019）、王晶等（2020）将断峰山-仁里矿区伟晶岩按特征矿物的发育程度划分为：电气石伟晶岩、电气石-绿柱石伟晶岩、绿柱石伟晶岩、绿柱石-铌钽铁矿和铌钽铁矿-锂电气石-锂云母伟晶岩五类。

# 第二节　岩石地球化学特征

## 一、复式花岗岩体地球化学特征

### 1. 湖南幕阜山复式岩体岩石地球化学特征

幕阜山岩体为中—晚侏罗世—早白垩世复式岩体，各序列期次侵入体主量、微量、稀土元素岩石地球化学分析统计结果见表2-2。从表中可以看出以下特征：

1）$SiO_2$含量为66.41%~75.08%，随时代变新而增高，但各时代花岗岩中$SiO_2$含量均高于中国和世界花岗岩平均值。

2）CaO、MgO、$Fe_2O_3$+FeO趋于减少，除晋宁期以外，都低于中国和世界花岗岩平均值。

3）$Na_2O+K_2O$趋于增加，除晋宁期花岗岩略低于中国和世界花岗岩平均值外，其余均比中国和世界花岗岩平均值高；早白垩世黄龙山序列相对富钠，岩石的$Na_2O/K_2O$比值相对较大，为1.06~0.7。

4）各时代花岗岩内($SiO_2+K_2O+Na_2O$)/($Fe_2O_3$+FeO+MgO)比值逐渐增大，说明岩石的酸性增加，碱质增强，暗色矿物渐少，浅色矿物增多。

5）稀土元素总量$27.50\times10^{-6}$~$155.46\times10^{-6}$；$\Sigma Ce/\Sigma Y$比值较低，分别为2.46~9.46，反映为轻稀土富集型；由早至晚$\delta Eu$值变化大，为0.20~0.82。

6）岩石的微量元素Co、V、Ba、Zr等相容元素丰度值早次侵入体略高于晚次侵入体，而Cu、Pb、Mo、Li等晚次侵入体略高于早次侵入体。与维氏酸性岩平均丰度值相比大部分元素丰度值含量偏高，其中Pb、Mo、Li等元素明显富集，高出维氏酸性岩值2~6倍；Bi高出维氏酸性岩值10~130倍不等。

**表2-2　湖南幕阜山复式岩体主量、微量、稀土元素含量统计表**

| 序列 | 湖南幕阜山岩体黄龙山序列 | | | 湖南幕阜山岩体月田序列 | | | 湖南幕阜山岩体南江桥序列 | |
|---|---|---|---|---|---|---|---|---|
| 主要岩性 | 细中粒白云母二长花岗岩 | 细粒二云母二长花岗岩 | 细中粒二云母二长花岗岩 | 细粒二云母二长花岗岩 | 中细粒二云母二长花岗岩 | 细中粒斑状二云母二长花岗岩 | 细中粒斑状黑云母二长花岗岩 | 中细粒黑云母花岗闪长岩 |
| 主量元素（氧化物含量）/% | | | | | | | | |
| $SiO_2$ | 74.76 | 75.08 | 73.47 | 72.31 | 72.50 | 70.98 | 71.86 | 66.41 |
| $TiO_2$ | 0.04 | 0.03 | 0.21 | 0.18 | 0.02 | 0.34 | 0.32 | 0.55 |
| $Al_2O_3$ | 14.59 | 14.21 | 15.10 | 14.51 | 14.65 | 14.24 | 15.22 | 16.00 |
| $Fe_2O_3$ | 0.23 | 0.29 | 0.30 | 0.29 | 0.49 | 0.44 | 0.53 | 1.12 |
| FeO | 0.50 | 0.03 | 1.02 | 1.54 | 1.25 | 1.75 | 1.73 | 2.86 |
| MnO | 0.06 | 0.04 | 0.02 | 0.03 | 0.02 | 0.04 | 0.03 | 0.08 |

续表

| 序列 | 湖南幕阜山岩体黄龙山序列 | | | 湖南幕阜山岩体月田序列 | | | 湖南幕阜山岩体南江桥序列 | |
|---|---|---|---|---|---|---|---|---|
| 主要岩性 | 细中粒白云母二长花岗岩 | 细粒二云母二长花岗岩 | 细中粒二云母二长花岗岩 | 细粒二云母二长花岗岩 | 中细粒二云母二长花岗岩 | 细中粒斑状二云母二长花岗岩 | 细中粒斑状黑云母二长花岗岩 | 中细粒黑云母花岗闪长岩 |
| MgO | 0.10 | 0.10 | 0.47 | 0.49 | 0.35 | 1.48 | 0.70 | 1.80 |
| CaO | 0.34 | 0.46 | 1.67 | 1.78 | 1.12 | 1.78 | 2.00 | 3.62 |
| $Na_2O$ | 3.66 | 3.91 | 3.38 | 2.84 | 2.81 | 3.34 | 3.10 | 3.12 |
| $K_2O$ | 4.53 | 4.56 | 3.78 | 4.16 | 4.43 | 4.18 | 3.91 | 3.12 |
| $P_2O_5$ | 0.15 | 0.08 | 0.08 | 0.20 | 0.10 | 0.12 | 0.08 | 0.21 |
| 灼失 | 0.81 | 0.85 | 0.28 | 0.36 | 0.62 | 0.35 | 0.52 | 0.75 |
| 总和 | 100.38 | 99.89 | 99.78 | 98.67 | 98.49 | 99.04 | 100.00 | 99.69 |
| 稀土元素丰度（$10^{-6}$）及相关参数 | | | | | | | | |
| La | 6.85 | | 4.77 | 27.30 | 23.00 | 20.40 | 37.75 | 31.45 |
| Ce | 12.81 | | 8.12 | 39.10 | 46.00 | 41.55 | 64.55 | 62.07 |
| Pr | 1.42 | | 1.06 | 5.40 | 4.70 | 3.94 | 7.41 | 7.37 |
| Nd | 5.21 | | 4.33 | 17.50 | 16.50 | 13.58 | 24.80 | 26.08 |
| Sm | 1.27 | | 1.22 | 5.20 | 3.10 | 2.69 | 4.10 | 4.58 |
| Eu | 0.19 | | 0.08 | 0.43 | 0.56 | 0.48 | 0.80 | 1.15 |
| Gd | 1.17 | | 1.13 | 6.50 | 2.70 | 1.87 | 2.77 | 3.73 |
| Tb | 0.21 | | 0.21 | 0.87 | 0.38 | 0.41 | 0.37 | 0.49 |
| Dy | 1.24 | | 1.17 | 4.36 | 2.20 | 1.01 | 1.85 | 2.79 |
| Ho | 0.20 | | 0.17 | 0.77 | 0.34 | 0.23 | 0.34 | 0.52 |
| Er | 0.59 | | 0.44 | 2.10 | 0.80 | 0.53 | 0.82 | 1.34 |
| Tm | 0.09 | | 0.01 | 0.29 | 0.12 | 0.42 | 0.12 | 0.21 |
| Yb | 0.63 | | 0.45 | 1.30 | 0.72 | 0.49 | 0.66 | 1.25 |
| Lu | 0.10 | | 0.06 | 0.22 | 0.10 | 0.08 | 0.10 | 0.20 |
| Y | 8.93 | | 4.25 | 17.30 | 7..40 | 5.39 | 7.70 | 12.23 |
| $\sum REE$ | 31.99 | | 27.50 | 128.64 | 108.62 | 93.07 | 154.10 | 155.46 |
| $\sum Ce/\sum Y$ | 6.28 | | 2.46 | 2.82 | 6.36 | 7.92 | 9.46 | 5.83 |
| $\delta Eu$ | 0.40 | | 0.20 | 0.24 | 0.58 | 0.62 | 0.68 | 0.82 |

续表

| 序列 | 湖南幕阜山岩体黄龙山序列 | | | 湖南幕阜山岩体月田序列 | | | 湖南幕阜山岩体南江桥序列 | |
|---|---|---|---|---|---|---|---|---|
| 主要岩性 | 细中粒白云母二长花岗岩 | 细粒二云母二长花岗岩 | 细中粒二云母二长花岗岩 | 细粒二云母二长花岗岩 | 中细粒二云母二长花岗岩 | 细中粒斑状二云母二长花岗岩 | 细中粒斑状黑云母二长花岗岩 | 中细粒黑云母花岗闪长岩 |
| 微量元素丰度/$10^{-6}$（其中 Au 为 $10^{-9}$） | | | | | | | | |
| Rb | 425.23 | 352 | 362 | 224 | 289 | 194 | 194 | 142 |
| Sr | 31.02 | 70 | 63 | 189 | 120 | 291 | 291 | 370 |
| Ba | 105.63 | 680 | 360 | 589 | 440 | 509 | 509 | 748 |
| Cs | 94.17 | 18.3 | 17.9 | 6.1 | 31.6 | 35.8 | 35.8 | 9.4 |
| Ga | | | | 20.7 | 22.1 | 22.0 | 22.0 | 22.7 |
| Nb | 14.85 | 13.5 | 17.8 | 7.0 | 12.2 | 6.5 | 6.5 | 8.8 |
| Ta | 4.5 | | | 0.69 | 1.95 | 0.60 | 0.6 | 0.74 |
| Zr | 23.98 | 81 | 79 | 112 | 111 | 147 | 147 | 150 |
| Hf | 2.48 | | | 3.1 | 3.6 | 5.5 | 5.5 | 5.0 |
| Th | 3.2 | | | 17.0 | 26.1 | 22.2 | 22.2 | 12.5 |
| U | 1.88 | | | 4.35 | 4.33 | 2.4 | 2.4 | 2.3 |
| Sc | | | | 2.9 | 2.8 | 5.2 | 5.2 | 10.7 |
| Cr | 6.21 | | | 6 | 9 | 25 | 25 | 51 |
| Ni | 0.74 | | | 8 | 10 | 15 | 15 | 21 |
| Co | | | | 3 | 4 | 8 | 8 | 13 |
| V | | | | 18 | 17 | 43 | 43 | 103 |
| Cu | | 5 | 18 | 14 | 20 | 24 | 24 | 23 |
| Pb | | 26 | 26 | 51 | 46 | 36 | 36 | 35 |
| Zn | | 84 | 92 | 44 | 65 | 65 | 65 | 83 |
| W | | 0.25 | 0.1 | 0.26 | 1.39 | 0.50 | 0.5 | 0.1 |
| Sn | | 4.4 | 7.0 | 4.4 | 9.2 | 4.5 | 4.5 | 2.6 |
| Bi | | | | 0.18 | 1.63 | 1.8 | 1.8 | 0.2 |
| Mo | | 0.9 | 1.4 | 3.5 | 5.57 | 8.3 | 8.3 | 1.6 |
| Be | | 2.1 | 1.1 | 3.3 | 6.6 | 5.9 | 5.9 | 3.0 |
| Li | | 77 | 24 | 57 | 142 | 103 | 103 | 54 |
| Ag | | | | 0.085 | 0.091 | 0.092 | 0.092 | 0.048 |
| Au | | | | | | | 1.0 | 0.66 |
| F | | 1100 | | 588 | 844 | 928 | 928 | 751 |

注：∑REE 为稀土元素总量；$\delta Eu = Eu_N/[(Sm_N)(Gd_N)]^{0.5}$；下同。数据来源于湖南省地质调查院，2017。

**2. 湖北幕阜山通城岩体岩石地球化学特征**

各期次岩体主量元素、微量及稀土元素岩石地球化学分析结果见表2-3。从岩石地球化学特征可以看出，岩石的酸性程度从早到晚逐渐增加。晚侏罗世花岗岩体中 $SiO_2$ 含量存在明显差别，在62.31%~74.22%之间。在硅、钾相关图解中（图2-9），主要为高钾钙碱性岩系列，少数为钾玄岩系列，个别为钙碱性系列。在花岗岩ACF图解（图2-10）中，样点落于S型花岗岩。

**表2-3 湖北幕阜山通城岩体和沙店岩体主量、微量、稀土元素含量统计表**

| 岩体名称 | 沙店岩体* | | 湖北幕阜山通城岩体** | | | | | | |
|---|---|---|---|---|---|---|---|---|---|
| 岩性 | 中粗粒黑云母花岗岩 | 细粒黑云母花岗岩 | 中粗粒二云母二长花岗岩 | 中粒二云母二长花岗岩 | 中细粒二云母二长花岗岩 | 细粒二云母二长花岗岩 | 中粒黑云母二长花岗岩 | 细中粒黑云母二长花岗岩 | 细粒黑云二长花岗岩 |
| 主量元素（氧化物含量）/% | | | | | | | | | |
| $SiO_2$ | 68.77 | 69.44 | 71.99 | 73.24 | 72.79 | 72.80 | 71.12 | 68.73 | 70.03 |
| $TiO_2$ | 0.69 | 0.62 | 0.19 | 0.21 | 0.24 | 0.22 | 0.30 | 0.41 | 0.37 |
| $Al_2O_3$ | 14.20 | 14.52 | 15.32 | 14.64 | 14.73 | 14.67 | 14.71 | 15.45 | 14.96 |
| $Fe_2O_3$ | 1.27 | 1.12 | 0.84 | 0.50 | 0.79 | 0.71 | 0.58 | 0.91 | 0.88 |
| FeO | 2.43 | 2.16 | 0.72 | 0.89 | 0.79 | 0.82 | 1.58 | 2.37 | 1.88 |
| MnO | 2.43 | 1.69 | 0.03 | 0.03 | 0.03 | 0.03 | 0.03 | 0.05 | 0.04 |
| MgO | 1.35 | 0.99 | 0.34 | 0.35 | 0.35 | 0.41 | 0.65 | 1.19 | 0.83 |
| CaO | 4.51 | 4.64 | 0.74 | 0.97 | 0.88 | 1.07 | 1.23 | 2.96 | 1.92 |
| $Na_2O$ | 3.36 | 3.28 | 3.27 | 3.06 | 3.01 | 3.25 | 2.74 | 3.33 | 3.25 |
| $K_2O$ | 0.074 | 0.055 | 5.36 | 4.91 | 5.02 | 4.75 | 5.21 | 3.42 | 4.55 |
| $P_2O_5$ | 0.227 | 0.229 | 0.19 | 0.16 | 0.16 | 0.16 | 0.13 | 0.17 | 0.15 |
| $H_2O^+$ | 0.35 | 0.72 | 0.40 | 0.67 | 0.81 | 0.65 | 0.14 | 0.34 | 0.12 |
| 灼失 | 0.30 | 0.89 | 0.86 | 0.72 | 0.90 | 0.80 | 1.26 | 0.43 | 0.67 |
| 总和 | 99.88 | 99.89 | 100.14 | 100.13 | 100.10 | 100.04 | 99.99 | 100.08 | 100.20 |
| 微量元素丰度/$10^{-6}$ | | | | | | | | | |
| Cs | 29.6 | 24.1 | 36.63 | 25.51 | 38.15 | 37.04 | 12.12 | 21.69 | 9.23 |
| Rb | 213 | 248 | 207.60 | 264.81 | 325.20 | 292.40 | 179.94 | 110.16 | 163.68 |
| Sr | 169 | 131 | 107.80 | 111.41 | 100.82 | 144.75 | 220.38 | 586.94 | 245.55 |
| Ba | 422 | 440 | 323.67 | 365.35 | 385.87 | 429.61 | 826.60 | 1093.20 | 765.50 |
| Nb | 23.2 | 16.7 | 13.23 | 13.16 | 14.47 | 9.52 | 6.83 | 7.92 | 10.16 |

| 岩体名称 | 沙店岩体* | | 湖北幕阜山通城岩体** | | | | | | |
|---|---|---|---|---|---|---|---|---|---|
| 岩性 | 中粗粒黑云母花岗岩 | 细粒黑云母花岗岩 | 中粗粒二云母二长花岗岩 | 中粒二云母二长花岗岩 | 中细粒二云母二长花岗岩 | 细粒二云母二长花岗岩 | 中粒黑云母二长花岗岩 | 细中粒黑云母二长花岗岩 | 细粒黑云二长花岗岩 |
| Ta | 1.45 | 0.89 | 2.24 | 1.83 | 1.80 | 2.29 | 0.82 | 0.68 | 1.04 |
| Zr | 170 | 191 | 60.13 | 97.32 | 95.33 | 108.26 | 104.74 | 118.34 | 115.05 |
| Hf | 5.88 | 6.15 | 4.68 | 4.24 | 4.56 | 4.32 | 3.34 | 3.05 | 3.29 |
| Th | 28.0 | 33.9 | 14.77 | 21.51 | 29.16 | 18.50 | 33.44 | 12.97 | 30.17 |
| Cr | 21.4 | 17.4 | 8.33 | 8.90 | 6.58 | 10.70 | 13.64 | 15.88 | 15.18 |
| Ni | 9.08 | 4.78 | 1.02 | 1.59 | 1.66 | 1.58 | 2.84 | 4.37 | 3.06 |
| U | 4.29 | 5.33 | 3.79 | 4.59 | 4.76 | 3.35 | 3.21 | 2.10 | 3.35 |
| 稀土元素丰度（$10^{-6}$）及相关参数 | | | | | | | | | |
| La | 41.8 | 43.8 | 22.38 | 32.01 | 35.95 | 34.01 | 43.69 | 33.35 | 55.36 |
| Ce | 88.2 | 94.9 | 41.64 | 60.13 | 73.34 | 64.32 | 84.49 | 63.86 | 103.47 |
| Pr | 13.1 | 14.1 | 4.48 | 6.45 | 8.47 | 6.45 | 9.40 | 7.15 | 11.02 |
| Nd | 65.5 | 68.3 | 15.43 | 21.85 | 28.49 | 22.27 | 31.05 | 26.33 | 35.75 |
| Sm | 9.58 | 9.3 | 3.08 | 4.04 | 5.39 | 3.85 | 4.91 | 4.62 | 5.23 |
| Eu | 1.21 | 1.14 | 0.53 | 0.55 | 0.57 | 0.65 | 0.83 | 1.16 | 0.87 |
| Gd | 7.98 | 7.49 | 2.36 | 3.13 | 4.03 | 3.07 | 3.90 | 3.54 | 4.19 |
| Tb | 1.48 | 1.31 | 0.38 | 0.42 | 0.54 | 0.41 | 0.45 | 0.45 | 0.46 |
| Dy | 7.72 | 6.44 | 1.85 | 1.99 | 2.58 | 1.82 | 1.80 | 2.11 | 1.88 |
| Ho | 1.5 | 1.21 | 0.27 | 0.31 | 0.41 | 0.28 | 0.28 | 0.37 | 0.30 |
| Er | 3.9 | 3.15 | 0.69 | 0.85 | 1.11 | 0.80 | 0.71 | 0.97 | 0.77 |
| Tm | 0.69 | 0.53 | 0.09 | 0.11 | 0.15 | 0.10 | 0.09 | 0.13 | 0.10 |
| Yb | 4.34 | 3.36 | 0.54 | 0.70 | 1.01 | 0.63 | 0.57 | 0.89 | 0.64 |
| Lu | 0.66 | 0.49 | 0.08 | 0.10 | 0.15 | 0.10 | 0.08 | 0.13 | 0.09 |
| Y | 41.2 | 33.7 | 9.27 | 10.65 | 12.20 | 9.79 | 7.87 | 10.12 | 8.24 |
| ΣREE | 247.66 | 255.52 | 93.80 | 132.63 | 162.19 | 138.74 | 182.22 | 145.02 | 220.12 |
| δEu | 0.41 | 0.40 | 0.57 | 0.47 | 0.38 | 0.56 | 0.59 | 0.86 | 0.57 |

注：*数据来源于本次工作；**数据来源于湖北省地质调查院，2013。

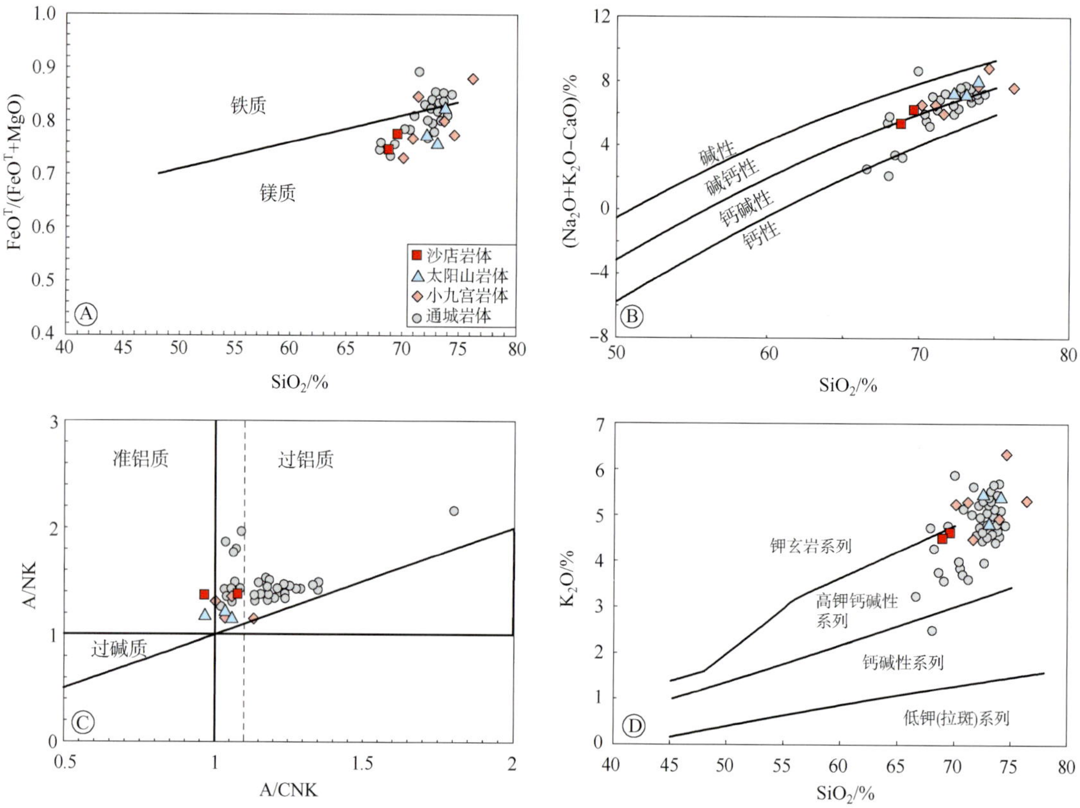


图 2-9 通城、小九宫、太阳山、沙店岩体 $FeO^T/(FeO^T+MgO)-SiO_2$(A)、$(K_2O+Na_2O-CaO)-SiO_2$ (B)、A/NK-A/CNK (C) 和 $K_2O-SiO_2$图解 (D)

(A-C 据 Frost et al., 2001; D 据 Peccerillo et al., 1976)

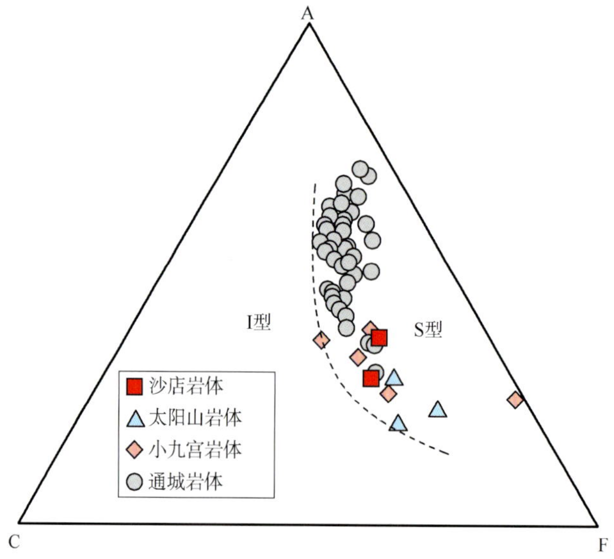


图 2-10 通城、小九宫、太阳山、沙店岩体 ACF 图解

(底图据 Collions, 1982)

晚侏罗世侵入岩以高稀有、稀土、挥发与等元素及低 Cr、Ni、Ba、Sr 等亲石元素为特征，与维氏花岗岩值相比较，在微量元素蛛网图上（图 2-11A），各侵入体曲线大致相似，总体具 Ba、Nb、Sr、Ti 等元素负异常，显示 S 型花岗岩特征，同时具 Th 高度富集，又反映有 I 型花岗岩曲线的特点，总体类似于岛弧岩浆岩特征。

从表 2-3 中可以看出，晚侏罗世各期次花岗岩稀土元素总量中等，一般在 $160\times10^{-6}$ 左右，最高者为 $371.3\times10^{-6}$；在稀土元素配分型式图中（图 2-11B）曲线大致相似，总体为向右倾斜曲线，铕谷较小，铈谷则不清晰，具铈的弱负异常或亏损不明显。轻稀土一侧陡倾斜，重稀土一侧为平缓型曲线。

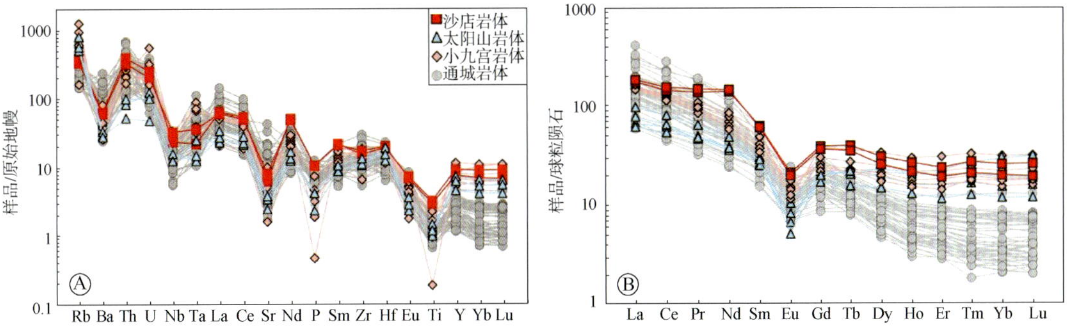


图 2-11　通城、小九宫、太阳山、沙店岩体微量元素蛛网图（A）及稀土元素配分型式图（B）

（标准值据 Sun and McDonough，1989）

### 3. 沙店早白垩世侵入体岩石地球化学特征

沙店侵入体主量、微量、稀土元素岩石地球化学分析结果见表 2-3。从岩石地球化学特征可以看出，$SiO_2$ 含量在 68.77%～69.44%之间。在硅、钾相关图解中（图 2-9），落入高钾钙碱性岩系列；在花岗岩 ACF 图解（图 2-10）中，样点落于 S 型花岗岩。

微量元素以高稀有、稀土、挥发分等元素及低 Cr、Ni、Ba、Sr 等亲石元素为特征，与维氏花岗岩值相比较，在微量元素蛛网图上（图 2-11A）曲线更为平缓，总体具 Ba、Nb、Sr、Ti 等元素负异常，显示 S 型花岗岩特征。

稀土元素总量中等偏高，一般在 $247.66\times10^{-6}$～$255.52\times10^{-6}$；在稀土元素配分型式图中（图 2-10B）曲线为略向右倾斜曲线，铕谷较小，铈谷则不清晰，具铈的弱负异常或亏损不明显。

### 4. 九宫山北坡太阳山侵入体岩石地球化学特征

太阳山侵入体主量元素、微量元素、稀土元素岩石地球化学分析结果见表 2-4。从岩石地球化学特征可以看出，北坡太阳山花岗岩体中 $SiO_2$ 含量存在明显差别，在 71.90%～75.69 之间。在硅、钾相关图解中（图 2-9），主要为高钾钙碱性岩系列。

微量元素以高稀有、稀土、挥发分等元素及低 Cr、Ni、Ba、Sr 等亲石元素为特征，与维氏花岗岩值相比较，在微量元素蛛网图上（图 2-11A），曲线大致相似，总体具 Ba、Nb、Sr、Ti 、P 等元素负异常，显示 S 型花岗岩特征。

稀土元素总量中等，一般在 $83.17\times10^{-6}$～$123.57\times10^{-6}$；在稀土元素配分型式图中（图 2-11B）曲线大致相似，总体为向右倾斜曲线，铕谷较小，铈谷则不清晰，具铈的弱负异常或亏损不明显。轻稀土一侧陡倾斜，重稀土一侧为平缓型曲线。

**表 2-4　九宫山北坡太阳山、南坡小九宫侵入体主量、微量、稀土元素含量统计表**

| 岩体名称 | 九宫山北坡太阳山侵入体 | | | | | 九宫山南坡小九宫侵入体 | | | |
|---|---|---|---|---|---|---|---|---|---|
| 岩性 | 细粒（含黑云母）花岗岩* | 中粒（含黑云母）花岗岩* | 含斑黑云二长花岗岩** | 含斑黑云二长花岗岩** | | 细粒黑云母二长花岗岩* | 含斑二长花岗岩** | 黑云母二长花岗岩** | |
| 主量元素（氧化物含量）/% | | | | | | | | | |
| $SiO_2$ | 71.90 | 75.69 | 73.81 | 72.26 | 72.99 | 73.78 | 70.96 | 70.03 | 74.47 |
| $TiO_2$ | 0.37 | 0.18 | 0.21 | 0.31 | 0.25 | 0.24 | 0.35 | 0.48 | 0.20 |
| $Al_2O_3$ | 13.13 | 12.59 | 12.92 | 13.09 | 13.50 | 13.35 | 14.04 | 14.47 | 12.68 |
| $Fe_2O_3$ | 0.38 | 0.52 | 0.63 | 0.34 | 0.58 | 0.49 | 1.30 | 1.39 | 0.40 |
| FeO | 2.21 | 1.17 | 1.62 | 2.20 | 1.66 | 1.16 | 1.35 | 1.68 | 1.57 |
| MnO | 1.47 | 0.76 | 0.51 | 0.80 | 0.76 | 0.85 | 0.85 | 1.20 | 0.62 |
| MgO | 0.78 | 0.33 | 0.05 | 0.06 | 0.07 | 0.45 | 0.07 | 0.09 | 0.02 |
| CaO | 6.56 | 4.67 | 0.63 | 1.36 | 1.16 | 4.94 | 1.82 | 1.68 | 0.05 |
| $Na_2O$ | 0.99 | 3.15 | 3.16 | 3.11 | 3.44 | 3.60 | 3.03 | 3.00 | 2.58 |
| $K_2O$ | 0.053 | 0.051 | 5.42 | 5.48 | 4.83 | 0.045 | 5.31 | 5.23 | 6.32 |
| $P_2O_5$ | 0.096 | 0.146 | 0.09 | 0.05 | 0.09 | 0.069 | 0.10 | 0.16 | 0.04 |
| $H_2O^+$ | 1.28 | 0.51 | | | | 0.58 | | | |
| 灼失 | 1.71 | 0.55 | 0.75 | 1.17 | 0.72 | 0.78 | 0.50 | 0.39 | 1.12 |
| 总和 | 99.89 | 99.94 | 99.80 | 100.23 | 100.05 | 99.89 | 99.68 | 99.80 | 100.07 |
| 微量元素丰度/$10^{-6}$ | | | | | | | | | |
| Cs | 33.3 | 34.1 | 16 | 23.4 | 8.6 | 10.2 | 8.1 | 15 | 20.7 |
| Rb | 435 | 204 | 199 | 231 | 194 | 253 | 283 | 214 | 313 |
| Sr | 54.5 | 42.1 | 51 | 71 | 79 | 107 | 33 | 166 | 93 |
| Ba | 617 | 232 | 326 | 365 | 517 | 570 | 103 | 607 | 391 |
| Nb | 6.28 | 4.12 | 9 | 11.2 | 8.8 | 21.8 | 21.6 | 17.8 | 24 |
| Ta | 0.83 | 0.59 | 1 | 0.5 | 0.6 | 1.57 | 3.6 | 2.7 | 2.9 |
| Zr | 147 | 88.4 | 118 | 123 | 148 | 141 | 73 | 204 | 173 |
| Hf | 5.12 | 3.41 | 5.9 | 3.8 | 4.7 | 5.06 | 3.5 | 5.9 | 5.5 |
| Th | 15.8 | 9.94 | 4.4 | 7 | 8.4 | 26.6 | 18.6 | 22.5 | 25.2 |
| Cr | 16.2 | 4.70 | | | | 3.70 | | | |
| Ni | 13.6 | 3.47 | | | | 2.81 | | | |
| U | 2.25 | 2.65 | 1 | 2.6 | 2.1 | 3.37 | 11.7 | 3.4 | 6.8 |

续表

| 岩体名称 | 九宫山北坡太阳山侵入体 | | | | | 九宫山南坡小九宫侵入体 | | | |
|---|---|---|---|---|---|---|---|---|---|
| 岩性 | 细粒（含黑云母）花岗岩* | 中粒（含黑云母）花岗岩* | 含斑黑云二长花岗岩** | 含斑黑云二长花岗岩** | | 细粒黑云母二长花岗岩* | 含斑二长花岗岩** | 黑云母二长花岗岩** | |
| 稀土元素丰度（$10^{-6}$）及相关参数 | | | | | | | | | |
| La | 13.7 | 14.6 | 15.84 | 18.6 | 23.21 | 39.1 | 14.6 | 36.29 | 35.81 |
| Ce | 49.8 | 32.2 | 37.54 | 39.81 | 49.47 | 69.3 | 32.95 | 75.43 | 82.66 |
| Pr | 2.55 | 2.89 | 4.41 | 4.71 | 6.11 | 9.22 | 4.55 | 8.71 | 10.26 |
| Nd | 12.1 | 14.1 | 16.59 | 17.84 | 22.58 | 27 | 17.46 | 32.41 | 39.7 |
| Sm | 3 | 3.6 | 3.96 | 3.83 | 4.64 | 5.19 | 4.35 | 6.23 | 8.73 |
| Eu | 0.7 | 0.39 | 0.38 | 0.47 | 0.6 | 0.72 | 0.29 | 0.87 | 0.66 |
| Gd | 3.08 | 3.41 | 4.07 | 3.47 | 4.47 | 4.47 | 4.04 | 5.25 | 7.71 |
| Tb | 0.68 | 0.77 | 0.79 | 0.58 | 0.76 | 0.82 | 0.82 | 0.85 | 1.34 |
| Dy | 4.33 | 4.42 | 5.36 | 3.72 | 4.85 | 4.32 | 5.75 | 5.32 | 8.48 |
| Ho | 0.97 | 0.88 | 1.15 | 0.73 | 0.9 | 0.85 | 1.2 | 0.99 | 1.67 |
| Er | 2.74 | 2.33 | 3.26 | 1.89 | 2.58 | 2.33 | 3.66 | 2.98 | 5.03 |
| Tm | 0.52 | 0.43 | 0.52 | 0.32 | 0.42 | 0.45 | 0.68 | 0.49 | 0.83 |
| Yb | 3.37 | 2.76 | 3.17 | 1.99 | 2.58 | 2.96 | 4.94 | 3.04 | 5.26 |
| Lu | 0.49 | 0.39 | 0.47 | 0.3 | 0.4 | 0.45 | 0.79 | 0.46 | 0.8 |
| Y | 28.4 | 24.5 | 32.69 | 20.36 | 27.86 | 23.7 | 37.88 | 30.42 | 51.48 |
| ΣREE | 98.03 | 83.17 | 97.51 | 98.26 | 123.57 | 167.18 | 96.08 | 179.32 | 208.94 |
| δEu | 0.7 | 0.34 | 0.29 | 0.39 | 0.4 | 0.45 | 0.21 | 0.45 | 0.24 |

注：*数据来源于本次工作；**数据来源于湖北省地质调查院，2021。

**5. 九宫山南坡小九宫侵入体岩石地球化学特征**

小九宫侵入体主量元素、微量及稀土元素岩石地球化学分析结果见表2-4。从岩石地球化学特征可以看出，南坡小九宫花岗岩岩石的酸性更高。$SiO_2$ 含量在70.03%~74.47%之间；在硅、钾相关图解中，为高钾钙碱性岩系列和碱钙性岩系列。在花岗岩ACF图解（图2-10）中，个别样点落于I、S型花岗岩分界线附近，大部分落于S型花岗岩。

微量元素丰度相对晚侏罗世花岗岩而言总体偏低，其中Nb、Hf、Sc等元素丰度相对较高；Sr、Ba、Zr等元素丰度较低。在微量元素蛛网图上（图2-11A）曲线形态相似，总体具Ba、Nb、Sr、P、Ti等元素负异常，显示S型花岗岩特征。

稀土元素总量较低（$96.08\times10^{-6}$~$208.94\times10^{-6}$）；δEu值变化大（0.21~0.45）。在稀

土元素配分型式图中（图 2-11B），呈向右缓倾斜“V”字形曲线，铕谷较大，反映为轻稀土富集型。

## 二、幕阜山南缘伟晶岩主量元素、稀有元素地球化学特征

### 1. 主量元素特征

幕阜山矿集区伟晶岩 $SiO_2$ 含量为 71.27%～76.93%，$Na_2O$ 含量为 0.68%～7.99%，$K_2O$ 含量为 0.74%～10.62%，$K_2O+Na_2O$ 为 6.17%～12.32%，$K_2O/Na_2O$ 比值为 0.09～13，A/NK 为 0.98～2.41，A/CNK 为 0.96～2.28，为过铝质岩，且有铝质呈逐渐增高变化的趋势。由贺家山到传梓源地区伟晶岩 $SiO_2$、$Na_2O$ 含量逐渐增高，$K_2O$ 含量明显降低，$K_2O+Na_2O$ 含量有所降低，$K_2O/Na_2O$ 比值明显降低（文春华，2017）。

在图 2-12 中可以看出，$Na_2O$ 和 MnO 呈升高变化，$K_2O$ 和 $Fe_2O_3$ 为降低变化的特征，表明幕阜山南缘地区由北往南伟晶岩演化过程中，钠长石化交代作用逐渐增强，钠长石大量交代钾长石和微斜长石，使钾长石含量明显降低，白云母交代黑云母使 MnO 释出含量增加。

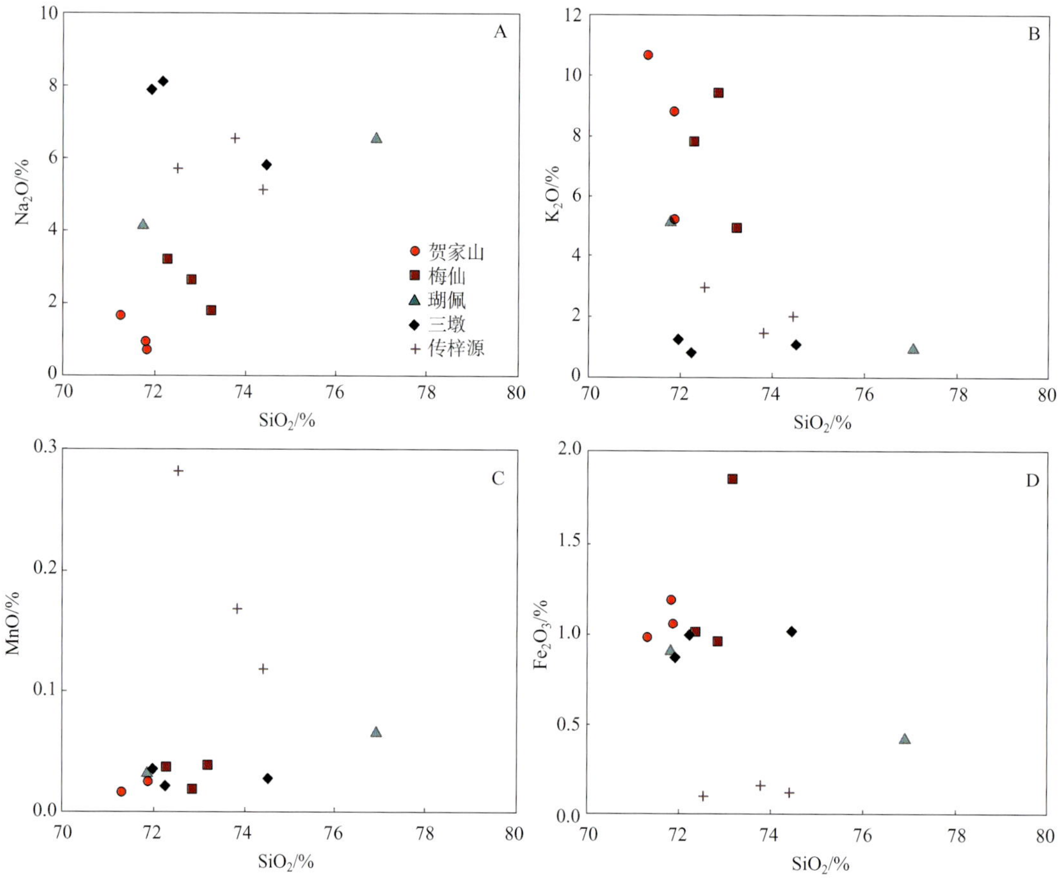


图 2-12　幕阜山南缘地区伟晶岩 $SiO_2$-主量元素图解

### 2. 稀有元素特征

Nb 元素含量为 $4.09\times10^{-6}\sim67.21\times10^{-6}$，Ta 元素含量为 $1.60\times10^{-6}\sim89.96\times10^{-6}$，Be

元素含量为 $2.3\times10^{-6}\sim302\times10^{-6}$，Li 元素含量为 $15.56\times10^{-6}\sim800\times10^{-6}$。其中三墩地区和传梓源地区伟晶岩中 Nb、Ta、Be 元素含量最高，传梓源地区伟晶岩中 Li 元素含量最高，总体表现为由北往南从贺家山到传梓源地区伟晶岩中 Nb、Ta、Be、Li 元素含量逐渐升高，Nb/Ta 比值（4.7~0.2）逐渐降低，表明伟晶岩钠长石化交代作用过程中 Ta 元素明显富集。因此，Nb/Ta 比值可以作为 Ta 元素矿化的地球化学标志（文春华，2017）。

图 2-13 为幕阜山南缘各带伟晶岩的 K/Rb 比值和 Nb、Ta、Be、Li 元素含量之间关系，从贺家山地区到传梓源地区伟晶岩中均具有 Rb 含量递增、K/Rb 比值逐渐降低的规律。图 2-13 中可以看出 K/Rb 比值与 Nb、Ta、Be、Li 元素含量呈反消长关系，即 K/Rb 比值越小，Nb、Ta、Be、Li 元素含量越高，矿化好，反之亦然。因此，K/Rb 比值可以作为伟晶岩中稀有元素矿化的地球化学指示剂，是寻找稀有金属矿的一个重要地球化学标志。

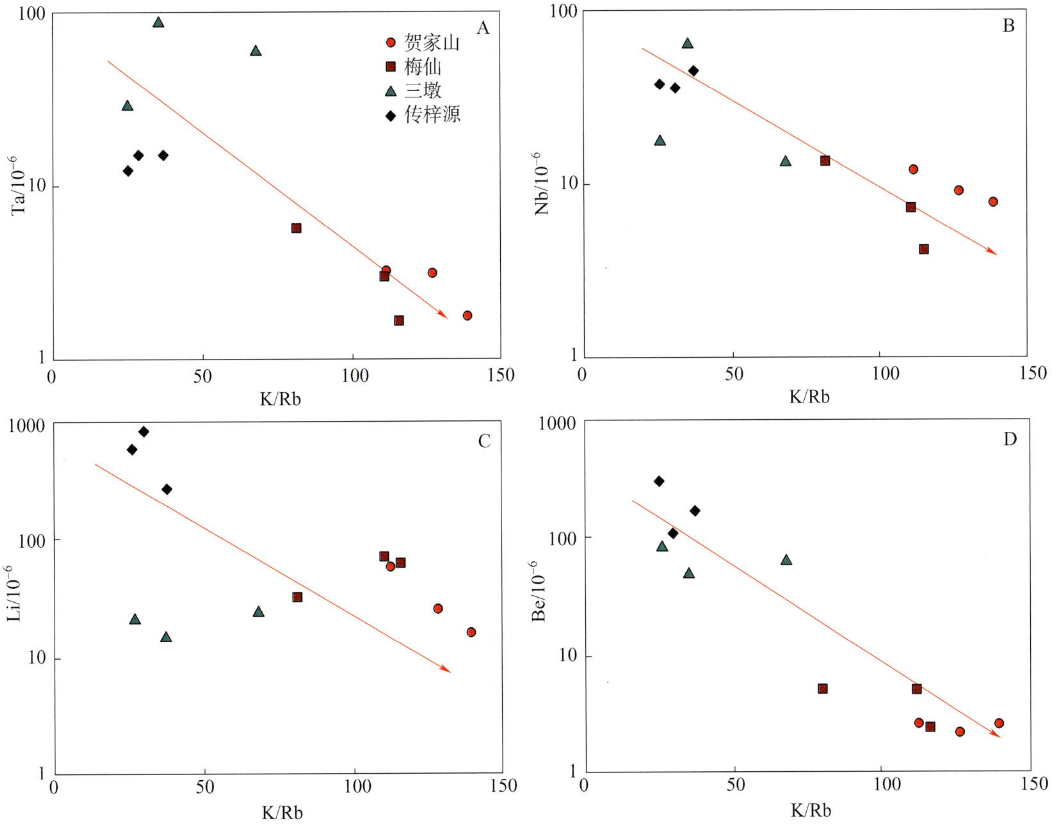


图 2-13　幕阜山南缘地区伟晶岩 K/Rb—稀有元素图解

## 三、湖南传梓源铌钽、锂矿床地球化学特征

### 1. 地质及岩石学特征

传梓源矿床位于幕阜山花岗岩体西南边缘，区域主要出露地层为冷家溪群，为变质岩系，主要由片岩、千枚岩及板岩组成，在与花岗岩接触的外带自近而远地出现混合岩—片岩—千枚岩—板岩。岩层倾向由 160°转为 240°，倾角一般为 30°~50°。区域构造主要由 3

条较大的断裂组成，走向北东，长度 11~23km。区域内岩浆岩发育，岩体主要由北面的幕阜山岩体和南面的三墩岩体组成（图 2-7）。

伟晶岩脉产于三墩小花岗岩株及外接触带的片岩中。它们受北西向压扭性裂隙控制，形成 3 个彼此平行的脉组，在东西长 3.5km，南北宽 lkm，共约 3.5km² 的范围内，产有宽大于 0.5m，长大于 50m 的伟晶岩脉 54 条，其中，成矿较好的有 32 条，形成 51 个工业矿体。按伟晶岩产出状态分为东西向脉体和南北向脉体。脉体总走向 277°~314°，倾向总体向南，局部向北。含稀有金属伟晶岩主要为钠长石伟晶岩和锂辉石伟晶岩两种类型。其中，钠长石伟晶岩矿物组成为石英（40%~45%）、钠长石（45%~50%）、白云母（5%~10%）。石英呈灰白-灰色，半自形-他形粒状；钠长石主要为粒片状、糖粒状，结晶较好，自形-半自形；白云母呈细片状；副矿物见有细粒绿柱石。锂辉石伟晶岩矿物组成主要为石英（30%~35%）、钠长石（10%~20%）、锂辉石（35%~45%）、白云母（5%~10%）。石英呈中-粗粒状，灰白-灰色；钠长石呈粒片状、糖粒状，结晶较好；锂辉石为灰白色-白色长柱状，解理发育，部分锂辉石变为腐锂辉石。

稀有金属矿物为锰钽铌铁矿，次为锰钽矿及少量的细晶石。南北向脉体和东西向脉体均为锰铌钽铁矿，矿物呈黑色、柱状、板柱状、毛发状及细粒状等。其中南北向矿体 $Nb_2O_5$ 平均品位 0.018%，$Ta_2O_5$ 平均品位 0.023%；东西向矿体 $Nb_2O_5$ 平均品位 0.012%，$Ta_2O_5$ 平均品位 0.022%。

**2. 主量元素地球化学特征**

伟晶岩样品主量元素分析结果见表 2-5，伟晶岩主量元素总体具有以下特征：高 $SiO_2$（72.51%~77.28%）、高 $Al_2O_3$（13.37%~16.48%）及高 $Na_2O$（4.38%~7.41%）的特征；低 $K_2O$（0.85%~3.05%）、低 MnO（0.10%~0.43%）、低 FeO（0.31%~0.54%）和低 $Fe_2O_3$（0.07%~0.36%）的特征；$K_2O/Na_2O$ 比值为 0.13~0.70，较为富钠。从锂辉石伟晶岩阶段到钠长石化伟晶岩阶段主量元素变化规律表现为：$SiO_2$ 和 $Na_2O$ 含量呈升高的趋势，$K_2O$ 含量明显降低。

**表 2-5 传梓源地区代表性样品主量元素含量（$w_B$/%）及相关参数**

| 主量元素及相关参数 | 锂辉石伟晶岩 | | | | 钠长石伟晶岩 | | | |
|---|---|---|---|---|---|---|---|---|
| | CZY-01 | CZY-02 | CZY-03 | CZY-04 | CZY-05 | CZY-06 | CZY-07 | CZY-08 |
| $SiO_2$ | 73.30 | 73.76 | 72.51 | 73.05 | 77.22 | 74.99 | 77.28 | 76.12 |
| $Al_2O_3$ | 16.40 | 15.71 | 15.67 | 16.48 | 13.55 | 15.48 | 13.37 | 14.01 |
| $Fe_2O_3$ | 0.21 | 0.17 | 0.10 | 0.10 | 0.36 | 0.07 | 0.34 | 0.24 |
| FeO | 0.45 | 0.47 | 0.45 | 0.31 | 0.47 | 0.34 | 0.47 | 0.54 |
| CaO | 0.19 | 0.37 | 0.83 | 0.18 | 0.23 | 0.16 | 0.39 | 0.32 |
| MgO | 0.08 | 0.10 | 0.08 | 0.08 | 0.07 | 0.07 | 0.09 | 0.09 |
| $K_2O$ | 3.05 | 1.40 | 3.03 | 2.59 | 0.85 | 0.99 | 0.98 | 2.13 |
| $Na_2O$ | 4.38 | 6.50 | 5.77 | 5.58 | 6.22 | 7.41 | 6.29 | 6.02 |

续表

| 主量元素及相关参数 | 锂辉石伟晶岩 | | | | 钠长石伟晶岩 | | | |
|---|---|---|---|---|---|---|---|---|
| | CZY-01 | CZY-02 | CZY-03 | CZY-04 | CZY-05 | CZY-06 | CZY-07 | CZY-08 |
| $TiO_2$ | 0.01 | 0.01 | 0.01 | 0.01 | 0.01 | 0.00 | 0.01 | 0.01 |
| MnO | 0.24 | 0.17 | 0.28 | 0.10 | 0.43 | 0.12 | 0.17 | 0.16 |
| $P_2O_5$ | 0.08 | 0.19 | 0.11 | 0.07 | 0.07 | 0.04 | 0.14 | 0.13 |
| $H_2O^+$ | 0.34 | 0.42 | 0.34 | 0.25 | 0.14 | 0.24 | 0.26 | 0.22 |
| $CO_2$ | 0.26 | 0.43 | 0.51 | 0.39 | 0.17 | 0.09 | 0.26 | 0.17 |
| 总和 | 98.99 | 99.7 | 99.69 | 99.19 | 99.79 | 100 | 100.05 | 100.16 |
| $Na_2O+K_2O$ | 7.43 | 7.9 | 8.8 | 8.17 | 7.07 | 8.4 | 7.27 | 8.15 |
| $K_2O/Na_2O$ | 0.70 | 0.22 | 0.53 | 0.46 | 0.14 | 0.13 | 0.16 | 0.35 |
| A/NK | 1.56 | 1.29 | 1.23 | 1.37 | 1.21 | 1.17 | 1.17 | 1.15 |
| A/CNK | 1.51 | 1.22 | 1.10 | 1.34 | 1.17 | 1.14 | 1.10 | 1.09 |

注：A/CNK=($Al_2O_3$)/($CaO+K_2O+Na_2O$)分子比；A/NK=($Al_2O_3$)/($K_2O+Na_2O$)分子比；下同。数据来源于湖南省地质调查院，2018。

### 3. 微量、稀土元素地球化学特征

伟晶岩样品的微量、稀土元素分析结果见表2-6。从微量元素蛛网图（图2-14A）上可以看出伟晶岩样品微量元素的富集和亏损状态，锂辉石伟晶岩和钠长石伟晶岩中微量元素含量显示相类似的变化趋势，微量元素蛛网图解整体呈现右倾形态，其中Rb、Th、U、K、Ta、Nb明显富集，而Ba、Sr、La、Nd、Ti、Yb均强烈亏损，这些元素特征可能表现为岩浆源区残留有斜长石，磷灰石的结晶分异作用导致Ti明显亏损。

**表2-6　传梓源地区代表性样品微量、稀土元素含量（$w_B/10^{-6}$）及相关参数**

| 微量/稀土元素及相关参数 | 锂辉石伟晶岩 | | | | 钠长石伟晶岩 | | | |
|---|---|---|---|---|---|---|---|---|
| | CZY-01 | CZY-02 | CZY-03 | CZY-04 | CZY-05 | CZY-06 | CZY-07 | CZY-08 |
| Rb | 800 | 457 | 686 | 899 | 232 | 203 | 134 | 252 |
| Ba | 3.8 | 21.6 | 20.8 | 9.32 | 3.78 | 5.08 | 15.8 | 22.3 |
| Th | 2.18 | 5.34 | 1.71 | 2.81 | 3.99 | 2.34 | 1.63 | 1.46 |
| U | 1.27 | 20.2 | 12.3 | 4.42 | 36.1 | 2.11 | 17.7 | 13.2 |
| K | 25319 | 11622 | 25153 | 21500 | 7056 | 8218 | 8135 | 17682 |
| Ta | 3.28 | 12.4 | 15.6 | 66.8 | 3.07 | 22.2 | 4.19 | 4.22 |
| Nb | 15.5 | 37.2 | 45.1 | 101 | 16.1 | 58.7 | 11.9 | 11.6 |
| Sr | 12.2 | 49.1 | 102 | 12.8 | 21.7 | 11.8 | 14 | 10.1 |
| P | 349 | 829 | 480 | 306 | 306 | 175 | 611 | 567 |

续表

| 微量/稀土元素及相关参数 | 锂辉石伟晶岩 | | | | 钠长石伟晶岩 | | | |
|---|---|---|---|---|---|---|---|---|
| | CZY-01 | CZY-02 | CZY-03 | CZY-04 | CZY-05 | CZY-06 | CZY-07 | CZY-08 |
| Zr | 18.6 | 74.3 | 18.3 | 33.3 | 92.3 | 19.5 | 30.2 | 25.5 |
| Hf | 1.21 | 5.73 | 1.65 | 4.23 | 6.24 | 1.84 | 1.81 | 1.81 |
| Ti | 59.95 | 59.95 | 59.95 | 59.95 | 59.95 | 0 | 59.95 | 59.95 |
| La | 0.86 | 1.37 | 3.67 | 4.42 | 1.37 | 0.53 | 2.34 | 1.28 |
| Ce | 1.09 | 2.55 | 5.62 | 6.03 | 2.16 | 0.51 | 3.45 | 1.89 |
| Pr | 0.16 | 0.25 | 0.79 | 5.83 | 0.28 | 0.1 | 0.49 | 0.3 |
| Nd | 0.55 | 0.82 | 2.96 | 2.09 | 0.87 | 0.43 | 1.59 | 0.97 |
| Sm | 0.14 | 0.2 | 0.53 | 0.29 | 0.3 | 0.18 | 0.46 | 0.38 |
| Eu | 0.05 | 0.05 | 0.12 | 0.07 | 0.04 | 0.05 | 0.1 | 0.08 |
| Gd | 0.14 | 0.18 | 0.52 | 0.22 | 0.22 | 0.23 | 0.51 | 0.42 |
| Tb | 0.05 | 0.04 | 0.06 | 0.03 | 0.05 | 0.05 | 0.11 | 0.11 |
| Dy | 0.15 | 0.18 | 0.35 | 0.09 | 0.23 | 0.28 | 0.72 | 0.74 |
| Ho | 0.05 | 0.04 | 0.06 | 0.04 | 0.02 | 0.06 | 0.13 | 0.14 |
| Er | 0.08 | 0.11 | 0.19 | 0.06 | 0.12 | 0.17 | 0.44 | 0.48 |
| Tm | 0.05 | 0.04 | 0.03 | 0.02 | 0.03 | 0.07 | 0.07 | 0.08 |
| Yb | 0.08 | 0.09 | 0.15 | 0.03 | 0.11 | 0.17 | 0.48 | 0.58 |
| Lu | 0.05 | 0.06 | 0.03 | 0.04 | 0.02 | 0.05 | 0.07 | 0.08 |
| Y | 0.94 | 1.15 | 1.89 | 0.57 | 1.4 | 2.07 | 4.41 | 5.29 |
| ΣREE | 3.5 | 5.98 | 15.08 | 19.26 | 5.82 | 2.88 | 10.96 | 7.53 |
| LREE | 2.85 | 5.24 | 13.69 | 18.73 | 5.02 | 1.8 | 8.43 | 4.9 |
| HREE | 0.65 | 0.74 | 1.39 | 0.53 | 0.8 | 1.08 | 2.53 | 2.63 |
| LREE/HREE | 4.38 | 7.08 | 9.85 | 35.34 | 6.28 | 1.67 | 3.33 | 1.86 |
| $(La/Yb)_N$ | 7.71 | 10.92 | 17.55 | 105.68 | 8.93 | 2.24 | 3.50 | 1.58 |
| δEu | 1.08 | 0.79 | 0.69 | 0.81 | 0.46 | 0.75 | 0.63 | 0.61 |

注：LREE 为轻稀土元素总量；HREE 为重稀土元素总量；$(La/Yb)_N$ 为球粒陨石标准化 La/Yb 比值；下同。数据来源于湖南省地质调查院，2018。

从表 2-6 中可以看出，锂辉石和钠长石伟晶岩中总稀土含量（ΣREE）较低，变化于 $3.5\times10^{-6}$ ~ $19.26\times10^{-6}$ 之间，其中 LREE 含量在 $1.8\times10^{-6}$ ~ $18.73\times10^{-6}$ 之间，HREE 含量范围为 $0.53\times10^{-6}$ ~ $2.63\times10^{-6}$。轻重稀土分异明显（LREE/HREE 为 1.67~35.34），表明伟晶岩轻稀土相对富集，重稀土相对亏损。$(La/Yb)_N$ 比值变化在 1.58~105.68 之间，反映

出伟晶岩轻重稀土存在明显的分馏作用。从图 2-14B 中看出锂辉石伟晶岩稀土元素配分型式图呈右倾形态，轻重稀土分异作用明显；钠长石伟晶岩稀土元素配分型式图几乎呈水平展布，轻重稀土分异作用不明显。δEu 值变化在 0.46～1.08 之间，显示为弱的负 δEu。说明岩浆在演化过程中斜长石分离结晶作用较弱。

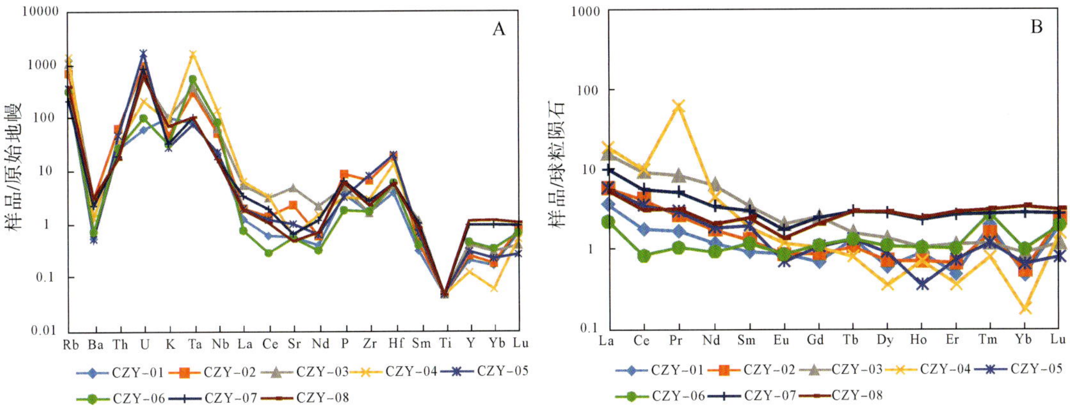


图 2-14　传梓源地区代表性样品微量元素蛛网图（A）及稀土元素配分型式图（B）

（标准值据 Sun and McDonough，1989）

#### 4. 稀有元素地球化学特征

传梓源地区伟晶岩稀有金属元素含量见表 2-7，伟晶岩中稀有元素 Li、Be、Rb 含量相对较高，Nb、Ta 和 Cs 元素含量相对较低。其中锂辉石伟晶岩中 Li 和 Rb 元素含量明显高于钠长石伟晶岩中 Li 和 Rb 元素，锂辉石伟晶岩中 Be 元素含量低于钠长石伟晶岩中 Be 元素，Nb 和 Ta 元素含量在锂辉石伟晶岩和钠长石伟晶岩中变化较大，反映出钽、铌矿化不均匀的特征。挥发分含量如表 2-7 所示，$P_2O_5$ 为 0.08%～0.27%，$CO_2$ 为 0.26%～0.51%，F 为 0.016%～0.13%，表明伟晶岩中挥发分较为富集。

**表 2-7　传梓源地区代表性样品稀有金属的氧化物及挥发分含量**

| 样品类型 | 样品编号 | 主要稀有元素含量/$10^{-6}$ | | | | | | 挥发分含量/% | | |
|---|---|---|---|---|---|---|---|---|---|---|
| | | Li | Be | Rb | Nb | Ta | Cs | $P_2O_5$ | $CO_2$ | F |
| 锂辉石伟晶岩 | CZY-01 | 1211 | 134 | 800 | 15.5 | 3.28 | 60.1 | 0.08 | 0.26 | 0.039 |
| | CZY-02 | 576 | 302 | 457 | 37.2 | 12.4 | 54.6 | 0.19 | 0.43 | 0.086 |
| | CZY-03 | 272 | 159 | 686 | 45.1 | 15.6 | 68.5 | 0.11 | 0.51 | 0.054 |
| | CZY-04 | 1036 | 131 | 899 | 101 | 66.8 | 79.4 | 0.17 | 0.34 | 0.016 |
| 钠长石伟晶岩 | CZY-05 | 96.2 | 175 | 232 | 16.1 | 3.07 | 26.3 | 0.14 | 0.34 | 0.13 |
| | CZY-06 | 106 | 109 | 203 | 58.7 | 22.2 | 16.6 | 0.15 | 0.34 | 0.018 |
| | CZY-07 | 61.5 | 435 | 134 | 11.9 | 4.19 | 10.1 | 0.1 | 0.43 | 0.052 |
| | CZY-08 | 61.3 | 413 | 252 | 11.6 | 4.22 | 16 | 0.27 | 0.26 | 0.045 |

注：数据来源于湖南省地质调查院，2018。

## 四、江西香炉山钨矿床成矿岩体地球化学特征

### 1. 地质背景

香炉山钨矿床九宫山复式岩体西端，矿区出露地层有中寒武统杨柳岗组，上寒武统华严寺组、上寒武统西阳山组和下奥陶统印渚埠组，外围有南华系和志留系。杨柳岗组由薄至中厚层状含炭泥硅质灰岩和灰质泥岩组成，多已变质为钙硅角岩，是矿床的主要赋矿围岩。矿区钨矿体产于岩体内、外接触带中，总体呈北东向展布，埋深40~450m，分布于标高400m以上，由接触带、内接触带和外接触带三类50个钨矿体组成，工业矿体主要分布于0~24线1200m范围内。岩浆岩主体为黑云母二长花岗岩，其次有细晶岩脉和煌斑岩脉。

### 2. 主量元素地球化学特征

香炉山花岗岩样品主量元素分析结果见表2-8。岩石样品$SiO_2$含量整体较高，变化范围72.92%~77.02%，平均值75.92%；岩石样品全碱（$K_2O+Na_2O$）含量变化范围7.94%~9.15%，平均值8.42%；$K_2O/Na_2O$含量变化范围1.28~2.66，平均值1.70，其中$K_2O$含量普遍高于$Na_2O$，$K_2O$含量为4.46%~6.65%，平均值5.24%，$Na_2O$含量为2.50%~3.54%，平均值3.17%；岩石样品$Al_2O_3$含量普遍较高，变化范围11.89%~12.83%，平均值12.41%；A/NK变化范围1.12~1.17，平均1.14；A/CNK变化范围1.01~1.08，平均1.06；花岗岩在主量元素地球化学成分上表现为弱过铝质高硅高钾钙碱性花岗岩（图2-15）。

**表2-8 修水县香炉山矿区花岗岩主量元素含量（$w_B$/%）及相关参数**

| 样品号 | XLS-H1 | XLS-H2 | XLS-H3 | XLS-H4 | XLS-H5 | XLS-H6 | XLS-H7 |
|---|---|---|---|---|---|---|---|
| $SiO_2$ | 76.32 | 76.92 | 77.02 | 76.54 | 72.92 | 75.35 | 76.4 |
| $TiO_2$ | 0.1 | 0.083 | 0.084 | 0.1 | 0.18 | 0.2 | 0.082 |
| $Al_2O_3$ | 12.41 | 12.26 | 12.44 | 12.63 | 12.83 | 12.38 | 11.89 |
| $Fe_2O_3$ | 0.10 | 0.10 | 0.10 | 0.10 | 0.12 | 0.12 | 0.08 |
| FeO | 0.91 | 0.64 | 0.53 | 0.52 | 1.14 | 1.32 | 0.52 |
| MnO | 0.024 | 0.024 | 0.024 | 0.024 | 0.038 | 0.051 | 0.03 |
| MgO | 0.14 | 0.099 | 0.1 | 0.12 | 0.39 | 0.33 | 0.18 |
| CaO | 0.72 | 0.77 | 0.66 | 0.78 | 1.4 | 0.9 | 1.29 |
| $Na_2O$ | 3.08 | 3.54 | 3.29 | 3.36 | 2.5 | 2.97 | 3.48 |
| $K_2O$ | 5.44 | 4.73 | 5.1 | 5.04 | 6.65 | 5.28 | 4.46 |
| $P_2O_5$ | 0.031 | 0.026 | 0.026 | 0.031 | 0.075 | 0.077 | 0.026 |
| LOI | 0.92 | 0.94 | 0.72 | 0.9 | 1.64 | 0.89 | 1.5 |

续表

| 样品号 | XLS-H1 | XLS-H2 | XLS-H3 | XLS-H4 | XLS-H5 | XLS-H6 | XLS-H7 |
|---|---|---|---|---|---|---|---|
| $K_2O+Na_2O$ | 8.52 | 8.27 | 8.39 | 8.4 | 9.15 | 8.25 | 7.94 |
| $K_2O/Na_2O$ | 1.77 | 1.34 | 1.55 | 1.50 | 2.66 | 1.78 | 1.28 |
| A/NK | 1.13 | 1.12 | 1.14 | 1.15 | 1.13 | 1.17 | 1.13 |
| A/CNK | 1.07 | 1.05 | 1.08 | 1.08 | 1.02 | 1.08 | 1.01 |

注：LOI 为灼失量。

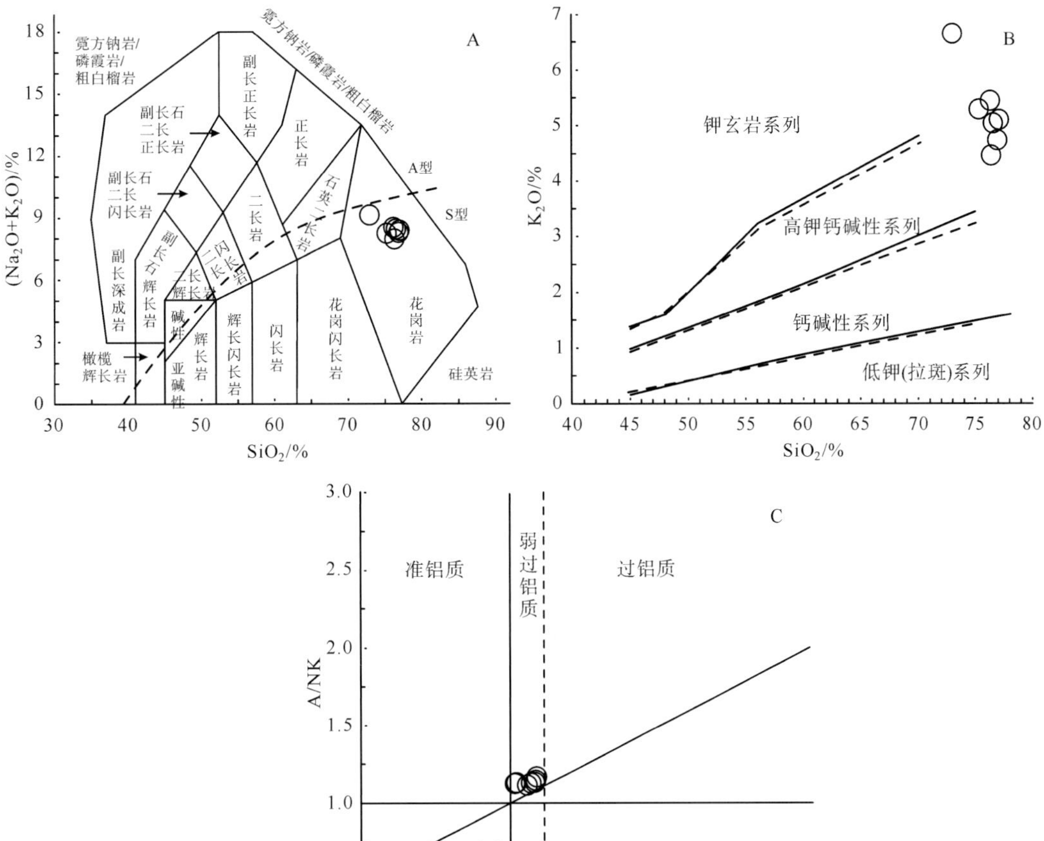


图 2-15　修水县香炉山矿区花岗岩地球化学散点图

A—TAS 图解，底图据 Cox et al.（1979），Ir—Irvine 分界线据 Irvine and Baragar（1971）；B—$K_2O-SiO_2$图解，底图实线据 Peccerillo and Taylor（1976）；C—A/NK-A/CNK 图解，底图据 Peccerillo and Taylor（1976）

### 3. 微量元素地球化学特征

岩石样品大离子亲石元素（LILE）中 Rb、Sr、Ba 含量范围分别为 $310\times10^{-6}\sim368\times10^{-6}$、$24.4\times10^{-6}\sim33.2\times10^{-6}$、$54.4\times10^{-6}\sim106\times10^{-6}$（表 2-9）；放射性生热元素（RPH）中 U、Th 含量范围分别为 $10.5\times10^{-6}\sim15.2\times10^{-6}$、$19.6\times10^{-6}\sim35.4\times10^{-6}$；高场强元素

(HFSE) 中 Nb、Ta、Zr、Hf 含量范围分别为 $11.3\times10^{-6}\sim22.8\times10^{-6}$、$1.88\times10^{-6}\sim3.57\times10^{-6}$、$74.2\times10^{-6}\sim134\times10^{-6}$、$3.65\times10^{-6}\sim5.38\times10^{-6}$。岩石较富集 Rb、U、Th、K、Hf 元素，略微亏损 Nb 元素，强烈亏损 Ba、Sr、P、Ti 元素，蛛网图整体表现为向右倾斜型(图 2-16A)。

**4. 稀土元素地球化学特征**

岩石样品稀土元素分析结果显示（表 2-9），花岗岩稀土元素总量（ΣREE）的范围为 $115.18\times10^{-6}\sim219.65\times10^{-6}$。其中，轻稀土元素总量（LREE）的范围为 $84.77\times10^{-6}\sim186.31\times10^{-6}$，重稀土元素总量（HREE）的范围为 $26.02\times10^{-6}\sim37.08\times10^{-6}$，LREE/HREE 值介于 2.79~5.59 之间。稀土元素曲线总体向右倾斜（图 2-16B），轻稀土元素富集，重稀土元素相对亏损，具明显的强负 Eu 异常特征（$\delta$Eu=2.04~5.02，平均值 4.17）。

**表 2-9 修水县香炉山矿区花岗岩稀土、微量元素含量（$w_B/10^{-6}$）及相关参数**

| 样品号 | XLS-H1 | XLS-H2 | XLS-H3 | XLS-H4 | XLS-H5 | XLS-H6 | XLS-H7 |
|---|---|---|---|---|---|---|---|
| 微量元素 | | | | | | | |
| Rb | 353 | 334 | 356 | 326 | 368 | 310 | 312 |
| Ba | 70.8 | 54.4 | 60.2 | 64.6 | 84.9 | 93.2 | 106 |
| Th | 24 | 19.6 | 20.6 | 21.3 | 35.4 | 34.7 | 19.9 |
| U | 12.5 | 15.2 | 11.2 | 10.7 | 15.7 | 10.5 | 14.3 |
| Ta | 3.57 | 2.59 | 2.44 | 2.03 | 2.94 | 1.92 | 1.88 |
| Nb | 22.8 | 19.4 | 20.8 | 11.3 | 21.4 | 20.1 | 17.4 |
| Sr | 33.2 | 30 | 27.8 | 29.6 | 25.2 | 24.4 | 26 |
| Zr | 84.3 | 74.2 | 77.8 | 79.3 | 134 | 130 | 80.8 |
| Hf | 4.12 | 4.09 | 4.72 | 3.65 | 5.38 | 5.04 | 4.22 |
| Cs | 11.3 | 8.2 | 10.3 | 10.6 | 12.3 | 11.1 | 9.96 |
| W | 64.8 | 97.7 | 35.1 | 77.3 | 6.83 | 117 | 11.6 |
| Mo | 5.33 | 4.94 | 19.9 | 4.76 | 8.35 | 5.82 | 11.6 |
| Bi | 76.9 | 15.7 | 6.06 | 380 | 3.51 | 21.5 | 1.56 |
| Sn | 2.16 | 2.9 | 2.62 | 1.99 | 2.88 | 3.22 | 4.36 |
| Cu | 40 | 14.6 | 12.8 | 20.2 | 23.1 | 14 | 6.97 |
| Pb | 55.2 | 32.4 | 36.2 | 59.2 | 45.8 | 36.8 | 33.8 |
| Zn | 33.3 | 30.4 | 28 | 31.2 | 47.9 | 49.4 | 32.1 |
| Ga | 16.8 | 17.6 | 17.4 | 17.5 | 19 | 19.3 | 15.2 |

续表

| 样品号 | XLS-H1 | XLS-H2 | XLS-H3 | XLS-H4 | XLS-H5 | XLS-H6 | XLS-H7 |
|---|---|---|---|---|---|---|---|
| Ag | 0. 36 | 0. 077 | 0. 054 | 0. 26 | 0. 064 | 0. 16 | 0. 16 |
| V | 16 | 15. 5 | 15. 2 | 14. 1 | 22. 2 | 22. 5 | 15 |
| K | 45140. 43 | 39248. 94 | 42319. 15 | 41821. 28 | 55180. 85 | 43812. 77 | 37008. 51 |
| Ti | 600. 00 | 498. 00 | 504. 00 | 600. 00 | 1080. 00 | 1200. 00 | 492. 00 |
| P | 135. 35 | 113. 52 | 113. 52 | 135. 35 | 327. 46 | 336. 20 | 113. 52 |
| 稀土元素及相关参数 | | | | | | | |
| La | 25. 4 | 20. 4 | 22. 6 | 24 | 40. 1 | 41. 7 | 18 |
| Ce | 53. 9 | 44. 6 | 50. 2 | 50. 8 | 83. 4 | 85. 6 | 38. 8 |
| Pr | 6. 46 | 5. 38 | 6. 18 | 5. 98 | 9. 96 | 10. 1 | 4. 72 |
| Nd | 24. 9 | 21 | 24 | 23. 4 | 38. 9 | 39. 4 | 18 |
| Sm | 6. 39 | 5. 8 | 6. 86 | 6 | 9. 33 | 9. 26 | 5. 12 |
| Eu | 0. 21 | 0. 16 | 0. 16 | 0. 18 | 0. 24 | 0. 25 | 0. 13 |
| Gd | 6. 18 | 5. 64 | 6. 55 | 5. 55 | 8. 56 | 7. 92 | 5. 65 |
| Tb | 1. 24 | 1. 14 | 1. 31 | 1. 14 | 1. 68 | 1. 53 | 1. 23 |
| Dy | 7. 29 | 6. 72 | 7. 62 | 6. 49 | 9. 49 | 8. 64 | 7. 6 |
| Ho | 1. 7 | 1. 54 | 1. 78 | 1. 52 | 2. 18 | 1. 91 | 1. 85 |
| Er | 5. 23 | 4. 84 | 5. 56 | 4. 73 | 6. 51 | 5. 62 | 5. 88 |
| Tm | 0. 83 | 0. 76 | 0. 9 | 0. 75 | 1. 01 | 0. 88 | 0. 92 |
| Yb | 5. 81 | 5. 44 | 6. 1 | 5. 07 | 6. 66 | 5. 96 | 6. 32 |
| Lu | 0. 87 | 0. 82 | 0. 93 | 0. 77 | 0. 99 | 0. 88 | 0. 96 |
| Y | 43. 9 | 40. 5 | 46. 2 | 39. 5 | 54. 4 | 49. 4 | 47. 3 |
| LREE | 117. 26 | 97. 34 | 110. 00 | 110. 36 | 181. 93 | 186. 31 | 84. 77 |
| HREE | 29. 15 | 26. 90 | 30. 75 | 26. 02 | 37. 08 | 33. 34 | 30. 41 |
| ΣREE | 146. 41 | 124. 24 | 140. 75 | 136. 38 | 219. 01 | 219. 65 | 115. 18 |
| LREE/HREE | 4. 02 | 3. 62 | 3. 58 | 4. 24 | 4. 91 | 5. 59 | 2. 79 |
| δEu | 3. 14 | 2. 69 | 2. 66 | 3. 40 | 4. 32 | 5. 02 | 2. 04 |
| δCe | 0. 10 | 0. 08 | 0. 07 | 0. 09 | 0. 08 | 0. 09 | 0. 07 |
| $La_N/Yb_N$ | 1. 01 | 1. 02 | 1. 02 | 1. 01 | 0. 99 | 0. 99 | 1. 01 |

注：$\delta Ce = Ce_N / [(La_N)(Pr_N)]^{0.5}$。

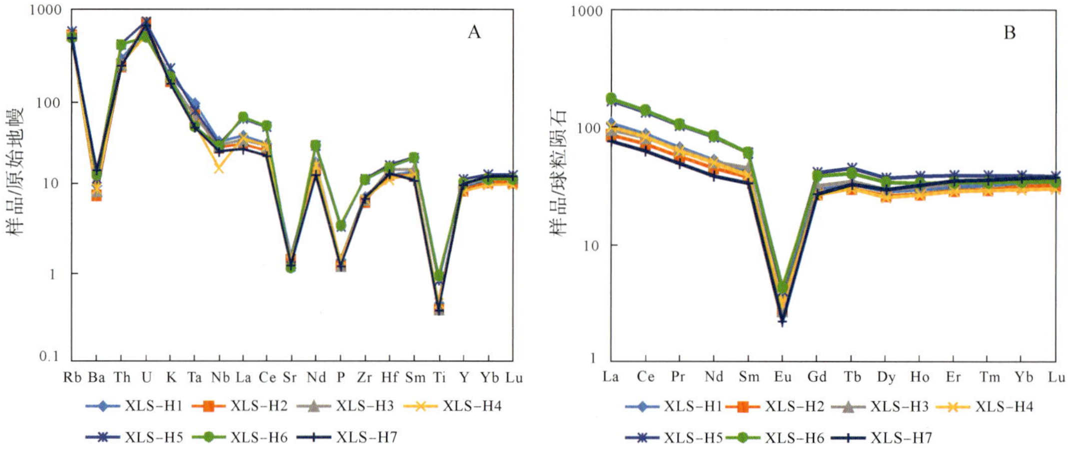


图 2-16 香炉山矿区花岗岩微量元素原始地幔标准化图（A）和稀土元素球粒陨石标准化图（B）

（标准化值据 Sun and McDonough，1989）

## 五、稀有金属成矿岩体与钨成矿岩体特征对比

香炉山钨矿田、东坪钨矿床和幕阜山稀有金属矿田成矿岩体地球化学特征显示，岩浆源区和演化过程对于成矿作用有明显的控制，均表现出显著的岩浆岩成矿专属性特征，三者对比如下（表 2-10）。

**表 2-10 幕阜山、香炉山与东坪侵入岩体特征对比表**

| 特征 | 幕阜山岩体 | 香炉山岩体 | 东坪岩体 |
|---|---|---|---|
| 成岩成矿时代/Ma | 集中在 146~133 | 122~127 | 128~132 |
| 岩石类型 | 富钠酸性岩 | 酸性 | 酸性、超酸性 |
| 岩性 | 黑云母二长花岗岩→二云母二长花岗岩→白云母二长花岗岩→伟晶岩 | 二云母花岗岩 | 黑云母花岗岩 |
| 岩石系列 | 钙碱性系列 | 高钾钙碱性系列 | 高硅高钾钙碱性系列 |
| HREE 含量/$10^{-6}$ | 27.50 | 26.02~37.08，平均 30.52 | 43.52~60.88 |
| $(^{87}Sr/^{86}Sr)_i$ | 大于 0.7110 | 0.7138~0.7219 | 0.7151~0.7258 |
| $\delta Eu$ | 0.2~0.82 | 2.04~5.02，平均 4.17 | 小于 0.5 |
| $\varepsilon_{Hf}(t)$ | -7.2 和-7.3 | 1.16 至-7.36 之间，平均值-4.74 | |
| 成岩机制 | 同源岩浆分异作用 | 分异结晶 | 分异结晶 |
| 岩浆源区 | S 型花岗岩，部分壳幔混源 | 地壳重熔形成的酸性岩浆 | 地壳重熔 S 型花岗岩 |

1）幕阜山岩体为晚侏罗世—早白垩世复式岩体，晚侏罗世岩体岩石主要为细（中）粒黑云母二长花岗岩，早次岩性比晚次岩性较基性，$SiO_2$及 $K_2O+Na_2O$、$K_2O$ 含量相对较低，$TiO_2$、$Fe_2O_3+FeO$、MgO、CaO 等含量偏高。为富钠的钙性-钙碱性系列，往超酸富碱（钠）方向演化，稀土配分呈“V”形曲线，$\delta Eu$ 为 0.2~0.82。锶同位素$^{87}Sr/^{86}Sr$ 初始值

大于 0.7110，铕明显亏损，稀土配分模式曲线为“V”形。根据幕阜山岩体边部仁里矿床锂云母 Ar-Ar 年龄为 125.0±1.4Ma（李鹏等，2019），区域稀有金属伟晶岩形成年龄为 130~120Ma，晚于区域出露的最晚期花岗岩体成岩时代（137Ma）。

幕阜山稀有金属成矿岩体可能是最晚期侵入的小规模岩株、岩枝状的补充岩体，也可能是隐伏于下部的晚期花岗岩侵入体。区域岩浆多期次的分异演化作用导致稀有金属逐渐富集成矿的过程，是在燕山晚期由挤压碰撞向伸展减薄转换的构造背景下，玄武质岩浆底侵，下地壳熔融伴随的多期次岩浆活动导致的富集成矿。

2）香炉山、东坪钨矿床的形成与燕山晚期 S 型酸性花岗岩密切相关。成矿岩体多为黑云母花岗岩、二云母花岗岩，成矿元素组合以钨为主，并兼有铜、银等。岩石化学成分显酸性-超酸性富碱特点，$SiO_2$含量为 71.6%~74.21%，$Na_2O+K_2O$ 含量为 7.5%~8.3%，为高硅富碱贫铁分异指数高的钙性-钙碱性系列，往超酸富碱（钠）方向演化，稀土配分呈“V”形曲线，δEu 小于 0.5。锶同位素$^{87}Sr/^{86}Sr$ 初始值大于 0.7110，铕明显亏损，稀土配分模式曲线为“V”形，表明岩源为熔融的地壳物质。富钨元素的地壳物质对岩浆岩的贡献是钨矿的主要来源，并且地壳贡献的多少在一定程度上影响了钨矿床规模的大小。

赣北地区与钨锡多金属有关成矿岩体集中在 150~125Ma 之间。同一岩石类型可以有不同的成矿专属性，成矿与成岩明显依存于不同时期所处的构造环境及其岩浆演化特征，是本区岩浆岩成矿的一大特色。晚侏罗世受北北东向走滑冲断带与东西向构造复合控制的阳储岭中酸性花岗闪长斑岩体，形成了大型钨钼矿床。而产于隆起区的酸性浅成黑云、二云二长花岗岩株（瘤），形成了大型香炉山钨多金属矿床、特大型东坪钨矿床、大湖塘钨矿床。

3）三者从岩体形成时代相比，幕阜山岩体形成时代较长（晚侏罗世—早白垩世），按侵入时间由早到晚呈现出黑云母二长花岗岩→二云母二长花岗岩→白云母二长花岗岩的演化顺序，3 个阶段的岩浆活动分别对应了区域主要的 3 个阶段的稀有金属成矿作用；而九宫山地区香炉山、东坪成矿岩体年龄较单一，集中在早白垩世晚期。

4）三者从地球化学特征相比，幕阜山岩体为正常的钙碱性系列，香炉山、东坪成矿岩体为高硅高钾钙碱性系列；三者均为壳源 S 型花岗岩，但幕阜山岩体早期可能存在部分壳幔混源；三者均形成于太平洋板块俯冲引起的陆内伸展-拉张动力学背景。

## 第三节　成岩-成矿机制分析

### 一、幕阜山燕山期侵入体岩石成因分析

幕阜山燕山期花岗岩具石英二长岩—英云闪长岩—花岗闪长岩—二长花岗岩—(钾长）花岗岩演化系列，为多期次侵入叠加形成的复式岩体。前人研究岩体的就位具明显的被动侵位特点，主要呈现岩墙扩张模式的就位机制，推测为陆壳重熔的产物（湖北省地质调查院，2013）。

中—晚侏罗世辉长闪长岩为富含角闪石的钙碱性系列，其弧型岩浆岩的地球化学特征和富集的同位素组成指示其源区为被流体、熔体交代的岩石圈地幔。晚侏罗世中粒花岗闪

长岩、细粒花岗闪长岩与含斑黑云母二长花岗岩具有相似的地球化学特征，具有高硅（大于68%）、铝（绝大部分大于15%）与Sr（绝大部分大于300μg/g）含量，低Y（小于10μg/g）、Yb（小于1μg/g）以及高场强元素（如：Nb含量为2.59~8.70μg/g和Ta含量为0.21~0.86μg/g）含量，较高的Sr/Y（绝大部分大于30）和La/Yb（绝大部分大于27）比值，其埃达克质的地球化学特征与富集的全岩Sr-Nd-Pb同位素、锆石Hf同位素组成，指示它们可能形成于加厚下地壳的部分熔融，而现今成分差异是由岩浆分离结晶造成的。早白垩世细粒二云母二长花岗岩具有高$SiO_2$（70.91%~73.89%）、$Al_2O_3$（14.94%~15.55%）含量，A/CNK介于1.08~1.26之间，富集大离子亲石（如：Rb、Pb）和轻稀土元素，亏损高场强（如：Nb、Ta、Ti）和重稀土元素，富集全岩Sr-Nd-Pb与锆石Hf同位素，为富含白云母的强过铝质S型花岗岩，形成于古老沉积物的脱水熔融。含斑二云母二长花岗岩和细粒二云母二长花岗是包含角闪岩以及少量沉积岩的古老地壳部分熔融形成的高钾花岗岩类。

综合前人研究成果，认为幕阜山晚中生代岩浆活动可能与古太平洋板块的俯冲作用有关，155~130Ma幕阜山为远离俯冲带的板内环境，由于受到平板俯冲板片的断离、软流圈物质上涌等作用，造成富集的大陆岩石圈地幔、加厚的下地壳、古老沉积物等不同组分相继发生部分熔融，形成复式岩体。

## 二、花岗岩与伟晶岩的关系

在花岗岩与伟晶岩之间的关系方面，长期以来，伟晶岩常被认为是花岗质岩浆（母岩）分异演化晚期岩浆固结的产物（Čern et al.，2005，2012；Roda et al.，2018；Fei et al.，2020），湖南仁里与湖北断峰山地区几种类型的伟晶岩均位于幕阜山岩体内部或接触带附近，其成岩成矿年龄几近一致（140~130Ma），稍晚于矿区各类型花岗岩形成年龄（154~138Ma），全岩Nd同位素和锆石Hf同位素一致也指示花岗岩与伟晶岩有着相同的源区。因此，伟晶岩与花岗岩在时间、空间以及物源上均暗示两者有密切的成因联系。

前人对幕阜山仁里矿区有关花岗岩与伟晶岩的成因关系已展开过颇多讨论，如李昌元（2016）指出仁里矿区伟晶岩的母岩为在空间关系上与之最为密切的黑云母二长花岗岩；陈剑锋等（2022）对矿区7号伟晶岩脉进行了年代学及同位素等的研究，指出岩体内不含矿的微斜长石（二云母）型伟晶岩脉的母岩为黑云母二长花岗岩；李鹏等（2019）和Li P等（2020）通过分析仁里矿区的稀有金属伟晶岩与矿区广泛出露的二云母二长花岗岩或黑云母二长花岗岩在地球化学特征上存在断崖式突变，曾认为这两类花岗岩并非伟晶岩的母岩，之后又认为二云母二长花岗岩为伟晶岩的母岩（Li et al.，2021）；Xiong等（2020）和穆尚涛等（2021）从矿物与岩体的地球化学组成等角度对成因关系进行了研究，指出矿区高分异的白云母花岗岩更可能是稀有金属伟晶岩的母岩；李乐广等（2019）推测幕阜山伟晶岩脉与幕阜山花岗岩类，特别是晚期的二云母二长花岗岩和白云母花岗岩，存在密切成因关系，可能为其进一步连续演化末期的产物。因此，结合Wang等（2014）所提出的岩浆连续演化模型，李乐广等（2019）认为幕阜山花岗岩类与花岗伟晶岩的成因关系和演化过程为：花岗闪长岩→黑云母二长花岗岩→二云母二长花岗岩→白云母花岗岩→伟晶岩脉。

## 三、伟晶岩型稀有金属成矿机制分析

多数研究者认为伟晶岩中稀有金属元素是通过岩浆结晶分异过程逐渐富集的（Zhu et al.，2001；Evensen et al.，2002），在其演化和成矿作用中存在着岩浆和热液的不混溶作用（卢焕章，2011），特别是富F花岗岩浆不混溶作用是伟晶岩成岩成矿的重要机制（李建康等，2008）。在不混溶作用中，富挥发分熔体均强烈富集Na、Li和碱土元素，亏损K和重稀碱元素（Veksler et al.，2002；Veksler，2004），共轭两相的分离导致了Na、Li与K的分离（王联魁等，2000a，2000b），同时促进了Li的矿化（Badanina et al.，2006）。

幕阜山传梓源地区伟晶岩富Na、Li、Rb元素，而贫K元素，在岩浆阶段是富挥发分的，稀土元素含量低且重稀土亏损（文春华等，2016），表明传梓源地区伟晶岩的形成及稀有金属成矿是岩浆高程度演化及不混溶作用的结果。F对稀有元素含量变化具制约作用，由于F等挥发分密度低，在岩浆侵位过程中能快速迁移至岩体顶部并大量聚集，并且F与稀有元素组成络合物一起迁移和富集，随温度降低，锂辉石化、钠长石化作用的发生，残余熔体中性质发生了变化，稳定性降低，导致F与稀有金属络合物溶解度降低发生水解，铌、钽、锂在锂辉石化和钠长石化过程中沉淀、富集形成矿化，F元素则大量逃逸或在浅地表形成萤石类矿物。

幕阜山不同阶段花岗岩稀有金属元素含量见表2-11。从花岗闪长岩到二云母花岗岩，稀有金属元素含量呈规律性变化：花岗闪长岩Li、Be、Ta、Nb、Rb、Cs含量较低，二云母二长花岗岩Li、Be、Ta、Nb、Rb、Cs含量最高。二云母二长花岗岩的成岩年龄与伟晶岩矿床的成矿年龄相近，暗示稀有金属伟晶岩成矿作用与二云母二长花岗岩密切相关（文春华等，2019）。

**表2-11 幕阜山不同阶段花岗岩稀有金属元素和挥发分测试结果** 单位：$10^{-6}$

| 岩性 | 样号 | Li | Be | Ta | Nb | Zr | Hf | Rb | Sr | Cs | F |
|---|---|---|---|---|---|---|---|---|---|---|---|
| 二云母花岗岩 | Y6 | 85.8 | 3.9 | 1.10 | 11.4 | 143 | 3.0 | 237 | 148.0 | 7.7 | 837 |
| 二云母二长花岗岩 | Y10 | 191 | 8.4 | 3.0 | 15.3 | 118 | 3.8 | 360 | 67.1 | 51.6 | 1133 |
| | Y12 | 34.4 | 2.5 | 0.64 | 7.8 | 131 | 4.7 | 191 | 213.0 | 7.0 | 905 |
| 黑云母二长花岗岩 | Y8 | 103.0 | 5.9 | 0.6 | 6.5 | 147 | 5.5 | 194 | 291.0 | 35.8 | 928 |
| 花岗闪长岩 | Y7 | 52.5 | 2.5 | 0.76 | 10.4 | 138 | 4.5 | 139 | 375.0 | 9.3 | |
| | Y13 | 54.6 | 3.5 | 0.71 | 7.2 | 161 | 6.1 | 144 | 364.0 | 9.6 | |

注：数据来源于文春华等，2019。

稀有元素能否形成独立矿物或矿床，主要取决于稀有元素在岩浆中的丰度、岩石化学条件和交代作用。在幕阜山岩体花岗岩中Nb、Ta元素丰度低（李鹏春，2006），致使Nb、Ta分散到黑云母、钛铁矿等矿物中。如在Ⅰ、Ⅱ类型伟晶岩中稀有金属矿物以褐钇铌矿、黑稀金矿为主。往南至传梓源地区伟晶岩中Nb、Ta元素含量逐渐富集，且Fe、Ca、Mg含量低，因而有利于形成铌钽矿物，至交代作用——钠长石化、特别是含Nb、Ta的白云母化时，Nb、Ta呈矿化析出，钽、铌矿化与高度分异演化的钠长石化花岗岩或钠长石化作用密切相关（陈骏等，2008；陈国建，2014），实验模拟也表明钠长石中 Nb、Ta 含量最高（赵劲松等，1996）。钠长石化过程是 Nb、Ta 等稀有金属富集的重要因素（Veksler，2004；文春华等，2016）。

伟晶作用与气成热液阶段是锂的主要聚集阶段。在整个伟晶岩发育的过程中，锂的富集与矿化常发生在较晚的阶段，如最有经济意义的钠-锂型伟晶岩就是伟晶岩作用最晚期的产物。该伟晶岩的地球化学演化阶段如下：Na-Ca→K→Li（原始结晶作用阶段）→Na→K-(Rb)→Li-K-Rb-Cs（热液作用阶段）。在 Li 阶段主要形成锂辉石、透锂长石等而富集成矿。

通过对不同类型伟晶岩脉主要矿物及特征矿物（长石、云母、电气石、石榴子石、绿柱石、铌钽铁矿）的微区原位 EPMA 和 LA-ICP-MS 元素地球化学的对比分析，重建了幕阜山伟晶岩脉稀有元素的富集过程（图 2-17）：①花岗质岩浆演化后期的伟晶质熔体首先结晶出不含矿的电气石伟晶岩；②随后 Be 元素逐渐富集，绿柱石析出，形成电气石-绿柱石伟晶岩；③接着形成绿柱石伟晶岩；④随着 Nb、Ta 元素开始富集，铌钽铁矿结晶，形成绿柱石-铌钽铁矿伟晶岩；⑤随着岩浆继续演化，Li 逐渐富集，形成含锂矿物的伟晶岩脉。幕阜山南缘仁里地区伟晶岩演化程度较高，达到富 Be、Nb、Ta、Li 的第五阶段，故形成超大型铌钽矿，而北缘断峰山地区伟晶岩演化程度稍低，至富集 Be、Nb、Ta 第四阶段（李乐广等，2019；王晶等，2020）。

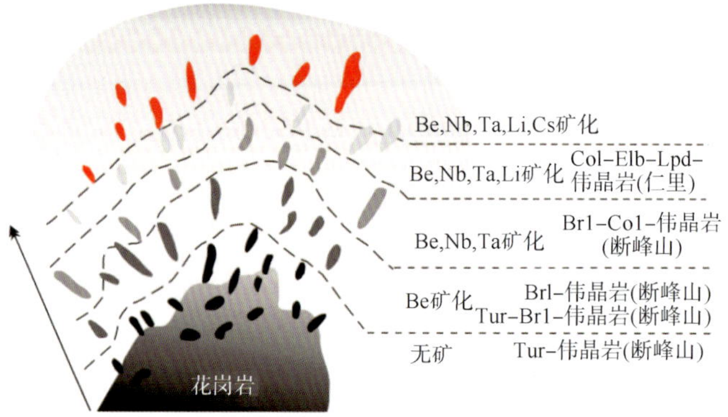


图 2-17　幕阜山伟晶岩脉演化和稀有金属富集过程模式图
（据李乐广等，2019；王晶等，2020）

## 四、钨多金属矿成岩-成矿机制分析

九宫山地区侵入岩主体岩性为黑云母花岗岩-二云母花岗岩，属于燕山晚期（早白垩世）S 型酸性-超酸性的钙性-钙碱性系列，与钨多金属成矿关系密切，形成了大型-特大型香炉山钨多金属矿床、东坪黑钨矿床。现将九宫山地区香炉山钨矿床成因分析述如下。

**1. 岩石成因及源区演化**

Chappell（1999）提出 S 型花岗岩由中上地壳的变沉积岩熔融而来，源岩物质主要受控于沉积作用，香炉山花岗岩中富铝矿物（白云母等）较为常见，A/CNK 平均 1.06，为弱过铝质，指示该地区花岗岩起源于富铝质岩石，如泥质岩等；此外，香炉山花岗岩

REE 具向右倾斜的深“V”形稀土元素配分模式，微量元素蛛网图整体表现为向右倾斜型，根据以上岩石化学特征可判断香炉山花岗岩类型为 S 型花岗岩（Chappell et al.，1974；Chappell，1999；路凤香等，2002）。

花岗岩的低 K/Rb 比值通常可以反映岩浆分异高演化的程度，Zr/Hf 比值随着演化程度的增加或流体交代作用的发生而降低（Irber，1999），香炉山花岗岩样品的 K/Rb 平均值为 128.9，整体偏低，Zr/Hf 平均值 21，远低于花岗岩的平均值 39，表明其经历了强烈的岩浆分异作用；此外，样品分异指数（DI）介于 91~95 之间，在($K_2O+Na_2O$)/CaO-(Ce+Zr+Y+Nb)图解上（图 2-18A），样品点大部分落入高分异型的长英质花岗岩区域；在 Rb-Ba-Sr 三角图解中（图 2-18B），样品点全都落入高分异花岗岩区域内，以上特征表明，香炉山花岗岩经历了高度的分异结晶作用。

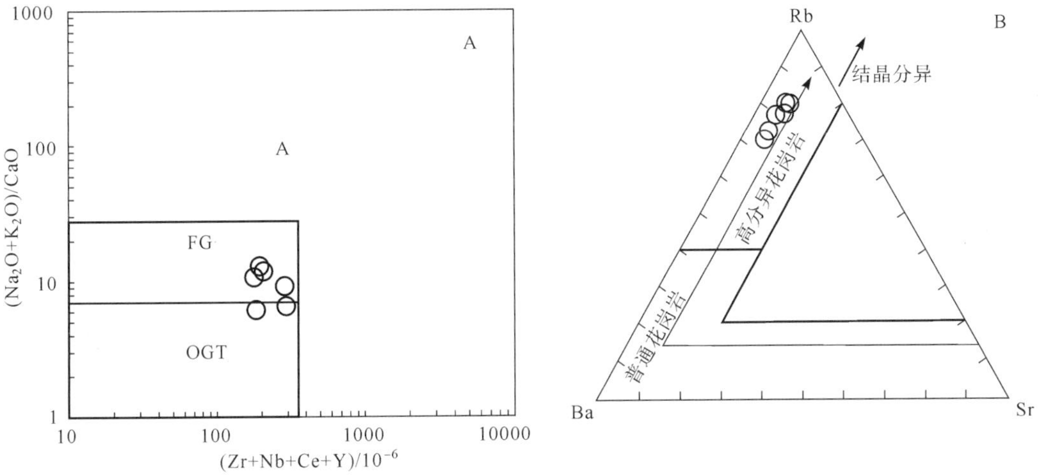


图 2-18 修水县香炉山矿区花岗岩判别图解

A—($K_2O+Na_2O$)/CaO-(Ce+Zr+Y+Nb)图解（据 Whalen et al.，1987）；

B—Rb-Ba-Sr 三元图解（据 Bouseily et al.，1975）

香炉山矿区花岗岩受原岩和高分异过程的影响，MALI 值（$Na_2O+K_2O-CaO$）和 $K_2O$ 含量较高，属于钙碱性系列岩石，指示岩浆源区具有大陆地壳物质的参与（Frost et al.，2001）。同时，岩石 A/CNK 变化范围 1.01~1.08，显示弱过铝质的特征，微量元素 Nb/Ta 平均值 7.85，接近大陆地壳的 Nb/Ta 值 10~14（赵振华，2007），远低于上地幔的 Nb/Ta 平均值 17.5（McDonough et al.，1995）；亏损 Nb、Ti、P 等高场强元素（HFSE），指示物质来源为大陆地壳。

**2. 成矿物质来源**

矿床成矿与矿区燕山晚期花岗岩体有密切的时空和成因联系，矿化产于岩体内、外接触带一定范围内（100m），主矿体产于岩体接触带上。矿区花岗岩具有低 Ti($TiO_2$含量为 0.082%~0.2%)、Ca(CaO 含量为 0.66%~1.4%)、Mg(MgO 含量为 0.099%~0.39%)，富 Si($SiO_2$含量为 72.92%~77.02%)、碱($Na_2O+K_2O$ 含量为 7.94%~9.15%)、Al($Al_2O_3$ 含量为 14.14%~15.85%)，A/CNK 为 1.01~1.08，花岗岩微量元素较富集 Rb、U、Th、K、Hf 元素，略微亏损 Nb 元素，强烈亏损 Ba、Sr、P、Ti 元素；稀土总量（ΣREE）为 $115.18\times10^{-6}$~$219.65\times10^{-6}$，$(La/Yb)_N$ 值为 0.99~1.02，轻稀土元素（LREE）富集，重

稀土元素（HREE）相对亏损，具明显的强负 Eu 异常特征（$\delta$Eu 为 2.04～5.02），稀土元素配分模式图整体表现为向右倾斜型。高任等（2023）研究（$^{87}Sr/^{86}Sr$）$_i$ 多为 0.7102～0.7345，$\varepsilon_{Nd}(t)$ 为 -6.65～-7.51（图 2-19）；$\varepsilon_{Hf}(t)$ 值主要集中于 -1.16 和 -7.36 之间，平均值 -4.74；单阶段 Hf 模式年龄 $t_{DM1}$ 介于 0.89～1.08Ga，平均值 0.99Ga；二阶段 Hf 模式年龄 $t_{DM2}$ 介于 1.25～1.6Ga，平均值 1.48Ga。

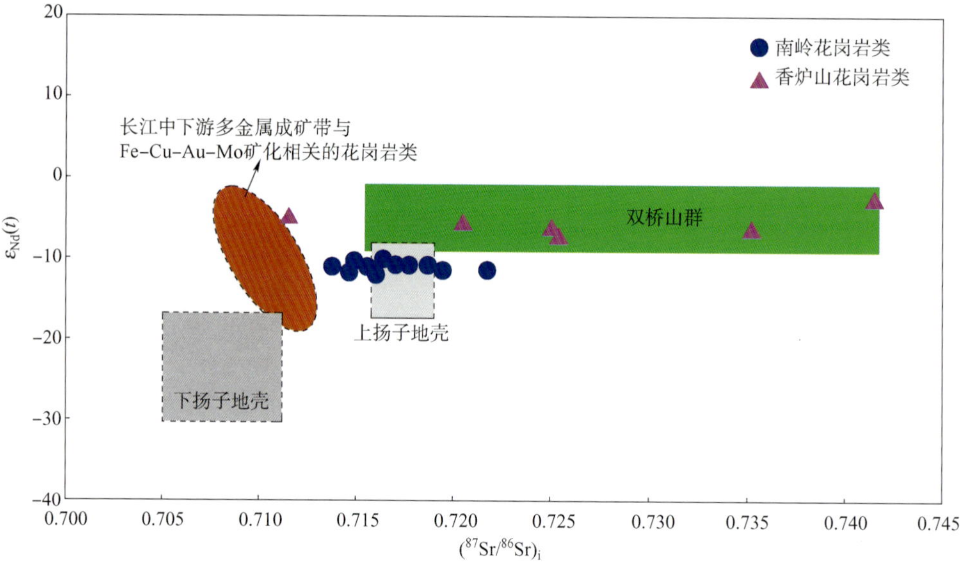


图 2-19　香炉山花岗岩（$^{87}Sr/^{86}Sr$）$_i$-$\varepsilon_{Nd}(t)$ 图解

（据江西省地质局第二地质大队，2022）

香炉山矿床属于硫化物-白钨矿床，矿石矿物以黄铜矿、闪锌矿、黄铁矿、磁黄铁矿为主，矿物组合较为简单且均为硫化物，因此，硫化物 $\delta^{34}S$ 平均值可代表成矿热液的硫同位素组成。高任等（2023）获得的各矿段硫化物 S 同位素特征与胡正华等（2018）在香炉山矿段采集的硫化物 $\delta^{34}S$ 值极为接近，结合矿体及成矿地质体的连续性、各矿段岩体的成矿年龄相近等特点，可以认为香炉山矿床各矿段成矿物质来源相同。S 同位素值集中在 1.2‰～5.4‰，平均值为 3.6‰，且变化范围较窄。在硫同位素组成特征图解（图 2-20）上，$\delta^{34}S$ 峰值为 3‰～4‰，呈明显的“塔式效应”分布，靠近岩浆硫 $\delta^{34}S$ 在 0±3‰范围，显示矿床硫源以岩浆硫为主。

江南钨矿带新元古代基底的壳源元素含量远高于地壳平均值，而岩体中亦富含 W、Bi、Cu、Mo、Ag、Au 等成矿元素，不少学者指出江南钨矿带的双桥山群基底为其内的矿床提供了 W 元素，对同矿带其他矿床的研究如大湖塘钨矿床的物质来源也指向了基底地层。此外，香炉山与白钨矿共生石英 $^{87}Sr/^{86}Sr$ 初始值为 0.7152，与矿区花岗岩相当（$^{87}Sr/^{86}Sr$ 初始值为 0.71305），均为上地壳来源。

综上，赣北香炉山成矿物质来源主要来自岩浆，而其岩浆来源可能主要为新元古代地层部分熔融的产物。

**3. 成矿流体性质与来源**

香炉山钨矿床中白钨矿先后以氧化物阶段的石英-白钨矿和石英硫化物阶段的石英-

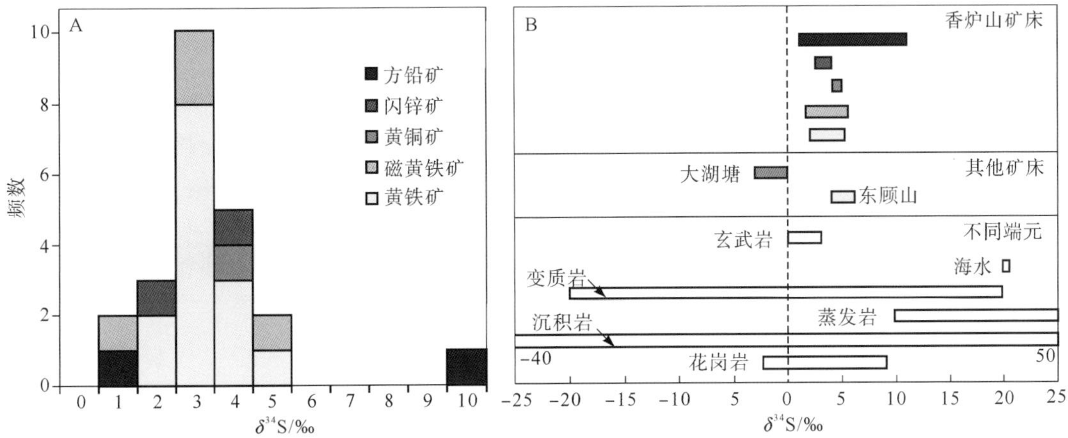


图 2-20 香炉山矿床硫同位素组成特征图解

（据高任等，2023）

A—香炉山矿床硫化物 S 同位素组成图；B—与其他典型矿床或端元 S 同位素对比

硫化物-白钨矿形式沉淀成矿，并以前者为主。早晚两期成矿流体 $\delta^{18}O_{H_2O}$ 较为接近，远低于 Ohmoto（1986）界定的岩浆水（5.5‰~9.5‰）范围，亦低于郑永飞等（2000）界定的变质水范围，往大气降水范围靠近。根据 $\delta^{18}O_{H_2O}$-$\delta D_{V\text{-}SMOW}$ 图解（图 2-21）显示，4 个点均落入岩浆水与变质水左侧，相对于大气降水，出现了 $\delta^{18}O_{H_2O}$ 左漂移现象。

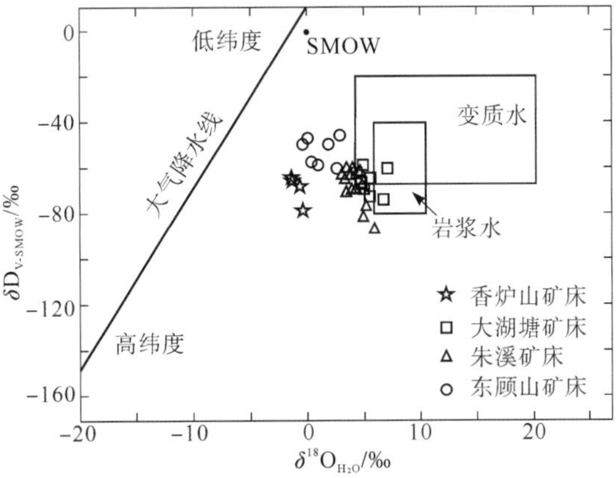


图 2-21 香炉山矿床 $\delta^{18}O_{H_2O}$-$\delta D_{V\text{-}SMOW}$ 图解

（据高任等，2023）

与江南造山带的典型矿床对比可知，朱溪矽卡岩型钨矿床、大湖塘斑岩型钨矿床稳定同位素特征均表现为以岩浆水为主，这一特点与南岭地区钨矿床成矿流体特征基本一致。而香炉山成矿流体的来源中大气降水混合比例偏高，并在氧化物阶段就发生了大气降水的加入，这一特征反而与长江中下游东顾山钨矿床相似。晚成矿阶段的流体 $\delta^{18}O_{H_2O}$ 值低于早（主）成矿阶段 $\delta^{18}O_{H_2O}$ 值，表面流体岩浆水或变质水参与度逐渐降低，大气降水的不断混入引起水/岩比值升高，导致石英硫化物阶段的 $\delta^{18}O_{H_2O}$ 值降低。香炉山矿床氧化物阶段流体包裹体均一温度为 225~408℃，石英硫化物阶段包裹体均一温度为 185~344℃。从成矿早期到晚期，成矿温度分布宽泛并逐渐降低，成矿强度随之降低，与朱溪矽卡岩型钨矿成矿温度特征类似，相似特征也表明与花岗岩有关的钨矿并非一定是高温型热液矿床。

如前所述，香炉山矿床成矿流体受到大气降水混合的影响，根据不同机制下石英 $\delta^{18}O$-温度的理想演化曲线图（图 2-22）可以估算混合比例。沸腾和冷却作用下，石英 $\delta^{18}O$ 值随演化而大致呈线性增大，这与香炉山矿床两成矿期 $\delta^{18}O$ 值几乎没有增长的事实明显不符。在图 2-22 上石英的氧同位素值的投影点，与冷却和沸腾演化曲线相差甚远，而与岩浆水与大气降水混合演化曲线比较吻合的特征，可以初步判断混合在矿质沉淀中的作用占主导地位。在石英硫化物阶段时，$X_A$ 值约为 0.4，说明在钨矿沉淀后期岩浆流体中已混入了近 40% 的大气降水。

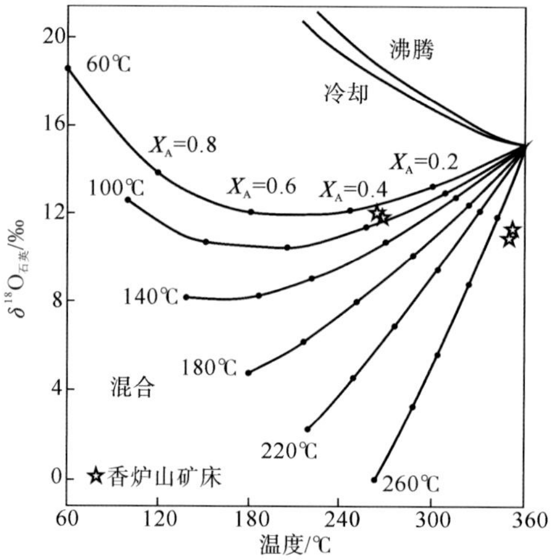


图 2-22　香炉山矿床石英 $\delta^{18}O$-温度的理想演化曲线图

（据高任等，2023）

**4. 成矿模式**

在矿床地质特征、成岩成矿时代、成岩岩浆岩成因及成矿流体与成矿物质来源等研究的基础上，系统总结了香炉山矿床成矿模式（图 2-23）。香炉山矿区成矿过程可分为以下阶段。

1）岩浆阶段：幔汁、幔气通过辐射到中地壳拆离带，变质岩系发生重熔作用，在地壳深处硅铝层成生的 S 型花岗质岩浆，沿着自晋宁期以来就长期活动的九江坳陷与九岭-障公山隆起带间的“深大断裂”上侵，并上侵到离地表 5～11km 的较浅部位时，以类底辟作用分支，由北东（太阳山）向南西（任家山）沿印支期成生的香炉山-太阳山背斜轴部张性断裂等侵入到其核部附近。

2）成岩及热变质阶段：岩浆的侵入及冷凝带来了巨大的热能。在新的物理化学环境下，围岩组分向着提高有序度方向发生了重结晶作用，近接触带岩石变质为角岩及角岩化岩石。角岩粒度较粗，孔隙较大，有利于矿液充填交代，角岩化岩石及原岩较致密，在背斜构造的环境下，强化了封闭作用，使成矿作用更完善地进行。因此，围岩热变质是成矿的重要准备阶段。

3）氧化物阶段——钨矿成矿阶段：岩浆期后成生的矿液，由于温度和压力差的原因，大量聚积于接触带。并与围岩发生化学反应，进入成矿作用。据此阶段的围岩蚀变主要为云英岩化之事实，推测含矿溶液呈（弱）碱性，钨主要呈碱络合物 $K_2WO_4$ 形式存在，

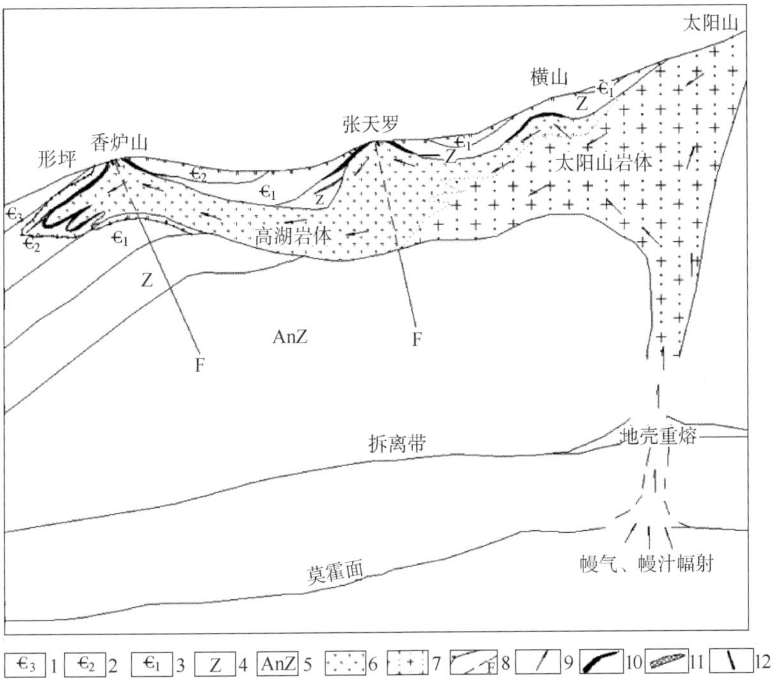


图 2-23　香炉山矿床成岩成矿机理示意图

（据江西省地质局第二地质大队，2022；高任等，2023）

1—上寒武统；2—中寒武统；3—下寒武统；4—震旦系；5—前震旦系；6—高湖岩体；7—太阳山岩体；8—推测断裂及角岩化蚀变带界线；9—岩浆侵入方向；10—接触带型白钨矿体；11—层间破碎带型白钨矿体；12—石英脉型黑钨矿体

这种碱性含矿溶液与硅铝矿物反应，便成生了极为普遍的云英岩化；与含钙矿物反应，成生钨酸钙矿（白钨矿）。由于矿液丰盛，钙质围岩广泛分布，于是就产生了大型钨矿床。如果处于较开放的环境（如岩体中或其上部围岩内北西向裂隙），并有围岩水、铁、锰质的积极参与，则亲氧钨元素便与之结合成生黑钨矿，主要以石英脉的形式产出，同时伴生云英岩化。

4）硫化物成生阶段：由于氧化物阶段的大规模脱钾作用，钨的大量沉淀，含矿溶液相对地富集 $S^{2-}$，而呈弱酸性。本阶段普遍的硅化、萤石化、绿泥石化、高岭土化等围岩蚀变，基本上反映了这一特点。在温度、压力衰减的环境下，少量的钨和硫化物就依其化学特性，先、后或同时结晶，叠加于钨矿之上，形成含硫化物的白钨矿体。

## 五、成岩-成矿作用阶段划分

幕阜山-九宫山复式岩体存在多期次、多阶段的岩浆活动与成矿作用，岩体主要形成于晚侏罗世至早白垩世，形成时间主要集中在 154～122Ma（Wang et al.，2014）。二长花岗岩作为构成幕阜山岩基的主体，按侵入时间由早到晚呈现出黑云母二长花岗岩→二云母二长花岗岩→黑云母花岗岩→白云母二长花岗岩的演化顺序（$S_1$～$S_4$），4 个阶段的岩浆活动分别对应了区域主要的 3 个阶段的稀有金属成矿作用（$M_1$～$M_3$）和 1 个阶段的钨多金属成矿作用（$W_1$）（图 2-24）。

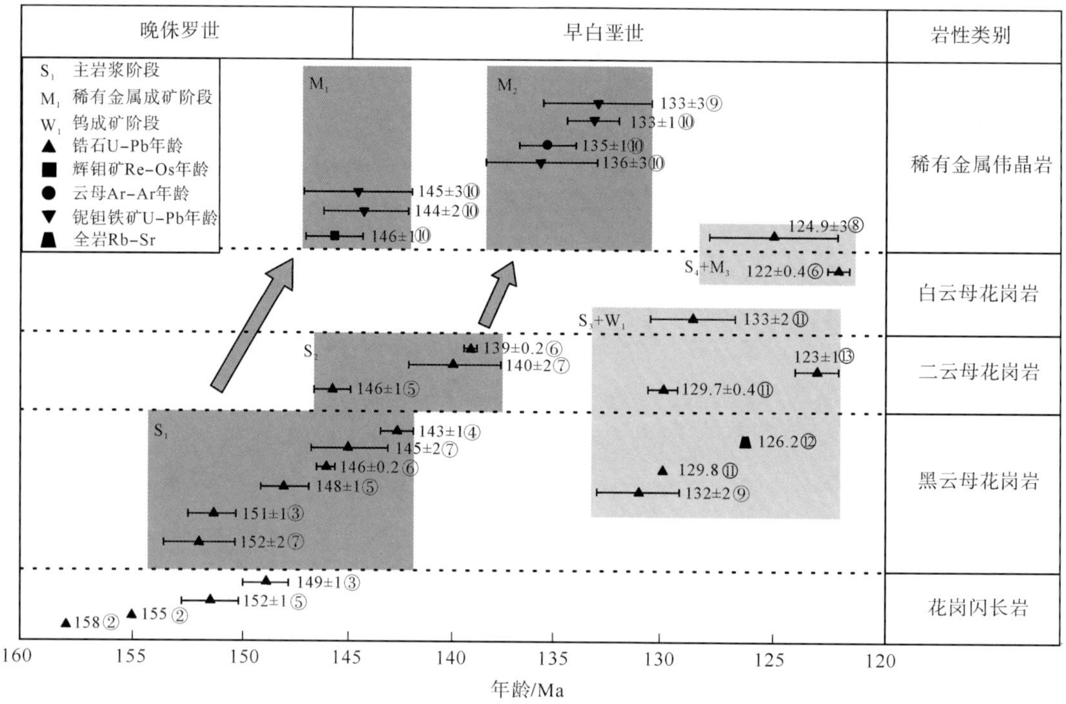


图 2-24　幕阜山-九宫山地区燕山期岩浆-成矿作用阶段划分示意图

（据李鹏等，2021，有修改）

①据湖北省 1：5 万通城县幅区域地质调查报告（湖北省地质调查院，2013）；②据 1：20 万岳阳市幅中华人民共和国区域矿产报告（湖南省地质局区域地质测量队，1978）；③据 Ji et al.，2018；④据许畅等，2019；⑤据 Wang et al.，2014；⑥据李鹏等，2017；⑦据陆凡等，2020；⑧据姜鹏飞等，2021；⑨据 Li X Y et al.，2020；⑩据李鹏等，2021；⑪据 Yang et al.，2022；⑫据张家菁等，2008；⑬据胡正华等，2018

**1. 第一阶段（$S_1$、$M_1$：154～143Ma）**

岩性主体为黑云母二长花岗岩类，形成时代 154～143Ma，对应的稀有金属成矿作用发生在 146～144Ma，矿化类型以铍矿化为主，铌钽矿化次之，成矿强度一般。该阶段成矿作用以长庆 Be-Nb-Ta 伟晶岩密集区为代表，长庆黑云母二长花岗岩锆石 U-Pb 年龄为 142.9±0.9Ma（许畅等，2019），岩体内可见出熔成因的含绿柱石伟晶岩，辉钼矿 Re-Os 年龄为 145.8±1.4Ma（李鹏等，2021）。此外，一些成矿时代更晚的矿床中，仍保留该成矿阶段形成的铌钽铁矿，如仁里、株树潭等矿床存在少数 U-Pb 年龄介于 145～144Ma 间的捕获铌钽铁矿（李鹏等，2021），暗示这些矿床于黑云母花岗岩阶段已发生初次成矿事件。

**2. 第二阶段（$S_2$、$M_2$：146～138Ma）**

岩性主体为二云母二长花岗岩类，形成时代 146～138Ma，其对应的稀有金属成矿作用主要发生在 136～133Ma，是幕阜山稀有金属成矿的主阶段，矿化种类包括 Be-Nb-Ta-Li-Cs，矿化强度高。该阶段成矿作用以仁里矿床、黄泥洞伟晶岩密集区为代表，其铌钽铁矿 U-Pb 年龄分别为 133.0±2.6Ma 和 133.3±0.9Ma（李鹏等，2021）。其中，以仁里为典型的岩浆高度分异演化矿床具稀有金属岩浆—热液两阶段成矿现象（李鹏等，2017）。岩浆阶段先后发生了 Be→Nb-Ta→Li 矿化，地表形成了由东北至西南分布的铍伟晶岩

（绿柱石）→铍铌钽伟晶岩（绿柱石、铌钽铁矿、细晶石）→锂伟晶岩（锂辉石）。岩浆进一步演化导致的热液（富流体）阶段，在内部分带完善的伟晶岩核部发生了 Li、Cs 等元素的二次富集，形成了锂云母、锂电气石、铯绿柱石、铯石榴子石及云母等矿物的富 Li-Cs 反应边。仁里 5 号伟晶岩岩脉核部锂云母 Ar-Ar 年龄为 125.0±1.4Ma（李鹏等，2019），暗示二云母二长花岗岩岩浆演化流体出溶，导致的稀有金属元素二次富集成矿的时限可能持续至 125Ma。

**3. 第三阶段（$S_3$+$W_1$：135~125Ma）**

岩体分布于九宫山地区香炉山—沙店一带。岩性为黑云母花岗岩-二云母花岗岩，形成时代 135~125Ma，对应的金属矿化以 W-Cu-Be 为主，该阶段成矿作用稀有金属矿化强度一般，以盆形山铍矿点为代表，但钨多金属矿化作用强，以香炉山、东坪钨多金属矿床为代表（图 2-2）。年代学数据表明，香炉山黑云母花岗岩全岩 Rb-Sr 等时线年龄为 126±2.6Ma（张家菁等，2008），二云母花岗岩锆石 U-Pb 年龄为 123Ma（胡正华等，2018）；东坪钨矿床黑云母花岗岩锆石 U-Pb 年龄为 132.9±1.4Ma（胡正华等，2018），东坪黑钨矿 U-Pb 年龄为 129.5 ± 5.4Ma（Yang et al.，2022）。该阶段成岩与钨多金属成矿时间相近，岩浆活动持续时间短、冷却速度过快，故岩浆分异演化不充分，未形成大规模伟晶岩，所以未见大规模稀有金属矿化。

**4. 第四阶段（$S_4$+$M_3$：125~122Ma）**

岩性以白云母二长花岗岩为主，形成时代 125~122Ma，对应的稀有金属矿化以 Be-Nb-Ta 为主，白云母花岗岩及其分异的伟晶岩中均可见绿柱石和铌钽铁矿，表明该阶段岩浆活动在花岗岩阶段就已发生成矿。该阶段成矿作用矿化强度一般，以麦埚铍矿床、株树潭铍矿点为代表。年代学数据表明，株树潭含绿柱石白云母二长花岗岩锆石 U-Pb 年龄为 122.0±0.4Ma（李鹏等，2017），麦埚含绿柱石伟晶岩锆石 U-Pb 年龄为 124.9±0.3Ma（姜鹏飞等，2021），该阶段成岩成矿时间相近，岩浆活动持续时间短、冷却速度过快，故岩浆分异演化不充分，未形成大规模伟晶岩，同时，白云母花岗岩虽为区域内岩浆分异演化程度最高的侵入体，但其规模较小，仅以零星小岩株分布，所以未见大规模矿化。

综上，幕阜山稀有金属成矿时代主要集中在早白垩世早期，随着岩浆演化程度由低至高，相对应的矿化种类由单一的 Be 矿化向 Be-Nb-Ta-Li-Cs 多种元素矿化过渡。146~133Ma 期间的岩浆活动最为活跃，形成了区域广泛分布的二云母二长花岗岩及大规模的稀有金属成矿作用。九宫山钨多金属成矿时代主要集中在早白垩世中晚期（135~125Ma）。

# 第三章　区域构造与钨矿床控矿构造特征

江南造山带东段控矿构造格局主要是中-新元古代（四堡期—晋宁期）、青白口纪晚期—早古生代（扬子-加里东期）和中生代（印支-燕山期）多期构造活动的结果，前两者形成的区域变质基底构造奠定了基础，后者导致陆壳活化，隆、坳分异与强烈的断裂作用，对前期构造进行了强烈的复合改造，引发了成矿大爆发（杨明桂等，2015）。

## 第一节　区域构造及其控矿特征

### 一、构造单元划分及其特征

香炉山-东坪钨多金属矿集区位于扬子板块东南缘江南造山带与长江中下游坳陷带交叉部位，区域构造单元由北向南划分为通山-九江坳陷带、九宫山隆起带、修水-武宁（修武）坳陷带和九岭逆冲隆起带（图3-1）。

**1. 通山（鄂东南）-九江坳陷**

主体由通山复式向斜构成，位于九宫山凸起北侧，北与大磨山复式背斜南翼相接，西坑塘至路口为断层和红色构造盆地相隔。该复式向斜主要由河山岭-潘山向斜、梅港倒转背斜、通山倒转向斜组成。

元古宇属于武陵山-沿（长）江弧后盆地沉积，大致分布于靖州-溆浦-益阳断裂带北西和长江中下游坳陷带南缘地区，即江南岛弧以北，其出露地层主要为上溪群、双桥山群、冷家溪群，以及四堡群、梵净山群等。震旦纪和早古生代沉积，从浅-深水陆棚相至滨海相，构成一个大的沉积旋回。总的建造序列是：炭硅质页岩沉积（上震旦统）→砂页岩沉积（下寒武统）→泥质碳酸盐岩和页岩沉积（中上寒武统）→碳酸盐岩沉积（中奥陶统）→泥硅质笔石页岩及砂页岩沉积（上奥陶统和志留系）。这套沉积组合总厚达4400~6800m，东薄西厚，既不同于扬子区，又不同于华南区，具过渡型特征。

上古生界—中新生界属长江中下游坳陷带，坳陷内褶皱、断裂构造十分发育，总体呈弧形向南弯曲，受北北东向左行走滑断裂带拖动，出现较多帚状旋卷褶皱带。九江以西长江中游的鄂东南-赣西北坳陷为一大型复式向斜残体，南翼于褶皱后引发第二序次滑脱，北翼大部被大别推覆体叠覆，残留部分在长江沿岸地带与南翼滑脱带对冲，形成沿江北西向褶皱带。九江以东的长江下游坳陷带为一北东向复式向斜，后期具“南滑北拖”特征，南翼自江南中段隆起，向北滑脱，北翼受郯庐断裂带左行走滑拖曳。

通山复式向斜两翼为震旦纪—早古生代沉积，核部为石炭纪—早三叠世沉积。总体呈北东东向延伸，褶皱呈紧密线状或短轴状，轴面倾向南，局部向北倒转，断裂比较发育，

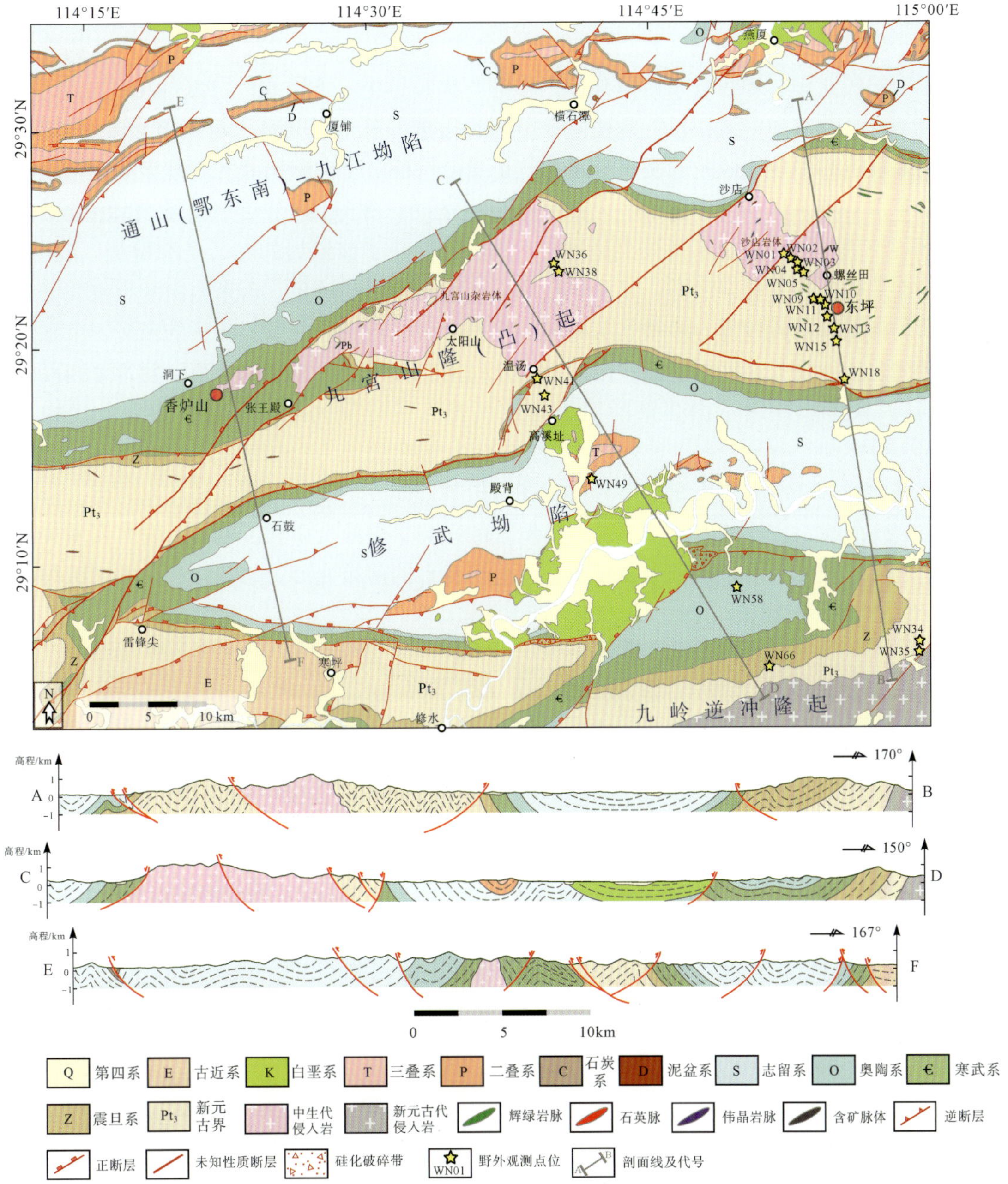


图 3-1　九宫山地区地质矿产略图及地质剖面图

（据江西省地质局，1964；湖北省地质局，1966，有修改）

主要有北东东向和北东-北北东向两组。前者是与褶皱伴生的走向逆断层，破坏了褶皱的完整性；后者具平推逆断层性质，明显切割了北东东向褶皱，且断裂的东盘有规律地逐段向北平移，断裂附近岩层发生明显的拖动，颇为醒目，在遥感影像上均见清晰的反映。

**2. 九宫山隆起**

区域内褶皱、断裂十分发育，地层出露齐全，以新元古界青白口系的双桥山群浅变质岩系出露最为广泛，构成九宫山复式背斜的核部。震旦系及古生界的寒武系、奥陶系、志留系、石炭系及二叠系分布于背斜两翼。中生界的三叠系分布于南部的向斜核部，白垩系则分布于断陷盆地内（图 3-1）。九宫山复式背斜由新元古界组成次一级不对称及倒转褶皱，轴面一般北倾，轴线近东西向延伸，岩层产状为 340°~15°∠60°、220°~160°∠50°。

区域发育北东向、北西及近东西向 3 组断裂构造，其中规模最大者当属北东向断裂。北东向断裂走向稳定、倾角较陡，显示左行走滑的特征。复向斜的北翼，被多条北东向断裂切割牵引，南东盘往北东运动、北西盘向南西运动；螺丝田-沙店岩体被骑坪-娄下北东向断裂切割牵引，其南东盘被明显向北东推移，反映了该断裂的左行走滑特征。温汤-沙店断裂的南西段有温泉出露，显示该断裂近晚期仍有活动迹象。近东西向断裂主要分布于复背斜南翼和西段核部，多被北东向断裂切割牵引，分布于复背斜南翼的断裂，中东段断面倾向北，表现为逆断层特征；西段断面倾向南，显示了正断层的特征。发育于西段的鸡林咀-尹家屋里断裂带由多条断面相向或相背且平行排列组成，构成似地堑式构造格架。

区域内侵入岩出露燕山期沙店岩体、九宫山杂岩体，主要岩性为二长花岗岩类。沿九宫山杂岩体周缘，出露的双桥山群受岩体侵位的影响，岩性变质程度较高，发育强烈片麻岩化，并可见片麻理的膝折现象和指示右行剪切变形的褶皱变形、书斜构造、雁列脉等韧性变形（图 3-2A-E）。

图 3-2　双桥山群主要变形及构造特征野外照片

### 3. 修武坳陷

该坳陷分布于修水—武宁一带，上叠于九岭逆冲隆起之上。呈近东西向展布，东、西两端抬起，周边为滑覆拆离断裂所围限。北部的次级背斜出露长21km，宽14km，呈略向北突出的弧形。东、西两端分别向南西西及北东东倾伏，倾伏角30°左右。核部由奥陶系—志留系组成，翼部由寒武系组成。从成生时序上，盖层褶皱可分为两期，发育于修武复向斜北部的褶皱具有侏罗山式挤压脱顶箱状褶皱特点，具体表现为南倾的倒转褶皱，尚可见到更次级的倒转、平卧甚至翻卷褶皱。清楚反映出向北滑移的应力在逐渐加强。与区域对比，可能定型于燕山期。发育于修武复向斜南翼为倾角平缓的箱式褶皱，在滑移初始便可形成，因此，可能形成于印支期。

修水-武宁向斜周缘断裂带，位于修水—武宁南华纪—志留纪向斜盆地周缘，主要表现为南翼北脱北翼逆冲，由多个滑覆带构成，南华纪—志留纪地层构成滑覆体，区域上呈封闭状。东端被柘林-永修断裂带斜切。主滑脱面靠近基底一侧，往往发育脆韧性变形，或有由基底组成的构造角砾岩。主滑脱带上盘地层发生不同程度的缺失，岩石常见硅化或发育石英脉。

### 4. 九岭逆冲隆起

九岭逆冲隆起南侧以宜丰-景德镇断裂带与萍乐坳陷带拼接，北邻修武坳陷。中部为鄱阳盆地所占据。其主体构造呈北东东向。该构造单元由古元古代结晶基底（本区未出露），新元古代下构造层、青白口纪上构造层及南华纪以上盖层组成，属变形变质较弱、原生沉积构造保存较好、可恢复地层层序的地层区。新元古代下构造层由双桥山群的安乐林组、修水组和宜丰（岩）组组成，为一套泥砂质复理石建造，夹少量变基性火山岩夹层，形成构造背景为被动大陆边缘和弧后盆地-火山弧。

区域岩浆活动较强烈，以晋宁期和燕山期的岩浆活动最发育。晋宁旋回早期阶段，海底火山喷发，形成宜丰（岩）组中的变质火山熔岩及火山碎屑沉积岩；褶皱回返阶段，有强烈岩浆活动，形成九岭堇青石花岗闪长岩等；末期又有陆相火山喷发，形成落可岽组底部之火山岩（邻区）及火山碎屑沉积岩。华力西-印支旋回，仅有少量酸性岩浆侵入活动，形成了某些花岗岩岩株。燕山旋回主要形成了一些中小型花岗岩体及少量中基性岩脉和岩墙，往往沿断裂成群成带产出。

青白口纪上构造层分布于九岭逆冲隆起的北部边缘，为落可岽组，与下伏新元古界双桥山群呈角度不整合接触（图3-2F），为一套陆相山前磨拉石建造，底部有火山岩（邻区）及火山碎屑岩沉积。南华纪以上盖层零星出露于北部，南华系莲沱组与南沱组呈平行不整合接触。与下伏双桥山群各组之间为角度不整合接触。

区域基底褶皱发育，多属紧密线形褶皱，同斜、倒转现象较常见，褶皱轴向以近东西向至北东东向为主，盖层褶皱较宽缓。同时该构造单元中以沿南界大量发育晋宁期堇青石花岗闪长岩为特色。断裂主要有两组：一为北东向，常成带成组出现；二为呈北东东向且向南凸出的陆缘弧形大断裂。此外，局部地段尚发育有北西向断裂，它们大都经历过长期活动，断层性质亦经多次转变。基底褶皱至少存在三期叠加褶皱，褶皱叠加样式为近东西向紧闭褶皱叠加早期开阔型南北向褶皱，第三期剪切相似褶皱局部叠加改造（图3-3）。

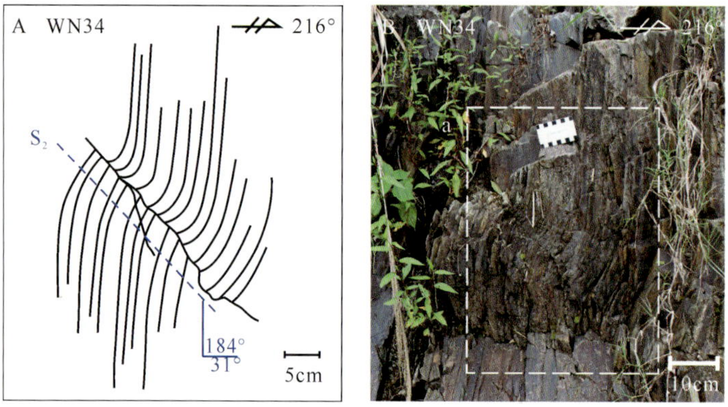


图 3-3 双桥山群露头尺度剪切相似褶皱

## 二、主要断裂带特征

研究区主要断裂带包括九宫山隆（凸）起构造单元边界的近东西向断裂带和码头-九宫山断裂带，断裂带主要呈东西向、北东东向至北东向。

**1. 通山-九江坳陷南缘断裂带**

该断裂带处于通山-九江坳陷南缘，沿南华系底界面发育。ETM 影像及航照反映清晰，略呈舒缓弧形弯曲，总体呈近东西向延伸，实由规模不等的滑覆断裂平行排列组成。主要倾向为 332°~360°，倾角 60°左右，往深部变缓，呈铲状。滑覆系统由南华系、震旦系、奥陶系及志留系构成，局部造成地层缺失。断裂带由多条相互平行的滑覆断层组成，分别位于双桥山群变质基底与沉积盖层间的接触面及能干性差异变化大的接触面上。单条断裂一般宽5~8m，局部宽达 20m，横面分带性较好，由下往上依次出现不规则充填石英脉，拉伸线理，舒缓波状断层面，构造角砾与糜棱岩、硅化片理化岩。下盘即原地成分，发育强烈的片理，片理产状 330°∠52°~70°；片理褶皱宽 5~10cm，转折端呈突棱状，轴面产状 320°∠25°，发育 40cm 宽构造透镜体带。上盘即滑覆体成分，应变强烈，岩石破碎，构造角砾发育，具拉伸线理，线理侧伏向 245°，侧伏角 25°。表明主滑面是沿早期的剪切挤压面发育，滑覆体往北西左行下滑；透镜体长轴排列方向 326°∠32°滑覆体重力滑脱褶皱发育，表明滑覆体左行下滑。另外，局部还见滑来峰构造。

**2. 修水-武宁坳陷周缘断裂带**

该断裂带主要表现为修武复向斜南翼滑脱北翼逆冲，由多个滑覆带构成，南华纪—志留纪地层构成滑覆体，区域上呈封闭状。东端被柘林-永修断裂带斜切。主滑脱面靠近基底一侧，往往发育脆韧性变形，或有由基底组成的构造角砾岩。主滑脱带上盘地层发生不同程度的缺失，岩石常见硅质岩破碎或发育石英脉。

**3. 北东-北北东向断裂**

北东-北北东向断裂系统是在燕山运动时复合归并前期断裂，形成了覆盖全区的断裂网络，其中北东向断裂系统形成稍早，但在燕山期与北北东向断裂系统却有强烈活动。其中北东向断裂系统以北东向左行挤压走滑断裂带为主体，伴有近东西向、南北向一对走滑断裂带或剪切裂隙带，以及北西向的横张断裂。北北东向断裂系统，以北北东向左行挤压走滑断裂带为主干，伴有北北东向压扭（剪）性与北北西向张扭（剪）性一对断裂带或剪切裂隙带，以及北西西向横张断裂带（往往兼有左行走滑）或裂隙带。现以码头-九宫山断裂带特征为例叙述如下。

码头-九宫山断裂带位于通山（鄂东南）-九江坳陷南缘沙店—九宫山一线，呈北东向展布，区域上为郯庐断裂带末梢部分，与郯庐断裂带南段的庐江-广济断裂带方向一致，隔（长）江对应，可能是晋宁期开始活动的一条北东向古老断裂带，被郯庐断裂带迁就利用。具基底断裂特征，沿带印支期盖层帚状弧形褶皱向南西方向弯转，出现北东向褶皱或构成复杂的北东向与北西向横跨褶皱，以及短轴背向斜群。北段穿越鄂东南-九江坳陷，形成一条褶断带，坳陷带内稍早形成的近东西褶曲发生拖曳转弯，出现小型北东向短轴背斜和横跨叠加褶皱，而北东向走滑断层时断时续，显示古基底断裂遭到复合再次活动的特征，而且具有明显的左行挤压走滑性质。南段进入江南隆起的九宫山凸起，新元古界双桥山群变质岩地层左行错动走滑明显，但未向南进一步延伸，终止于九宫山太阳山花岗岩株东侧（图3-4），这段总长约100km的断裂控制了早白垩世花岗岩的侵入。

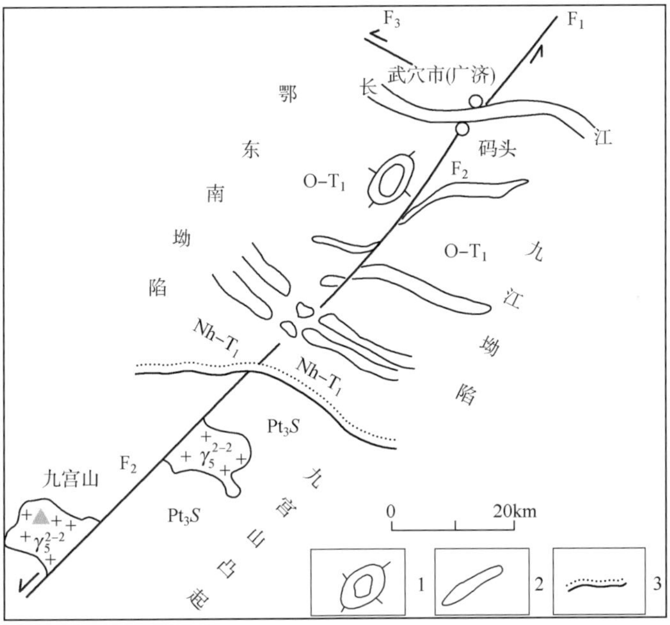


图3-4 码头-九宫山断裂带略图

（据杨明桂等，2020）

$O-T_1$—奥陶系—下三叠统灰岩、碎屑岩；$Nh-T_1$—南华系—下三叠统；$Pt_3S$—新元古界双桥山群；$\gamma_5^{2-2}$—燕山晚期花岗岩；$F_1$—庐江-广济断裂带；$F_2$—码头-九宫山断裂带；$F_3$—襄广逆冲推覆断裂带；1—短轴背斜；2—向斜；3—不整合面

在断裂带南段沙店一带，断面倾向南东135°~145°，倾角50°~70°。断层错断双桥山群、震旦系、寒武系—志留系及九宫山、沙店岩体。断层南东盘震旦系、寒武系及奥陶系逆冲于奥陶系、志留系之上，属逆断层（平推性质）。沿断裂带见角砾岩、糜棱岩，奥陶系条带状泥晶灰岩受挤压小褶皱发育，断裂带宽30~70m。刘家桥至沙店一段，沿断裂有

15~40m 厚的石英脉充填（图 3-5）。沙店以北地貌反映较直的凹地，沙店以南断层南侧形成陡崖，并见有温泉出露。

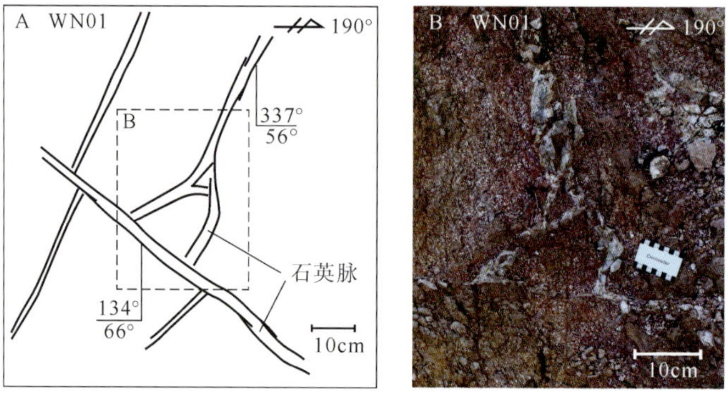


图 3-5 温汤-沙店断裂带内石英脉素描图及照片

## 三、区域褶皱构造

研究区内新元古界双桥山群及震旦系和古生界寒武系至下中生界三叠系主要以九宫山复式背斜的形式出露。中部主要为以双桥山群为核部的背斜，向南北过渡为由志留系至三叠系为核部的向斜构造，其中双桥山群和志留系广泛发育层内复杂褶皱变形，褶皱枢纽呈近东西走向，与区域内近东西走向逆冲断层共同构成褶皱-逆冲体系，将区域内新元古界逆冲至寒武系之上。研究区广泛发育有北东-南西向断层，以逆冲断层为主，并有少数正断层，断层强烈改造了近东西向褶皱和断层，早白垩世侵入岩在研究区中部沿东西走向侵位至新元古界双桥山群和寒武系中，并受北东-南西向断层改造在部分区域与围岩呈断层接触关系。上白垩统及古近系受正断层控制，呈断陷盆地出露于研究区南部。

**1. 基底褶皱**

前人通过区域地质调查工作，以新元古界修水组底部砾岩、计林组“红层”为标志进行追索，基本查明了该区基底褶皱存在 3 期褶皱叠加样式。第一期为近南北向紧密线形褶皱，第二期为近东西向较开阔褶皱，第三期剪切相似褶皱局部叠加改造。

（1）第一期褶皱

第一期褶皱以原始层理面（$S_0$）为变形面，与之伴生的劈理、断裂等分割性构造以及次级褶皱极不发育。由于受后期近东西向褶皱的叠加改造而复杂化，同时由于构造面的置换作用，使其构造形迹大部分已破坏，仅局部地段露头尺度范围内仍保留有近南北向褶皱形迹。

近南北向褶皱主要发育在青白口系双桥山群浅变质褶皱基底中，枢纽方向总体呈近南北向，在连续的露头范围或区域填图范围内，岩层近南北向延伸且沿东西向重复出现，或小褶皱的包络面走向近南北向，褶皱轴迹在平面上多呈“S”形、反“S”形或“Σ”形，受后期构造影响，枢纽波状起伏。褶皱两翼不对称，一般背斜东翼地层正常，倾角较缓；西翼地层倒转，倾角较陡，示地层西倒东倾，为倒转同斜褶皱。褶皱形态相对简单，劈理和断裂构造均不发育。仅在构造转折端或岩性突变面伴生发育小规模的剪切变形带。

褶皱受东西向逆冲褶皱构造系统的强烈改造与置换，在平面上形成“穹”“盆”构造样式。

（2）第二期褶皱

该期褶皱以 $S_0$ 和 $S_1$ 为变形面，出露比较完整的有黄土坪-山口街复式倒转向斜、双港-花山复式倒转背斜和九宫山复背斜。其主要特征如下。

该期褶皱主要为一系列线状紧密直立或倾斜褶皱，褶皱枢纽走向近东西向或北西-北西西向，呈波状弯曲，总体呈向南突出的近东西向的弧形展布，枢纽倾角变化较大，一般10°~30°。褶皱轴面倾向北或北北西，两翼产状与轴面近于平行，且随轴面的变化而变化，翼间角较小。褶皱平面上表现为长条状和长透镜状封闭体沿轴迹展布，剖面上表现为相似褶皱或顶厚褶皱，褶皱轴面劈理（$S_2$）发育，在翼部，轴面劈理（$S_2$）与层理（$S_0$）呈小角度相交或近于平行，褶皱转折端轴面劈理（$S_2$）与层理（$S_0$）近直交。局部地段褶皱转折端发育“M”形褶皱。

露头尺度上，沿东坪矿区周围由北向南的公路上，可观测到出露良好的双桥山群构造变形露头，可见双桥山群产状变化明显，发育多处近直立的褶皱，褶皱枢纽向近西或北西方向倾伏，两翼倾向南西西或北北西方向，褶皱向南呈翼间角较小的紧闭褶皱，向北褶皱翼间角更开阔，褶皱被后期多处逆断层或正断层截切（图 3-6）。

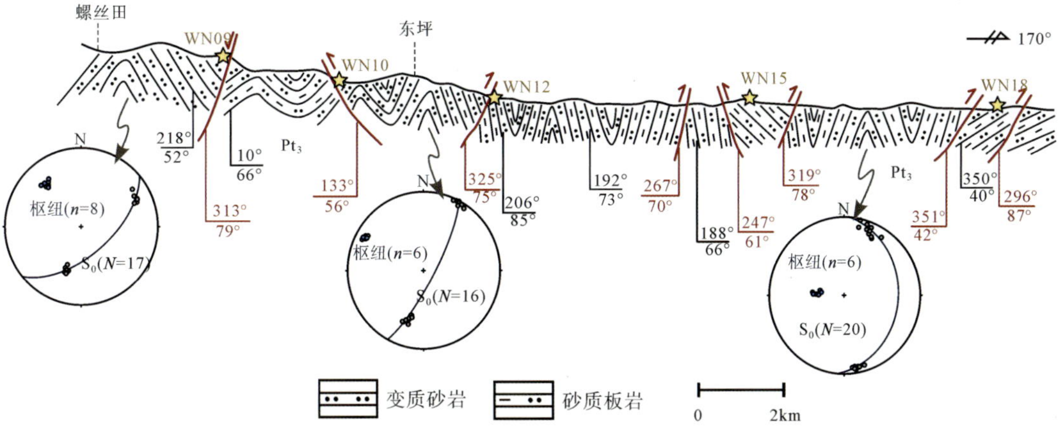

图 3-6　东坪矿区周围双桥山群褶皱构造剖面示意图

（3）第三期褶皱（剪切褶皱）

本期褶皱仅在局部地段出现，为倾竖褶皱，枢纽倾伏角大于 60°。褶皱形态为顶厚褶皱，转折端岩层加厚，两翼岩层减薄。平面上呈“Z”形，反映右行剪切特征。转折端常形成杆状构造或窗棂构造，两翼不对称，长短轴之比为 5∶1。属褶皱期后局部受韧性剪切作用的影响所形成的褶皱，平面上呈鸟形或哑铃形，剖面上呈钩刀状。

**2. 盖层褶皱**

赣北地区的盖层褶皱，属江南反“S”型构造中段的一部分，组成地层主要为南华系—中三叠统，主要出露于九（江）-瑞（昌）地区及修水-武宁地区，其主导构造线的展布与基底构造线的方向基本一致，分别称之为瑞昌-彭泽帚状褶皱构造与修水-武宁复向斜构造（见图 3-1 剖面图）。

## 四、区域古构造应力场反演

根据野外观测到的断层擦痕线理、共轭节理、层间滑动线理、雁列脉体等数据，使用Win-Tensor软件进行解析，可获得不同期次古构造应力场主应力轴（$\sigma_1$、$\sigma_2$、$\sigma_3$）的具体方位，以此反演不同期次构造变形的大地构造背景。

在研究区内的双桥山群中广泛发育有露头尺度的小断层、层间滑动线理和共轭节理。据野外获得的断层面及擦痕线理、双桥山群层间滑动线理和共轭节理的产状数据，进行了古构造应力场反演，初步结果显示出近北北东-南南西向挤压（图3-7）和近东南东-西北西向挤压（图3-8）应力两期古应力场。

## 五、区域构造对成矿作用的控制

区域构造对成矿作用的控制反映在不同的构造单元发育各具特色的矿床类型及矿种。幕阜山-九宫山地区大地构造单元由北向南划分为通山-九江坳陷带、九宫山隆起带、修水-武宁坳陷带和九岭逆冲隆起带等“二隆两坳”格局。其中，北侧通山-九江坳陷带属于长江中下游成矿带，中南部“一隆两坳”归属为江南隆起东段成矿带（亦称之为钦杭成矿带北带）。

**1. 通山-九江坳陷带成矿特征**

通山-九江坳陷以青白口系双桥山群为褶皱基底，青白口纪晚期以来地层为沉积盖层。其中上石炭统黄龙组和二叠系—三叠系碳酸盐地层为铜金多金属矿成矿重要有利层段，又是石灰岩矿的重要赋矿层位。东段南华系莲沱组—二叠系出露较连续，其中南华系莲沱组砂岩上段为砂岩铜矿赋矿层位。

坳陷带内由奥陶系—中三叠统组成一系列北东东向-近东西向褶皱，多数呈反“S”状。褶皱两翼一般北翼较缓（30°~50°），南翼较陡（60°~75°），局部直立或倒转。伴有走向断裂带和密集的北北西向横张小断层和裂隙带。区域性断裂以北东、北北东向为主。断裂带由若干左行侧列展布的高角度陡倾断裂组成，左行走滑明显。区内九宫山-码头北东向左行挤压走滑褶断带和九江-靖安北北东向左行挤压走滑断裂带构成了矿集区的西、东边界。北北东向断裂挤压走滑活动归并北东东向褶皱的走向断裂和北北西向的横张断裂，形成一对剪切面。与它们相伴的另有一组北西西向张裂带。处于麻城-团风、九江-靖安北北东向断裂带之间的鄂州-九江北西西向超壳拉张带为鄂东南、九瑞矿集区的重要导岩导矿构造。

北东东向断裂带控制区内北东东向一系列斑岩型矿带，与北西西向张裂带组成控岩控矿网络，成矿期北东东向断裂带处于右行压剪状态。斑岩体以岩墙居多，在其与北西西向、北北西向断裂的结点，利于形成小型斑岩株。这组与褶皱同走向断裂与黄龙组有利赋矿地层耦合，在压剪应力环境下，利于热液交代，形成似层状矿床。

近年来，在坳陷带东段九瑞武山矿区深边部，南港、东雷湾铜矿区深部发现了斑岩-似层状矽卡岩型钨铜矿体，铜钨矿体垂向上自围岩至岩体（自浅至深）具斑岩-矽卡岩型蚀变分带系统特征和“上铜下铜钨”的矿化分带特征，揭示深部寻找隐伏钨铜矿床潜力大。

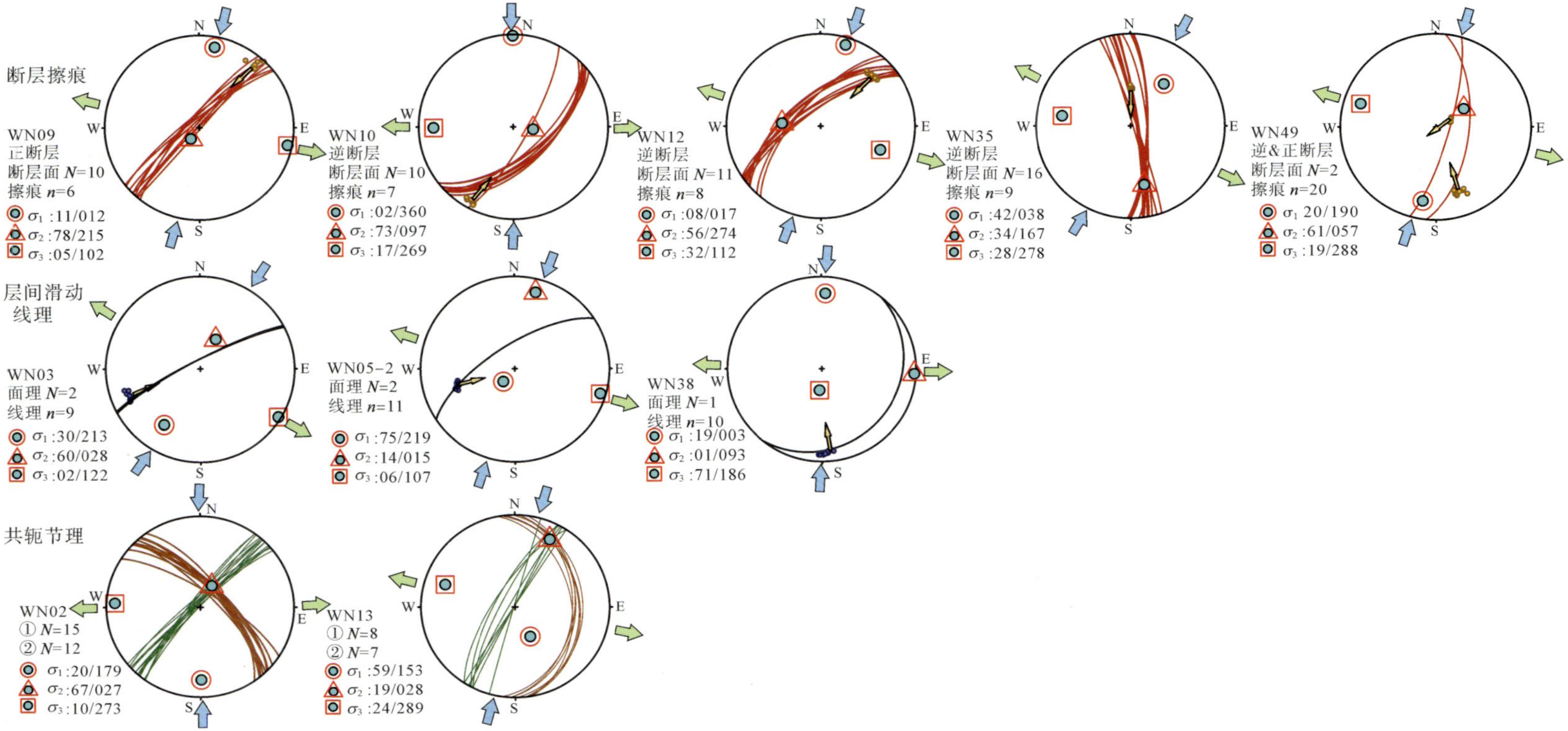


图 3-7　北北东-南南西向挤压古构造应力场反演结果

（下半球赤平投影）

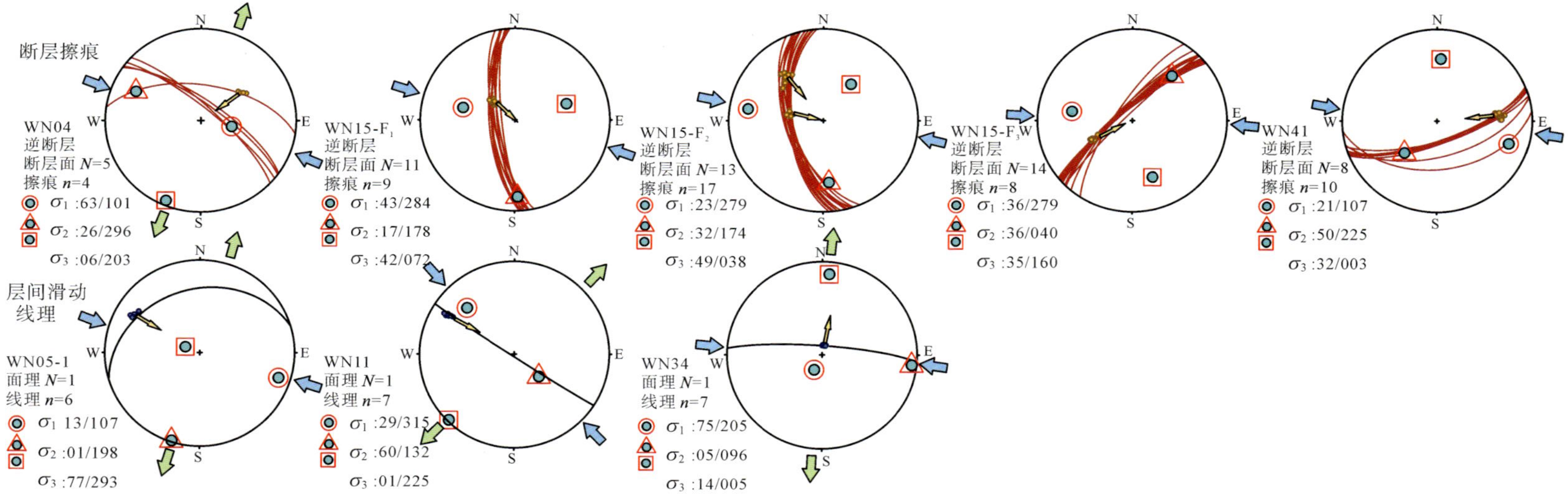


图 3-8 东南东-西北西向挤压古构造应力场反演结果

（下半球赤平投影）

在坳陷带西段鄂东南矿集区龙角山钨铜矿床、付家山钨钼矿区取得了深部找矿重大突破，改写了湖北省无大型钨矿床的历史。矿床位于殷祖复式背斜北翼的次级褶皱-龙角山背斜北翼，矿体受岩体与围岩接触带、岩体内部裂隙和围岩层间破碎带控制（蔡恒安等，2021）。

**2. 九宫山隆起带成矿特征**

九宫山隆起带控岩控矿断裂主要有北西向、北东向和北东东向等3组断裂，其中北西向断裂有板江断裂、板桥断裂、白洋田断裂、寺下断裂，北东向断裂有上洲断裂、公田断裂、余家断裂、聂家断裂，北东东向断裂有桃源断裂、苏家垄断裂、栗树坡断裂、郑家断裂（柏道远等，2023）。此外，尚有复式岩体内部的北北西向谭家坪断裂控制了晚侏罗世黑云母二长花岗岩侵入体的边界，导致黑云母二长花岗岩侵入体与早白垩世二云母二长花岗岩侵入体之间的片岩呈北北西向线状展布。多数控岩断裂形迹清晰，少量断裂受岩浆侵位改造而表现为较为平直的侵位界线。初步认为，上述控制岩体边界的断裂主要为印支运动和早燕山运动形成的走滑断裂。其中北东向断裂具左行走滑、北北西向断裂具右行走滑，二者形成于印支期运动南北向挤压；北西向断裂具左行走滑（如板江断裂）、北东东向断裂具右行走滑（如桃源断裂），二者形成于早燕山运动北西西向挤压。值得注意的是，断裂除控制幕阜山岩体的边界，岩体被动侵位外，断裂剪切生热也应是导致含稀有金属岩浆形成的重要因素之一（柏道远等，2023）。

岩体接触带和断裂、剪切破裂、膝折面、层间剪切带等面状构造对同一地区稀有金属伟晶岩规模、产状和含矿性的空间变化也具有一定控制作用。侵位接触构造类型不仅控制了地层围岩中伟晶岩的分布和规模，实际上还在一定程度上控制了伟晶岩的成矿强度。更大规模的伟晶岩脉不仅含有更多的稀有金属元素总量，并且可产生更充分的岩浆分异演化，从而于岩脉内部晚期分带中形成更大规模、更高品位的稀有金属矿体。因此，低侵位缓倾接触构造比低侵位陡倾接触构造的伟晶岩脉总体成矿强度更高，这应是北部断峰山地区和南部仁里地区稀有金属矿床规模大，而桃源和板桥两地伟晶岩尚未发现稀有金属矿床的主要原因之一（柏道远等，2023）。

九宫山地区控岩控矿断裂主要为北东向的码头-九宫山-香炉山褶断带，具左行挤压扭动特征，断裂连续性较差，沿带东西向发生弯转，或出现东西向叠加褶皱，厦铺东西向复向斜南翼的香炉山北东向背斜是该带南部的一个叠加褶皱。北北东向左行挤压走滑断裂带，西侧有著名的麻城-团风-幕阜山断裂带，东部有崭春-九宫山、大洞-安乐断裂带等。

幕阜山-九宫山构造岩浆带多期次岩浆活动伴随了多阶段不同程度的稀有金属、钨多金属成矿作用，从而形成了区域广泛分布的稀有金属矿床、矿点。区内由幕阜山、香炉山、太阳山等一串花岗岩体组成一条东西向的燕山期S型花岗岩带。岩性以黑云母二长花岗岩、二（白）云母花岗岩为主，也是主要的成矿岩体。西部幕阜山花岗岩体具Be、Ta、Nb矿化，是伟晶岩型长石产地。其外围双桥山群变质岩中有杨梅尖等一批中低温热液石英脉型金矿点。香炉山为一接触交代型似层状钨矿田，太阳山岩体有小型石英脉型钨矿床分布，东部沙店岩体南东侧发育东坪石英脉型钨矿床。

**3. 修武坳陷带成矿特征**

坳陷带主要以沉积型矿产为主，南华系上部至中寒武统杨柳岗组为W、Sn、Pb、Zn似层状矿床的重要赋矿层位。其中陡山沱组为潜在的含磷层位；荷塘组为重要的含V、

U、Mo、Zn、Cu 多元素的炭硅泥质建造，铀矿主要分布修武复向斜西部的修水地区。钒矿矿化具分段富集规律，武宁以西矿化连续性较好，矿体中 $V_2O_5$品位相对较高，平均在0.80%以上；矿石中伴生 Mo、Zn、Cu。修水—东港—大椿一带，铀矿化富集，部分地段形成铀矿床，目前探明的多为中、小型矿床，主要有大椿、北岸、湘竹、庙岭、桐子岭、横路等矿床，资源潜力较大。修武复式向斜中有武宁驼背山等小型低温热液脉状锑矿床，区内矿体产于中上寒武统，按其形态和控制因素，分层状和脉状两种类型。

**4. 九岭逆冲隆起带成矿特征**

区域内双桥山群主要为一套以泥质砂岩为主的复理石浊积岩建造，主要岩性为变质砂岩类和砂质板岩、板岩，在晋宁期，地层经历了强烈的变形改造和绿片岩相变质作用，与上伏震旦系呈角度不整合接触关系。江南造山带隆起构造具有构造上隆、变质基底广泛出露、S 型花岗岩体大面积分布，构成中低山地、地壳结构呈“双凸型”等四大特征（杨明桂等，2015）。陆壳富含 Au、Cu、W 等元素，在华南洋盆沉积区形成海相火山沉积叠改型铜矿和绿岩剪切带型金矿，并为燕山期成矿提供了一定的物源；而发育扬子东南缘弧盆沉积的江南岛弧带以钨、金、锑成矿为特征。

九岭逆冲隆起带具有明显的构造-岩浆-成矿属性，由于基底裸露，地壳增厚，莫霍面下凹，以内生矿产为主，且以燕山期重熔型花岗岩有关的 W、Sn、Au、Mo、Bi、U、Ta、Nb 多金属为主，并以脉状、蚀变花岗岩型和剪切带型矿床为特征，形成九岭钨锡金多金属矿带，典型矿床自西向东有黄金洞金矿床、大湖塘钨多金属矿田、彭山锡多金属矿田等。

## 第二节 香炉山-东坪矿集区控岩控矿构造

### 一、香炉山矿田控岩控矿构造

香炉山钨矿床形成于扬子型沉积盖层北东向宽缓背斜中，是早白垩世成矿花岗岩岩株沿背斜轴部出露并向南西方向倾伏下潜。主要在中寒武统杨柳岗组碳酸盐岩中形成似层状矽卡岩矿床，是江西北部形成于坳陷带沉积盖层褶皱控制燕山期 S 型花岗岩与内生矿床的实例之一。

香炉山矿区褶皱构造以北东向香炉山-太阳山背斜及北北东向张天罗次级背斜为特征。香炉山-太阳山背斜规模最大，呈北东向横贯矿区，香炉山-太阳山背斜是基础构造，在成岩成矿过程中起着主导作用，控制着岩体及矿体就位（图 3-9）。

香炉山-太阳山背斜走向延长大于 8km，东至太阳山为太阳山花岗岩体所截；向西倾伏于戽水井，向北西西方向偏转。总体呈北东（55°）向展布，背斜属宽缓型倾伏背斜，宽度 3~4km，倾伏角 10°~25°，两翼岩层倾角 10°~35°，南翼略陡，核部产状近乎水平，枢纽呈正弦曲线起伏，倾角小于 10°，震旦系构成核部。翼部由寒武系构成，由于花岗岩侵占核部，上述地层岩石大部分遭热变质，转变为角岩或角岩化岩石。

张天罗次级背斜为不完整背斜，其东翼被北北东向横断裂斜切破坏，南华系、震旦系等地层缺失，仅西翼地层保留相对完整。背斜规模较小，呈北北东向贯穿张天罗矿床，褶皱轴北端仰起至下官塘与香炉山-太阳山主背斜叠合，向南倾伏至黄珠脑，褶皱长约2km。背斜总体呈北北东（10°～20°）向展布，属缓倾伏背斜，向南倾伏角10°～25°，轴面西倾，两翼岩层倾角5°～30°。张天罗次级背斜对受层间破碎带控制钨矿体产状产生重要影响。

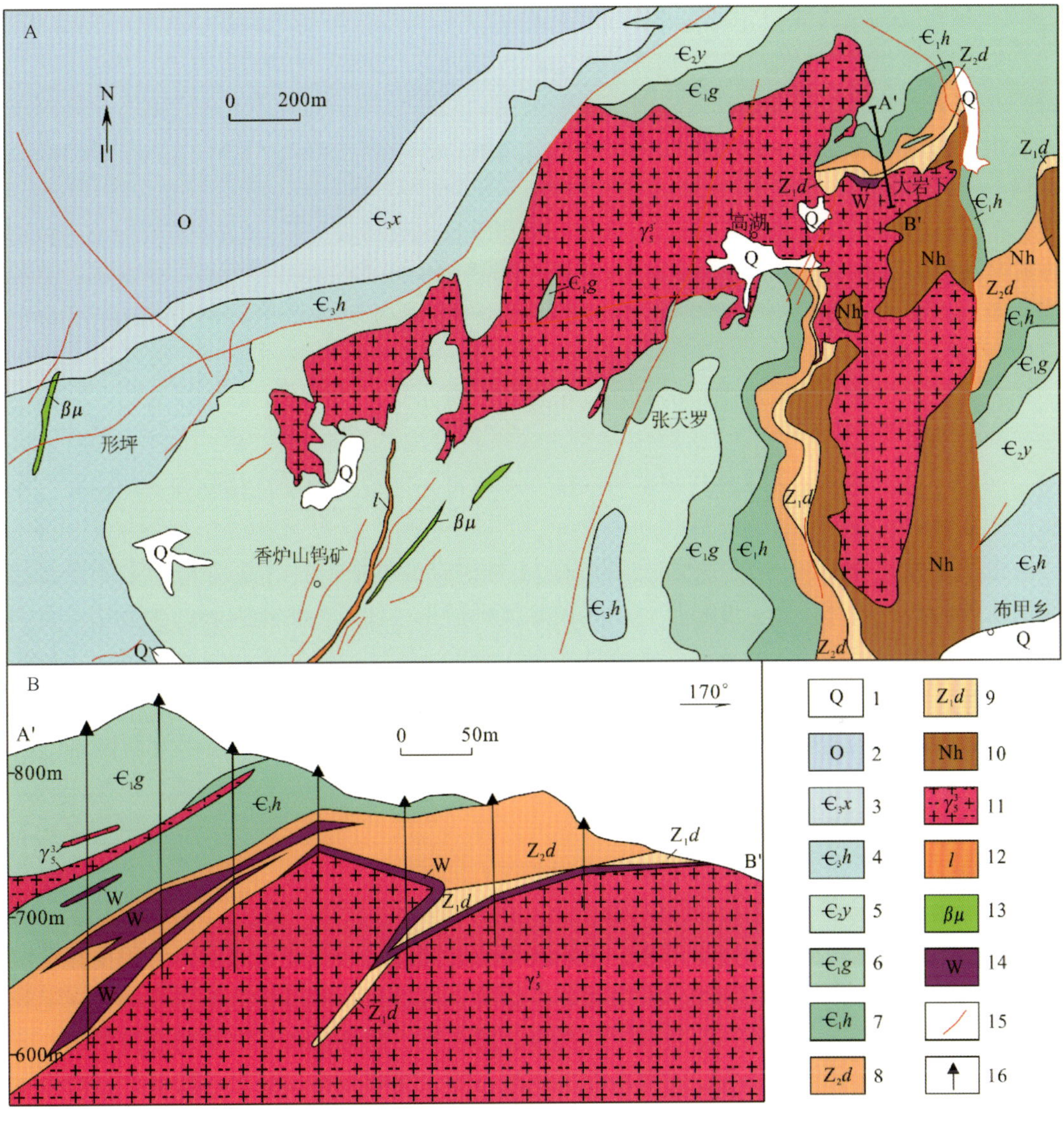


图3-9　香炉山钨矿地质简图（A）及大岩下矿段特征剖面图（B）

（据江西省地质局第二地质大队，2022）

1—第四系；2—奥陶系；3—上寒武统西阳山组：扁豆状灰岩；4—上寒武统华严寺组：条带状灰岩；5—中寒武统杨柳岗组：泥质灰岩；6—下寒武统观音堂组：含炭页泥岩；7—下寒武统荷塘组：炭质页岩；8—上震旦统灯影组：含钙硅质岩；9—下震旦统陡山沱组：硅质泥岩夹泥质灰岩；10—南华系；11—黑云母花岗岩；12—细晶岩；13—辉绿岩；14—钨矿体；15—断层；16—剖面钻孔

香炉山矿区为高-中温热液充填-交代矿床，矿体赋存于背斜核部岩体接触带与围岩层间破碎带中。矿体的形成与空间分布主要受背斜构造及其派生的次级构造与层间虚脱空间控制。背斜倾伏端，特别是轴线由缓变陡部位，所受的次生张力（平行褶皱轴向）一般较大，最易出现横向张断裂，为成矿提供了有利条件。如形坪矿段矿体产于香炉山背斜轴部及其倾伏端部位。

## 二、东坪矿区控矿构造特征

### 1. 褶皱构造控矿

东坪矿区处于九宫山复式背斜的核部偏南侧，岩层总体呈近北东-南西走向，其间发育若干个次级褶皱，地层受区域变质作用广泛发育面理，面理（$S_1$）整体呈近北西-南东走向。

矿区整体表现为多个北东-南西走向展布的褶皱及次级褶皱变形，以Ⅰ号矿带中心为核部在矿区北西侧发育一处向斜，向南东方向以Ⅰ、Ⅱ号矿带中间部位为核部发育一处背斜，背斜南东翼在矿区南东方向发育多个小尺度的次级褶皱，表现为连续的背斜-向斜褶皱变形（图3-10）。褶皱轴迹呈北东-南西向展布并受后期变形影响向北西方向呈弧形突出，轴面均较为直立，倾向北西或南东方向，倾角较陡，翼间角在30°~50°之间，为直立倾竖褶皱，褶皱两翼产状均较陡立，地层倾向北西或南东方向，倾角65°~85°（图3-10）。同时，通过对矿区内地层产状进行赤平投影统计，也可知区域内地层总体呈现为枢纽向北东倾伏的褶皱形态（图3-10）。

以矿区内0号及58号勘探线剖面为例，Ⅰ号矿带的钨矿脉体主要分布于主体背斜的北西翼及向斜的核部位置；Ⅱ号矿带的钨矿脉体则位于主体背斜的南东翼，少数位于背斜核部位置（图3-11）。Ⅰ号矿带钨矿脉体主要呈北东-南西走向展布，倾向南东；Ⅱ号矿带钨矿脉体呈北北东-南南西走向展布，倾向北西，矿脉倾角均较陡，为70°~75°。结合矿脉产状和区域褶皱形态分析，矿区内主要褶皱形态表现为一枢纽向北东方向倾伏的背斜，Ⅰ号矿带矿脉主要位于背斜北西翼，Ⅱ号矿带矿脉主要位于背斜南东翼，矿脉产状与褶皱变形作用形成的轴面劈理产状近似。因此，可认为区域内这一褶皱变形作用是主要的控矿构造，其产生的轴面劈理是主要的导矿和容矿空间。

### 2. 断裂构造控矿

断裂构造是成岩成矿的主导因素，多期次复杂的构造组合为成岩成矿提供了良好就位空间。深部地壳在地幔热液作用下发生重熔，形成壳源岩浆，沿着构造断裂带上升，上升过程中不断重熔上地壳岩层，汇聚其中的钨多金属物质。区域内北东向和北西向断裂、节理均为成矿前或成矿期的构造，沿构造面多充填石英，其中北东向断裂、褶劈理是区内主要控矿、容矿构造。

东坪矿区周围的地表露头上可见双桥山群内发育多处露头尺度小断层现象，以逆断层发育为主要特征，断层走向多为北东-南西走向，少数见北西-南东走向和近东西走向断层（图3-12）。以下选取代表性点位现象进行描述：①点WN04处发育一北西-南西走向断层，断层面倾向北北东，倾角58°~79°，断层上盘发育呈背斜形态的牵引褶皱，指示断层性质为逆断层，断层面发育擦痕线理，指示了由北东向南西的逆冲方向（图3-12A）；②点WN09处发育一北东-南西走向高角度正断层，断层带宽20~50cm，带内发育断层泥和断层角砾，断层面倾向北西，部分断层面弯曲处断层倾向北东，倾角79°~89°，断层面发育擦痕线理走向与断层面走向呈小角度相交，指示断层以走滑性质为主（图3-12B）；

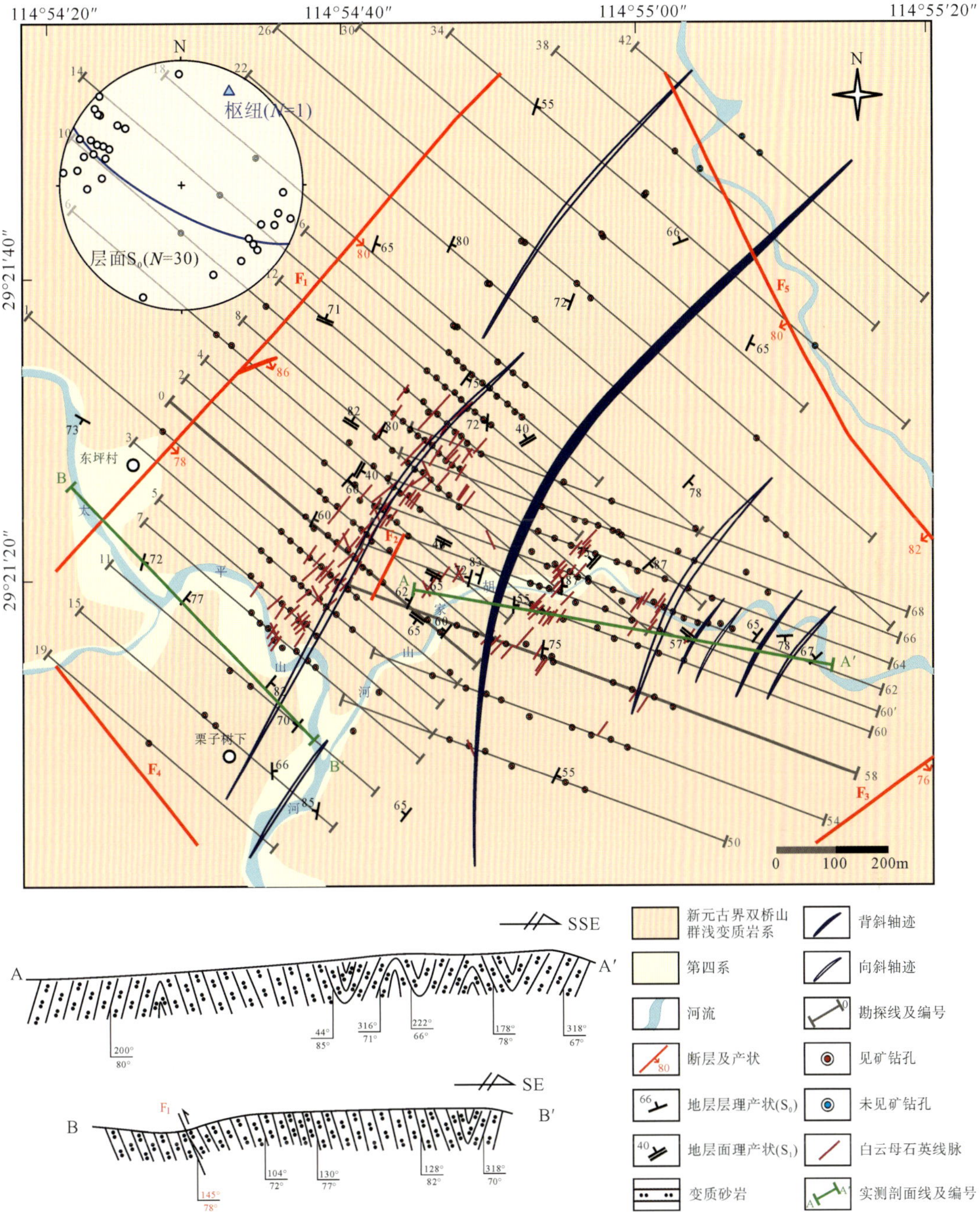


图 3-10　东坪矿区构造地质图及剖面图

③点 WN12 处发育一北东-南西走向逆断层，断层面倾向北西，倾角 62°～75°，断层面发育的擦痕线理指示断层为逆断层并具有走滑特征（图 3-12C）；④点 WN15 处发育有两组呈共轭关系的断层，$F_1$与 $F_2$呈北北西-南南东走向，断层倾向南西西，倾角 57°～79°，$F_3$呈北东-南西走向，断层倾向北西，倾角 75°～84°，断层样式和断层面擦痕均指示为逆断层（图 3-12D，E）；⑤点 WN18 处发育有一北东东-南西西走向逆冲断层，断层面倾向北北西，倾角 38°～42°（图 3-12F）。

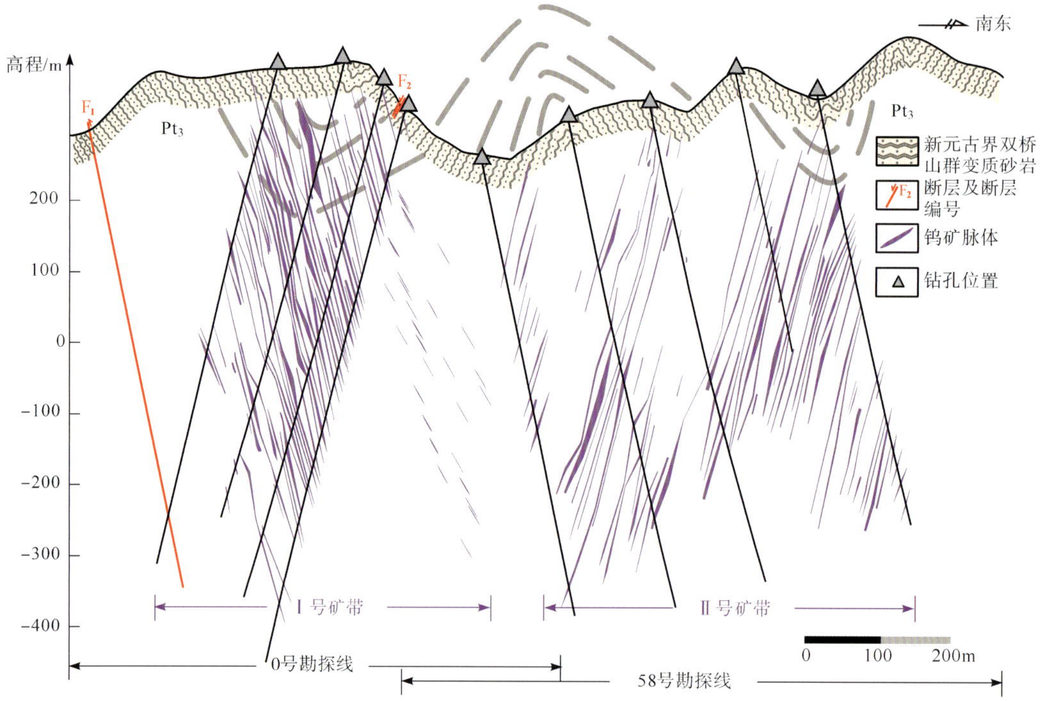


图 3-11　东坪矿区 0 号及 58 线联合剖面图

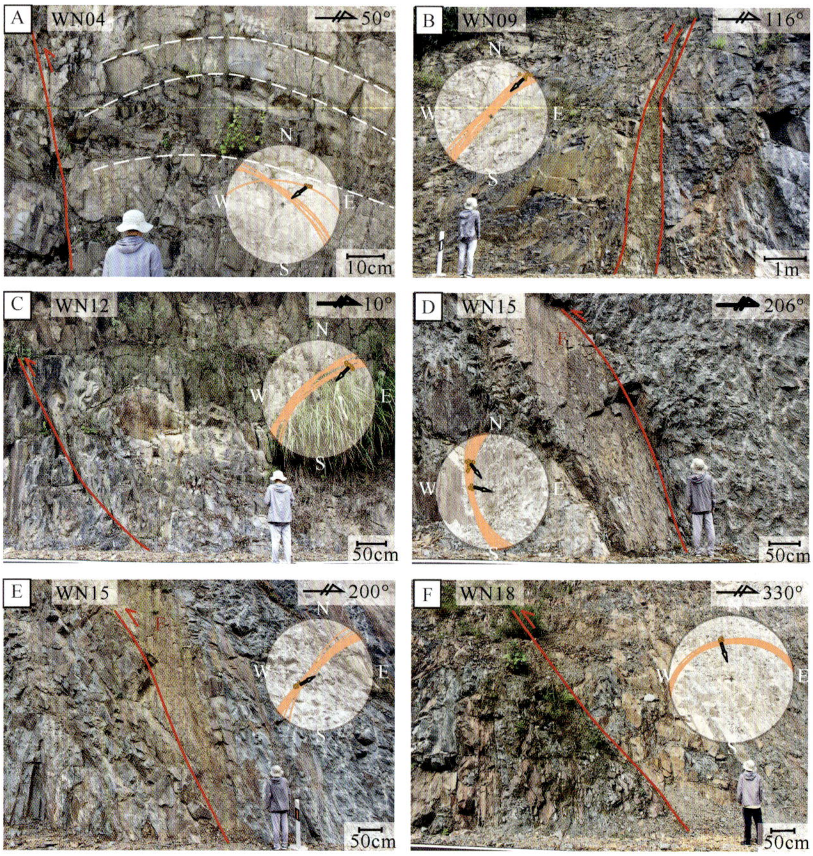


图 3-12　双桥山群内小断层野外照片及产状特征

### 3. 石英脉及裂隙带赋矿

研究区内在地表露头上可观测到大量的石英脉脉体，主要产出于新元古界双桥山群中，脉体具有产状多样、相互截切、变形复杂的特征。

野外观察中可见脉体多沿双桥山群层理和变质面理（板理、片理）、后期构造变形形成的节理、劈理等面理侵位，脉体多呈较为平直的细脉状，同时也可见较为粗大、形态不规则的脉体沿构造张裂面侵位（图 3-13A，B）。不同产状和期次的石英脉体之间发生明显的截切关系（图 3-13C-F），同时部分脉体可见明显的韧性变形，主要表现为脉体发生弯曲和褶皱（图 3-13G，H）。

图 3-13　石英脉露头野外照片

根据大量石英脉产状的野外测量和统计，脉体总体具有北东-南西向展布的特征（图 3-14A），这与矿区内深部含矿脉体的北东-南西和北北东-南南西向展布方向具有一定的一致性，对沿原始层面和变质面理侵位的石英脉进行统计，其展布方向为近东西向（图 3-14B），这与区域内双桥山群地层的展布方向是一致的，对沿后期构造变形产生的劈理或节理面侵位的石英脉进行统计，其展布方向为北北东-南南西向（图 3-14C）。

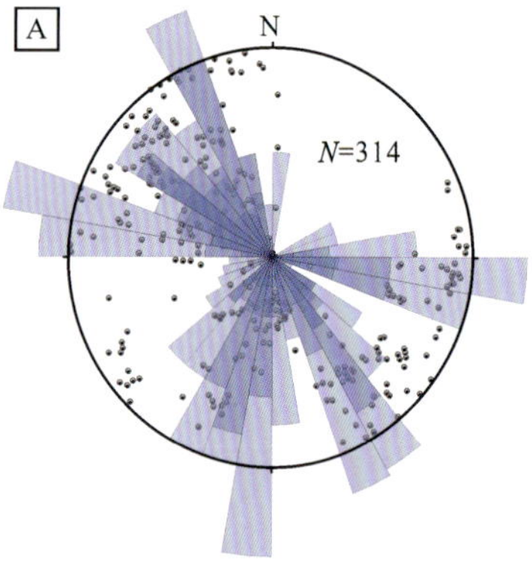


图 3-14 石英脉产状统计玫瑰花图

（下半球赤平投影）

A—石英脉体总体产状；B—沿原始层面和变质面理侵位的石英脉产状；

C—沿后期构造变形产生的劈理或节理面侵位的石英脉产状

同时，在离矿区较近的野外露头处可见石英脉主要沿近北东-南西走向，倾向分别向北西和南东的两组共轭面理侵位，部分脉体可见明显的矿化特征，主要表现为石英脉边部的云英岩化及黑钨矿化现象（图 3-15，图 3-16）。

北东向和北西向断裂、节理均为成矿前或成矿期的构造，沿构造面多充填石英，其中北东向断裂、节理是区内主要控矿、容矿构造，其内石英脉规模较大，矿化较好，是矿区主要含矿脉体；北西向断裂、节理构造内，部分节理可见石英脉体的充填，但其规模大多较小，一般仅几毫米，除局部具矿化现象外，多无矿化现象。

图 3-15 石英脉矿化野外露头照片

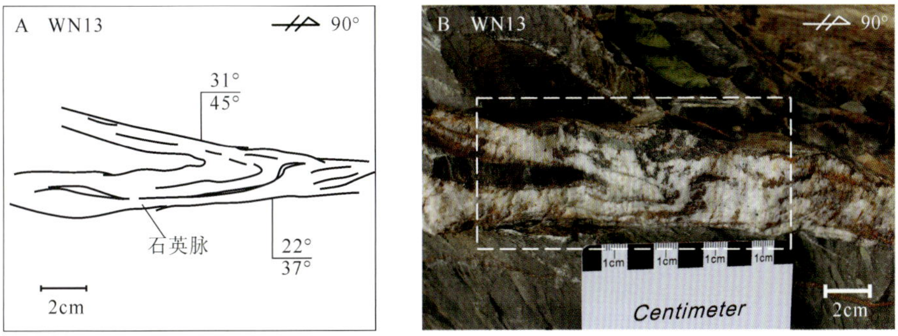


图 3-16 矿化石英脉形态野外露头照片及素描图

## 三、矿集区控矿构造样式

香炉山-东坪矿集区至少经历了5期构造变形，分别为：①新元古界双桥山群经历了强烈构造改造，表现为紧闭褶皱和强面理化；②区域上指示右行剪切的韧性变形和改造先存面理的膝折；③近东西走向逆冲断层和相关褶皱；④近北东-南西走向逆冲断层；⑤小尺度正断层和断陷盆地的发育。这一初步认识与前人在九岭地区分析得到的构造演化期次较为一致。

赣北地区的新元古代变质基底地层平均钨含量显著高于上地壳平均值，上地壳富钨变质沉积岩发生大规模重融过程中，钨元素高效地进入形成的花岗质熔体（源），这些熔体聚集后沿构造带发生运移（运）、深度就位而形成岩浆房，深成岩浆房经过高程度结晶分异后、出溶大量高度富钨的岩浆热液流体与围岩发生反应和（或）与大气降水发生混合，导致钨元素发生高效沉淀聚集（储）：当围岩为碳酸盐岩时形成矽卡岩型白钨矿床（香炉山式），当围岩为碎屑岩则形成石英脉型黑钨矿床（东坪式）（图3-17A）。

香炉山矿区矿体的形成与空间分布主要受背斜构造及其派生的次级构造与层间虚脱空间控制。背斜倾伏端，特别是轴线由缓变陡部位，所受的次生张力（平行褶皱轴向）一般较大，最易出现横向张断裂，为成矿提供了有利条件（图3-17B）。

东坪矿区内已发现两个矿带，Ⅰ号矿带位于矿区北西侧乌龟壳一带，具有工业利用价值的铜钨银矿体11条、钨矿体72条，此矿带总体走向北东33°~48°，倾向南东123°~138°，倾角53°~85°；Ⅱ号矿带位于矿区中东部胡家山以东，具有工业利用价值钨矿体的90条，矿带总体走向北北东16°~25°，倾向北西281°~295°，倾角65°~80°。

同时，在矿区附近的地表露头上，多见石英脉脉体沿一组共轭的北东-南西走向节理、褶劈理侵位，因此，认为矿区控矿构造为双桥山群层内发育的枢纽近北北东走向的背斜，石英脉体侵位于背斜两翼的褶劈理内（图3-11）。因此，西侧矿带脉体呈北东-南西走向、倾向南东，东侧矿带脉体呈北北东-南南西走向、倾向北西的展布特征，而区域内广泛发育的北东-南西走向断层为深部流体的向上运移提供了通道（图3-17C）。

香炉山-东坪矿集区区域布格重力异常显示，控制成矿作用的九宫山岩体、太阳山岩体、香炉山岩体在深部与东坪矿区的沙店半隐伏花岗岩体可联为一体。因此，东坪、香炉山两个矿区可能是同源成矿流体在不同成矿环境下形成的一套成矿系列，即江南地块与燕山期S型酸性岩浆活动有关的钨锡银铅锌矿床成矿系列。香炉山成矿年龄（121~128Ma）略晚于东坪成矿年龄（128~132Ma），可能反映成矿流体系统由东向西迁移。

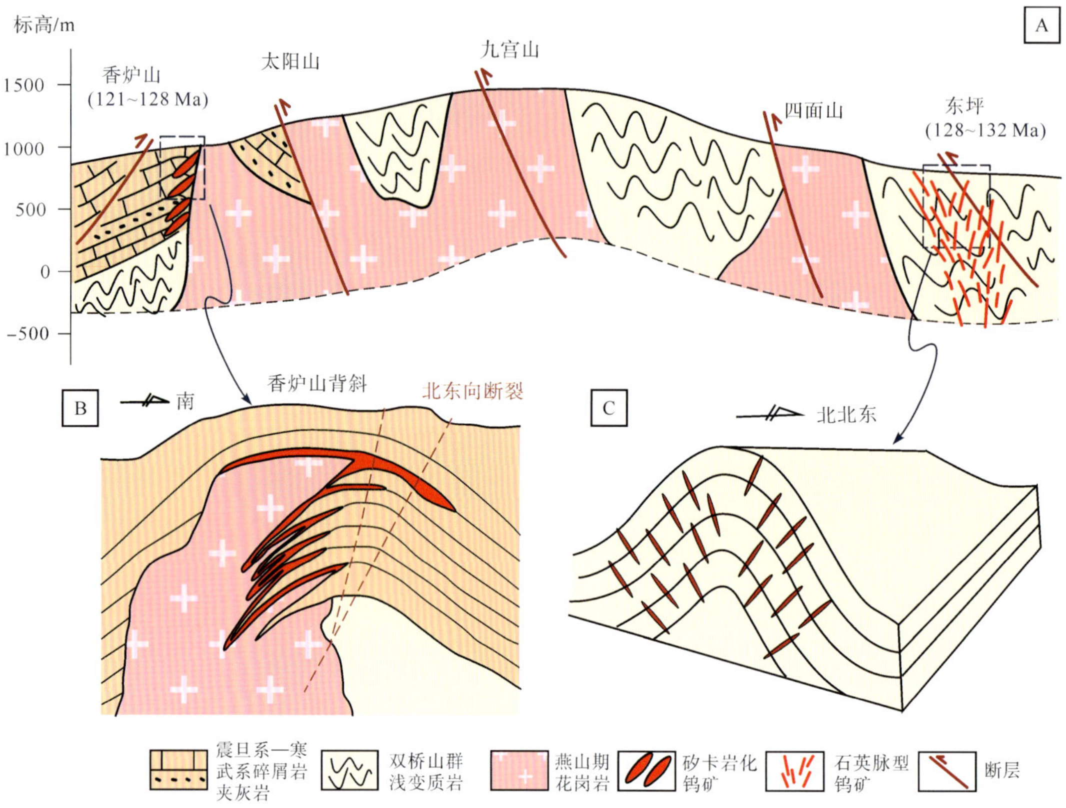


图 3-17　香炉山-东坪矿集区控矿构造样式

A—矿集区剖面示意图；B—香炉山褶皱构造控矿；C—东坪背斜褶劈理控矿

## 第三节　区域构造演化与成矿作用耦合关系

研究区经历了晋宁期—加里东期古板块构造格局、华力西期—印支期钦杭海盆格局及燕山期—喜马拉雅期钦杭陆盆格局三大构造演化阶段；前加里东期受控于华南多岛洋构造体制，华力西期主要受古特提斯构造体制的控制和印支期挤压造山事件的影响；晚侏罗世以来，区内盆山构造格局则主要受太平洋构造体制以及陆内深部构造-岩石圈地幔作用的联合制约，以断块运动为主，表现为发育深断裂以及被其切割而形成的隆、坳地块，从而奠定了本区现有的构造格局。

### 一、晋宁期—加里东期构造演化与成矿关系

晋宁期扬子板块（包括江南古岛弧、万年弧前盆地）与华夏板块（包括怀玉古岛弧、信江弧后盆地）发生碰撞，形成江南造山带。南华纪—奥陶纪，初时以裂谷或海槽形式扩张，形成了南华海盆地一套巨厚的复理石建造沉积。古板块构造演化经历以下 4 个阶段（图 3-18，图 3-19）。

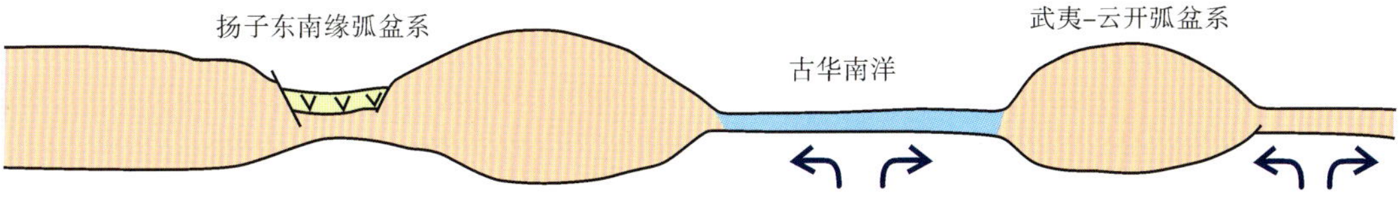


A. 古—中元古代多岛洋形成演化阶段

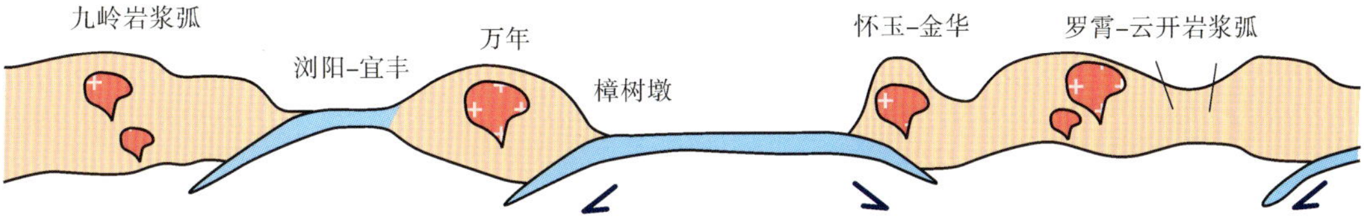


B. 中—新元古代双向俯冲及弧-陆碰撞演化阶段

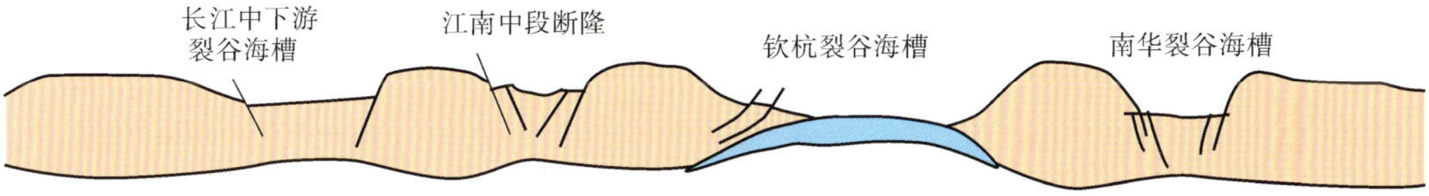


C. 南华纪—中奥陶世裂谷海盆演化阶段

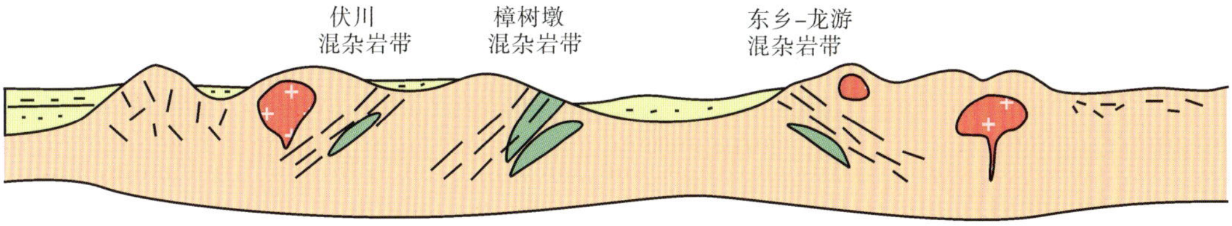


D. 晚奥陶世—志留纪陆-陆碰撞及前陆盆地演化阶段

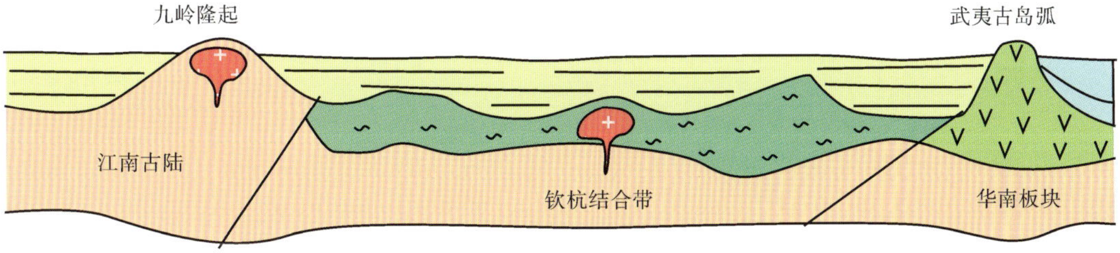


E. 泥盆纪—中三叠世钦杭海盆演化阶段

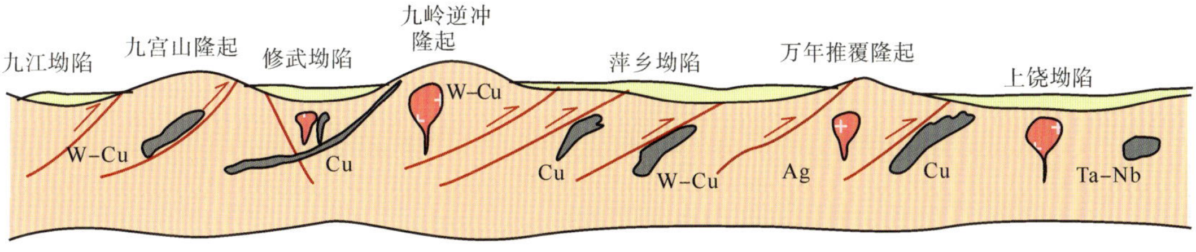


F. 晚三叠世—晚白垩世大陆活化造山演化阶段

图 3-18　研究区大地构造演化示意图

（据楼法生等，2021，有修改）

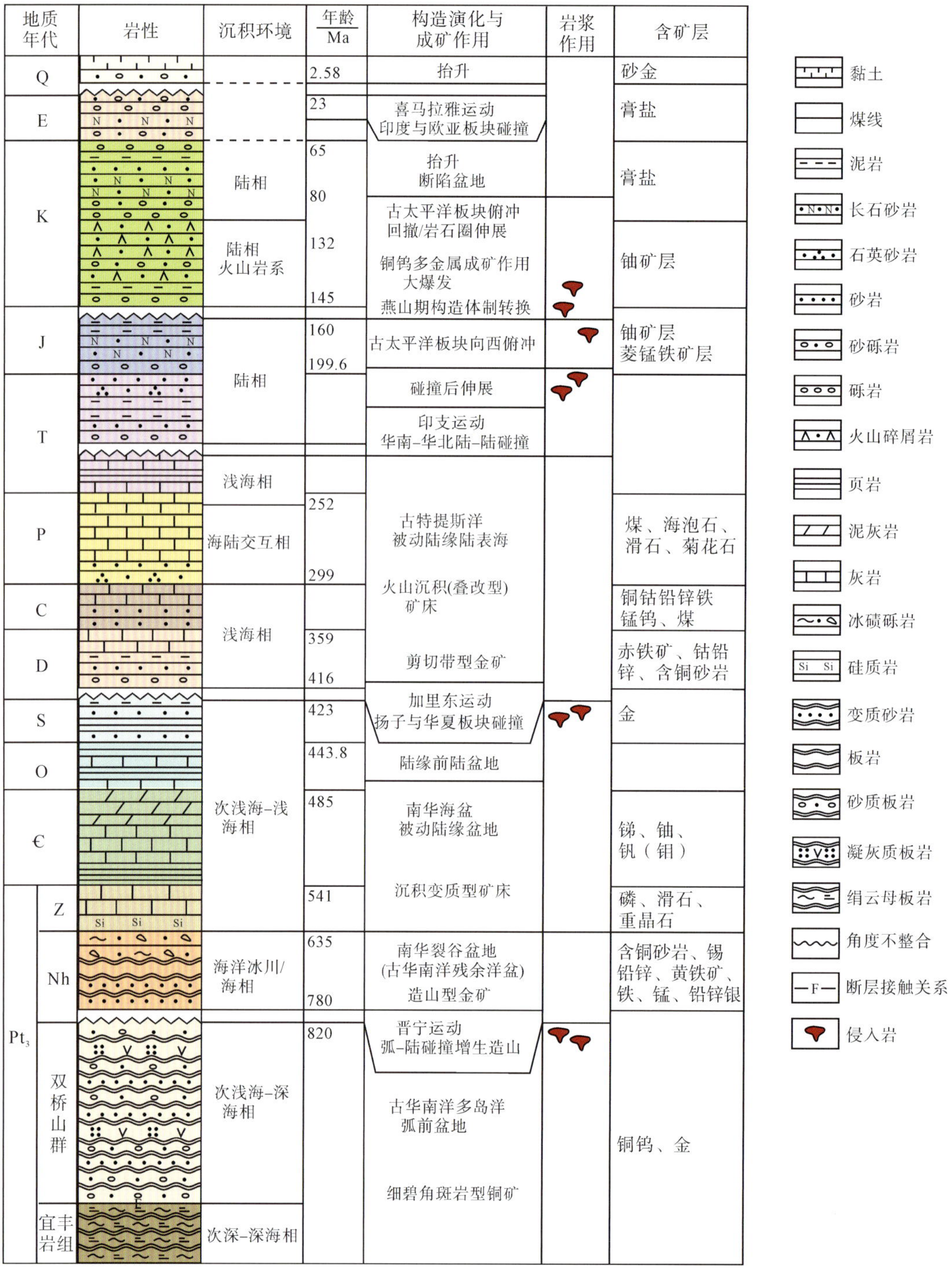


图 3-19　研究区地层构造-岩浆-成矿演化柱状图

**1. 古元古代—中元古代多岛洋形成演化阶段**

武夷-云开地区在 18 亿年以前围绕太古宙古陆核陆缘增生，八都岩群主要分布于龙泉、遂昌及龙游溪口一带，原岩为陆源碎屑岩-黏土岩建造和中基性火山-沉积岩建造，形成于具有古陆核边缘增生及洋壳消亡的构造环境。遂昌一带局部有泥质麻粒岩出现。侵入于本岩群的淡竹混合花岗闪长岩的结晶锆石 U-Pb 年龄为 1878Ma，代表了淡竹混合花岗闪长岩的岩浆结晶年龄，并与 1800~1900Ma 全球花岗岩的侵入事件相吻合。伏川、德兴、文家市等蛇绿混杂岩为其洋盆残迹（图 3-18A）。

**2. 中—新元古代双向俯冲及弧-陆碰撞演化阶段**

1200~820Ma，古华南洋向两侧双向俯冲，古陆边缘形成了岛弧系（沿江弧后盆地—江南岛弧—万年弧前盆地—多岛洋—怀玉岛弧—信江弧后盆地—华夏古陆块）（图 3-18B）。

1000~820Ma，扬子板块东南缘形成由双桥山群、冷家溪群等构成岛弧沉积；万年群、溪口群的弧前盆地沉积。华夏板块形成双溪坞群岛弧沉积；铁沙街岩组、平水组的弧后盆地沉积及广丰华夏微陆残留，以及樟树墩—伏川带和仓溪—宜丰一带洋壳组合的残留。

**3. 南华纪—中奥陶世裂谷海盆演化阶段**

南华纪早期南华裂谷海盆形成（图 3-18C），在皖浙赣局部地区（庐山、登山、上墅等地）形成以双峰式火山岩为特征的裂谷沉积。而华南的广大地区则为深海-次深海复理石建造沉积，局部发育的基性火山岩。裂谷海盆地演化分为以下阶段：

1）青白口纪晚期强烈扩张期：这时晋宁期运动形成的扬子-华夏联合板块基本解体，扬子板块东南部发生裂陷，形成了湘黔桂裂陷斜坡、皖浙赣火山堑垒区、钦杭裂谷带与南华裂谷海盆，这时下扬子地块、钦杭北段、信江-钱塘地块、南华裂谷海盆发生强烈扩展，火山活动强烈，裂谷系出现了“北裂南陷”、“西弱东强”的构造格局，且影响至今。

2）“东联西开”活动期：青白口纪末发生的休宁运动，使下扬子地块与信江钱塘地块在苏南地区联接，钦杭裂谷向南西方向退缩成为坳拉谷，华南出现了“东联西开”、北东高南西低的古地理格局。中南华世受澄江运动影响，皖浙赣地区地壳抬升，冰期地层极薄，湘黔桂地区强烈伸展，形成堑垒系和“大塘坡式”锰矿。东南裂谷海盆发生不均衡抬升与沉陷，在盆地北缘形成了间冰期赣中“新余式”铁矿。

3）震旦纪—寒武纪冰后海泛期：这时华南裂谷系全部为海水覆盖，但保持北台地、中海槽、南海盆的古地理格局，火山活动基本停息，为上扬子东南陆缘与广丰残留微陆块震旦纪成磷时期。继沉积成矿大爆发进入寒武纪出现生物大爆发，形成了著名的早寒武世含铀、钒、页岩气、石墨等黑色页岩建造。

**4. 晚奥陶世—志留纪陆-陆碰撞及前陆盆地演化阶段**

南华裂谷海盆于奥陶纪时开始萎缩，海盆动荡，出现造山前兆，晚奥陶世以砂、泥岩深海浊流沉积为特征，偶夹碳酸盐岩、硅质岩、钙质岩，富含广海相生物化石；早—中志留世海水变浅，形成滨海、三角洲相砂泥岩建造。赣西南、粤西、桂东奥陶系中都有较多砾岩楔，海盆发生不均衡抬升，笔石相海盆与介壳笔石混生相海盆交错，并有介壳相碳酸盐岩浅海（今崇义地区）出现。志留纪时，南华裂谷海盆基本封闭造山，而北侧扬子东南缘与信江钱塘地块这时转化为前陆盆地，早中泥盆世形成厚度较大的类复理石沉积。华南裂谷系自 815±Ma 发生扩张，至志留纪（446Ma）基本封闭，历时近 4 亿年，到钦州残留海槽完全封闭褶皱（235±Ma），历时 580±Ma，是华南地区具有重要意义的一个历史发展时期（图 3-18D）。

沿赣北宜丰-景德镇韧性推覆剪切带、弋阳-德兴-婺源韧性推覆剪切带和福建政和-大埔断裂带分布的韧性动力变质岩形成时代分别为 428. 9±0. 9Ma、428. 1±0. 5Ma（宜丰县黄岗）（徐备，1992）、421±8Ma（弋阳县周潭）和 394±5Ma（政和县蝴蝶街）（舒良树等，1999）等，进一步证明加里东期是钦杭结合带大洋岩石圈构造体制向大陆岩石圈构造体制转换的重要时期。

晋宁期海相火山活动所形成的细碧岩-石英角斑岩建造、南华系杨家桥群下坊组的炭质绢云千枚岩-磁铁石英岩建造、浙西古—中元古代变基性火山岩-陆源碎屑岩建造均为钦杭成矿带内的重要矿源层，该矿源层在中新元古代地层出露的地区分布较广，经过多期成矿作用形成了铁、铜多金属、金、银矿产。

南华纪—早寒武世为江西中北部重要沉积成矿时期，南华海盆北缘和江西北部陆表海形成了含锰灰岩-灰岩-硅质岩-炭质泥岩建造与磷、滑石、重晶石成矿系列及铀、钒、钼成矿系列，早寒武世形成了含炭硅质岩建造钒、铀、钼矿（修水式）、重晶石矿（石坑式）以及沉积变质型石墨矿（峡山式）。

志留纪加里东造山期形成了动力变质作用有关金成矿系列（黄金洞式、金山式、茅排式、金山岭式）和区域变质作用有关铁（新余式）、石墨、红柱石、矽线石等非金属成矿系列以及与超基性岩有关铂矿化。

加里东期成矿作用即是对晋宁期成矿作用的延续及叠加改造，如金山金矿可能有加里东期成矿热液的叠加，新余式沉积变质型铁矿有岩浆热液的叠加和构造变形的改造；也是部分晋宁期变质岩产生退变质作用后，形成了剪切带型金矿床和叠加改造型铜多金属矿床。

## 二、华力西期—印支期构造演化与成矿关系

华南地区华力西期—印支期的古地理与沉积作用，总体上受扬子-华夏联合古陆东北高、西南低，西南朝向古特提斯洋的基本态势制约。而扬子-华夏联合古陆又具体分为长江中下游、江南、钦杭、东南造山带等“负正交替”的构造单元，包括若干古断裂带，对海水入侵与沉积作用都具有明显影响。海水由钦州湾入侵，向北东方向的古陆区沉积时，依次形成冲湖积平原、扇三角洲、潮坪、陆架、台盆和局部次深海的沉积序列和相应的沉积建造与沉积矿产（图3-18E）。

中三叠世末的印支期在近南北向压力的作用下，形成了九岭山与武功山、障公山-高台山与官帽山的褶皱隆起及其褶皱隆起之间的萍乡-乐平坳褶带。随着九岭山-高台山或障公山与武功山-官帽山的褶皱隆起，从而形成了坳褶带南侧的对冲推覆。并在重力的作用下，导致了由南向北和由北向南的滑脱、滑移和滑覆作用。

中三叠世末是华南地质发展过程中的又一个重要节点。发生了重要的印支陆内造山作用。这场运动在扬子区表现为地壳整体隆升，在华南区发生了陆表海沉积的褶皱造山，伴有较强的S型花岗岩侵入活动，至此结束了华南大规模海侵历史，进入了大陆发展阶段。

在坳陷盆地内形成沉积型煤矿、沉积含铜砂岩与宁乡式沉积赤铁矿矿床。同时伴有较强烈的华力西期—印支期岩浆活动，形成富城、罗珊序列的同造山S型花岗岩、花岗闪长岩，有伟晶岩脉型钽、铌矿床和富铀花岗岩形成；在岩体内、外接触变质带形成了湘桂地区矽卡岩型锡、钨、铅锌多金属及重要的硅灰石、大理石矿床。

华力西期—印支期矿床成矿系列主要包括泥盆纪—石炭纪浅海相沉积铁、锰成矿系列，石炭纪—二叠纪海相-海陆交互相沉积石膏、煤、海泡石、滑石、石灰岩、白云岩成矿系列，印支期接触热变质硅灰石、透辉石成矿系列等。

## 三、燕山期陆内构造演化与成矿大爆发

华南晚三叠世—早侏罗世进入燕山旋回伸展期，燕山期大陆活化造山空前强烈，被称为中国东部岩浆成矿大爆炸时期，也是江西最重要的成岩成矿时期（图3-18F）。这一时期古构造古地理面貌，仍承袭滨古特提洋陆缘构造格局，于晚三叠世时还发生了一次弱海侵，至中侏罗世才由古特提斯体制转变为滨太平洋体制。

江南造山带受古太平洋构造体制以及陆内深部构造-岩石圈地幔作用的联合制约，呈现"二隆两坳"（即九宫山隆起、九岭隆起和修武坳陷、通山-九瑞坳陷）格局。晚三叠世—早侏罗世在区域性伸展和南北向挤压的作用下，形成研究区近东西向主体构造线，其后随着挤压应力的消退及山体抬升隆起，区域发生大规模的伸展滑脱；燕山中晚期北北东向构造的强烈活动，在鄂东南、赣北地区形成大规模的隆起与坳陷，并伴随中酸性岩浆岩的侵位、强烈的断裂活动、频繁的酸性及基性岩浆活动，带来大量的稀有金属和内生金属矿源，导致燕山期晚侏罗世—早白垩世钨多金属、稀有金属成矿作用大爆发。

江南造山带处于扬子板块东南缘，扬子板块与华夏板块大陆边缘产生的火山-碎屑沉积物构成了赣北地区富集W、Sn、Li、Nb、Ta、Mo、Cu的变质基底，例如，双桥山群的平均W含量为$11.82\times10^{-6}$，显著高于上地壳的平均值。燕山期受古太平洋构造体制约束，燕山期之前的基底构造和陆内深部构造活化，伸展背景下伴随软流圈地幔上涌形成的镁铁质岩浆底侵至上地壳，导致上地壳富集钨元素的变质火山-沉积岩大规模重熔，形成初始相对富钨的花岗质熔体深度就位聚集成花岗质岩浆房。岩浆作用经历了160Ma、150~140Ma、135~125Ma3个阶段，巨量钨成矿高峰期为150~140Ma，次为135~125Ma，该阶段也是Ta-Nb-Li-Sn成矿高峰期阶段，岩浆活动分别伴随Mo（Cu）、W（Cu）、Nb-Ta-Li-Sn（W）的大规模巨量成矿。在不同的空间位置或由于围岩性质和物化条件的不同，将形成不同的矿床类型组合：在成矿岩体内部形成蚀变花岗岩型钨矿体、岩体顶部可形成富钨的伟晶岩壳；当围岩为富钙的碳酸盐岩地层时形成矽卡岩型（白钨）矿体；而当贫钙含铁锰碎屑岩-变质岩为围岩时，则在近接触带形成石英脉型黑钨矿矿体；浅成-超浅成斑岩体内可形成斑岩型和隐爆角砾岩筒型矿体。

由于在成岩时代、成矿岩体特征、矿床产出地质构造环境、所处成矿构造单元、矿床类型、矿化组合和成矿特征等方面存在一定差异，江西及邻区燕山期壳熔S型花岗岩有关成矿系列可进一步分为南岭组合花岗岩钨、锡、钼、铋、铅、锌、银、（金）、铌钽、稀土成矿亚系列；江南组合花岗岩钨、锡、铜、铅、锌、银、（金）、铌、钽、铍成矿亚系列和武夷组合陆相火山-潜火山岩银、铅、锌、金、铜、锡、钨、铌、钽、铀成矿亚系列。江西及邻区燕山期同熔I型中酸性岩成矿系列可进一步分为扬子组合中酸性岩铜、钼、铅、锌、金、银、铁成矿亚系列和钦杭组合浅成中酸性岩钨、铜、铅、锌、银、金成矿亚系列（杨明桂等，2015）。

江南造山带东段包括扬子东南缘幕阜山-九岭构造岩浆带（江南地块、江南组合）与燕山期S型花岗岩类有关的钨锡锂铍铌钽矿床成矿（亚）系列，鄂东南-九江构造岩浆带（长江中下游、扬子组合）与燕山期I型中酸性侵入岩有关的钨铜多金属矿床成矿（亚）系列。

# 第四章　东坪钨矿床地质特征

东坪钨矿床位于赣北武宁县城北西方向约50km处，是我国目前资源储量最大的石英脉型黑钨矿床，总计约$21.4\times10^4$t（江西省地质调查研究院，2016）。东坪矿区可划分为两个矿带，圈定具有工业利用价值矿体173条，其中钨矿体162条、铜钨银矿体11条。

## 第一节　矿区地质

东坪矿区大地构造位置处于扬子板块东南侧的江南造山带东段（见图1-1），幕阜山-九宫山-莲花山凸起中部，东侧为鄱阳湖坳陷，南侧为修水-武宁盆地，北侧为长江中下游坳陷带，黑钨矿体主要产于幕阜山沙店岩体南东侧与围岩双桥山群安乐林组外接触带，为外接触带型“五层楼”式石英脉型黑钨矿床。

### 一、矿区地层

根据岩性组合特征，双桥山群安乐林组（$Pt_3^{1a}a$）划分为5段。区内仅出露安乐林组三段、四段、五段。

1）安乐林组三段（$Pt_3^{1a}a^3$）：以黄绿色中-厚层状变质粉砂岩、含粉砂绢云母板岩为主，夹黄绿色、灰绿色中-厚层状变粉砂质细粒岩屑砂岩。

2）安乐林组四段（$Pt_3^{1a}a^4$）：以大套黄绿色变粉砂岩的出现为标志，与下伏安乐林组三段灰绿色粉砂岩分界，二者岩性渐变过渡，为整合接触。下部岩性为灰绿色厚层-块状变质中-细粒岩屑砂岩、中-厚层状变质细粒岩屑砂岩，夹灰绿色绿泥绢云母板岩、变质粉砂岩或绿泥钠长石英千枚岩、石英二云母片岩、钠长变粒岩。变质含砾屑细砂岩，岩性特殊，容易识别，作为非正式填图单位划出。

3）安乐林组五段（$Pt_3^{1a}a^5$）：以大套灰绿色变细砂岩的出现为标志，与下伏安乐林组四段黄绿色变粉砂岩分界，二者为整合接触。岩性主要为灰绿色薄-中层状变质细砂岩（变质泥质含砂粉砂岩）与灰绿色绿泥绢云母板岩互层，夹少量灰绿色条带状含砂绿泥绢云母板岩或凝灰质黑云绢云母板岩、含黑云母变斑沉凝灰岩。上部岩性为黄绿色、砖红色变泥质粉砂岩、含粉砂绢云母板岩。

在矿区的中南部山间凹地、山坡坡脚、水系及两侧等地有小面积分布的残坡积物与冲洪积物覆盖，主要成分为碎石、亚黏土、砂砾、岩块等，一般厚度1~10m。

### 二、矿区侵入岩

矿区地表无岩浆岩出露，矿区仅ZK650、ZK1050、ZK1450、ZK5050等4个钻孔发现了隐伏黑云母花岗岩（胡正华等，2018），4个钻孔揭示岩体的孔深分别为902.8m、865.2m、975.6m、1337.5m，岩体出露标高-569.30~-989.87m。岩体与围岩界线接触面平直，倾角多为65°~85°。岩体顶部部分斜长石颗粒黏土化和白云母化强烈，蚀变多始于斜长石晶体的内部、边部。岩体中发育有含绢云母、白云母石英脉，绢云母、白云母常分布于脉体两侧，部分绢云母具绿泥石、绿帘石化等，有稀疏浸染状、脉状黑钨矿及少量星点状黄铜矿、辉钼矿化、黄铁矿等产出。

**1. 岩石学特征**

黑云母花岗岩，灰白色-深灰色，细粒花岗结构，顶部具较强的云英岩化（图4-1A，B）。岩石中矿物主要有石英（25%~40%）、斜长石（25%~40%）、钾长石（15%~25%）、黑云母（5%~10%）；副矿物主要有锆石、磷灰石、磁铁矿及微量独居石。石英，乳白色，油脂光泽，他形粒状，少数呈六方双锥状、六方短柱状，少量具碎裂现象和熔蚀现象以及次生加大现象（图4-1C，D），粒径多为1~2mm，小者可达0.5mm，大者可达4mm，镜下具弱波状消光现象。斜长石，半自形-自形长板状、板柱状，粒径从小到大不等，一般1~4mm，集中分布在0.5~3mm之间，具有聚片双晶。岩体顶部部分斜长石颗粒黏土化和白云母化强烈，蚀变多始于斜长石晶体的内部、边部（图4-1C，D）。钾长石，半自形-自形宽板状、板柱状，有典型的卡式双晶。岩体顶部钾长石表面常具黏土化、白云母化等（图4-1C，D）。黑云母，棕褐色、浅绿或黄绿色，多呈半自形-自形板状，粒径大多为（0.5~1mm）×（1~3mm），具有白云母化、绿泥石化，部分蚀变黑云母析出金属矿物。白云母为蚀变矿物，主要产出于斜长石与钾长石或黑云母颗粒间或以他形、港湾状存在于斜长石等矿物边缘或裂隙中。

图4-1　东坪矿区黑云母花岗岩手标本及镜下照片

A-C—黑云母花岗岩，取自ZK6-50孔深1093m；D-F—白云母花岗岩，取自ZK6-50孔深910m；G-I—二云母花岗岩，取自ZK5050孔深923m；Q—石英；Kf—钾长石；Pl—斜长石；Bi—黑云母；Mus—白云母

**2. 主量元素特征**

样品主量元素分析结果见表4-1。东坪黑云母花岗岩$SiO_2$含量较高，为73.19%~75.21%，平均74.45%；$Na_2O$含量普遍低于$K_2O$，$Na_2O+K_2O$含量为6.84%~8.45%，平均值7.74%；$K_2O/Na_2O$在0.99~1.49之间。在$SiO_2-K_2O$图解中样品均落入高钾钙碱性系列区域（图4-2A）。所有样品中$Al_2O_3$含量普遍较高，在13.07%~14.45%之间；A/CNK介于1.21~1.44之间，属于过铝质系列岩石（图4-3B）。综上所述，东坪黑云母花岗岩属于过铝质高硅高钾钙碱性花岗岩。

**3. 微量元素及稀土元素特征**

东坪黑云母花岗岩稀土元素分析结果（表4-1）显示，微量元素具有高Rb($446\times10^{-6}$~$497\times10^{-6}$)、U($11.6\times10^{-6}$~$29.0\times10^{-6}$)，中等含量Nb($10.4\times10^{-6}$~$16.8\times10^{-6}$)、Ta($2.40\times10^{-6}$~$3.79\times10^{-6}$)、Th($8.29\times10^{-6}$~$13.51\times10^{-6}$)，具有富集大离子亲石元素Rb、Th、K、U与高场强元素P、Y，亏损亲石元素Sr、Ba与高场强元素Zr、Ti，在原始地幔标准化蛛网图上，总体表现为右倾斜型（图4-3A）。

**表4-1 东坪矿区黑云母花岗岩主量元素、稀土元素、微量元素分析结果表**

| 样品编号 | ZK5050-1579 | ZK5050-1596 | ZK5050-1601 | ZK650-1051 | ZK650-1076 | ZK1450-989.3 | ZK1450-1026.6 | ZK1450-1123.6 |
|---|---|---|---|---|---|---|---|---|
| 主量元素含量/% | | | | | | | | |
| $SiO_2$ | 74.28 | 75.20 | 74.08 | 74.02 | 73.19 | 74.73 | 75.21 | 74.88 |
| $TiO_2$ | 0.14 | 0.18 | 0.20 | 0.19 | 0.19 | 0.19 | 0.17 | 0.18 |
| $Al_2O_3$ | 13.61 | 13.07 | 13.83 | 13.96 | 14.38 | 13.83 | 14.45 | 14.08 |
| $Fe_2O_3$ | 1.23 | 1.33 | 1.03 | 1.19 | 1.08 | 1.13 | 1.14 | 0.89 |
| FeO | 0.82 | 0.78 | 0.66 | 0.21 | 0.84 | 1.05 | 0.62 | 0.16 |
| MnO | 0.07 | 0.05 | 0.07 | 0.06 | 0.06 | 0.03 | 0.03 | 0.04 |
| MgO | 0.23 | 0.26 | 0.30 | 0.29 | 0.29 | 0.08 | 0.11 | 0.17 |
| CaO | 0.57 | 0.38 | 0.69 | 0.69 | 0.68 | 0.39 | 0.40 | 0.54 |
| $Na_2O$ | 3.68 | 3.10 | 3.33 | 3.67 | 3.63 | 3.21 | 3.08 | 3.99 |
| $K_2O$ | 4.20 | 4.62 | 4.48 | 4.47 | 4.82 | 3.88 | 3.76 | 3.96 |
| $P_2O_5$ | 0.32 | 0.23 | 0.27 | 0.28 | 0.28 | 0.29 | 0.37 | 0.32 |
| F | 0.57 | 0.73 | 0.41 | 0.18 | 0.34 | 0.73 | 0.47 | 1.17 |
| 灼失 | 0.34 | 0.20 | 0.63 | 0.60 | 0.52 | 0.45 | 0.32 | 0.61 |
| A/NK | 1.28 | 1.29 | 1.34 | 1.28 | 1.28 | 1.46 | 1.58 | 1.30 |
| A/CNK | 1.22 | 1.25 | 1.26 | 1.21 | 1.22 | 1.35 | 1.44 | 1.24 |
| 微量元素丰度/$10^{-6}$ | | | | | | | | |
| Rb | 497 | 491 | 459 | 458 | 451 | 498 | 484 | 446 |
| Ba | 52.5 | 72.0 | 116 | 101 | 150 | 42.3 | 36.2 | 57.3 |
| Th | 8.29 | 11.30 | 13.05 | 12.05 | 11.95 | 9.20 | 11.61 | 13.51 |
| U | 29.0 | 11.75 | 17.3 | 13.8 | 18.4 | 12.5 | 11.6 | 17.4 |
| Ta | 3.10 | 3.10 | 2.90 | 2.40 | 2.70 | 3.77 | 3.79 | 3.54 |

续表

| 样品编号 | ZK5050 -1579 | ZK5050 -1596 | ZK5050 -1601 | ZK650 -1051 | ZK650 -1076 | ZK1450 -989.3 | ZK1450 -1026.6 | ZK1450 -1123.6 |
|---|---|---|---|---|---|---|---|---|
| Nb | 10.6 | 12.8 | 13.0 | 16.8 | 12.9 | 10.6 | 14.4 | 10.4 |
| Sr | 22.3 | 25.41 | 33.19 | 36.42 | 38.01 | 7.64 | 7.82 | 15.4 |
| K | 34851 | 38336 | 37174 | 37091 | 39996 | 32196 | 31200 | 32860 |
| Ti | 754 | 969 | 1077 | 1023 | 1023 | 1023 | 915 | 969 |
| P | 2480 | 1783 | 2093 | 2170 | 2170 | 2248 | 2868 | 2480 |
| Zr | 61.0 | 77.0 | 103 | 104 | 79.0 | 43.3 | 43.1 | 50.6 |
| Hf | 2.30 | 2.40 | 3.10 | 3.10 | 2.60 | 3.10 | 2.50 | 3.10 |
| Cs | 26.9 | 21.6 | 21.1 | 48.4 | 50.0 | 20.4 | 20.1 | 30.8 |
| W | 34.4 | 44.9 | 43.5 | 27.5 | 58.4 | 29.5 | 11.3 | 57.3 |
| Mo | 1.0 | 1.1 | 3.19 | 0.35 | 1.77 | 2.08 | 1.35 | 0.65 |
| Bi | 8.45 | 3.25 | 35.45 | 0.64 | 3.18 | 1.95 | 0.25 | 1.72 |
| Sn | 9.4 | 17.7 | 7.3 | 3.05 | 7.7 | 9.4 | 3.21 | 10.4 |
| Cu | 62.0 | 25.7 | 154.5 | 43.2 | 162 | 27.3 | 17.8 | 75.0 |
| Pb | 8.70 | 4.90 | 22.5 | 15.1 | 18.5 | 5.30 | 10.0 | 7.05 |
| Zn | 89.0 | 59.0 | 68.5 | 74.0 | 87.0 | 54.5 | 62.5 | 75.5 |
| Li | 257 | 232 | 147 | 88.7 | 148 | 228 | 178 | 106 |
| Ga | 18.0 | 20.6 | 21.2 | 22.4 | 22.3 | 25.4 | 29.2 | 20.4 |
| Ag | 0.11 | 0.03 | 0.08 | 0.17 | 0.13 | 0.05 | 0.03 | 0.06 |
| V | 11.0 | 14.0 | 17.0 | 15.0 | 13.0 | 12.0 | 28.0 | 32.0 |
| 稀土元素丰度（$10^{-6}$）及相关参数 | | | | | | | | |
| La | 9.10 | 10.70 | 13.00 | 13.00 | 13.10 | 12.50 | 10.30 | 8.90 |
| Ce | 20.30 | 24.80 | 31.50 | 33.00 | 31.20 | 25.87 | 34.06 | 29.60 |
| Pr | 2.40 | 3.01 | 3.20 | 3.33 | 3.58 | 2.80 | 3.10 | 3.35 |
| Nd | 9.10 | 10.90 | 15.60 | 13.40 | 13.90 | 12.40 | 13.50 | 9.78 |
| Sm | 2.46 | 2.69 | 3.32 | 3.23 | 3.39 | 2.66 | 3.17 | 2.55 |
| Eu | 0.16 | 0.21 | 0.26 | 0.36 | 0.33 | 0.23 | 0.31 | 0.35 |
| Gd | 2.16 | 2.46 | 2.69 | 2.81 | 2.76 | 2.31 | 2.18 | 2.67 |
| Tb | 0.44 | 0.44 | 0.47 | 0.50 | 0.55 | 0.41 | 0.54 | 0.48 |
| Dy | 2.65 | 2.63 | 3.04 | 2.91 | 2.71 | 2.39 | 2.84 | 2.46 |
| Ho | 0.49 | 0.42 | 0.51 | 0.54 | 0.54 | 0.32 | 0.39 | 0.52 |
| Er | 1.44 | 1.44 | 1.81 | 1.64 | 1.78 | 0.83 | 0.56 | 0.92 |
| Tm | 0.36 | 0.30 | 0.30 | 0.27 | 0.20 | 0.15 | 0.11 | 0.16 |
| Yb | 1.44 | 1.80 | 1.57 | 1.74 | 1.53 | 1.38 | 1.73 | 1.69 |
| Lu | 0.25 | 0.20 | 0.32 | 0.19 | 0.18 | 0.15 | 0.21 | 0.26 |
| Y | 12.60 | 15.50 | 17.30 | 19.20 | 15.60 | 13.20 | 15.70 | 19.80 |
| LREE | 43.52 | 52.31 | 66.88 | 66.32 | 65.50 | 56.46 | 64.44 | 54.53 |

续表

| 样品编号 | ZK5050-1579 | ZK5050-1596 | ZK5050-1601 | ZK650-1051 | ZK650-1076 | ZK1450-989.3 | ZK1450-1026.6 | ZK1450-1123.6 |
|---|---|---|---|---|---|---|---|---|
| HREE | 9.23 | 9.69 | 10.71 | 10.60 | 10.25 | 7.94 | 8.56 | 9.16 |
| ΣREE | 52.75 | 62.00 | 77.59 | 76.92 | 75.75 | 64.40 | 73.00 | 63.69 |
| LREE/HREE | 4.72 | 5.40 | 6.24 | 6.26 | 6.39 | 7.11 | 7.53 | 5.95 |
| δEu | 0.21 | 0.25 | 0.26 | 0.36 | 0.32 | 0.28 | 0.34 | 0.41 |
| δCe | 1.04 | 1.05 | 1.16 | 1.20 | 1.10 | 1.03 | 1.46 | 1.33 |
| $(La/Yb)_N$ | 4.53 | 4.26 | 5.94 | 5.36 | 6.14 | 6.50 | 4.27 | 3.78 |

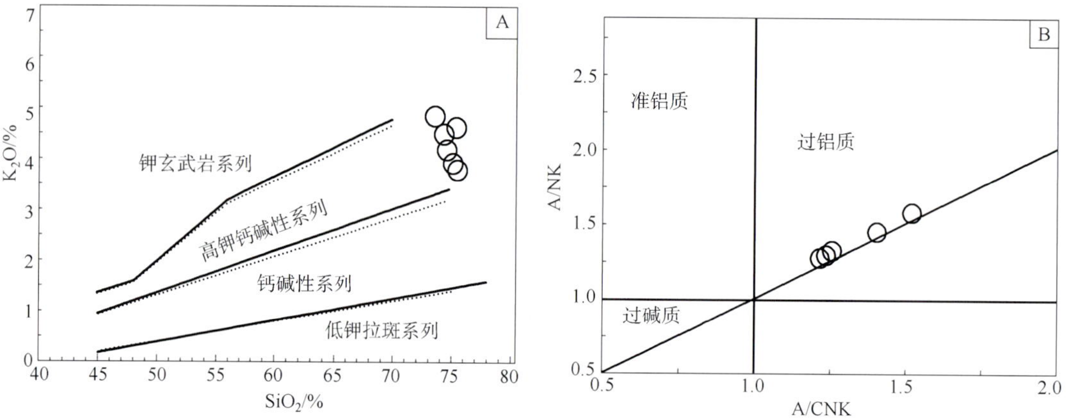


图 4-2　黑云母花岗岩 $K_2O-SiO_2$ 图解（A）和 A/NK-A/CNK 图解（B）

（A 图底图据 Rickwood，1989；B 图底图据 Peccerillo and Taylor，1976）

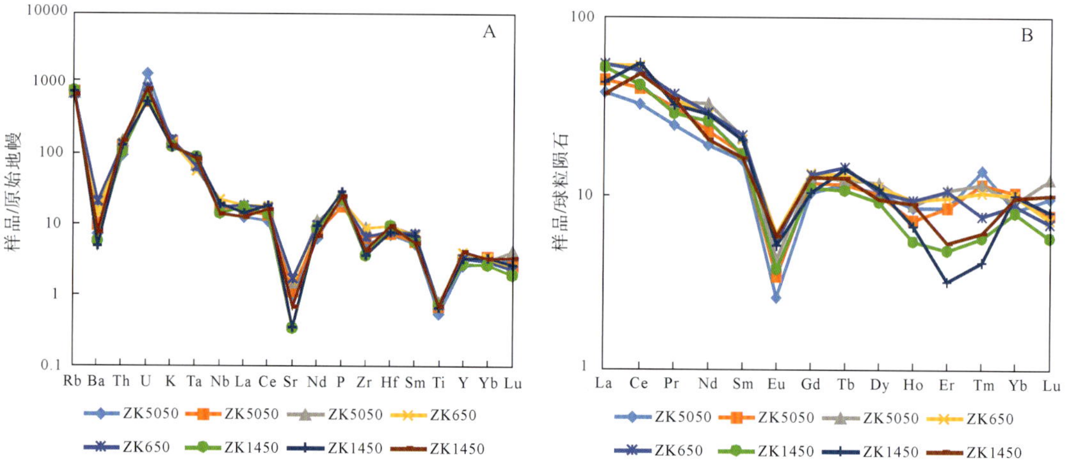


图 4-3　东坪矿区黑云母花岗岩微量元素（A）、稀土元素（B）配分模式图

黑云母花岗岩类稀土元素总量（ΣREE）较低，介于 $52.75\times10^{-6}\sim77.59\times10^{-6}$ 之间，$(La/Yb)_N$ 介于 3.78~6.50 之间，LREE/HREE 比值介于 4.72~7.53 之间，δEu 介于0.21~0.41 之间，δCe 介于 1.03~1.46 之间，具有轻稀土富集，重稀土亏损，强负铕异常的特征。在球粒陨石标准化稀土元素配分模式图上总体表现为右倾深“V”形配分模式，具有“四分

组效应”特征（图4-3B）。流体/熔体相互作用是控制花岗岩产生四分组效应的重要因素（Irber，1999），东坪黑云母花岗岩烧失量（LOI）为0.20%~0.63%，显示出东坪黑云母花岗岩在岩浆结晶作用晚期均可能经受了富挥发分流体交代作用，但影响有限。

**4. 锆石U-Pb、Sr、Nd同位素特征**

胡正华等（2018）对东坪矿区黑云母花岗岩开展锆石U-Pb年代学研究。经测定25个有效锆石测点的$^{207}Pb/^{235}U$、$^{206}Pb/^{238}U$分析结果在误差范围内比值基本一致，其中$^{206}Pb/^{238}U$年龄的加权平均值为132.9±1.4Ma（MSWD=0.40，$n$=24）（表4-2），代表东坪黑云母花岗岩的结晶年龄。

东坪黑云母花岗岩Sr、Nd同位素分析结果详见表4-3。黑云母花岗岩样品的$(^{87}Sr/^{86}Sr)_i$值具有相对较宽的变化范围，但1个样品（ZK5050-1579）的$(^{87}Sr/^{86}Sr)_i$值极低（0.7020），可能因误差所致，不具成因指示意义。除ZK5050-1579样品外其余4件黑云母花岗岩样品的$(^{87}Sr/^{86}Sr)_i$值介于0.7151~0.7258之间；$^{147}Sm/^{144}Nd$比值介于0.1287~0.1492，平均值为0.1428，略高于平均陆壳值0.118，显示出岩体的Sm、Nd分馏程度相对较小；Sm/Nd比值介于0.21~0.25。根据黑云母花岗岩U-Pb锆石测年结果132.9Ma计算，其$\varepsilon_{Nd}(t)$值小于0，介于-3.28~-5.99之间，平均为-4.52，二阶段模式年龄$T_{DM2}$为1.57~1.84Ga。

**5. 岩浆岩源区及成因分析**

I型、S型与A型花岗岩是目前应用最为广泛的花岗岩成因分类方案（Chappell et al.，1974；Whalen et al.，1987）。本次测试的8件黑云母花岗岩样品Ce+Zr+Y+Nb的总和为$92.97\times10^{-6}$~$173.0\times10^{-6}$，远低于A型花岗岩的下限值$350\times10^{-6}$（Whalen et al.，1987）；碱铝比值（NK/A）为0.63~0.78，亦远低于A型花岗岩的下限值0.87~0.85（Whalen et al.，1987）；微量元素蛛网图大体表现为左侧隆起、右侧平缓；稀土元素具有强负Eu异常，配分曲线呈向右倾斜的深“V”形配分模式，与华南S型花岗岩具有相似的稀土配分特征。

东坪黑云母花岗岩的分异指数（DI）介于90~94之间，在Ce+Zr+Y+Nb-NK图解（图4-4）与Sr-Rb-Ba三元图解（图4-5）中，所有点全落于高分异型的花岗岩内。对于高分异的铝质-过铝质花岗岩，不论是A型还是I型、S型花岗岩，经历了高度的分异结晶作用之后，其矿物成分都趋近于低共结的花岗岩，具有相似的矿物学、地球化学特点，以致岩浆岩的成因类型难以鉴别（Li et al.，2007）。例如，江西省西华山成矿S型花岗岩与漂塘成矿岩浆岩由于高度的结晶分异作用导致其具有A型花岗岩的某些特性（刘家远，2002）。Miller（1985）从矿物学角度剖析认为，堇青石、角闪石、碱性暗色矿物是判别高分异花岗岩成因类型的重要标志。大量实验研究结果显示：磷灰石在过碱性和准铝质/弱过铝质（A/CNK<1.1）花岗质岩浆中的溶解度很低（0.1%±），优先结晶，以致残余岩浆的$P_2O_5$含量会越来越低；但是在强过铝质（A/CNK>1.1）花岗质岩浆中磷灰石的溶解度与A/CNK呈线性正相关，磷灰石主要呈不饱和状态，不会优先结晶。因此，I型和A型花岗岩中的$P_2O_5$与$SiO_2$呈负相关，特别是当$SiO_2$含量大于75%时，绝大多数样品的$P_2O_5$含量小于0.05%；而S型花岗岩的$P_2O_5$与$SiO_2$呈正相关或不相关，少数强分异S型花岗岩会有很高的$P_2O_5$含量（Chappell and White，1992）。东坪黑云母花岗岩在$SiO_2$-$P_2O_5$图解中（图4-6A），$P_2O_5$分布在一个相对分散的区域，其$P_2O_5$含量具与$SiO_2$无相关性，显示出S型花岗岩的特征。

**表 4-2 东坪矿区黑云母花岗岩 LA-ICP-MS 锆石 U-Pb 同位素测年表**

| 测点编号 | 含量/$10^{-6}$ | | | Th/U | 同位素比值 | | | | | | 年龄/Ma | | | | | |
|---|---|---|---|---|---|---|---|---|---|---|---|---|---|---|---|---|
| | Pb | Th | U | | $^{207}Pb/^{206}Pb$ | 1σ | $^{207}Pb/^{235}U$ | 1σ | $^{206}Pb/^{238}U$ | 1σ | $^{207}Pb/^{206}Pb$ | 1σ | $^{207}Pb/^{235}U$ | 1σ | $^{206}Pb/^{238}U$ | 1σ |
| 1 | 22 | 165 | 633 | 0. 26 | 0. 0478 | 0. 0032 | 0. 1388 | 0. 0085 | 0. 0208 | 0. 0005 | 100. 1 | 155. 5 | 132. 0 | 7. 6 | 132. 9 | 3. 0 |
| 2 | 14 | 414 | 529 | 0. 78 | 0. 0474 | 0. 0037 | 0. 1400 | 0. 0097 | 0. 0211 | 0. 0005 | 72. 3 | 177. 8 | 133. 1 | 8. 6 | 134. 7 | 3. 0 |
| 3 | 12 | 412 | 468 | 0. 88 | 0. 0475 | 0. 0052 | 0. 1317 | 0. 0124 | 0. 0204 | 0. 0005 | 72. 3 | 250. 0 | 125. 6 | 11. 2 | 130. 0 | 3. 1 |
| 4 | 20 | 477 | 830 | 0. 57 | 0. 0516 | 0. 0037 | 0. 1465 | 0. 0098 | 0. 0204 | 0. 0004 | 264. 9 | 166. 6 | 138. 8 | 8. 7 | 130. 2 | 2. 5 |
| 5 | 15 | 697 | 547 | 1. 27 | 0. 0476 | 0. 0048 | 0. 1339 | 0. 0130 | 0. 0199 | 0. 0005 | 79. 7 | 225. 9 | 127. 6 | 11. 7 | 127. 0 | 3. 0 |
| 6 | 14 | 99 | 592 | 0. 17 | 0. 0480 | 0. 0032 | 0. 1492 | 0. 0100 | 0. 0221 | 0. 0005 | 98. 2 | 151. 8 | 141. 2 | 8. 8 | 140. 8 | 2. 9 |
| 7 | 16 | 92 | 713 | 0. 13 | 0. 0477 | 0. 0037 | 0. 1405 | 0. 0101 | 0. 0213 | 0. 0004 | 83. 4 | 174. 0 | 133. 5 | 9. 0 | 136. 0 | 2. 3 |
| 8 | 29 | 230 | 1341 | 0. 17 | 0. 0488 | 0. 0032 | 0. 1371 | 0. 0084 | 0. 0200 | 0. 0003 | 200. 1 | 83. 3 | 130. 4 | 7. 5 | 127. 9 | 2. 1 |
| 9 | 9 | 171 | 360 | 0. 48 | 0. 0486 | 0. 0051 | 0. 1427 | 0. 0139 | 0. 0214 | 0. 0006 | 127. 9 | 238. 9 | 135. 4 | 12. 3 | 136. 5 | 3. 5 |
| 10 | 16 | 560 | 566 | 0. 99 | 0. 0509 | 0. 0040 | 0. 1494 | 0. 0113 | 0. 0213 | 0. 0004 | 239. 0 | 176. 8 | 141. 4 | 9. 9 | 135. 9 | 2. 3 |
| 11 | 15 | 83 | 638 | 0. 13 | 0. 0482 | 0. 0036 | 0. 1427 | 0. 0106 | 0. 0212 | 0. 0005 | 109. 4 | 170. 3 | 135. 4 | 9. 4 | 135. 5 | 2. 9 |
| 12 | 13 | 170 | 544 | 0. 31 | 0. 0486 | 0. 0039 | 0. 1439 | 0. 0106 | 0. 0215 | 0. 0005 | 127. 9 | 177. 8 | 136. 5 | 9. 4 | 137. 4 | 2. 9 |
| 13 | 9 | 129 | 388 | 0. 33 | 0. 0485 | 0. 0060 | 0. 1392 | 0. 0175 | 0. 0207 | 0. 0006 | 124. 2 | 266. 6 | 132. 3 | 15. 6 | 132. 0 | 3. 8 |
| 14 | 22 | 73 | 943 | 0. 08 | 0. 0477 | 0. 0027 | 0. 1368 | 0. 0069 | 0. 0207 | 0. 0003 | 83. 4 | 129. 6 | 130. 2 | 6. 2 | 132. 2 | 2. 1 |
| 15 | 13 | 182 | 526 | 0. 34 | 0. 0497 | 0. 0040 | 0. 1439 | 0. 0103 | 0. 0213 | 0. 0005 | 189. 0 | 177. 8 | 136. 5 | 9. 2 | 135. 7 | 3. 0 |
| 16 | 16 | 356 | 582 | 0. 61 | 0. 0481 | 0. 0033 | 0. 1349 | 0. 0085 | 0. 0203 | 0. 0004 | 105. 6 | 151. 8 | 128. 5 | 7. 6 | 129. 6 | 2. 2 |
| 17 | 12 | 268 | 411 | 0. 65 | 0. 0530 | 0. 0038 | 0. 1555 | 0. 0102 | 0. 0212 | 0. 0004 | 331. 5 | 161. 1 | 146. 8 | 8. 9 | 135. 0 | 2. 4 |

续表

| 测点编号 | 含量/$10^{-6}$ | | | Th/U | 同位素比值 | | | | | | 年龄/Ma | | | | | |
|---|---|---|---|---|---|---|---|---|---|---|---|---|---|---|---|---|
| | Pb | Th | U | | $\frac{^{207}Pb}{^{206}Pb}$ | 1$\sigma$ | $\frac{^{207}Pb}{^{235}U}$ | 1$\sigma$ | $\frac{^{206}Pb}{^{238}U}$ | 1$\sigma$ | $\frac{^{207}Pb}{^{206}Pb}$ | 1$\sigma$ | $\frac{^{207}Pb}{^{235}U}$ | 1$\sigma$ | $\frac{^{206}Pb}{^{238}U}$ | 1$\sigma$ |
| 18 | 16 | 129 | 647 | 0. 20 | 0. 0518 | 0. 0034 | 0. 1490 | 0. 0091 | 0. 0210 | 0. 0005 | 279. 7 | 156. 5 | 141. 0 | 8. 0 | 134. 2 | 3. 2 |
| 19 | 14 | 58 | 594 | 0. 10 | 0. 0498 | 0. 0040 | 0. 1429 | 0. 0110 | 0. 0211 | 0. 0006 | 187. 1 | 177. 8 | 135. 6 | 9. 8 | 134. 4 | 3. 6 |
| 20 | 27 | 116 | 1109 | 0. 10 | 0. 0491 | 0. 0025 | 0. 1406 | 0. 0069 | 0. 0209 | 0. 0004 | 153. 8 | 152. 8 | 133. 6 | 6. 1 | 133. 2 | 2. 3 |
| 21 | 8 | 274 | 249 | 1. 10 | 0. 0517 | 0. 0060 | 0. 1397 | 0. 0132 | 0. 0204 | 0. 0004 | 272. 3 | 248. 1 | 132. 8 | 11. 8 | 130. 0 | 2. 8 |
| 22 | 13 | 263 | 504 | 0. 52 | 0. 0539 | 0. 0037 | 0. 1480 | 0. 0094 | 0. 0199 | 0. 0004 | 368. 6 | 152. 8 | 140. 2 | 8. 3 | 127. 2 | 2. 3 |
| 23 | 27 | 126 | 1125 | 0. 11 | 0. 0490 | 0. 0034 | 0. 1404 | 0. 0097 | 0. 0208 | 0. 0004 | 146. 4 | 155. 5 | 133. 4 | 8. 6 | 132. 5 | 2. 4 |
| 24 | 10 | 77 | 410 | 0. 19 | 0. 0543 | 0. 0041 | 0. 1556 | 0. 0105 | 0. 0211 | 0. 0004 | 383. 4 | 170. 4 | 146. 8 | 9. 2 | 134. 6 | 2. 4 |

**表 4-3 东坪矿区黑云母花岗岩 Sr、Nd 同位素组成**

| 样品编号 | $\frac{\text{Rb 含量}}{10^{-6}}$ | $\frac{\text{Sr 含量}}{10^{-6}}$ | Rb/Sr | $^{87}Rb/^{86}Sr$ | $^{87}Sr/^{86}Sr$ | ±2$\sigma$ | $(^{87}Sr/^{86}Sr)_i$ | $\frac{\text{Sm 含量}}{10^{-6}}$ | $\frac{\text{Nd 含量}}{10^{-6}}$ | $\frac{Sm}{Nd}$ | $\frac{^{147}Sm}{^{144}Nd}$ | $\frac{^{143}Nd}{^{144}Nd}$ | ±2$\sigma$ | $f_{Sm/Nd}$ | $\varepsilon_{Nd}$ (0) | $\varepsilon_{Nd}$ ($t$) | $\frac{T_{DM2}}{Ga}$ |
|---|---|---|---|---|---|---|---|---|---|---|---|---|---|---|---|---|---|
| ZK650-1051 | 458. 12 | 36. 42 | 12. 58 | 39. 865 | 0. 801151 | 0. 000007 | 0. 7258 | 3. 23 | 13. 4 | 0. 24 | 0. 1458 | 0. 512371 | 0. 000036 | -0. 26 | -5. 21 | -4. 35 | 1. 75 |
| ZK650-1076 | 451. 08 | 38. 01 | 11. 87 | 37. 680 | 0. 788473 | 0. 000007 | 0. 7173 | 3. 39 | 13. 9 | 0. 24 | 0. 1475 | 0. 512427 | 0. 000046 | -0. 25 | -4. 12 | -3. 28 | 1. 66 |
| ZK5050-1579 | 497. 11 | 22. 30 | 22. 29 | 60. 049 | 0. 815471 | 0. 000007 | 0. 7020 | 2. 46 | 9. 1 | 0. 27 | 0. 1635 | 0. 512273 | 0. 000019 | -0. 17 | -7. 13 | -6. 56 | 2. 65 |
| ZK5050-1596 | 491. 05 | 25. 41 | 19. 33 | 52. 724 | 0. 816253 | 0. 000008 | 0. 7167 | 2. 69 | 10. 9 | 0. 25 | 0. 1492 | 0. 512369 | 0. 000032 | -0. 24 | -5. 25 | -4. 45 | 1. 84 |
| ZK5050-1601 | 458. 73 | 33. 19 | 13. 82 | 39. 619 | 0. 789946 | 0. 000008 | 0. 7151 | 3. 32 | 15. 6 | 0. 21 | 0. 1287 | 0. 512272 | 0. 000023 | -0. 35 | -7. 14 | -5. 99 | 1. 57 |

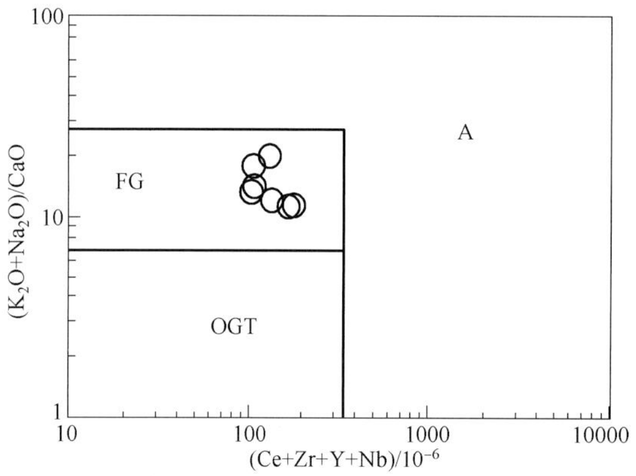


图 4-4 $(K_2O+Na_2O)/CaO-(Ce+Zr+Y+Nb)$判别图

（底图据 Whalen et al.，1987）

A—A 型花岗岩；FG—分异的花岗岩；

OGT—未分异的 M，I 和 S 型花岗岩

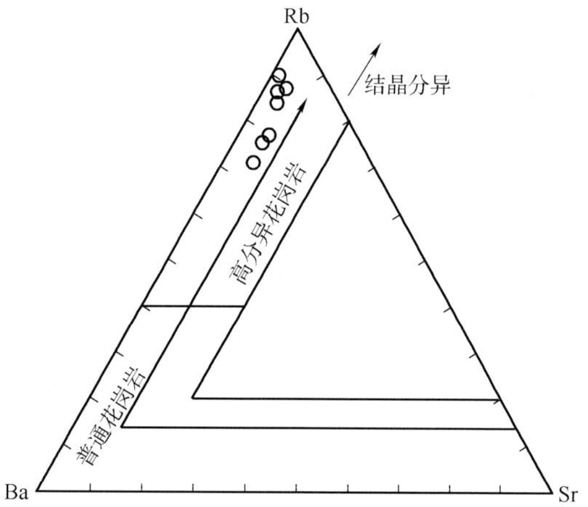


图 4-5 东坪黑云母花岗岩的 Rb-Ba-Sr 三元图

（底图据 Bouseily and Sokkary，1975）

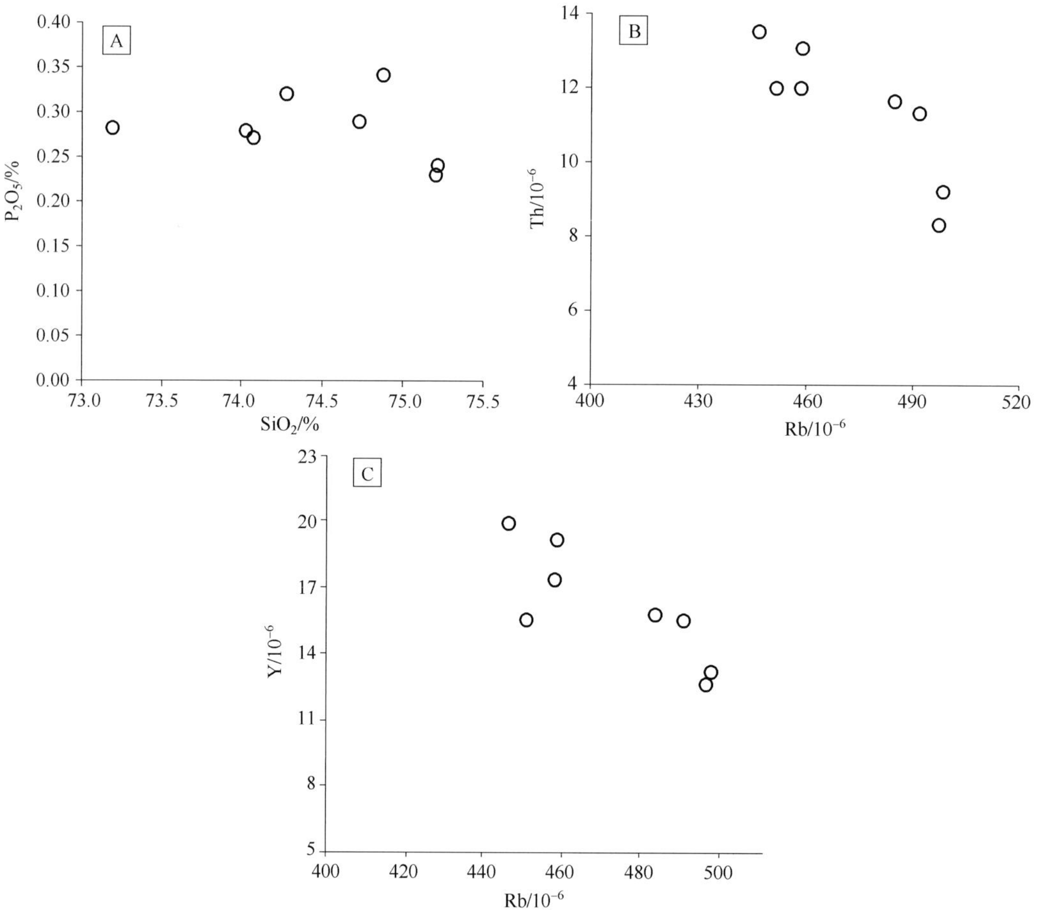


图 4-6 黑云母花岗岩 $SiO_2-P_2O_5$ 图解（A）、Rb-Th 图解（B）和 Rb-Y 图解（C）

除 $SiO_2$ 与 $P_2O_5$ 相关性判别岩浆岩成因外，Th、Ba、Rb、Y 等元素的相关性是判断 I 型与 S 型花岗岩的又一较为可靠的标志（Chappell and White，1992）。Th、Y 在过铝质岩浆演化早期优先进入富 Th、Y 的矿物（如独居石等）中，导致分异的 S 型花岗岩 Th、Y 含量低，并且 Th、Y 与 Rb 呈负相关；而高分异 I 型花岗岩的 Th、Y 含量高，并与 Rb 呈正相关。东坪黑云母花岗岩中 Rb 与 Th、Y 均呈负相关（图 4-6B，C），表现出 S 型花岗岩的特征。

Sr 同位素初始比值（$^{87}Sr/^{86}Sr$）$_i$ 值是确定花岗岩成因类型的一个重要参考值（涂光炽，1984）。Rb/Sr 比值较高的岩浆岩经年龄校正计算出来的（$^{87}Sr/^{86}Sr$）$_i$ 是不合理的（周新民等，1988）。东坪黑云母花岗岩 ZK5050－1579 样品 Rb/Sr 比值为 22.29，其（$^{87}Sr/^{86}Sr$）$_i$ 值不具有成因指示意义。本次采集的其余 4 件样品 Rb/Sr 比值均小于 20，（$^{87}Sr/^{86}Sr$）$_i$ 值介于 0.7151～0.7258 之间，（$^{87}Sr/^{86}Sr$）$_i$ 值表现出地壳成因。4 件样品的 Sm/Nd 比值介于 0.21～0.25 之间，与地壳岩石的 Sm/Nd 比值（0.16～0.24）基本一致（Hawkesworth and Vancalsteren，1984）。

综上分析，东坪黑云母花岗岩属高硅高钾钙碱性过铝质高分异 S 型花岗岩。

## 三、矿区构造

东坪矿区内共发现具一定规模的断裂构造 5 条（$F_1$、$F_2$、$F_3$、$F_4$、$F_5$），均属压扭性断裂，根据走向可分为北东-南西向（$F_1$、$F_2$、$F_3$）与北西-南东向（$F_4$、$F_5$）两组断裂，其中北东-南西向断裂（$F_1$、$F_2$、$F_3$）及其两侧的次级裂隙为区内主要控矿构造（详见第三章和图 3-10）。$F_1$ 走向延伸大于 1700m，断裂宽约 1m；$F_2$ 走向延伸大于 60m，断裂宽约 0.5m。断裂特征详见表 4-4。

**表 4-4　东坪矿区断裂特征表**

| 编号 | 位置 | 规模/m | 产状 | 断层性质 | 基本特征 | 与岩体及矿化关系 |
|---|---|---|---|---|---|---|
| $F_1$ | 矿区北东部 | 斜贯全区，走向延伸大于 1700m | 总体北东走向，倾向南，倾角 70°～80° | 逆断层 | 切割新元古界安乐林组。岩石以密集破劈理化碎裂为特征，沿破裂面有石英脉状硅化 | 控岩构造，含矿较好、钨铜矿化 |
| $F_2$ | 矿区中部 | 走向延伸约为 60m，破碎带宽 0.5m | 总体北东走向，倾向南，倾角 65°～80° | 张性破碎 | 切割新元古界安乐林组。断裂具张、扭性多次活动，在破碎带中多见棱角状角砾、石英脉体发育 | 控岩构造，含矿较好、钨铜矿化 |
| $F_3$ | 矿区南东部 | 走向延伸大于 100m，延伸至工作区外，带宽约为 1.1m | 总体北东走向，倾向北西 | 张性破碎 | 切割新元古界安乐林组。断裂具张、扭性多次活动，在破碎带中多见棱角状角砾、石英脉体发育 | 不密切 |
| $F_4$ | 矿区北西侧 | 走向延伸大于 160m，延伸至工作区外 | 走向北西，总体倾向南西 | 逆断层 | 切割新元古界安乐林组。岩石以密集破劈理化碎裂为特征，沿破裂面有石英脉状硅化 | 不密切 |
| $F_5$ | 矿区北东部 | 走向延伸大于 1000m，延伸至工作区外 | 走向北西，总体倾向南西 | 逆断层 | 切割新元古界安乐林组。岩石以密集破劈理化碎裂为特征，沿破裂面有石英脉状硅化 | 不密切 |

受区域构造的影响，东坪矿区还发育一系列北东-南西向与北西-南东向共轭节理。两组共轭节理产状较稳定，相互切割交错，但位移不明显，规模较小，前者明显大于后者（图4-7A）。北东向节理/裂隙面，一般比较光滑平直，延伸较远，倾向以南东主，次为北西，倾角较陡，多为70°～90°，常以间距不等、大小不一的节理/群或带的形式呈现。沿节理裂隙大多形成山谷等负地形，有的形成“断腰山”（图4-7B，D）等不规则地貌。北西向节理/裂隙带规模较小，沿线构造岩不发育，断裂位移不明显，多以小型的裂隙面（或节理）带的形式构成，构造面平直光滑而陡峭，倾角较陡一般为85°～90°（图4-7C）。受此两组共轭节理的影响，矿区北西部和北东部（可能在这些地段断裂-裂隙的发育密度较大）分别形成了呈线状延伸的北东向及北西向负地形（山谷），在负地形

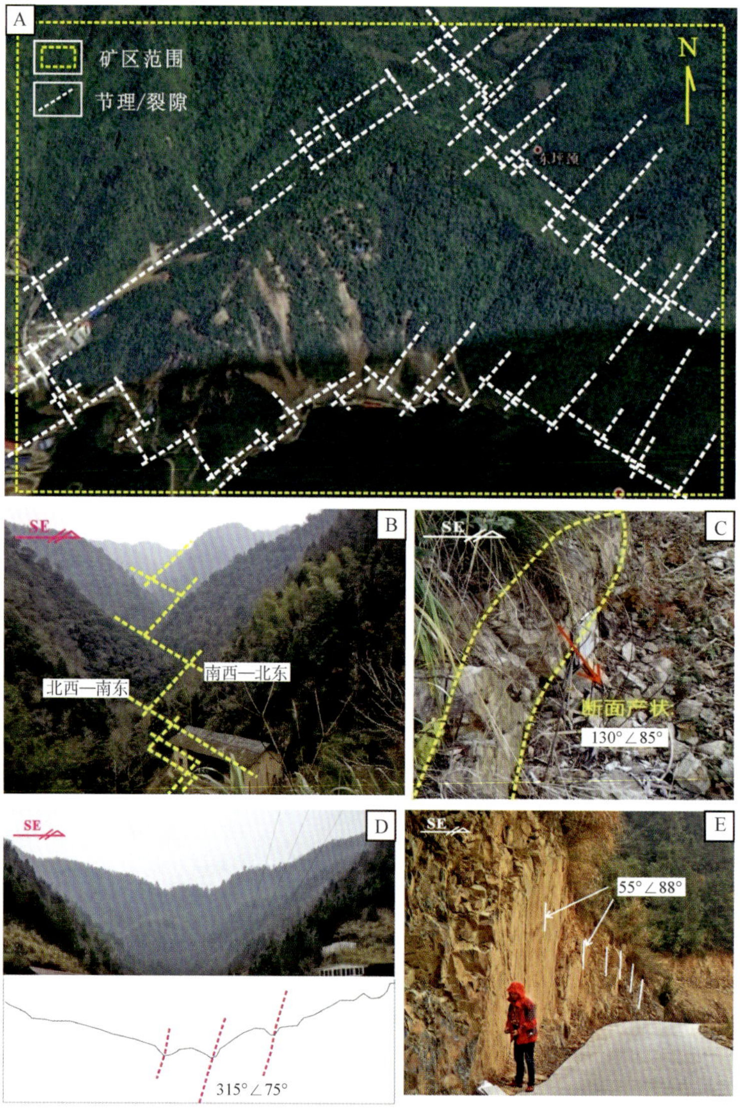


图4-7　东坪矿区北东向、北西向展布的小型“共轭”断裂、节理照片

A—矿区卫星照片构造解译图（北东走向与北西走向断裂共轭关系）；B—矿区南部北东走向与北西走向节理/裂隙共轭关系地形效应照片解释图；C—矿区北西侧北东走向节理面；D—矿区北侧北东向断裂形成的断腰山照片解释图；E—矿区西侧北西向节理面

及其两侧形成了大量的似“方块”地形、膝状小山沟、小山脊及锯齿状地形。在矿区南部，沿两组断裂追踪发育，形成了呈锯齿状近东西向展布的水系-山谷（图4-7B）。由若干条呈北东向、北西向展布的小型“共轭”断裂、节理所组成的“构造带”，发育成3条山谷-水系，构成了整个矿区独具特色的“三角形”地块。

## 四、围岩蚀变

矿区蚀变以硅化为主，次为角岩化、云英岩化以及碳酸盐化等，与成矿关系密切的为硅化。自岩体至围岩接触带表现出云英岩化→绿泥石、绿帘石化→角岩化蚀变特征，在云英岩化与绿泥石、绿帘石化黑云母花岗岩中具有星点状、稀疏浸染状辉钼矿化、黄铜矿化等，石英脉叠加发育在每一个蚀变带中（表4-5）。

**表4-5 东坪矿区蚀变类型及特征表**

| 蚀变类型 | 蚀变地层、岩石 | 蚀变特征 | 与成矿关系 |
|---|---|---|---|
| 硅化 | 安乐林组变质粉砂岩、黑云母二长花岗岩 | 分布最广，发育程度不均，垂向上自上至下脉体具有5个分带：石英-云母线脉带（0.05～1cm）→细脉带（2～10cm）→细脉、大脉混合带（5～50cm）→大脉带（20～200cm）→大脉、巨脉-尖灭带（200～5cm）。其中大脉、巨脉-尖灭带发育于岩体，其余均产出于安乐林组 | 硅化与成矿的关系极为密切，脉内矿化组合具一定的变化，自上至下表现为钨、铜、银→钨、铋→钨、铋、铜、银 |
| 矽卡岩化 | 安乐林组变质粉砂岩 | 分布范围小，极不均匀，产出于岩体与围岩接触带、石英大脉两侧 | 矽卡岩化并没有直接成矿，而是为矿质的沉淀、富集提供了容矿场所 |
| 云英岩化 | 黑云母二长花岗岩 | 分布范围小，产出于岩体顶部 | 与钼、钨、铋矿化关系密切 |
| 角岩化 | 安乐林组变质粉砂岩 | 分布极不均匀，主要分布于岩体与围岩接触的外带、石英大脉两侧 | 与岩浆侵入有关，角岩化与矿化关系不明显 |
| 绢云母化 | 安乐林组变质粉砂岩及黑云母二长花岗岩 | 分布广，发育程度较均匀；在显微镜下表现为绢云母、白云母杂乱无定向分布 | 与矿化没有直接的关系 |
| 绿泥石化 | 安乐林组变质粉砂岩及黑云母二长花岗岩 | 发育程度不均匀，岩体顶部普遍发育，在安乐林组中仅在解理裂隙发育的地段可见 | 与晚期金属硫化物的富集有一定的关系 |
| 绿帘石化 | 黑云母二长花岗岩 | 发育不均，产出于岩体顶部 | 区域上，与成矿存在时空一致性 |
| 碳酸盐化 | 安乐林组变质粉砂岩及黑云母二长花岗岩 | 成脉状发育于岩层的节理/裂隙中，多集中于晚期解理中，叠加于其他蚀变之上 | 不明显 |
| 泥化 | 安乐林组变质粉砂岩 | 发育于岩层层间节理/裂隙中，以断层泥和膨润土为主要特征 | 为贫化矿体的蚀变 |

# 第二节 矿体特征

东坪矿区有Ⅰ、Ⅱ号两个矿带（图4-8），其中Ⅰ号矿带为主矿带，分布于矿区北西侧乌龟壳一带，总体走向北东33°~48°，倾向南东123°~134°，倾角53°~85°，延长50~1000m，延深395~715m，矿带宽50~420m。Ⅱ号矿带产出于矿区中东部胡家山以东区域，总体走向北北东11°~25°，倾向北西281°~295°，倾角65°~80°，延长51~587m，延深达71~723m，矿带宽50~650m。Ⅰ、Ⅱ号矿带内矿体均属于石英脉型黑钨矿矿体，矿体形态、产出状态严格受石英脉体控制（胡正华等，2018）。11条铜钨银矿体与162条钨矿体均赋存于安乐林组变质粉砂岩内石英脉或石英脉带中。矿床整体赋存标高为520~-480m之间（表4-6），矿体形态均比较复杂，呈脉状、网脉状产出，在交叉处脉体具有膨大缩小现象，矿体由弯曲状变成折线状连接，矿化连续性好，矿脉两端多呈尖灭、再现及旁侧再现特征，属江南造山带东段典型的石英脉带型黑钨矿床。

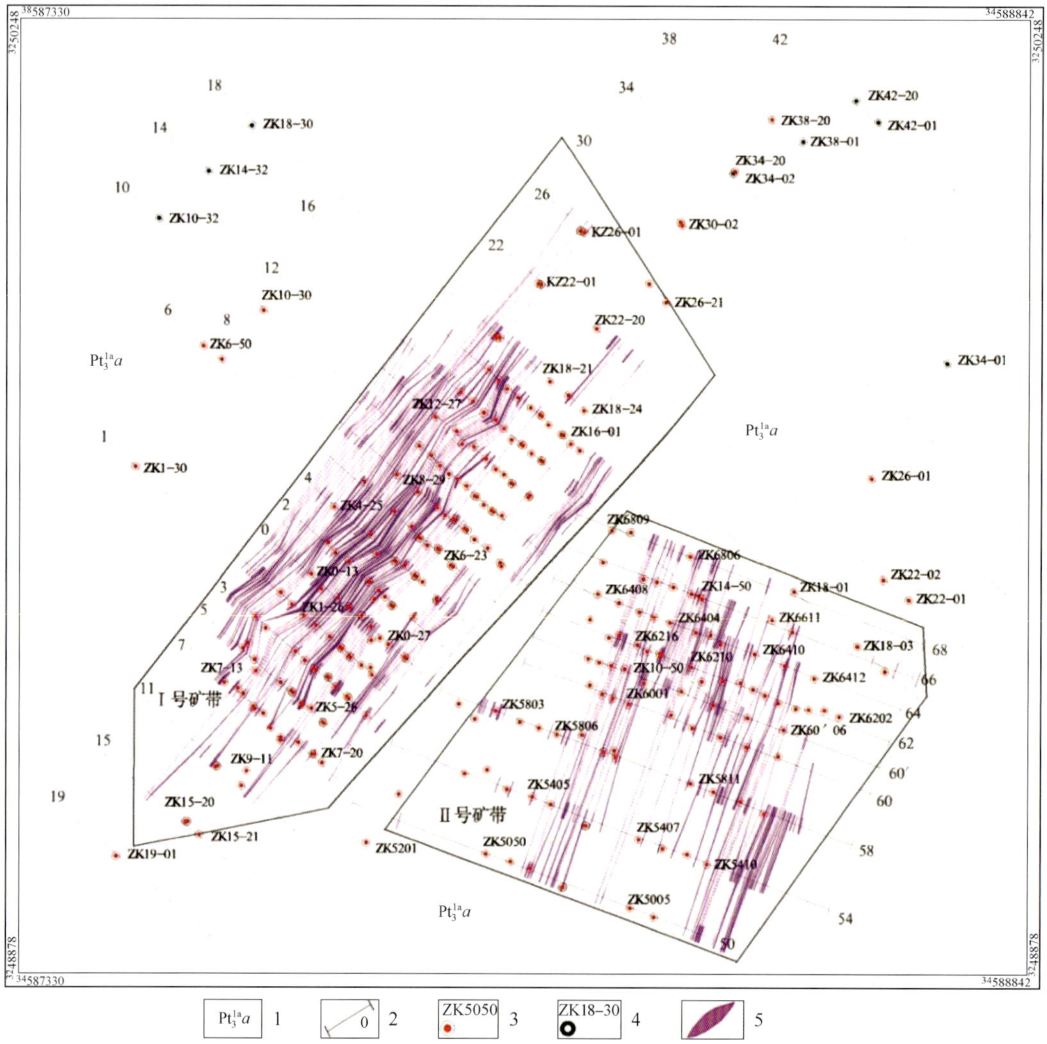


图4-8 东坪矿区Ⅰ、Ⅱ号矿带100m中段分布简图

1—新元古界安乐林组；2—勘探线位置及编号；3—见矿钻孔位置及编号；4—未见矿钻孔位置及编号；5—矿体

**表 4-6　东坪矿区钨矿带特征表**

| 矿带 | 工业矿体/条 | | 赋矿标高/m | 矿体产状/(°) | | | 矿体规模/m | | | 金属量/$10^4t$ | | 金属量百分比/% | |
|---|---|---|---|---|---|---|---|---|---|---|---|---|---|
| | 钨矿 | 铜钨银矿 | 钨矿 | 走向 | 倾向 | 倾角 | 延长 | 延深 | 带宽 | $WO_3$ | Cu | $WO_3$ | Cu |
| Ⅰ | 72 | 11 | 520～-480 | 33～48 | 123-134 | 53～85 | 50～1000 | 395～715 | 50～420 | 15.97 | 0.52 | 72.59 | 92.86 |
| Ⅱ | 90 | — | 398～-416 | 11～25 | 281～295 | 65～80 | 51～587 | 71～723 | 50～650 | 5.85 | 0.04 | 27.41 | 7.14 |
| 小计 | 162 | 11 | 520～-480 | | | | | | | 21.82 | 0.56 | | |

## 一、Ⅰ号钨矿带

沿走向呈现大透镜状，表现为中部富集（脉带宽约 350m）且脉幅宽大，两端较弱（脉带宽 50～150m）且脉幅渐小，直至尖灭；倾向上矿体沿倾斜方向往深部脉幅变宽且较为集中，矿化富集。单个矿（化）体呈脉状产出，具分支复合、膨大缩小、尖灭、再现现象（图 4-9—图 4-11）。

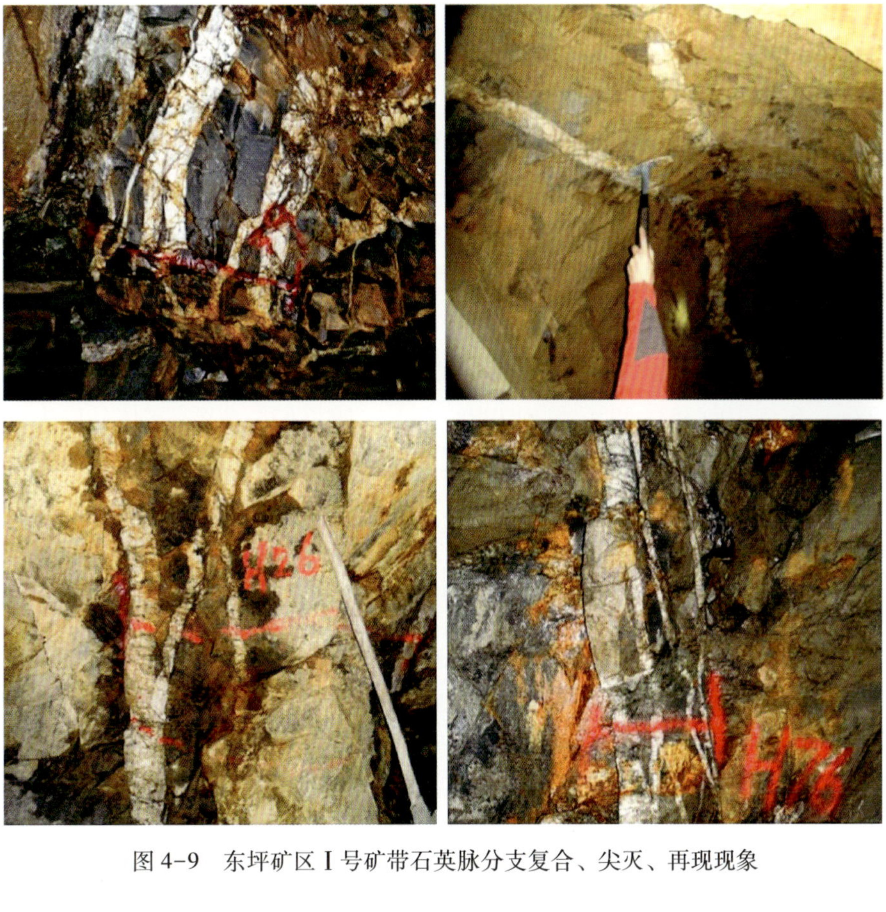


图 4-9　东坪矿区Ⅰ号矿带石英脉分支复合、尖灭、再现现象

图 4-9　东坪矿区Ⅰ号矿带石英脉分支复合、尖灭、再现现象（续）

本矿带中具有工业利用价值的铜钨银矿体 11 条、钨矿体 72 条。矿体赋存标高 520~480m，总体呈北东向和近南北-北北西向展布。走向北东的矿体总体倾向南东、倾角 70°~80°；走向南北-北北西向的矿体总体倾向北东、倾角 70°~78°。

东坪铜钨银矿体主成矿元素 Cu，共生组分 W、Ag，伴生有用组分 Au、Zn。矿体中 Cu 元素与 $WO_3$、Ag、Zn、Au 等元素含量变化相互之间无明显的相关性，但与石英脉脉幅宽度有一定的关联。共生矿产银主要有两种赋存状态：银辉银矿、银金矿之类的独立矿物，其次为以类质同象的形式赋存于闪锌矿、方铅矿、黄铜矿等矿物中。

Ⅰ047 号矿体为隐伏矿体，在 7~18 号勘探线间有 110 个工程钻孔控制，埋藏标高为 -76~440m，矿体主要赋存在 0~400m，走向 39°~43°，倾向 125°~133°，倾角 69°~80°，矿体品位为 0.074%~4.337%，平均品位 0.502%，走向延长 750m，倾向延深 516m，矿体厚度为 0.13~6.76m，平均厚度 1.93m。矿体沿倾向上呈现出“上缓下陡”的变化趋势，脉体上部以细脉带为主，中下部脉体逐渐变厚，局部具膨大缩小、尖灭再现特征。矿体厚度变化系数为 153%，品位变化系数为 78%。主要矿化为黑钨矿化、黄铁矿化，局部见黄铜矿化，云英岩化主要分布在脉体两侧。

Ⅰ060 号矿体为隐伏矿体，在 11~26 号勘探线间有 132 个工程钻孔控制，埋藏标高为 -143~377m，矿体走向 35°~39°，倾向 129°~134°，倾角 62°~80°，矿体品位为 0.065%~4.866%，平均品位 0.439%，走向延长 950m，倾向延深 520m，矿体厚度为 0.14~8.08m，矿体平均厚度 1.82m。沿矿体走向或倾向上矿体形态和厚度变化较大，倾向上 7 号线、8 号线、12 号线等剖面较典型，脉体从浅部到深部逐渐变大，在标高 120~-100m 区间表现明显，2 号线剖面标高在 300~200m 尖灭再现的现象明显，0 号线剖面标高在 100~-100m 区间膨大缩小特征明显。矿体厚度变化系数为 156%，品位变化系数为 71%。黑钨矿主要呈浸染状、团块状、脉状产出于绢云母—白云母—石英脉中及脉体两侧。

Ⅰ052 号矿体为工作区主矿体，经 11~26 号勘探线间 160 个钻探圈定了此矿体的形态及其走向，后又由 WGKPD7、YGXPD1、WGKPDB3、WGKPD2、ZPD、WGKPD2XJ2、HJPD2、WGKPD2XJ1、HJPD5、HJPD2XJ2 等 10 个坑道工程进行验证，进而基本查明了此矿体走向延长 950m，倾向延深 510m，矿体厚度为 0.1~8.32m，矿体平均厚度 1.83m。

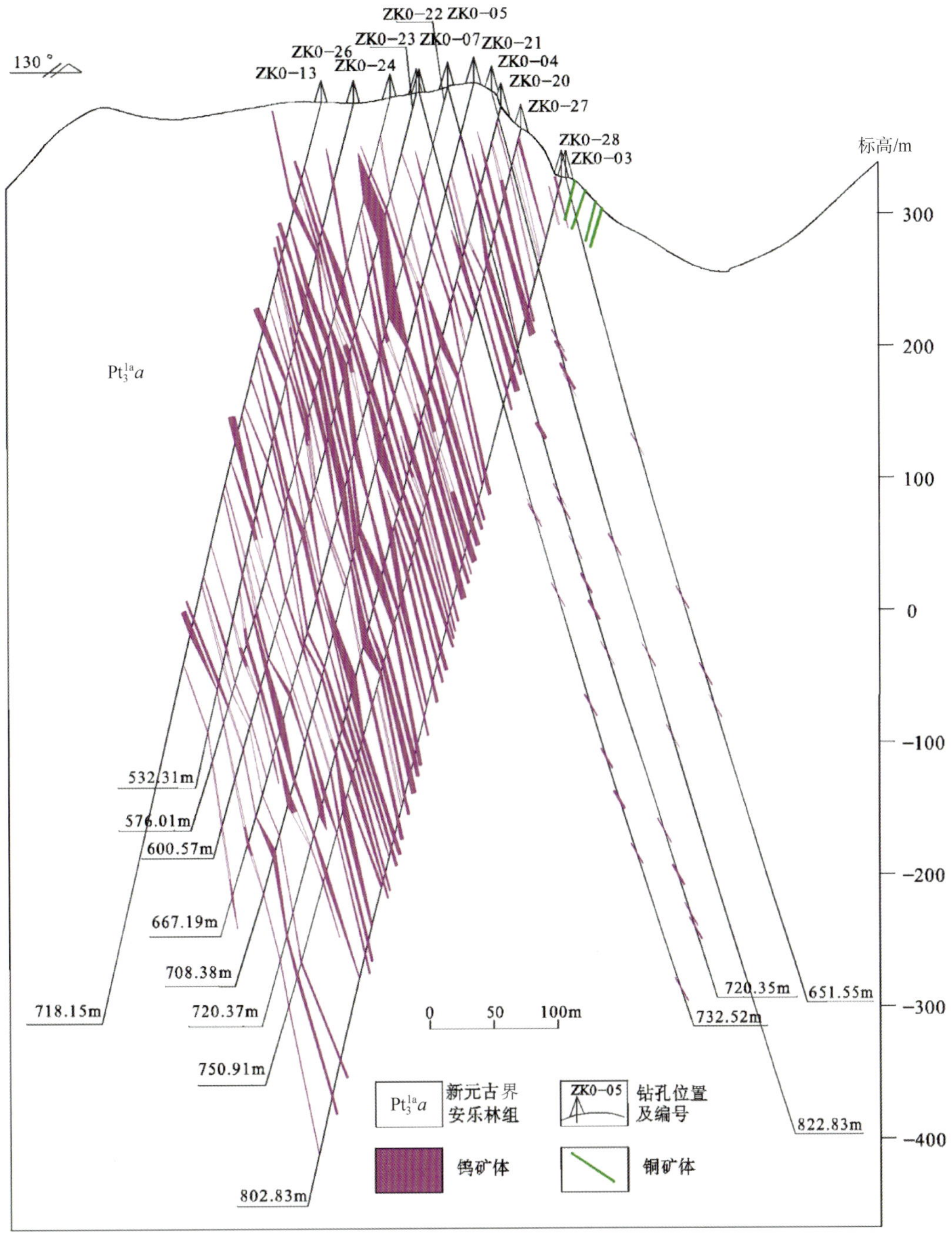


图 4-10　东坪矿区 0 号勘探线剖面图

## 二、Ⅱ号钨矿带

Ⅱ号矿带位于矿区中东部胡家山以东，经 50～68 号勘探线揭示，具有工业利用价值钨矿体的 90 条，占矿区总资源储量的 27.34%。此矿带沿走向呈现大透镜状，表现为中部富集（脉带宽约 180m）且脉幅宽大，北端有收束现象（脉带宽约 180m），南端脉体中间

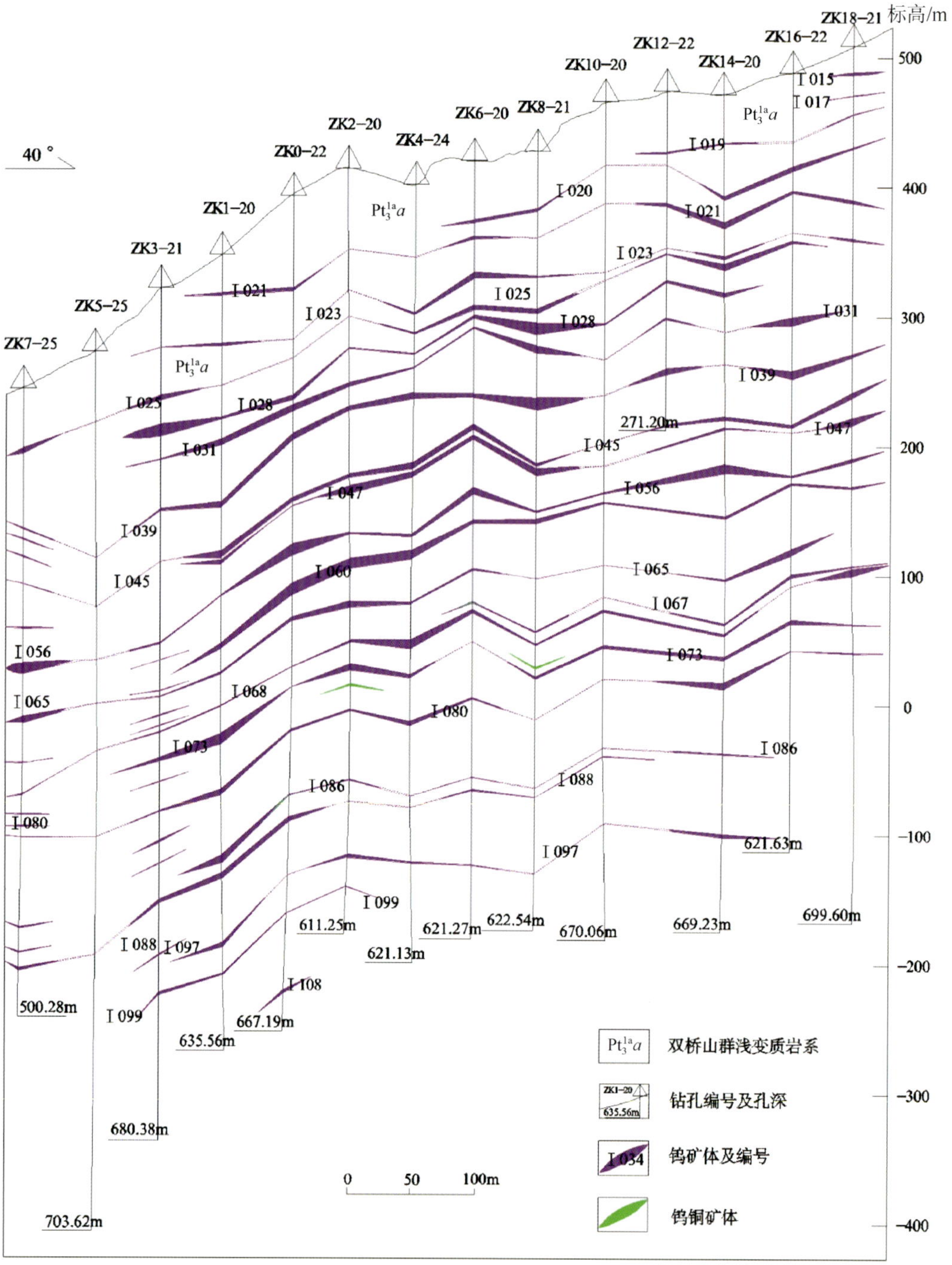


图 4-11　东坪矿床 I 号矿带纵剖面图

部分较为稀疏（脉带宽约 190m）；倾向上矿体沿倾斜方向往深部脉幅变宽且较为集中，矿化富集，单个矿（化）体呈脉状产出，具分支复合、膨大缩小、尖灭再现现象（图 4-12，图 4-13）。

Ⅱ号矿带单个矿体金属量大于 1500t 的有 11 条（Ⅱ027、Ⅱ030、Ⅱ032、Ⅱ035、Ⅱ038、Ⅱ046、Ⅱ051、Ⅱ062、Ⅱ067、Ⅱ069、Ⅱ072、Ⅱ092）。矿体特征如下：

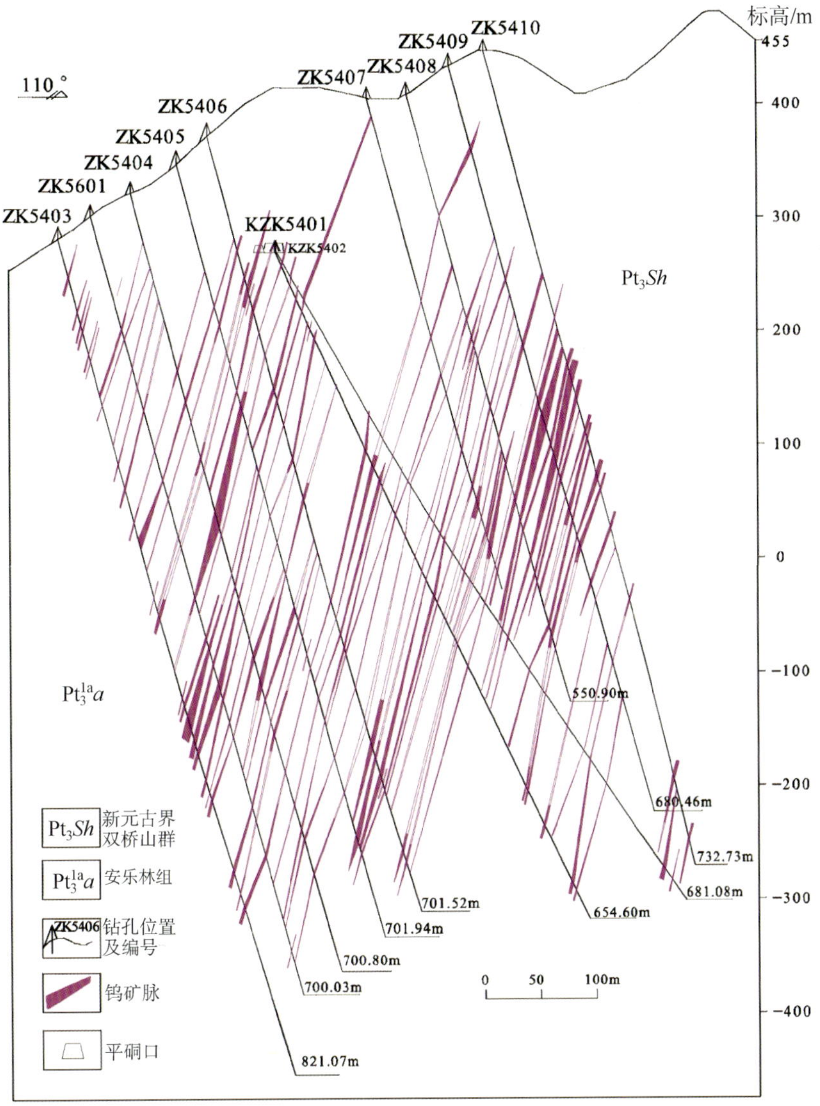


图 4-12　东坪矿区 54 号勘探线剖面图

Ⅱ046 号矿体为隐伏矿体，在 50～66 号勘探线间有 50 个工程钻孔控制，埋藏标高为 −334～234m，矿体走向 14°～20°，倾向 284°～290°，倾角 73°～75°，矿体品位为 0.073%～0.897%，平均品位 0.284%，走向延长 515m，倾向延深 568m，矿体厚度为 0.11～5.04m，平均厚度 1.779m。沿走向或倾向上矿体形态和厚度变化较大，倾向上 54 号线剖面较典型，呈上缓下陡的变化趋势，脉体从浅部到深部逐渐变大，局部膨大缩小、尖灭再现的现象较为显著。矿体厚度变化系数为 143%，品位变化系数为 211%。主要矿化为黑钨矿化，局部见黄铁矿化及黄铜矿化，云英岩化主要分布在脉体两侧。

Ⅱ092 号矿体为隐伏矿体，在 50～66 号勘探线间有 40 个工程钻孔控制，埋藏标高为 −364～126m，矿体走向 14°～22°，倾向 284°～292°，倾角 74°～75°，矿体品位为 0.064%～1.429%，平均品位 0.351%，走向延长 497m，倾向延深 490m，矿体厚度为 0.1～4.8m，平均厚度 1.188m。沿走向或倾向上矿体形态和厚度变化较大，倾向上 50 号线剖面较典

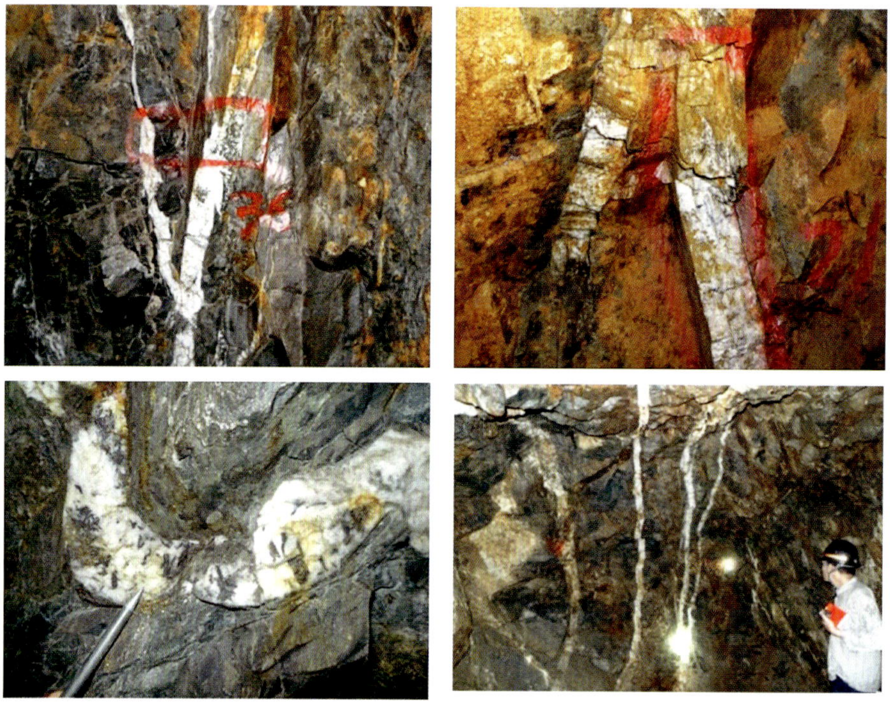

图 4-13　东坪矿区Ⅱ号矿带特征照片

型，呈上缓下陡的变化趋势，脉体从浅部到深部逐渐变大，局部膨大缩小、尖灭再现的现象较为显著。矿体厚度变化系数为 116%，品位变化系数为 103%。主要矿化以黑钨矿及云英岩化分布在脉体两侧为主，局部见黄铁矿化、黄铜矿化及白钨矿化。

# 第三节　矿石特征

## 一、矿石矿物成分

东坪矿区矿石中的金属矿物比较复杂，主要见氧化物、硫化物；非金属矿物比较简单，主要见石英、白云母、绢云母等（表 4-7）。

表 4-7　东坪矿区矿石矿物主要成分表

| 矿物 | | 原生矿物 | | | 次生矿物 | | |
|---|---|---|---|---|---|---|---|
| | | 主要 | 次要 | 少量 | 主要 | 次要 | 少量 |
| 金属矿物 | 氧化物 | 黑钨矿 | | 磁铁矿、镜铁矿、锡石 | 针铁矿 | | 褐铁矿 |
| | 硫化物 | | 黄铁矿、黄铜矿、磁黄铁矿、辉铋矿、毒砂 | 辉钼矿、闪锌矿、辉铜矿、斑铜矿、辉银矿 | | | 孔雀石、蓝铜矿 |
| | 钨酸盐 | | | 白钨矿 | 钨华 | | |
| | 自然元素 | | | 自然银、自然铋 | | | |

续表

| 矿物 | | 原生矿物 | | | 次生矿物 | | |
|---|---|---|---|---|---|---|---|
| | | 主要 | 次要 | 少量 | 主要 | 次要 | 少量 |
| 非金属矿物 | 硅酸盐 | 白云母 | | 黑云母、电气石、锆石、长石 | 绢云母 | 绿泥石、高岭土 | 阳起石、绿帘石 |
| | 氧化物 | 石英 | | | | | |
| | 碳酸盐 | | 方解石 | | | | |
| | 其他 | | 萤石 | 独居石、磷灰石 | | | |

**1. 金属矿物**

东坪矿床中主矿种以钨为主，伴生铜、银、铋、镓等。金属矿物主要为黑钨矿（95%以上），其次为黄铁矿、黄铜矿、磁黄铁矿、毒砂等，含有少量闪锌矿、辉铜矿、白钨矿、蓝铜矿、褐铁矿等（表 4-7；图 4-14）。

（1）铜矿物

孔雀石：钻孔中较少见，是氧化铜矿的常见矿物，部分地表可见，主要呈放射状、薄膜状、脉状集合体分布于裂隙面。

黄铜矿：为矿区次要金属矿物，黄色，他形粒状产出，粒径一般都大于 0.05mm，主要分布在石英脉带内，常呈他形填隙状分布于石英脉带边部，或与磁黄铁矿、黄铁矿等金属矿物分布于石英颗粒间隙中。呈斑杂状构造，局部较密集处呈致密块状，多为粒状集合体，少量可见填充裂隙呈细脉状产出，或呈微小乳滴状分布于闪锌矿中，部分黄铜矿对早期形成的黑钨矿、毒砂、磁黄铁矿等进行交代（图 4-14A）。黄铜矿无论哪种产出状态，都和同期形成的磁黄铁矿、闪锌矿等紧密共生（图 4-14B），使它们的接触界面呈现交错穿插状、曲折港湾状等参差不齐形状，构成不规则毗连嵌镶，或者相互包裹。黄铜矿与脉石矿物石英之间的嵌布关系也相类似，尤其呈团块状的黄铜矿中常见包含有脉石矿物石英，同时石英中也常见有包含着黄铜矿的现象，相互包裹的关系明显。

黄铜矿中可见有少量交代黄铜矿而形成的其他铜矿物，如少量的辉铜矿和极少量的斑铜矿，以及进而氧化形成的蓝铜矿等，均呈他形粒状，粒径一般在 0.02~0.15mm。

蓝铜矿：少量，多呈他形分布于黄铜矿、斑铜矿等的边缘。

辉铜矿：多呈他形粒状，分布于黄铜矿边缘或脉石矿物颗粒之间。

斑铜矿：极少量。

（2）钨矿物

黑钨矿：黑钨矿为东坪矿石中主要的工业矿物，钨的主要赋存矿物，约占区内钨矿物的 95%以上。黑色，条痕颜色为褐黑色，半金属光泽，晶形多呈板柱状、针柱状与楔状（图 4-14C）。一般分布在石英脉的边部或内部，部分晶体垂直脉壁生长。黑钨矿在石英脉内多呈单体浸染状，少数集合体呈斑点状及条带状，浸染状与斑点状及条带状黑钨矿主要镶嵌在脉石英颗粒之间，部分镶嵌在石英、黄铜矿、磁黄铁矿等多种矿物粒间。黑钨矿在矿脉中的分布是不均匀的，矿区内有“无矿”石英脉、贫矿石英脉和富矿石英脉 3 种矿脉，同一矿脉中也有“无矿”、贫矿和富矿的矿段。脉中的黑钨矿较少

图 4-14　东坪矿区典型矿石照片

A—黄铜矿交代黑钨矿、毒砂，bHKZPD；B—变质粉砂岩中的团斑状黄铜矿、黄铁矿；C—黑钨矿，石英脉中的板状、柱状，ZK526-325.6；D—毒砂被黄铜矿、黑钨矿、雌黄铁矿交代，黄铜矿交代黑钨矿、雌黄铁矿；另见斑点状闪锌矿分布于黄铜矿中，WN-2；E—黑钨矿中黄铜矿细脉，bHYHJPD3；F—WN-2 闪锌矿交代黑钨矿；G—石英脉中浸染状、团斑状白钨矿、黑钨矿正常光照（左）及荧光灯 F（右）效果，ZK526-194

Apy—毒砂；Wol—黑钨矿；Po—磁黄铁矿；Ccp—黄钼矿；Sp—闪锌矿；Sch—白钨矿

呈单晶体产出，一般是由多个晶体聚集形成的团块状集合体，有的构成较大规模的大团块矿物集合体——“砂包”。与黑钨矿共伴生的矿物有黄铁矿、黄铜矿、辉钼矿、云母等，有时可见黑钨矿被硫化物所交代（图 4-14D，F）。镜下，黑钨矿呈灰色，非均质体，多呈自形及半自形板状和板条状，少数呈他形粒状，粒径范围多在 0.65mm×

0.12mm~12.5mm×3.5mm 之间，可见硫化物如黄铜矿、黄铁矿等沿着其解理或边缘交代。黑钨矿与脉石矿物、其他金属矿物的嵌布关系较为简单，相互包裹的现象较为少见，偶尔可见到晶体内有他形微细粒磁黄铁矿、石英及少量黄铜矿包体（图 4-14E），包体粒径一般为 0.03~0.30mm。

白钨矿：其约含量不到东坪钨矿物的 5%。白色、浅黄棕色，他形粒状-半自形锥状，主要呈聚粒状分布于绢云母-石英脉内或脉壁，粒径多为 0.05~0.5cm。常与黑钨矿、黄铜矿、黄铁矿在一起呈团斑状产出于石英脉中（图 4-14G），或以细脉浸染状沿石英脉边缘产出。部分白钨矿沿早期黑钨矿边缘、解理、裂隙等进行交代。

（3）其他金属矿物

辉银矿：多呈细小板条状、柱状、圆粒及不规则状产于黄铜矿、黑钨矿中，粒度为 0.1~0.3mm。

自然银：常呈宽 0.01~0.03mm 的微脉或微粒，与石英、方解石一起产于黄铜矿、黑钨矿的微裂隙中，粒径多为 0.01mm 左右。

黄铁矿：多为自形及半自形立方体晶体，少数为他形粒状。主要有两种分布状态，一种分布在石英脉内，主要呈浸染状，粒径一般为 0.08~0.5mm，常见被磁黄铁矿等后期交代，呈交代残余结构；另一种是呈浸染状分布在各种围岩内，这部分黄铁矿结晶相对较细，他形晶为主，多呈稀疏或星点浸染状，粒径为 0.03~0.15mm。

磁黄铁矿：暗铜黄色，常为他形粒状集合体，或集结成致密块状，部分呈集合体斑点或团块，斑点粒径 5~20mm，团块粒径可达 10cm 以上。与黑钨矿、黄铜矿、闪锌矿等紧密共生，磁黄铁矿与黄铜矿常为不规则毗连嵌镶或者相互包裹，相互包裹的粒度小的仅为 0.02mm 左右；磁黄铁矿与黑钨矿的嵌布关系较为简单，仅可见少量的磁黄铁矿被包裹于黑钨矿晶体中。

闪锌矿：棕褐色，多为他形粒状，与黄铜矿、磁黄铁矿等紧密共生，常包含于黄铜矿或磁黄铁矿中，粒径一般大于 0.05mm，闪锌矿和黄铜矿常呈固熔体分离结构，闪锌矿中常见有黄铜矿呈乳滴状无序分布。

毒砂：银白色，不规则-半自形四边状，一般粒径 0.3~0.8mm。主要分布于石英脉中。毒砂交代黄铜矿或被黄铜矿交代。

辉钼矿：呈浸染状、团斑状、星点状分布于石英脉中，或呈浸染状分布于角岩的裂隙面上。辉钼矿呈鳞片状、叶片状集合体和单晶，有时也见以放射状、脉状、菊花状产出。

**2. 非金属矿物**

非金属矿物以石英、白云母、绢云母为主，其次为绿泥石、方解石、萤石、长石、黑云母、高岭土等。

石英：石英是本矿床中一种最主要的脉石矿物，成矿作用过程中形成的石英，有充填沉淀晶出和交代析出两种形成方式，两种不同形成方式通常没有一定的先后顺序，即在不同的成矿阶段均可能有这两种方式形成的石英产出。钨矿脉中大量石英是由成矿流体沉淀晶出形成的。沿围岩裂隙充填沉淀晶出的矿脉中的石英，多自脉壁向内生长，常在脉壁形成一些粗大的半自形晶体，在矿脉中部的石英则形成紧密镶嵌的致密块状或细粒状的集合体。石英多呈块状或他形粒状集合体，透明-半透明，玻璃光泽，断口为油脂光泽。

方解石：常见的脉石矿物，多呈脉状出现。属后期碳酸盐阶段的产物。

钾长石：常见的脉石矿物。粒径变化较大，多呈自形晶，柱状或板状。部分可见环带。蚀变强的可见明显的硅化和绿泥石化等。

绿泥石：呈细小鳞片状集合体产出，主要分布于石英、长石、黑云母粒间，并交代长石、黑云母、萤石，有的被萤石交代。

萤石：呈粒状集合体，分布于石英脉中或与石英、方解石、绢云母等共生。

绢云母：呈鳞片状-叶片状集合体，片径0.03mm，主要沿石英颗粒间充填交代。

斜长石：常见的脉石矿物。粒度变化大，部分粗粒的呈自形晶，柱状或板状，局部可见环带，且部分为反环带。蚀变以硅化为主，少量绿泥石化。部分斜长石颗粒边缘见细粒黄铁矿。

黑云母：常见的脉石矿物，呈鳞片状集合体分布于角岩中的石英脉中，或呈片状结构浸染状构造分布于脉岩中。

## 二、矿石化学成分

东坪矿区按工业类型可划分为钨矿石、铜钨银矿石两类，两类矿石化学成分具有差异性。

铜钨银矿石：矿石中主要有用组分为Cu、W、Ag，均具有工业价值，Cu平均含量3.64%，主要为黄铜矿；$WO_3$平均含量1.01%，主要以黑钨矿的形式存在，约占95%，其次为白钨矿，约占5%；Ag平均含量189.53g/t，银主要有两种赋存状态：银辉银矿、银金矿之类的独立矿物，其次为以类质同象的形式赋存于闪锌矿、方铅矿、黄铜矿等矿物。伴生有用组分Au、Zn，Au平均含量0.24g/t，主要以类质同象的形式赋存于黄铜矿，少量以银金矿独立矿物的形式存在；Zn平均含量0.60%，主要为闪锌矿，约占90%，其次为菱锌矿。

钨矿石：主要有用组分为$WO_3$，平均品位0.440%；伴生组分Cu、Bi、Ag、Ga，在矿石中的平均含量分别为0.048%、0.003%、4.60g/t、0.002%。$WO_3$主要以黑钨矿独立矿物存在（表4-7）；Cu、Bi、Ag则分别主要以黄铜矿、辉铋矿、辉银矿或硫砷银矿等独立矿物的形式出现；Ga主要以离子吸附的形式存在于黄铁矿表面。Mo含量多小于0.005%，最大值0.092%，平均值0.006%，主要以辉钼矿独立矿物形式存在，但可选难度大，暂无工业价值。有害成分主要有As、P、S。As多小于0.05%，最大值为1.78%，平均值0.149%，主要以毒砂独立矿物的形式存在，易于分离；P、S含量低，S主要以金属硫化物中的形式出现，S的含量为0.52%~3.33%，均值为1.40%；P主要以磷灰石的形式出现，$P_2O_5$含量为0.06%~0.8%，平均值为0.28%（表4-8）。矿体中$WO_3$与Cu、Bi、Ag、Ga元素之间无明显的相关性，但与石英脉位置有一定的关联。总体来说，石英脉上部Cu、Ag元素相对富集，下部$WO_3$、Bi相对富集，Ga的分布明显；石英脉两侧较中部品位相对较高，矿石中矿物结晶粗大、晶形较好的Cu、$WO_3$品位相对较高；云英岩化、硅化、黄铁矿化较强的矿石中钨含量相对较高。

表 4-8　东坪钨矿石化学成分表

| 元素 | 含量 | | | 元素 | 含量 | | |
|---|---|---|---|---|---|---|---|
| | 最小值 | 最大值 | 平均值 | | 最小值 | 最大值 | 平均值 |
| $WO_3$ | 0.0025 | 39.49 | 0.440 | F | 0.044 | 0.123 | 0.09 |
| Cu | 0.003 | 7.17 | 0.048 | S | 0.52 | 3.33 | 1.40 |
| Bi | 0.001 | 0.48 | 0.003 | In | <0.001 | <0.001 | <0.001 |
| Au | 0 | 0.271 | 0.023 | Be | <0.001 | 0.02 | 0.003 |
| Ag | 0.061 | 31.3 | 4.600 | B | <0.001 | 0.093 | <0.001 |
| Ga | <0.001 | 0.006 | 0.002 | V | 0.001 | 0.011 | 0.006 |
| Sn | 0.001 | 0.006 | 0.003 | $SiO_2$ | 61.62 | 82.91 | 73.42 |
| Cd | <0.001 | 0.002 | <0.001 | $Al_2O_3$ | 4.75 | 17.84 | 10.21 |
| Pb | 0.01 | 0.024 | 0.017 | $Fe_2O_3$ | 0.32 | 3.33 | 1.20 |
| Zn | 0.01 | 0.058 | 0.012 | FeO | 1.93 | 6.01 | 3.70 |
| Cr | 0.001 | 0.008 | 0.005 | CaO | 0.27 | 2.66 | 1.17 |
| Mo | 0.002 | 0.092 | 0.006 | MgO | 0.22 | 2.00 | 1.02 |
| As | <0.001 | 1.78 | 0.149 | $K_2O$ | 1.27 | 6.04 | 3.05 |
| Nb | <0.001 | 0.002 | 0.001 | $Na_2O$ | 0.14 | 1.61 | 0.55 |
| Ta | <0.001 | <0.001 | <0.001 | $TiO_2$ | 0.01 | 0.83 | 0.38 |
| Ni | <0.001 | 0.003 | 0.002 | $P_2O_5$ | 0.06 | 0.80 | 0.28 |
| Co | <0.001 | 0.002 | 0.001 | MnO | 0.06 | 0.78 | 0.27 |
| Li | 0.006 | 0.043 | 0.019 | $TR_2O_3$ | <0.001 | 0.002 | 0.001 |

注：Au、Ag 单位为 g/t，其余为%。

## 三、矿石结构构造

### 1. 矿石构造

东坪矿床的矿石构造按其成因分类，主要为气-水热液矿石构造，其次为表生矿石构造。气-水热液矿石构造以脉状-网脉状、浸染状构造为主，其次为梳状构造、块状、条带状、团斑状及星点状构造。表生矿石可见薄膜状构造。

脉状-网脉状构造：主要分为两种情况，第一种为黑钨矿、黄铁矿、黄铜矿、白钨矿、磁黄铁矿、石英、绢云母、白云母、萤石等沿裂充填形成大小不等的含钨石英脉带体，脉幅一般为 1~50cm，部分大于 2m。脉体总体走向北东，倾向北西与南东，倾角大于 65°（图 4-15A，B），脉体间存在分支复合。第二种为黄铜矿、黄铁矿、白云母、绢云母等矿物沿石英矿脉中裂隙充填。

浸染状构造：浸染状构造按金属矿物含量的多少，具体又可为稀疏、中等、稠密浸染状构造。稀疏浸染状构造，分布广泛，以黑钨矿、黄铜矿、白钨矿、黄铁矿、闪锌矿等金

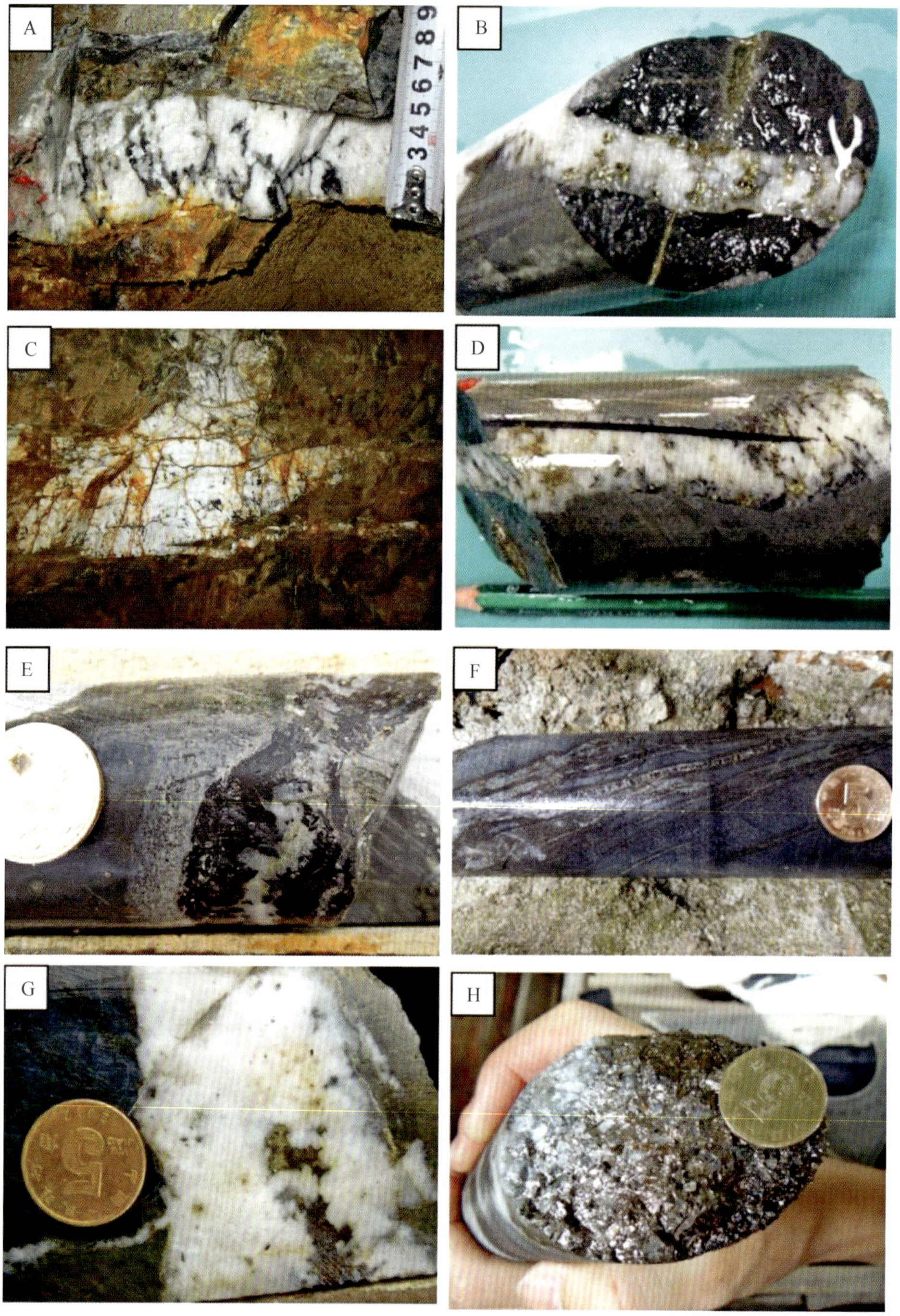


图 4-15　东坪矿区典型矿石构造

A—脉状构造，黑钨矿、黄铜矿沿早期石英脉裂隙充填，ZPD-ph9；B—脉状、浸染状构造，黄铜矿呈浸染状产出于石英脉中，ZK2-27/120；C—浸染状构造、黑钨矿、黄铜矿、黄铁矿呈浸染状产出于宽大石英脉中，ZK526-78；D—梳状构造，黑钨矿垂直于石英脉壁生长，ZK2-27/125；E—梳状、块状构造，黑钨矿垂直于石英脉自脉壁向脉内生长，ZK526-357.7；F—条带状构造，磁黄铁矿、黄铁矿、石英细脉呈条带状产出于变质粉砂岩中，ZK526-590；G—团斑状构造，黄铜矿、黄铁矿、闪锌矿呈团斑状产出于石英脉中；H—块状构造，黄铜矿+黄铁矿+磁黄铁矿呈块状产出于石英脉中属矿物呈粒度不一、含量不均的浸染状稀疏星点散布于石英脉带或围变质粉砂岩、云英岩化黑云母二长花岗岩等围岩中。中等-稠密浸染状构造，局部可见，产出同稀疏浸染状构造矿石，但金属矿物分布密集（图4-15B，C）。

梳状构造：石英脉中的黑钨矿自石英脉的边缘垂直于脉壁生长（图4-15D，E）。

条带状构造：有两种类型，一种是黄铜矿等金属硫化物结晶分布在石英脉壁的两侧，构成结晶分异对称条带；另一种是磁黄铁矿、黄铁矿、黄铜矿等硫化物呈条带状产出于变质粉砂岩或石英脉中（图4-15F）。

团斑状构造：主要是黑钨矿、白钨矿、黄铜矿、闪锌矿或黄铁矿、磁黄铁矿等硫化物金属矿物集合体组成不规则的团斑状（图4-15G）。

块状构造：磁黄铁矿、黄铁矿、黄铜矿等硫化物或黑钨矿呈块状产出（4-15H）。

星点状构造：黄铜矿、黄铁矿等硫化物呈星点散布于变质粉砂岩、石英脉或黑云母二长花岗岩中。

薄膜状构造：孔雀石呈薄膜状分布于岩石裂隙中。

**2. 矿石结构**

东坪铜多金属矿的矿石结构按照成因分为结晶结构、交代结构、固溶体分离结构三大类（表4-9；图4-16），其中结晶结构、交代结构为矿石主要结构类型。

**表4-9　东坪矿区主要矿石结构分类表**

| 序号 | 结晶作用形成的结构 | 交代作用形成的结构 | 固溶体分离作用形成的结构 |
|---|---|---|---|
| 1 | 自形结构 | 交代溶蚀结构 | 乳滴状结构 |
| 2 | 半自形结构 | 交代残余结构 | |
| 3 | 他形粒状结构 | 假象结构 | |

（1）结晶结构

结晶结构主要包括自形、半自形、他形粒状结构。

自形结构：在矿区较为常见，黑钨矿呈自形板状、长柱状产于脉石矿物中，其与脉石矿物石英、长石等界线平直（图4-16A，B）。

半自形结构：在矿区较为常见，黑钨矿呈半自形板状产于脉石矿物中，毒砂呈不规则四边形产出（图4-16C，D）。

他形粒状结构：黄铜矿、磁黄铁矿、闪锌矿、毒砂等矿物含量较少，多呈粗细不等的他形粒状产出。

（2）交代结构

交代结构主要有交代溶蚀结构、交代残余结构、假象结构三种类型。

交代溶蚀结构：黄铜矿、雌黄铁矿沿着板状黑钨矿边缘、解理或裂隙等进行交代，黄铜矿沿磁黄铁矿边缘进行交代，均可形成交代溶蚀结构（图4-16E）。

交代残余结构：当磁黄铁矿交代黑钨矿，黄铜矿交代毒砂、黑钨矿以及磁黄铁矿，闪锌矿交代黑钨矿时，被交代矿物在交代矿物中多残余一些不规则状残余体形成交代残余结构（图4-16F）。

图 4-16　东坪矿区典型矿石结构

A—自形结构，黑钨矿呈长柱状产出于石英脉中，ZK5-26/279；B—自形结构，黑钨矿呈板状，bHKZPD；C—半自形结构，黑钨呈半自形板状矿，bHKHJ270；D—半自形结构，毒砂呈半自形四边形，bHKHJPD3；E—交代溶蚀结构，黄铜矿、磁黄铁矿沿黑钨矿边缘进行交代，黄铜矿沿雌黄铁矿边缘进行交代，bHKHJPD3；F—交代残余结构，磁黄铁矿、黄铜矿沿黑钨矿边缘进行交代，磁黄铁矿被黄铜矿交代成孤岛状，bHKHJPD3；G—假象结构，早期生成的黑钨矿被黄铜矿交代，黄铜矿呈板状形态产出；H—乳滴状结构，黄铜矿呈乳滴状散布于闪锌矿中；Q—石英；Apy—毒砂；Wol—黑钨矿；Po—磁黄铁矿；Ccp—黄铜矿；Sp—闪锌矿假象结构：早期生成的黑钨矿被后期黄铜矿完全交代，使黄铜矿呈板状形态产出，形成假象结构（图 4-16G）。

（3）固溶体分离结构

矿石中暂时只发现乳滴状结构。

乳滴状结构：闪锌矿中常有点线状细小不规则的黄铜矿产出，形成乳滴状结构（图 4-16H）。

# 第四节　成矿期次与成矿年龄

## 一、矿物生成顺序

东坪矿区矿石矿物主要为黑钨矿（图 4-17A）、黄铜矿，次要为银辉矿、铋矿、黄铁矿、磁黄铁矿、闪锌矿、方铅矿、毒砂，少量为辉铜矿、白钨矿、蓝铜矿；脉石矿物由石英和云母组成（李吉明等，2016；胡正华等，2018）。黑钨矿通常为粗至中粒自形-半自形晶体（图 4-17A），呈板条状、柱状、长针状和不规则形状（图 4-17A，B），局部被方铅矿脉切断（图 4-17G）。黑钨矿宽 0.2~3cm 不等，长 1~8cm 不等。黄铜矿常交代黑钨矿（图 4-17I），或充填在黑钨矿的裂缝（图 4-17E）或沿黑钨矿边缘（图 4-17F）生长，表明黄铜矿形成晚于黑钨矿。黄铁矿大多以半自形至自形的晶体形式生长在黑钨矿边缘（图 4-17H）。黄铜矿与磁黄铁矿呈共生关系（图 4-17I）。

通过野外和镜下（光薄片）对东坪矿区矿石结构构造、矿物间相互穿插关系的观察研究与综合分析，归纳总结出东坪铜多金属矿床主要矿物生成顺序见图 4-18。从图 4-18 中可以看出，石英、黄铁矿一些矿物的生成，几乎贯穿于整个成矿过程的始终。但从整体来看，矿石中长石最早生成，其次为黑云母、绢云母、绿泥石、黑钨矿、白钨矿等，稍晚为辉钼矿、辉铋矿、磁黄铁矿、黄铜矿、闪锌矿等，最后生成的主要为方解石等矿物。东坪矿区各种矿物都有着互相交织或重叠的生成关系，就同一种矿物来说，常见彼此穿插的现象。表明成矿过程中，矿液性质及其物理化学条件，发生过多次的变化，造成同种矿物旋回往复多次沉淀。

## 二、成矿期次划分

东坪矿区成矿作用从早到晚分为岩浆岩期、热液成矿期和表生期，不同成矿期有着不同和相同的共生矿物（图 4-18）。

**1. 岩浆岩期**

岩浆岩期为成矿物质的准备阶段，主要形成各种岩浆期矿物，包括斜长石、钾长石、黑云母、石英等矿物。

**2. 热液成矿期**

热液成矿期为主要成矿期，可进一步划分为 5 个阶段：①退变质阶段，主要是黑云母、斜长石、钾长石等矿物在岩浆期后热液的作用下退化蚀变成白云母、绢云母、绿泥石

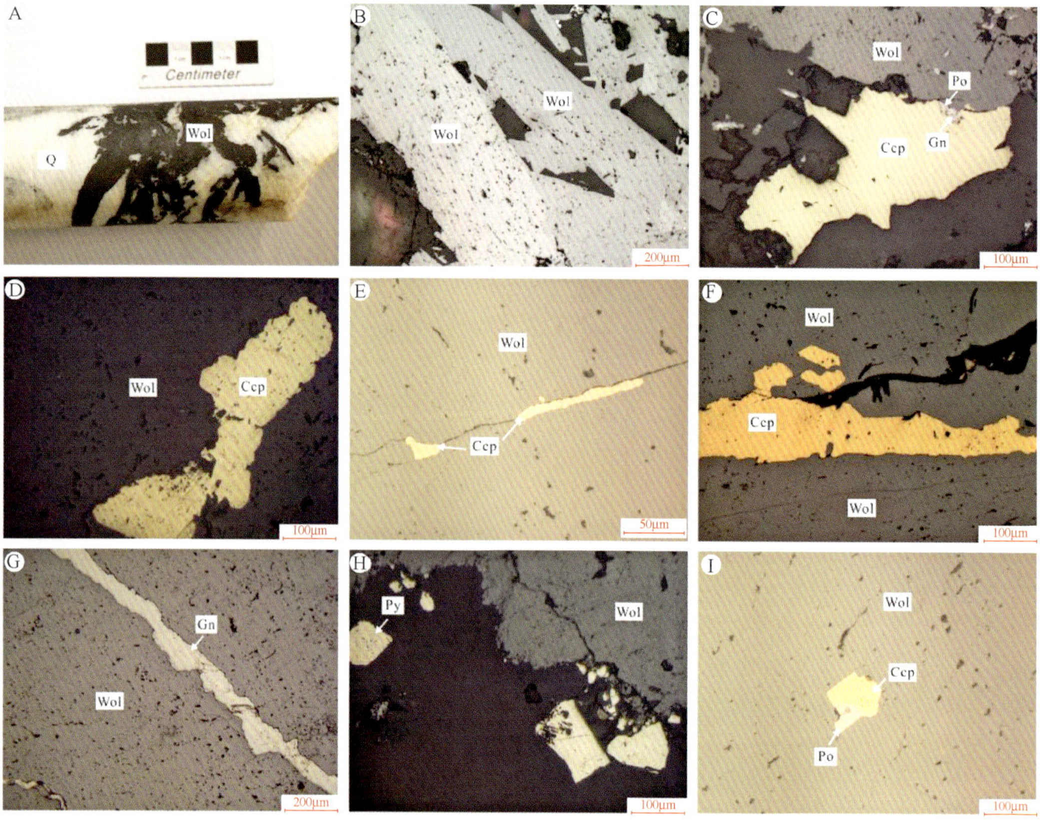


图 4-17　东坪矿区矿石的手标本照片和显微照片（反射光）

A—石英大脉型黑钨矿，黑钨矿呈长板状，约 2cm；B—粗晶黑钨矿呈板状，与石英共生；C—黑钨矿与黄铜矿、少量磁黄铁矿和银辉铁矿共生；D—黑钨矿与黄铜矿共生；E—黄铜矿沿黑钨矿裂隙充填；F—黄铜矿充填于黑钨矿边缘；G—方铅矿脉；H—黄铁矿充填于黑钨矿边缘；I—铜矿与磁黄铁矿共生，交代黑钨矿

矿物代号：Ccp—黄铜矿；Gn—方铅矿；Po—磁黄铁矿；Py—黄铁矿；Wol—黑钨矿；Q—石英

等矿物，同时有少量白钨矿、黑钨矿生成；②云母-石英阶段，主要形成由石英和云母组成的石英细脉或云母线，在局部可见到石英脉与云英岩脉的逐渐过渡现象，是主成矿作用的前奏；③氧化物阶段，形成黑钨矿-石英脉，该阶段云母锐减，富含白钨矿，黑钨矿最为发育，是矿床形成的主成矿阶段之一；④硫化物阶段，形成硫化物-石英脉，该阶段富含黄铜矿、磁黄铁矿、黄铁矿、闪锌矿、辉钼矿等硫化物，白钨矿、黑钨矿含量极少；⑤碳酸盐阶段，形成萤石-方解石-石英脉，该阶段仅含有少量的黄铁矿等，黑钨矿、白钨矿已基本绝迹。黑钨矿、白钨矿最早生成于第一阶段，在第三阶段最为发育，至第四阶段虽只有少量黑钨矿、白钨矿晶出，但金属硫化物最为发育。

**3. 表生期**

这一时期主要为氧化作用，见于近地表、断裂带与开采平硐中。少量原生铜矿石在供氧充足的情况下风化形成铜蓝、蓝铜矿；在碳酸盐环境中，则将被继续氧化成孔雀石，同时形成褐铁矿等。主要矿物有孔雀石、铜蓝、褐铁矿等。矿石构造多为蜂窝状、薄膜状。

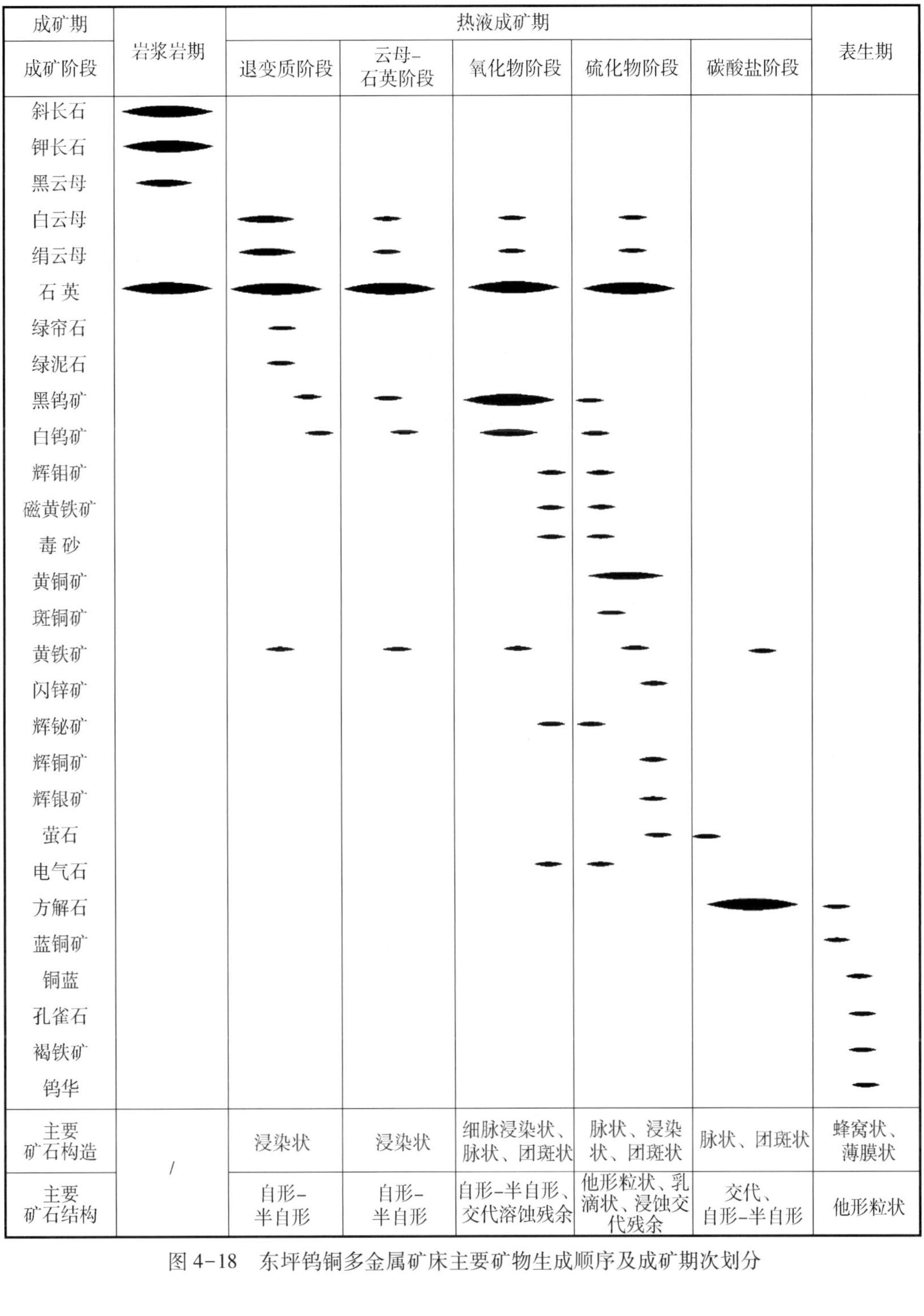


图 4-18　东坪钨铜多金属矿床主要矿物生成顺序及成矿期次划分

## 三、黑钨矿-石英世代划分

精细矿相学观察显示，东坪矿区黑钨矿和石英具有明显世代。黑钨矿呈两种形态，一种为长板状或长柱状（图4-19），另外一种呈长针状，BSE、EBSD图像中见长针状黑钨矿明显交代长柱状黑钨矿（图4-19F），表明长柱状黑钨矿（Wol-1）形成早于长针状黑钨矿（Wol-2）；Wol-1：黑钨矿常呈半自形板状，边部被溶蚀；Wol-2：黑钨矿常呈细脉状沿裂隙充填，交代Wol-1。

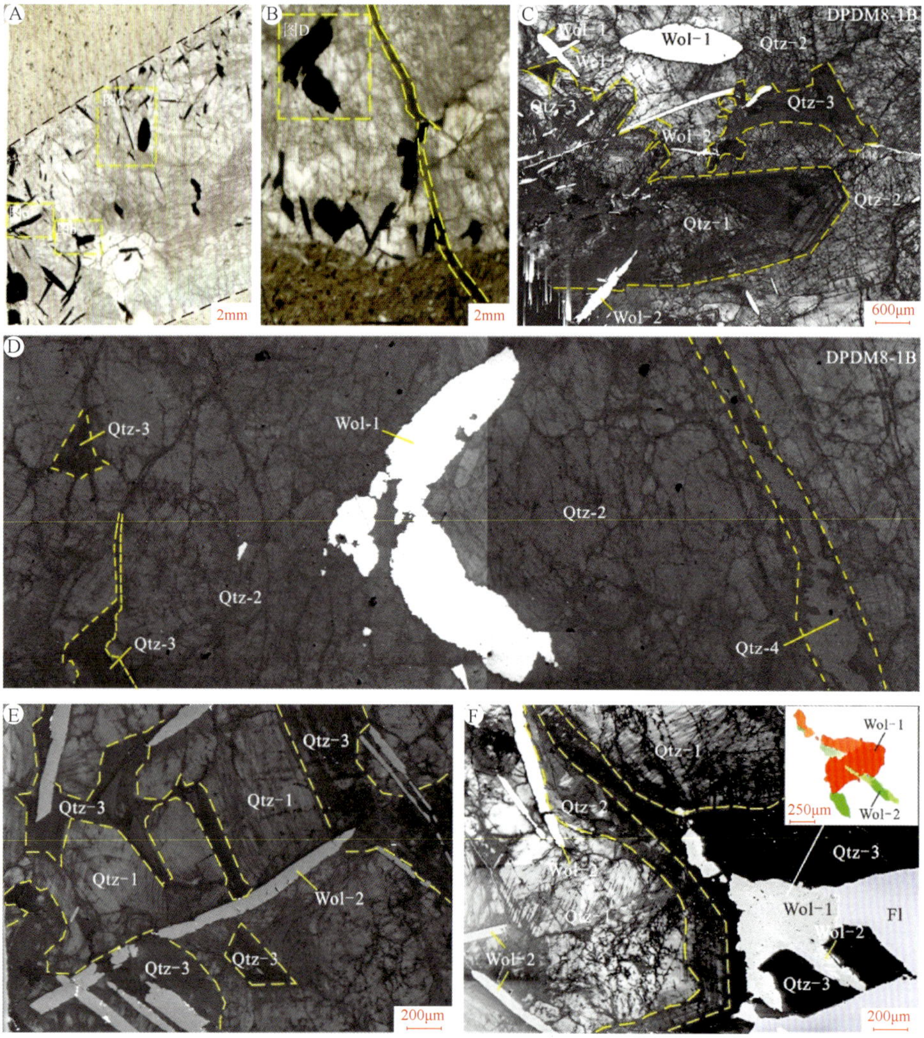


图4-19 东坪矿区黑钨矿-石英薄片（A，B）、背散射（BSE）图像（C-E）和背散射衍射（EBSD）图像（F）

石英可分为4个世代。Qtz-1：石英呈自形长柱状，具生长环带（图4-19C，E，F）；Qtz-2：BSE下较亮，呈他形粒状或环带状分布在Qtz-1的边部（图4-19C-F）；Qtz-3：呈他形粒状或呈脉状沿裂隙充填（图4-19C-F），Qtz-3亮度整体较Qtz-1和Qtz-2暗；Qtz-4：穿插Qtz-1、Qtz-2和Qtz-3（图4-19B，D）。在Wol-1和Qtz-3边部见萤石

(Fl)交代(图 4-19F)。Wol-1 交代 Qtz-2(图 4-19C，D)和 Qtz-3(图 4-19F)，Wol-2 交代 Qtz-1(图 4-19C，E)、Qtz-2(图 4-19D)和 Qtz-3(图 4-19F)。据此，本书将黑钨矿和石英沉淀顺序依次划分为：Qtz-1→Qtz-2(Wol-1)→Qtz-3(Wol-2)→Qtz-4(Fl)(图 4-20)。

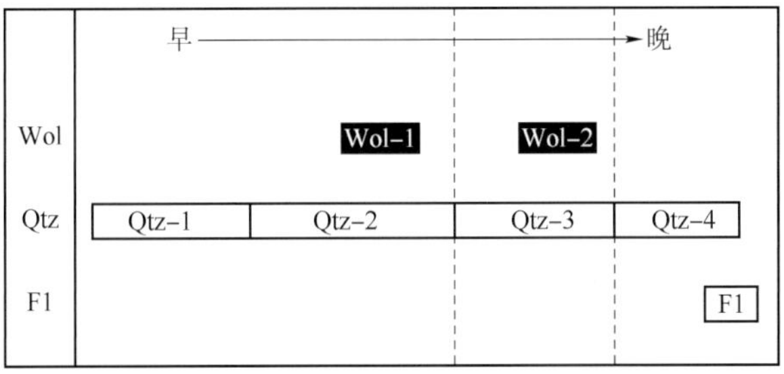


图 4-20　东坪矿区黑钨矿-石英沉淀顺序

Wol—黑钨矿；Qtz—石英；Fl—萤石

## 四、成岩-成矿年龄

### 1. 岩浆岩锆石 U-Pb 年代学

本次在东坪钨矿床钻孔中采集了 3 个隐伏花岗岩样品进行锆石 U-Pb 定年。黑云母花岗岩样品(DPBG)锆石呈自形粒状(图 4-21A)，宽 30~100μm，长 50~300μm。阴极发光(CL)图像显示，这些锆石颗粒大多具有典型的振荡环带，表明是典型的岩浆锆石。白云母花岗岩样品(DPMG)锆石颗粒长 30~150μm，宽 30~80μm(图 4-21B)。二云母花岗岩样品(DPTG)锆石颗粒长 30~200μm，宽 30~80μm(图 4-21C)。选取明亮清晰振荡环带无裂隙和包裹体的锆石开展 U-Pb 测年分析。锆石 LA-ICP-MS 分析测试数据见表 4-10，年龄谐和度都大于 95%。

黑云母花岗岩样品(DPBG)21 颗岩浆锆石年龄数据见表 4-10。锆石 U 和 Th 含量分别处于 $211\times10^{-6}$~$3268\times10^{-6}$和 $45\times10^{-6}$~$865\times10^{-6}$之间，Th/U 比值介于 0.02~0.92。本次获得锆石谐和年龄 129.8±0.5Ma(2$\sigma$，MSWD=1.3)(图 4-22A)，加权平均年龄 129.8±0.5Ma(2$\sigma$，MSWD=0.62)(图 4-22B)，两者完全一致，代表了黑云母花岗岩侵入年龄。白云母花岗岩样品(DPMG)20 颗岩浆锆石年龄中，Th 和 U 含量分别处于 $26\times10^{-6}$~$776\times10^{-6}$和 $413\times10^{-6}$~$1503\times10^{-6}$之间，Th/U 比值介于 0.03~1.57。锆石谐和年龄 129.8±0.5Ma(2$\sigma$，MSWD=1.3)(图 4-22C)，加权平均年龄 129.8±0.5Ma(2$\sigma$，MSWD=0.35)(图 4-22D)，两者完全一致，代表了白云母花岗岩侵入年龄。二云母花岗岩样品(DPTG)26 颗岩浆锆石年龄中，Th 和 U 含量分别处于 $52\times10^{-6}$~$3925\times10^{-6}$和 $241\times10^{-6}$~$2880\times10^{-6}$之间，Th/U 比值介于 0.04~1.42。锆石谐和年龄 129.7±0.4Ma(2$\sigma$，MSWD=1.6)(图 4-22E)，加权平均年龄 129.7±0.4Ma(2$\sigma$，MSWD=0.3)(图 4-22F)，两者完全一致，代表了二云母花岗岩侵入年龄。

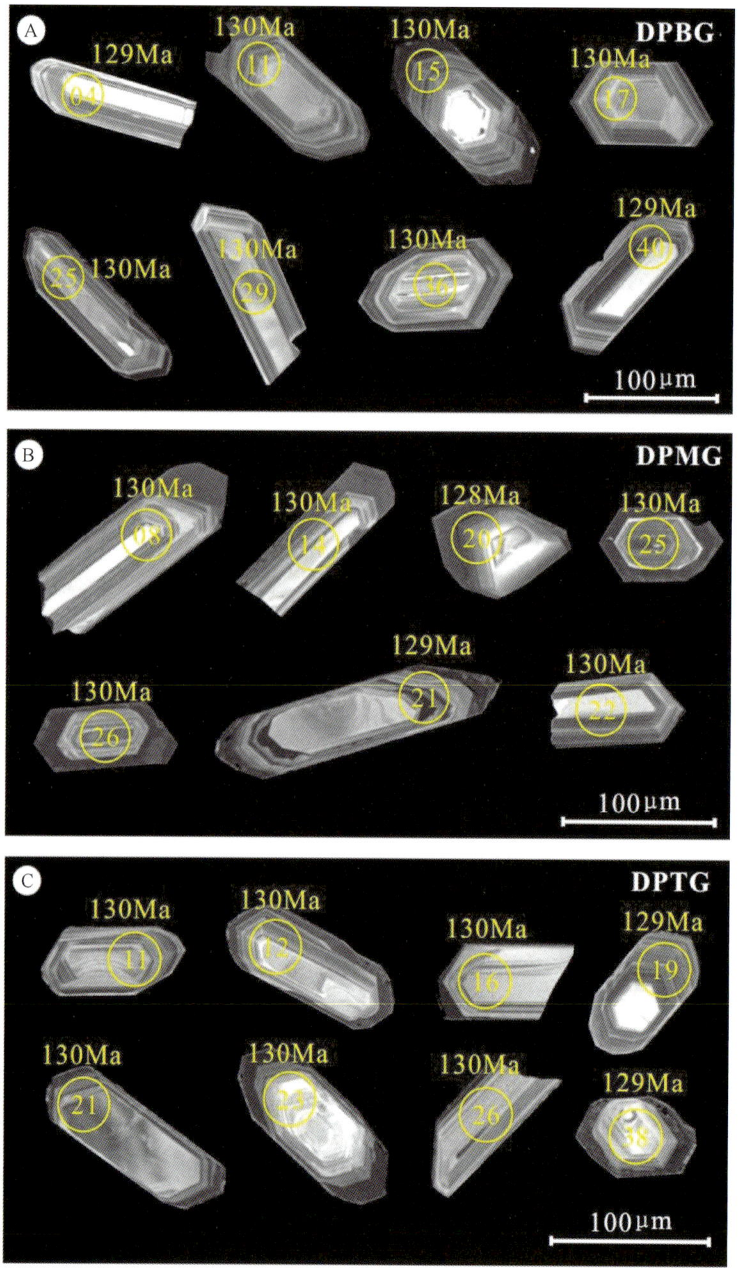


图 4-21　东坪矿区隐伏花岗岩锆石阴极发光（CL）图像

## 表 4-10　东坪矿区隐伏花岗岩锆石 LA-ICP-MS U-Pb 测年数据

| 点号 | Th 含量 $10^{-6}$ | U 含量 $10^{-6}$ | Th/U | 同位素比值 $^{207}Pb/^{206}Pb$ | $2\sigma$ | $^{207}Pb/^{235}U$ | $2\sigma$ | $^{206}Pb/^{238}U$ | $2\sigma$ | $^{208}Pb/^{232}Th$ | $2\sigma$ | 年龄/Ma $^{207}Pb/^{206}Pb$ | $2\sigma$ | $^{207}Pb/^{235}U$ | $2\sigma$ | $^{206}Pb/^{238}U$ | $2\sigma$ | $^{208}Pb/^{232}Th$ | $2\sigma$ | 谐和度/% |
|---|---|---|---|---|---|---|---|---|---|---|---|---|---|---|---|---|---|---|---|---|
| 黑云母花岗岩（DPBG） | | | | | | | | | | | | | | | | | | | | |
| -4 | 519 | 684 | 0. 76 | 0. 048153 | 0. 003020 | 0. 134267 | 0. 008427 | 0. 020206 | 0. 000351 | 0. 006084 | 0. 000247 | 105. 6 | 157. 4 | 127. 9 | 7. 5 | 129. 0 | 2. 2 | 122. 6 | 5. 0 | 99 |
| -5 | 222 | 680 | 0. 33 | 0. 048811 | 0. 002355 | 0. 136089 | 0. 006703 | 0. 020170 | 0. 000346 | 0. 007121 | 0. 000369 | 139. 0 | 114. 8 | 129. 6 | 6. 0 | 128. 7 | 2. 2 | 143. 4 | 7. 4 | 99 |
| -7 | 91 | 1008 | 0. 09 | 0. 049801 | 0. 003187 | 0. 139031 | 0. 008578 | 0. 020329 | 0. 000440 | 0. 009248 | 0. 000550 | 187. 1 | 148. 1 | 132. 2 | 7. 6 | 129. 7 | 2. 8 | 186. 1 | 11. 0 | 98 |
| -9 | 203 | 612 | 0. 33 | 0. 049306 | 0. 003172 | 0. 138380 | 0. 008484 | 0. 020433 | 0. 000400 | 0. 007557 | 0. 000415 | 161. 2 | 148. 1 | 131. 6 | 7. 6 | 130. 4 | 2. 5 | 152. 2 | 8. 3 | 99 |
| -11 | 47 | 472 | 0. 10 | 0. 048693 | 0. 002309 | 0. 136956 | 0. 006706 | 0. 020393 | 0. 000387 | 0. 006718 | 0. 000615 | 131. 6 | 111. 1 | 130. 3 | 6. 0 | 130. 1 | 2. 4 | 135. 3 | 12. 3 | 99 |
| -12 | 53 | 529 | 0. 10 | 0. 048229 | 0. 002123 | 0. 136155 | 0. 006492 | 0. 020404 | 0. 000362 | 0. 006131 | 0. 000638 | 109. 4 | 103. 7 | 129. 6 | 5. 8 | 130. 2 | 2. 3 | 123. 6 | 12. 8 | 99 |
| -15 | 45 | 816 | 0. 05 | 0. 047779 | 0. 001768 | 0. 134042 | 0. 005261 | 0. 020408 | 0. 000443 | 0. 007354 | 0. 000570 | 87. 1 | 88. 9 | 127. 7 | 4. 7 | 130. 2 | 2. 8 | 148. 1 | 11. 4 | 98 |
| -17 | 71 | 444 | 0. 16 | 0. 047839 | 0. 002386 | 0. 134419 | 0. 006683 | 0. 020402 | 0. 000331 | 0. 006827 | 0. 000450 | 100. 1 | 118. 5 | 128. 1 | 6. 0 | 130. 2 | 2. 1 | 137. 5 | 9. 0 | 98 |
| -19 | 83 | 1405 | 0. 06 | 0. 048917 | 0. 002667 | 0. 137647 | 0. 009234 | 0. 020237 | 0. 000493 | 0. 006111 | 0. 000552 | 142. 7 | 125. 9 | 130. 9 | 8. 2 | 129. 2 | 3. 1 | 123. 1 | 11. 1 | 98 |
| -20 | 176 | 211 | 0. 84 | 0. 048380 | 0. 002933 | 0. 135243 | 0. 007984 | 0. 020374 | 0. 000330 | 0. 006862 | 0. 000339 | 116. 8 | 131. 5 | 128. 8 | 7. 1 | 130. 0 | 2. 1 | 138. 2 | 6. 8 | 99 |
| -23 | 303 | 415 | 0. 73 | 0. 048681 | 0. 002212 | 0. 137342 | 0. 006483 | 0. 020454 | 0. 000320 | 0. 006362 | 0. 000269 | 131. 6 | 103. 7 | 130. 7 | 5. 8 | 130. 5 | 2. 0 | 128. 2 | 5. 4 | 99 |
| -25 | 121 | 637 | 0. 19 | 0. 046875 | 0. 002513 | 0. 131502 | 0. 006862 | 0. 020432 | 0. 000337 | 0. 006927 | 0. 000372 | 42. 7 | 125. 9 | 125. 4 | 6. 2 | 130. 4 | 2. 1 | 139. 5 | 7. 5 | 96 |
| -26 | 173 | 474 | 0. 36 | 0. 049291 | 0. 002563 | 0. 136572 | 0. 007342 | 0. 020073 | 0. 000348 | 0. 006316 | 0. 000310 | 161. 2 | 122. 2 | 130. 0 | 6. 6 | 128. 1 | 2. 2 | 127. 3 | 6. 2 | 98 |
| -27 | 120 | 536 | 0. 22 | 0. 047651 | 0. 002742 | 0. 133465 | 0. 007649 | 0. 020383 | 0. 000355 | 0. 006619 | 0. 000335 | 83. 4 | 137. 0 | 127. 2 | 6. 9 | 130. 1 | 2. 2 | 133. 3 | 6. 7 | 97 |
| -28 | 71 | 3268 | 0. 02 | 0. 048374 | 0. 001619 | 0. 136241 | 0. 004593 | 0. 020394 | 0. 000305 | 0. 008348 | 0. 000873 | 116. 8 | 90. 7 | 129. 7 | 4. 1 | 130. 1 | 1. 9 | 168. 0 | 17. 5 | 99 |
| -29 | 137 | 809 | 0. 17 | 0. 048349 | 0. 002716 | 0. 135927 | 0. 007951 | 0. 020362 | 0. 000378 | 0. 006299 | 0. 000320 | 116. 8 | 133. 3 | 129. 4 | 7. 1 | 129. 9 | 2. 4 | 126. 9 | 6. 4 | 99 |
| -33 | 138 | 388 | 0. 36 | 0. 048311 | 0. 002812 | 0. 135165 | 0. 008400 | 0. 020342 | 0. 000561 | 0. 006435 | 0. 000366 | 122. 3 | 146. 3 | 128. 7 | 7. 5 | 129. 8 | 3. 5 | 129. 6 | 7. 3 | 99 |

续表

| 点号 | Th 含量/$10^{-6}$ | U 含量/$10^{-6}$ | Th/U | 同位素比值 $^{207}Pb/^{206}Pb$ | 2σ | $^{207}Pb/^{235}U$ | 2σ | $^{206}Pb/^{238}U$ | 2σ | $^{208}Pb/^{232}Th$ | 2σ | 年龄/Ma $^{207}Pb/^{206}Pb$ | 2σ | $^{207}Pb/^{235}U$ | 2σ | $^{206}Pb/^{238}U$ | 2σ | $^{208}Pb/^{232}Th$ | 2σ | 谐和度/% |
|---|---|---|---|---|---|---|---|---|---|---|---|---|---|---|---|---|---|---|---|---|
| -36 | 89 | 364 | 0.24 | 0.047506 | 0.002609 | 0.133384 | 0.007185 | 0.020393 | 0.000312 | 0.007219 | 0.000473 | 76.0 | 129.6 | 127.1 | 6.4 | 130.1 | 2.0 | 145.4 | 9.5 | 97 |
| -37 | 95 | 1070 | 0.09 | 0.048096 | 0.002408 | 0.137941 | 0.007419 | 0.020760 | 0.000406 | 0.006405 | 0.000455 | 105.6 | 118.5 | 131.2 | 6.6 | 132.5 | 2.6 | 129.0 | 9.1 | 99 |
| -40 | 103 | 624 | 0.17 | 0.048333 | 0.002380 | 0.134158 | 0.006538 | 0.020130 | 0.000285 | 0.006779 | 0.000425 | 122.3 | 114.8 | 127.8 | 5.9 | 128.5 | 1.8 | 136.6 | 8.5 | 99 |
| -41 | 865 | 945 | 0.92 | 0.049268 | 0.002359 | 0.137757 | 0.006527 | 0.020310 | 0.000343 | 0.006770 | 0.000216 | 161.2 | 114.8 | 131.0 | 5.8 | 129.6 | 2.2 | 136.4 | 4.3 | 98 |
| 白云母花岗岩（DPMG） | | | | | | | | | | | | | | | | | | | | |
| -1 | 486 | 625 | 0.78 | 0.047056 | 0.002010 | 0.132677 | 0.006321 | 0.020402 | 0.000371 | 0.006292 | 0.000194 | 53.8 | -298.1 | 126.5 | 5.7 | 130.2 | 2.3 | 126.8 | 3.9 | 97 |
| -2 | 337 | 727 | 0.46 | 0.049516 | 0.002037 | 0.139245 | 0.006087 | 0.020427 | 0.000389 | 0.006242 | 0.000199 | 172.3 | 96.3 | 132.4 | 5.4 | 130.4 | 2.5 | 125.8 | 4.0 | 98 |
| -4 | 776 | 493 | 1.57 | 0.048898 | 0.003067 | 0.135205 | 0.008142 | 0.020163 | 0.000360 | 0.006071 | 0.000231 | 142.7 | 138.9 | 128.8 | 7.3 | 128.7 | 2.3 | 122.3 | 4.6 | 99 |
| -8 | 26 | 909 | 0.03 | 0.048462 | 0.002344 | 0.135310 | 0.006244 | 0.020378 | 0.000402 | 0.005997 | 0.001172 | 120.5 | 124.1 | 128.9 | 5.6 | 130.0 | 2.5 | 120.9 | 23.5 | 99 |
| -14 | 377 | 455 | 0.83 | 0.048965 | 0.002676 | 0.136331 | 0.007136 | 0.020325 | 0.000296 | 0.006394 | 0.000238 | 146.4 | 129.6 | 129.8 | 6.4 | 129.7 | 1.9 | 128.8 | 4.8 | 99 |
| -15 | 84 | 941 | 0.09 | 0.049746 | 0.001872 | 0.139896 | 0.005380 | 0.020389 | 0.000263 | 0.006464 | 0.000437 | 183.4 | 94.4 | 133.0 | 4.8 | 130.1 | 1.7 | 130.2 | 8.8 | 97 |
| -18 | 145 | 1404 | 0.10 | 0.049294 | 0.001593 | 0.138669 | 0.004935 | 0.020391 | 0.000345 | 0.006879 | 0.000297 | 161.2 | 74.1 | 131.9 | 4.4 | 130.1 | 2.2 | 138.6 | 6.0 | 98 |
| -19 | 328 | 1231 | 0.27 | 0.051177 | 0.002730 | 0.144773 | 0.007993 | 0.020517 | 0.000364 | 0.006334 | 0.000239 | 255.6 | 122.2 | 137.3 | 7.1 | 130.9 | 2.3 | 127.6 | 4.8 | 95 |
| -20 | 94 | 436 | 0.22 | 0.049686 | 0.003552 | 0.137331 | 0.009384 | 0.020101 | 0.000408 | 0.006952 | 0.000600 | 189.0 | 166.6 | 130.7 | 8.4 | 128.3 | 2.6 | 140.0 | 12.0 | 98 |
| -21 | 185 | 1115 | 0.17 | 0.049763 | 0.002136 | 0.137953 | 0.005439 | 0.020228 | 0.000436 | 0.006907 | 0.000475 | 183.4 | 100.0 | 131.2 | 4.9 | 129.1 | 2.8 | 139.1 | 9.5 | 98 |
| -22 | 449 | 418 | 1.07 | 0.049612 | 0.002671 | 0.139637 | 0.007622 | 0.020399 | 0.000344 | 0.006596 | 0.000248 | 176.0 | 116.6 | 132.7 | 6.8 | 130.2 | 2.2 | 132.9 | 5.0 | 98 |
| -25 | 90 | 839 | 0.11 | 0.048994 | 0.002007 | 0.137169 | 0.005832 | 0.020316 | 0.000376 | 0.006451 | 0.000444 | 146.4 | 96.3 | 130.5 | 5.2 | 129.7 | 2.4 | 130.0 | 8.9 | 99 |
| -26 | 135 | 897 | 0.15 | 0.048960 | 0.002041 | 0.137478 | 0.006014 | 0.020307 | 0.000303 | 0.008070 | 0.000551 | 146.4 | 100.0 | 130.8 | 5.4 | 129.6 | 1.9 | 162.5 | 11.1 | 99 |

| 点号 | Th含量 $10^{-6}$ | U含量 $10^{-6}$ | Th/U | 同位素比值 $\frac{^{207}Pb}{^{206}Pb}$ | $2\sigma$ | $\frac{^{207}Pb}{^{235}U}$ | $2\sigma$ | $\frac{^{206}Pb}{^{238}U}$ | $2\sigma$ | $\frac{^{208}Pb}{^{232}Th}$ | $2\sigma$ | 年龄/Ma $\frac{^{207}Pb}{^{206}Pb}$ | $2\sigma$ | $\frac{^{207}Pb}{^{235}U}$ | $2\sigma$ | $\frac{^{206}Pb}{^{238}U}$ | $2\sigma$ | $\frac{^{208}Pb}{^{232}Th}$ | $2\sigma$ | 谐和度/% |
|---|---|---|---|---|---|---|---|---|---|---|---|---|---|---|---|---|---|---|---|---|
| -27 | 116 | 421 | 0.28 | 0.046805 | 0.002323 | 0.131722 | 0.006834 | 0.020400 | 0.000431 | 0.006290 | 0.000374 | 39.0 | 118.5 | 125.6 | 6.1 | 130.2 | 2.7 | 126.7 | 7.5 | 96 |
| -28 | 88 | 1503 | 0.06 | 0.048497 | 0.001558 | 0.137540 | 0.006040 | 0.020470 | 0.000634 | 0.006650 | 0.000425 | 124.2 | 74.1 | 130.9 | 5.4 | 130.6 | 4.0 | 134.0 | 8.5 | 99 |
| -32 | 234 | 516 | 0.45 | 0.048600 | 0.002717 | 0.136526 | 0.007628 | 0.020417 | 0.000379 | 0.006574 | 0.000337 | 127.9 | 133.3 | 129.9 | 6.8 | 130.3 | 2.4 | 132.4 | 6.8 | 99 |
| -34 | 67 | 905 | 0.07 | 0.050723 | 0.002397 | 0.141702 | 0.006895 | 0.020232 | 0.000379 | 0.010546 | 0.000916 | 227.8 | 111.1 | 134.6 | 6.1 | 129.1 | 2.4 | 212.0 | 18.3 | 95 |
| -36 | 272 | 413 | 0.66 | 0.047513 | 0.002782 | 0.134082 | 0.007651 | 0.020547 | 0.000529 | 0.006130 | 0.000322 | 76.0 | -257.4 | 127.8 | 6.9 | 131.1 | 3.3 | 123.5 | 6.5 | 97 |
| -38 | 115 | 883 | 0.13 | 0.048740 | 0.002395 | 0.135520 | 0.006335 | 0.020192 | 0.000289 | 0.006756 | 0.000458 | 200.1 | 114.8 | 129.0 | 5.7 | 128.9 | 1.8 | 136.1 | 9.2 | 99 |
| -40 | 69 | 737 | 0.09 | 0.047996 | 0.002418 | 0.134638 | 0.006472 | 0.020365 | 0.000298 | 0.006856 | 0.000539 | 98.2 | 127.8 | 128.3 | 5.8 | 130.0 | 1.9 | 138.1 | 10.8 | 98 |
| 二云母花岗岩（DPTG） | | | | | | | | | | | | | | | | | | | | |
| -3 | 257 | 1048 | 0.25 | 0.048919 | 0.0019[illegible]9 | 0.137798 | 0.005743 | 0.020384 | 0.000317 | 0.006639 | 0.000292 | 142.7 | 92.6 | 131.1 | 5.1 | 130.1 | 2.0 | 133.8 | 5.9 | 99 |
| -5 | 92 | 777 | 0.12 | 0.048607 | 0.001748 | 0.137265 | 0.005380 | 0.020408 | 0.000336 | 0.006544 | 0.000396 | 127.9 | 85.2 | 130.6 | 4.8 | 130.2 | 2.1 | 131.8 | 8.0 | 99 |
| -6 | 96 | 886 | 0.11 | 0.047318 | 0.002589 | 0.131605 | 0.007232 | 0.020140 | 0.000346 | 0.006754 | 0.000594 | 64.9 | 125.9 | 125.5 | 6.5 | 128.5 | 2.2 | 136.1 | 11.9 | 97 |
| -10 | 567 | 706 | 0.80 | 0.048440 | 0.002291 | 0.136373 | 0.006602 | 0.020404 | 0.000318 | 0.006485 | 0.000216 | 120.5 | 111.1 | 129.8 | 5.9 | 130.2 | 2.0 | 130.7 | 4.3 | 99 |
| -11 | 498 | 443 | 1.12 | 0.048330 | 0.002107 | 0.135166 | 0.005837 | 0.020351 | 0.000341 | 0.006799 | 0.000303 | 122.3 | 100.0 | 128.7 | 5.2 | 129.9 | 2.2 | 137.0 | 6.1 | 99 |
| -12 | 135 | 705 | 0.19 | 0.047636 | 0.002244 | 0.133540 | 0.006466 | 0.020323 | 0.000335 | 0.006362 | 0.000303 | 79.7 | 166.6 | 127.3 | 5.8 | 129.7 | 2.1 | 128.2 | 6.1 | 98 |
| -14 | 934 | 2240 | 0.42 | 0.048053 | 0.001354 | 0.135283 | 0.004928 | 0.020416 | 0.000547 | 0.005929 | 0.000226 | 101.9 | 122.2 | 128.8 | 4.4 | 130.3 | 3.5 | 119.5 | 4.5 | 98 |
| -16 | 258 | 1433 | 0.18 | 0.049407 | 0.001642 | 0.138713 | 0.005358 | 0.020287 | 0.000377 | 0.007038 | 0.000311 | 168.6 | 77.8 | 131.9 | 4.8 | 129.5 | 2.4 | 141.8 | 6.2 | 98 |
| -17 | 845 | 955 | 0.88 | 0.050635 | 0.003071 | 0.140554 | 0.008201 | 0.020157 | 0.000346 | 0.006649 | 0.000252 | 233.4 | 146.3 | 133.5 | 7.3 | 128.6 | 2.2 | 133.9 | 5.1 | 96 |

续表

| 点号 | Th 含量 $10^{-6}$ | U 含量 $10^{-6}$ | Th/U | 同位素比值 | | | | | | | | 年龄/Ma | | | | | | | | 谐和度/% |
|---|---|---|---|---|---|---|---|---|---|---|---|---|---|---|---|---|---|---|---|---|
| | | | | $^{207}Pb/^{206}Pb$ | $2\sigma$ | $^{207}Pb/^{235}U$ | $2\sigma$ | $^{206}Pb/^{238}U$ | $2\sigma$ | $^{208}Pb/^{232}Th$ | $2\sigma$ | $^{207}Pb/^{206}Pb$ | $2\sigma$ | $^{207}Pb/^{235}U$ | $2\sigma$ | $^{206}Pb/^{238}U$ | $2\sigma$ | $^{208}Pb/^{232}Th$ | $2\sigma$ | |
| -18 | 54 | 941 | 0.06 | 0.048844 | 0.001923 | 0.138036 | 0.006295 | 0.020441 | 0.000504 | 0.008145 | 0.000676 | 139.0 | 87.0 | 131.3 | 5.6 | 130.4 | 3.2 | 164.0 | 13.5 | 99 |
| -19 | 76 | 1781 | 0.04 | 0.049721 | 0.002254 | 0.138573 | 0.006393 | 0.020206 | 0.000433 | 0.007693 | 0.000695 | 189.0 | 107.4 | 131.8 | 5.7 | 129.0 | 2.7 | 154.9 | 13.9 | 97 |
| -21 | 245 | 941 | 0.26 | 0.048634 | 0.002378 | 0.136769 | 0.007035 | 0.020420 | 0.000416 | 0.006334 | 0.000249 | 131.6 | 109.3 | 130.2 | 6.3 | 130.3 | 2.6 | 127.6 | 5.0 | 99 |
| -23 | 66 | 655 | 0.10 | 0.048721 | 0.001974 | 0.137013 | 0.005642 | 0.020418 | 0.000369 | 0.007924 | 0.000513 | 200.1 | 101.8 | 130.4 | 5.0 | 130.3 | 2.3 | 159.5 | 10.3 | 99 |
| -24 | 395 | 1209 | 0.33 | 0.048711 | 0.002571 | 0.137559 | 0.007206 | 0.020456 | 0.000369 | 0.006709 | 0.000313 | 200.1 | 116.7 | 130.9 | 6.4 | 130.5 | 2.3 | 135.1 | 6.3 | 99 |
| -25 | 299 | 826 | 0.36 | 0.049310 | 0.002069 | 0.138763 | 0.006051 | 0.020373 | 0.000335 | 0.006715 | 0.000288 | 161.2 | 87.0 | 131.9 | 5.4 | 130.0 | 2.1 | 135.3 | 5.8 | 98 |
| -26 | 242 | 442 | 0.55 | 0.047291 | 0.002522 | 0.133335 | 0.007477 | 0.020445 | 0.000367 | 0.005818 | 0.000251 | 64.9 | 125.9 | 127.1 | 6.7 | 130.5 | 2.3 | 117.3 | 5.0 | 97 |
| -27 | 52 | 328 | 0.16 | 0.049879 | 0.002079 | 0.139572 | 0.006290 | 0.020240 | 0.000410 | 0.006637 | 0.000443 | 190.8 | 100.0 | 132.7 | 5.6 | 129.2 | 2.6 | 133.7 | 8.9 | 97 |
| -30 | 383 | 970 | 0.39 | 0.050565 | 0.002606 | 0.143533 | 0.008475 | 0.020473 | 0.000510 | 0.006385 | 0.000289 | 220.4 | 112.9 | 136.2 | 7.5 | 130.6 | 3.2 | 128.6 | 5.8 | 95 |
| -31 | 211 | 767 | 0.28 | 0.049377 | 0.002446 | 0.139292 | 0.006877 | 0.020440 | 0.000313 | 0.006705 | 0.000492 | 164.9 | 127.8 | 132.4 | 6.1 | 130.4 | 2.0 | 135.1 | 9.9 | 98 |
| -34 | 3925 | 2880 | 1.36 | 0.049464 | 0.001595 | 0.138220 | 0.004367 | 0.020229 | 0.000262 | 0.006962 | 0.000192 | 168.6 | 74.1 | 131.5 | 3.9 | 129.1 | 1.7 | 140.2 | 3.9 | 98 |
| -35 | 234 | 1344 | 0.17 | 0.048907 | 0.001616 | 0.137898 | 0.005818 | 0.020406 | 0.000513 | 0.006387 | 0.000245 | 142.7 | 83.3 | 131.2 | 5.2 | 130.2 | 3.2 | 128.7 | 4.9 | 99 |
| -36 | 1181 | 945 | 1.25 | 0.049775 | 0.002084 | 0.139530 | 0.006065 | 0.020297 | 0.000326 | 0.006431 | 0.000183 | 183.4 | 31.5 | 132.6 | 5.4 | 129.5 | 2.1 | 129.6 | 3.7 | 97 |
| -37 | 139 | 620 | 0.22 | 0.047827 | 0.002063 | 0.134476 | 0.005769 | 0.020394 | 0.000269 | 0.006385 | 0.000367 | 100.1 | 103.7 | 128.1 | 5.2 | 130.1 | 1.7 | 128.6 | 7.4 | 98 |
| -38 | 110 | 654 | 0.17 | 0.049877 | 0.002703 | 0.139247 | 0.007270 | 0.020274 | 0.000295 | 0.007444 | 0.000476 | 190.8 | 125.9 | 132.4 | 6.5 | 129.4 | 1.9 | 149.9 | 9.6 | 97 |
| -41 | 343 | 241 | 1.42 | 0.051133 | 0.003442 | 0.141798 | 0.009169 | 0.020272 | 0.000334 | 0.006147 | 0.000222 | 255.6 | 155.5 | 134.6 | 8.2 | 129.4 | 2.1 | 123.9 | 4.5 | 96 |
| -42 | 291 | 554 | 0.53 | 0.048775 | 0.002680 | 0.135339 | 0.007346 | 0.020163 | 0.000388 | 0.006305 | 0.000287 | 200.1 | 133.3 | 128.9 | 6.6 | 128.7 | 2.5 | 127.0 | 5.8 | 99 |

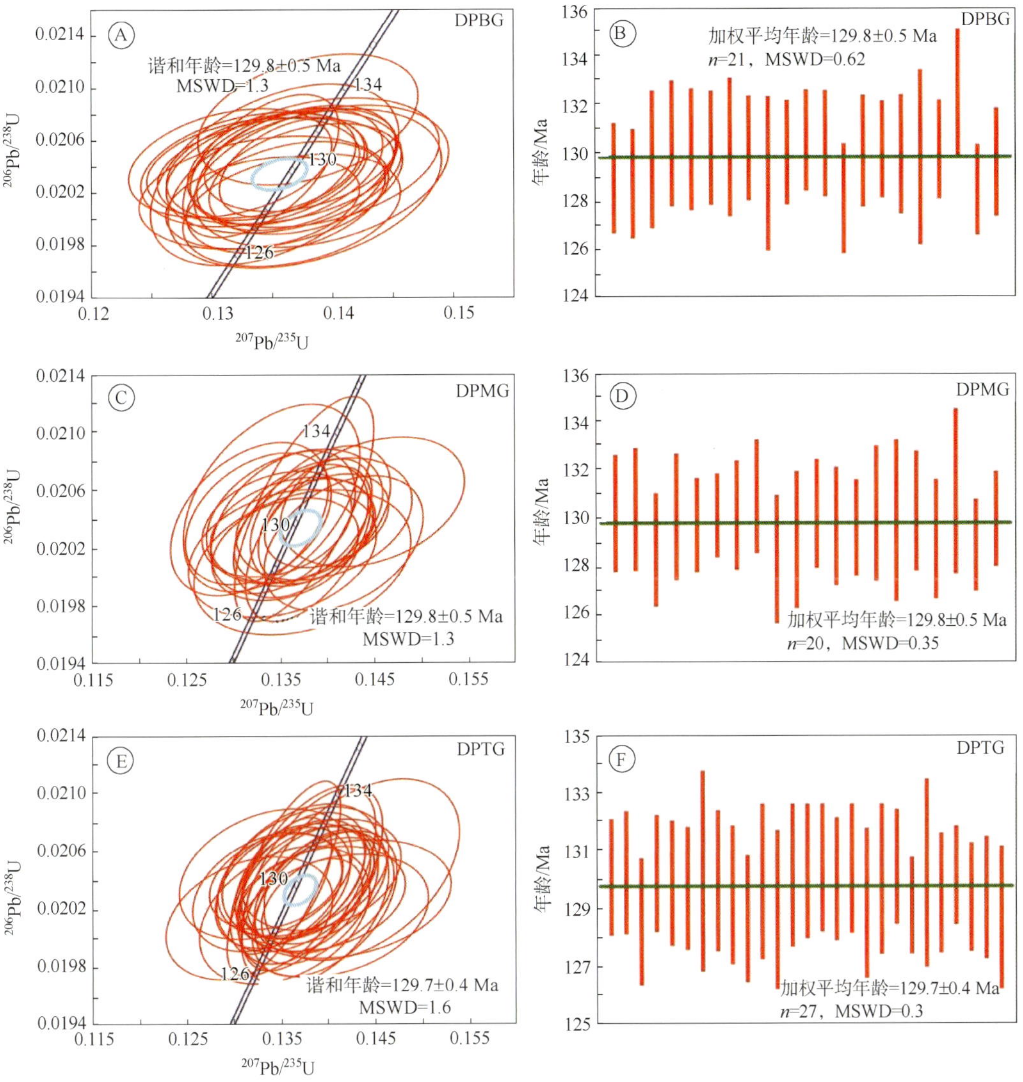


图 4-22　东坪矿区隐伏花岗岩锆石 U-Pb 年龄图

### 2. 岩浆岩热液锆石 U-Pb 年代学

黑云母花岗岩中的热液锆石呈自形，短柱状。热液锆石长 100μm，长宽比 3：1（图 4-23A）。对热液锆石 20 个点进行 LA-MC-ICP-MS U-Pb 测年（表 4-11），20 个测点同位素比值分布在谐和线上，$^{206}Pb/^{238}U$ 年龄集中分布在 130.8～134.5Ma 之间，加权平均年龄 132±2Ma（MSWD=0.05）（图 4-24A）。

白云母花岗岩中的热液锆石呈自形，短柱状。热液锆石长 60μm，长宽比 2：1（图 4-23B）。对热液锆石 20 个点进行 LA-MC-ICP-MS U-Pb 测年（表 4-11），20 个测点同位素比值分布在谐和线上，其 $^{206}Pb/^{238}U$ 年龄集中分布在 131.3～136.3Ma 之间，加权平均年龄 133±2Ma（MSWD=0.15）（图 4-24B）。

东坪矿区隐伏黑云母花岗岩和白云母花岗岩热液锆石 LA-ICP-MS U-Pb 年龄完全一致，与本书获得的隐伏黑云母花岗岩和白云母花岗岩锆石 U-Pb 年龄（～130Ma）在误差范围内基本一致，表明东坪矿区经历了 130Ma 的岩浆-热液事件。

**表 4-11 东坪矿区隐伏花岗岩热液锆石 LA-ICP-MS U-Pb 测年数据**

| 样品 | 测试点 | 同位素比值 | | | | | | 同位素年龄/Ma | | | | | |
|---|---|---|---|---|---|---|---|---|---|---|---|---|---|
| | | $^{206}Pb/^{238}U$ | ±1σ | $^{207}Pb/^{235}U$ | ±1σ | $^{207}Pb/^{206}Pb$ | ±1σ | $^{206}Pb/^{238}U$ | ±1σ | $^{207}Pb/^{235}U$ | ±1σ | $^{207}Pb/^{206}Pb$ | ±1σ |
| DPBG-1 黑云母花岗岩 | 101-1 | 0.02059 | 0.00039 | 0.13845 | 0.00636 | 0.04878 | 0.00227 | 131.4 | 2.5 | 131.7 | 5.7 | 137.4 | 105.9 |
| | 101-2 | 0.02108 | 0.00068 | 0.14131 | 0.01707 | 0.04862 | 0.00602 | 134.5 | 4.3 | 134.2 | 15.2 | 129.5 | 267.9 |
| | 101-3 | 0.02068 | 0.00048 | 0.13823 | 0.00914 | 0.04846 | 0.00329 | 132.0 | 3.0 | 131.5 | 8.2 | 121.7 | 152.4 |
| | 102-2 | 0.02080 | 0.00058 | 0.13915 | 0.01197 | 0.04851 | 0.00430 | 132.7 | 3.6 | 132.3 | 10.7 | 124.1 | 196.3 |
| | 103-1 | 0.02082 | 0.00051 | 0.13947 | 0.01026 | 0.04857 | 0.00367 | 132.8 | 3.3 | 132.6 | 9.1 | 126.9 | 168.7 |
| | 103-2 | 0.02103 | 0.00057 | 0.15051 | 0.01228 | 0.05190 | 0.00436 | 134.1 | 3.6 | 142.4 | 10.8 | 281.0 | 181.0 |
| | 105-1 | 0.02071 | 0.00046 | 0.13968 | 0.00883 | 0.04891 | 0.00317 | 132.2 | 2.9 | 132.8 | 7.9 | 143.5 | 145.4 |
| | 105-2 | 0.02085 | 0.00072 | 0.14618 | 0.01634 | 0.05096 | 0.00592 | 133.0 | 4.6 | 138.5 | 14.5 | 238.8 | 247.2 |
| | 106-1 | 0.02088 | 0.00053 | 0.14089 | 0.01075 | 0.04891 | 0.00384 | 133.2 | 3.4 | 133.8 | 9.6 | 143.4 | 174.5 |
| | 107-1 | 0.02107 | 0.00060 | 0.15862 | 0.01361 | 0.05479 | 0.00487 | 134.4 | 3.8 | 149.5 | 11.9 | 403.7 | 187.7 |
| | 108-1 | 0.02090 | 0.00036 | 0.14060 | 0.00506 | 0.04878 | 0.00176 | 133.3 | 2.3 | 133.6 | 4.5 | 137.2 | 82.9 |
| | 109-1 | 0.02095 | 0.00075 | 0.14965 | 0.01715 | 0.05180 | 0.00619 | 133.7 | 4.8 | 141.6 | 15.2 | 276.6 | 252.4 |
| | 111-1 | 0.02050 | 0.00079 | 0.13915 | 0.01789 | 0.04928 | 0.00655 | 130.8 | 5.0 | 132.3 | 16.0 | 161.3 | 284.0 |
| | 112-1 | 0.02090 | 0.00068 | 0.14834 | 0.01409 | 0.05151 | 0.00507 | 133.3 | 4.3 | 140.4 | 12.5 | 263.9 | 210.9 |
| | 113-1 | 0.02094 | 0.00080 | 0.14703 | 0.01846 | 0.05090 | 0.00663 | 133.6 | 5.1 | 139.3 | 16.3 | 236.1 | 275.4 |
| | 114-1 | 0.02063 | 0.00041 | 0.13849 | 0.00714 | 0.04867 | 0.00257 | 131.7 | 2.6 | 131.7 | 6.4 | 131.8 | 119.7 |
| | 117-1 | 0.02093 | 0.00066 | 0.14066 | 0.01401 | 0.04875 | 0.00502 | 133.5 | 4.1 | 133.6 | 12.5 | 136.0 | 225.4 |
| | 118-1 | 0.02095 | 0.00055 | 0.14899 | 0.01183 | 0.05155 | 0.00430 | 133.7 | 3.5 | 141.0 | 10.5 | 265.6 | 180.5 |
| | 119-1 | 0.02102 | 0.00051 | 0.14985 | 0.01068 | 0.05175 | 0.00386 | 134.1 | 3.3 | 141.8 | 9.4 | 274.3 | 162.1 |
| | 120-1 | 0.02053 | 0.00073 | 0.13874 | 0.01612 | 0.04904 | 0.00589 | 131.0 | 4.6 | 131.9 | 14.4 | 149.8 | 259.6 |

续表

| 样品 | 测试点 | 同位素比值 | | | | | | 同位素年龄/Ma | | | | | |
|---|---|---|---|---|---|---|---|---|---|---|---|---|---|
| | | $^{206}Pb/^{238}U$ | ±1σ | $^{207}Pb/^{235}U$ | ±1σ | $^{207}Pb/^{206}Pb$ | ±1σ | $^{206}Pb/^{238}U$ | ±1σ | $^{207}Pb/^{235}U$ | ±1σ | $^{207}Pb/^{206}Pb$ | ±1σ |
| DPMG-1 白云母花岗岩 | 126-1 | 0. 02096 | 0. 00055 | 0. 14140 | 0. 01132 | 0. 04894 | 0. 00403 | 133. 7 | 3. 5 | 134. 3 | 10. 1 | 144. 8 | 182. 3 |
| | 125-1 | 0. 02071 | 0. 00063 | 0. 13937 | 0. 01381 | 0. 04883 | 0. 00500 | 132. 1 | 4. 0 | 132. 5 | 12. 3 | 139. 5 | 224. 0 |
| | 125-2 | 0. 02096 | 0. 00044 | 0. 14042 | 0. 00810 | 0. 04858 | 0. 00287 | 133. 7 | 2. 8 | 133. 4 | 7. 2 | 127. 8 | 133. 2 |
| | 124-1 | 0. 02098 | 0. 00048 | 0. 14374 | 0. 00949 | 0. 04970 | 0. 00337 | 133. 8 | 3. 0 | 136. 4 | 8. 4 | 180. 9 | 150. 6 |
| | 119-1 | 0. 02100 | 0. 00062 | 0. 14388 | 0. 01321 | 0. 04972 | 0. 00472 | 134. 0 | 3. 9 | 136. 5 | 11. 7 | 182. 0 | 207. 4 |
| | 118-2 | 0. 02097 | 0. 00065 | 0. 14459 | 0. 01476 | 0. 05000 | 0. 00525 | 133. 8 | 4. 1 | 137. 1 | 13. 1 | 195. 0 | 227. 2 |
| | 118-3 | 0. 02100 | 0. 00056 | 0. 14182 | 0. 01120 | 0. 04898 | 0. 00400 | 134. 0 | 3. 5 | 134. 7 | 10. 0 | 146. 7 | 180. 8 |
| | 117-1 | 0. 02058 | 0. 00081 | 0. 13939 | 0. 01733 | 0. 04920 | 0. 00642 | 131. 3 | 5. 1 | 132. 5 | 15. 4 | 157. 3 | 279. 7 |
| | 115-1 | 0. 02137 | 0. 00065 | 0. 14402 | 0. 01376 | 0. 04899 | 0. 00482 | 136. 3 | 4. 1 | 136. 6 | 12. 2 | 147. 4 | 215. 5 |
| | 115-2 | 0. 02065 | 0. 00067 | 0. 13854 | 0. 01405 | 0. 04866 | 0. 00507 | 131. 8 | 4. 2 | 131. 7 | 12. 5 | 131. 5 | 228. 1 |
| | 114-1 | 0. 02060 | 0. 00057 | 0. 13793 | 0. 01131 | 0. 04856 | 0. 00410 | 131. 5 | 3. 6 | 131. 2 | 10. 1 | 126. 6 | 187. 3 |
| | 109-1 | 0. 02101 | 0. 00053 | 0. 15707 | 0. 01158 | 0. 05431 | 0. 00411 | 134. 0 | 3. 4 | 148. 1 | 10. 2 | 383. 6 | 161. 8 |
| | 109-2 | 0. 02064 | 0. 00047 | 0. 13836 | 0. 00901 | 0. 04867 | 0. 00325 | 131. 7 | 3. 0 | 131. 6 | 8. 0 | 131. 8 | 149. 8 |
| | 110-1 | 0. 02156 | 0. 00078 | 0. 14548 | 0. 01544 | 0. 04899 | 0. 00540 | 137. 5 | 4. 9 | 137. 9 | 13. 7 | 147. 4 | 239. 7 |
| | 108-1 | 0. 02069 | 0. 00048 | 0. 14068 | 0. 00844 | 0. 04937 | 0. 00302 | 132. 0 | 3. 0 | 133. 7 | 7. 5 | 165. 4 | 136. 9 |
| | 108-2 | 0. 02091 | 0. 00046 | 0. 15157 | 0. 00845 | 0. 05264 | 0. 00300 | 133. 4 | 2. 9 | 143. 3 | 7. 5 | 313. 2 | 124. 6 |
| | 104-3 | 0. 02060 | 0. 00076 | 0. 13986 | 0. 01721 | 0. 04927 | 0. 00626 | 131. 4 | 4. 8 | 132. 9 | 15. 3 | 160. 6 | 272. 8 |
| | 103-1 | 0. 02106 | 0. 00074 | 0. 14237 | 0. 01695 | 0. 04902 | 0. 00603 | 134. 4 | 4. 6 | 135. 2 | 15. 1 | 148. 8 | 265. 5 |
| | 103-2 | 0. 02105 | 0. 00063 | 0. 14175 | 0. 01356 | 0. 04887 | 0. 00483 | 134. 3 | 4. 0 | 134. 6 | 12. 1 | 141. 6 | 216. 6 |
| | 101-1 | 0. 02095 | 0. 00048 | 0. 13590 | 0. 00869 | 0. 04707 | 0. 00308 | 133. 6 | 3. 0 | 129. 4 | 7. 8 | 52. 6 | 149. 4 |

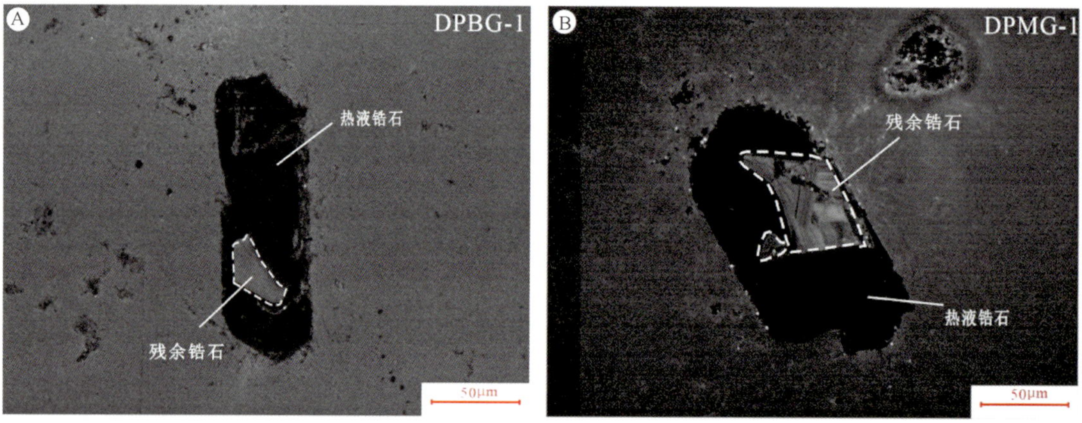


图 4-23　东坪矿区隐伏花岗岩典型热液锆石 CL 图像

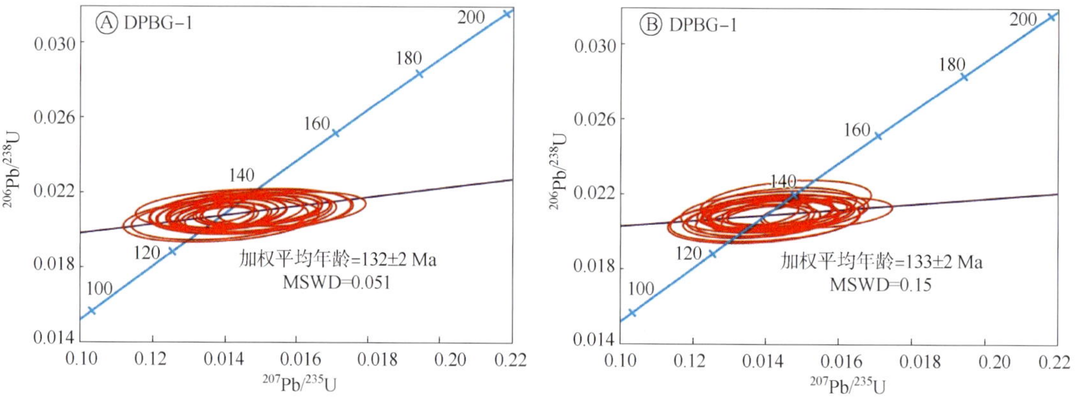


图 4-24　东坪矿区隐伏花岗岩热液锆石 U-Pb 年龄谐和图

### 3. 黑钨矿 U-Pb 年代学

东坪矿区的黑钨矿样品（DP19-2F）背散射图像（BSE）显示，内部结构均匀，无明显环带和世代（图 4-25；表 4-12），黑钨矿主要与石英共生，呈粗晶片状。对东坪矿区黑钨矿样品（DP19-2F）进行 30 个点分析，Pb、Th 和 U 的含量分别为 $0.1\times10^{-6}\sim0.6\times10^{-6}$、$0.1\times10^{-6}\sim30.0\times10^{-6}$ 和 $0.1\times10^{-6}\sim16.4\times10^{-6}$。在 Tera-Wasserburg 谐和图（图 4-26）中获得下交点 $^{206}Pb/^{238}U$ 年龄为 129.5±5.4Ma（1$\sigma$，MSWD=0.75）。值得注意的是，得到的下交点 $^{206}Pb/^{238}U$ 年龄（129.5±5.4Ma）与本书中获得的东坪矿区隐伏花岗岩锆石 U-Pb 年龄和热液锆石 U-Pb 年龄在误差范围内一致。因此，获得的黑钨矿 U-Pb 年龄可靠，代表东坪矿区黑钨矿成矿年龄（Yang et al.，2022），表明东坪钨矿形成于早白垩世。由此，推测东坪矿区钨成矿作用在空间和时间上与东坪矿区隐伏花岗岩岩浆-热液关系密切，具有成因联系。年代学证据与地质证据相一致，例如，少量黑钨矿、黄铜矿和辉钼矿在内接触体中以脉状出现（李吉明等，2016）。

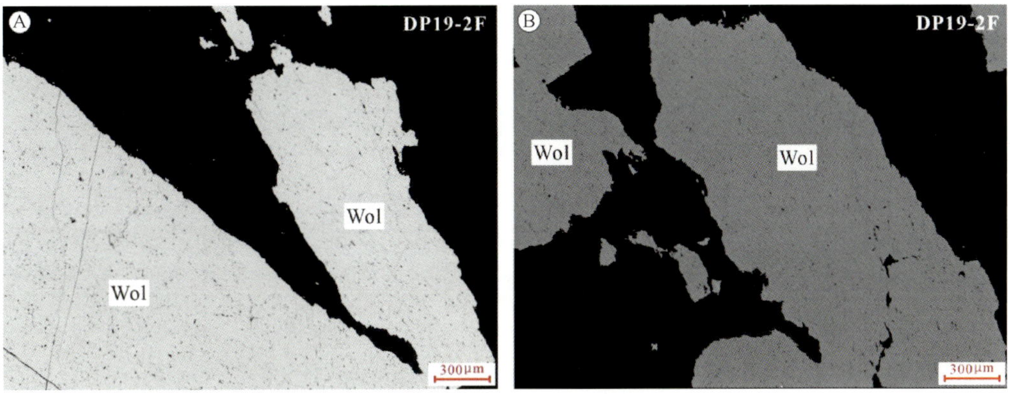


图 4-25　东坪矿区黑钨矿 BSE 图像

Wol—黑钨矿

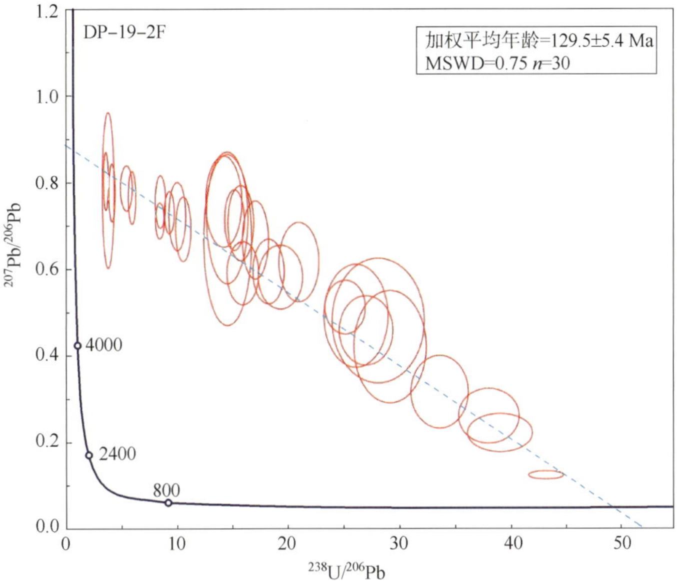


图 4-26　东坪矿区黑钨矿样品 Tera-Wasserburg 谐和图

（据 Yang et al.，2022）

**表 4-12　东坪矿区黑钨矿 LA-ICP-MS U-Pb 测年数据表**

| 测试点 | 含量/$10^{-6}$ | | | $^{207}Pb/^{206}Pb$ | | $^{206}Pb/^{238}U$ | |
|---|---|---|---|---|---|---|---|
| | Pb | Th | U | 比值 | 1σ | 比值 | 1σ |
| DP19-2F-3 | 0. 1 | 0. 1 | 0. 1 | 0. 78102 | 0. 11861 | 0. 15321 | 0. 01380 |
| DP19-2F-7 | 0. 1 | 0. 1 | 0. 3 | 0. 56977 | 0. 11810 | 0. 03022 | 0. 00271 |
| DP19-2F-12 | 0. 5 | 0. 2 | 0. 5 | 0. 80183 | 0. 04447 | 0. 16126 | 0. 00604 |
| DP19-2F-13 | 0. 5 | 0. 3 | 0. 7 | 0. 77529 | 0. 04431 | 0. 14092 | 0. 00630 |

续表

| 测试点 | 含量/$10^{-6}$ | | | $^{207}Pb/^{206}Pb$ | | $^{206}Pb/^{238}U$ | |
|---|---|---|---|---|---|---|---|
| | Pb | Th | U | 比值 | 1σ | 比值 | 1σ |
| DP19-2F-22 | 0.6 | 0.4 | 1.1 | 0.78571 | 0.03454 | 0.10803 | 0.00684 |
| DP19-2F-39 | 0.2 | 0.2 | 0.8 | 0.72061 | 0.05187 | 0.05933 | 0.00293 |
| DP19-2F-42 | 0.4 | 0.6 | 1.2 | 0.71043 | 0.02728 | 0.07013 | 0.00216 |
| DP19-2F-43 | 0.5 | 0.7 | 1.6 | 0.72912 | 0.03197 | 0.06382 | 0.00194 |
| DP19-2F-51 | 0.5 | 0.5 | 0.9 | 0.76396 | 0.04019 | 0.10899 | 0.00411 |
| DP19-2F-52 | 0.2 | 0.3 | 0.9 | 0.75461 | 0.06939 | 0.04606 | 0.00346 |
| DP19-2F-53 | 0.2 | 0.1 | 2.2 | 0.22241 | 0.02901 | 0.01690 | 0.00083 |
| DP19-2F-54 | 0.3 | 0.4 | 1.2 | 0.69125 | 0.04886 | 0.05634 | 0.00241 |
| DP19-2F-55 | 0.1 | 0.1 | 0.7 | 0.49138 | 0.07835 | 0.02520 | 0.00181 |
| DP19-2F-56 | 0.1 | 0.1 | 0.4 | 0.48043 | 0.09473 | 0.02343 | 0.00226 |
| DP19-2F-57 | 0.1 | 0.1 | 1.1 | 0.31636 | 0.05507 | 0.01962 | 0.00099 |
| DP19-2F-58 | 0.1 | 0.1 | 0.9 | 0.61533 | 0.06017 | 0.03129 | 0.00177 |
| DP19-2F-59 | 0.1 | 0.1 | 1.4 | 0.26132 | 0.04161 | 0.01735 | 0.00081 |
| DP19-2F-60 | 0.1 | 0.1 | 0.8 | 0.45774 | 0.05289 | 0.02436 | 0.00142 |
| DP19-2F-61 | 0.1 | 0.2 | 0.7 | 0.59379 | 0.04906 | 0.03597 | 0.00183 |
| DP19-2F-63 | 0.2 | 0.1 | 1.3 | 0.51132 | 0.04102 | 0.02615 | 0.00123 |
| DP19-2F-67 | 0.1 | 0.1 | 0.3 | 0.71745 | 0.10020 | 0.04508 | 0.00379 |
| DP19-2F-69 | 0.1 | 0.1 | 0.2 | 0.66613 | 0.13012 | 0.04499 | 0.00437 |
| DP19-2F-73 | 0.6 | 30.0 | 16.4 | 0.12445 | 0.00629 | 0.01528 | 0.00037 |
| DP19-2F-75 | 0.2 | 0.1 | 0.9 | 0.59003 | 0.04786 | 0.04115 | 0.00242 |
| DP19-2F-77 | 0.1 | 0.1 | 0.5 | 0.42030 | 0.08553 | 0.02258 | 0.00164 |
| DP19-2F-82 | 0.4 | 0.3 | 1.0 | 0.75426 | 0.04037 | 0.07670 | 0.00270 |
| DP19-2F-85 | 0.2 | 0.4 | 1.5 | 0.58104 | 0.04848 | 0.03397 | 0.00231 |
| DP19-2F-88 | 0.2 | 0.2 | 1.0 | 0.66614 | 0.05931 | 0.03844 | 0.00172 |
| DP19-2F-89 | 0.3 | 0.2 | 1.2 | 0.71180 | 0.04589 | 0.04316 | 0.00165 |
| DP19-2F-90 | 0.2 | 0.3 | 1.1 | 0.70489 | 0.05704 | 0.04163 | 0.00201 |

# 第五节　矿床地球化学特征

## 一、黑钨矿微区地球化学特征

### 1. 黑钨矿主量元素

为了解黑钨矿主量成分特征，挑选了两颗代表性的黑钨矿颗粒进行了电子探针分析，其背散射照片和打点位置如图 4-27 所示。测试在中国地质大学（武汉）地质过程与矿产资源国家重点实验室利用配备有 4 道波谱仪的 JEOL JXA-8100 电子探针完成。样品在上机测试之前先将样品镀上尽量均匀的厚度约 20nm 的碳膜。工作条件为：加速电压 15 kV，加速电流 20nA，束斑直径 1μm。所有测试数据均进行了 ZAF 校正处理。W、Mn、Fe 和 Nb 元素特征峰的测量时间为 10s，上、下背景的测量时间分别是峰测量时间的一半。所使用的标样如下：钨、锰、赤铁矿和铌。电子探针测试结果见表 4-13。

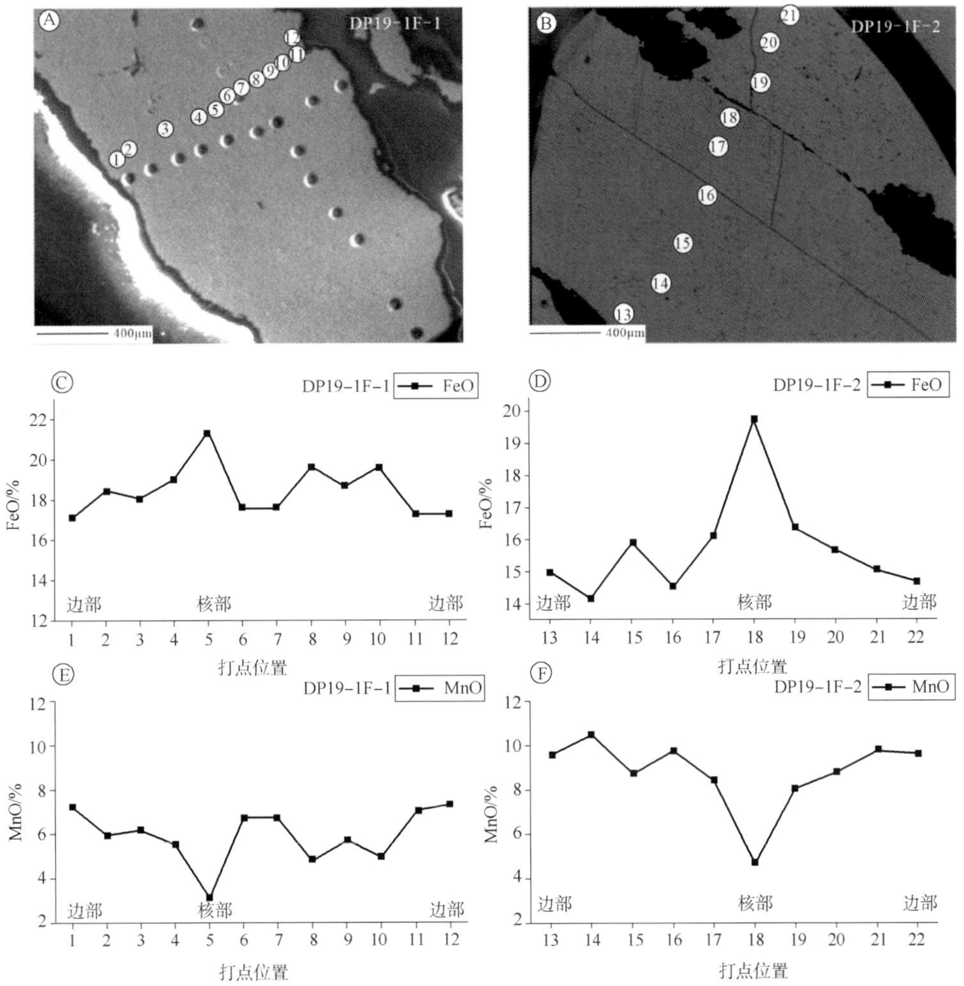


图 4-27　黑钨矿代表性颗粒电子探针测试位置及成分剖面图

A，B—黑钨矿颗粒 BSE 图像及探针分析位置图；C，D—黑钨矿晶体 FeO 含量剖面图；E，F—黑钨矿晶体 MnO 含量剖面图

**表 4-13　黑钨矿电子探针分析数据结果**　　单位:%

| 颗粒号 | 分析点号 | 氧化物含量 | | | | 总计 |
|---|---|---|---|---|---|---|
| | | FeO | MnO | $WO_3$ | $Nb_2O_5$ | |
| DP19-1F-1 | 1 | 17.07 | 7.21 | 76.99 | 0.04 | 101.32 |
| | 2 | 18.49 | 5.95 | 76.62 | 0.00 | 101.05 |
| | 3 | 18.04 | 6.18 | 77.25 | 0.00 | 101.47 |
| | 4 | 18.98 | 5.55 | 75.95 | 0.00 | 100.48 |
| | 5 | 21.36 | 3.17 | 75.14 | 0.01 | 99.68 |
| | 6 | 17.57 | 6.78 | 75.38 | 0.09 | 99.82 |
| | 7 | 17.60 | 6.74 | 76.65 | 0.00 | 100.99 |
| | 8 | 19.63 | 4.81 | 76.05 | 0.03 | 100.53 |
| | 9 | 18.63 | 5.79 | 76.46 | 0.08 | 100.97 |
| | 10 | 19.57 | 4.95 | 76.93 | 0.05 | 101.50 |
| | 11 | 17.27 | 7.01 | 77.15 | 0.08 | 101.51 |
| | 12 | 17.23 | 7.27 | 76.10 | 0.04 | 100.64 |
| DP19-1F-12 | 13 | 14.93 | 9.61 | 76.87 | 0.00 | 101.41 |
| | 14 | 14.09 | 10.44 | 77.43 | 0.03 | 101.99 |
| | 15 | 15.85 | 8.74 | 76.95 | 0.04 | 101.58 |
| | 16 | 14.50 | 9.75 | 75.81 | 0.04 | 100.11 |
| | 17 | 16.08 | 8.45 | 76.53 | 0.05 | 101.11 |
| | 18 | 19.69 | 4.70 | 76.27 | 0.05 | 100.71 |
| | 19 | 16.31 | 8.07 | 75.56 | 0.02 | 99.95 |
| | 20 | 15.63 | 8.77 | 76.70 | 0.07 | 101.16 |
| | 21 | 14.97 | 9.75 | 76.81 | 0.04 | 101.56 |
| | 22 | 14.67 | 9.65 | 77.05 | 0.00 | 101.37 |

为查明黑钨矿内部成分变化规律，利用探针结果，绘制了黑钨矿代表性颗粒成分剖面，如图 4-27 所示。测试结果显示，两颗黑钨矿晶体整体上均显示核部富 Fe，边部富 Mn 的特征，同时 Fe、Mn 含量局部存在“M”形波状变化。

孔凡乾等（2016）对广东石人嶂钨矿床黑钨矿进行研究发现，黑钨矿晶体核部富铁而边部富锰，并认为是降温过程的产物。欧阳永棚等（2023）对朱溪钨铜矿床深部石英脉型黑钨矿进行了研究，发现黑钨矿边部—中部—边部，MnO 含量体现出较明显“M”形波状变化，FeO 和 FeO/MnO 显示为一定的与 MnO 变化相反的“W”形波状变化，认为其是相对高温的环境的产物，且可能经历了多阶段结晶作用。

因此，东坪黑钨矿成分变化规律可能指示成矿流体整体上早期富 Fe，晚期富 Mn 的特征，黑钨矿的结晶伴随着一个缓慢降温的过程。Fe、Mn 含量局部存在“M”形波状变化，指示同一黑钨矿颗粒可能存在多阶段生长，暗示东坪钨矿可能存在脉冲式成矿。

电子探针分析结果显示，东坪黑钨矿样品中主要含有 3 种氧化物类型：FeO、MnO 和 $WO_3$，其中 $WO_3$的含量最高，其次为 FeO，最低为 MnO。$WO_3$的含量变化范围为 75.14%～

77.43%，平均含量为 76.48%；FeO 的含量变化范围为 14.09%～21.36%，平均值为 17.19%；MnO 的含量变化范围为 3.17%～10.44%，平均值为 7.24%。此外，探针结果还显示，黑钨矿中还含有极少量的 $Nb_2O_5$，$Nb_2O_5$的含量变化范围为 0%～0.09%，平均含量为 0.035%。由黑钨矿成分分类图（图 4-28）可见，东坪矿床的黑钨矿主体落在黑钨矿区域，少数落在钨铁矿区域。

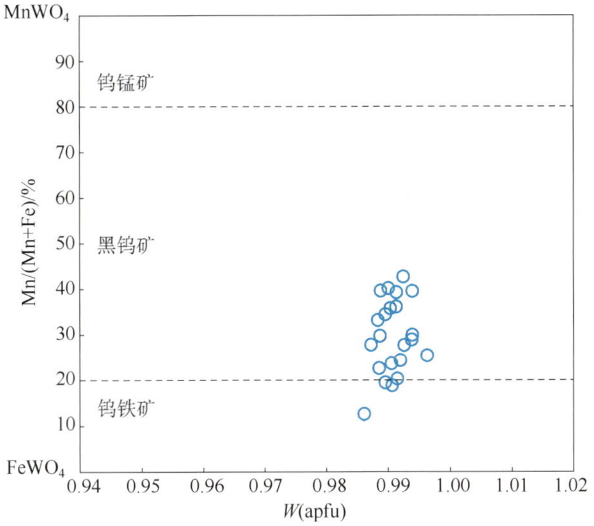


图 4-28　黑钨矿成分分类图解

W(apfu)表示化学式中离子数

**2. 黑钨矿微量元素**

随着 LA-ICP-MS 技术的发展，矿物原位微区分析在矿床研究中运用越来越广泛，尤其在成矿流体来源和演化方面运用较多。由于黑钨矿中 Fe、Mn 元素会被许多微量元素替换，黑钨矿中有些微量元素（如 Nb、Ta、Sc 等）含量受成矿流体的成分、温度、氧逸度等条件的影响；因此，黑钨矿微区成分可以示踪成矿物质来源、反演成矿流体演化过程。

本次研究以黑钨矿为研究对象，运用 LA-ICP-MS 微区技术，通过对黑钨矿的微量元素分析，探讨其金属成矿物质来源。在分析测试之前，运用 BSE 和 EBSD 成像技术，对所选样品开展精细的矿相学观察，将黑钨矿划分为 Wol-1 和 Wol-2 两个阶段（图 4-29），两阶段黑钨矿测试位置图见图 4-29A，测试数据见表 4-14。

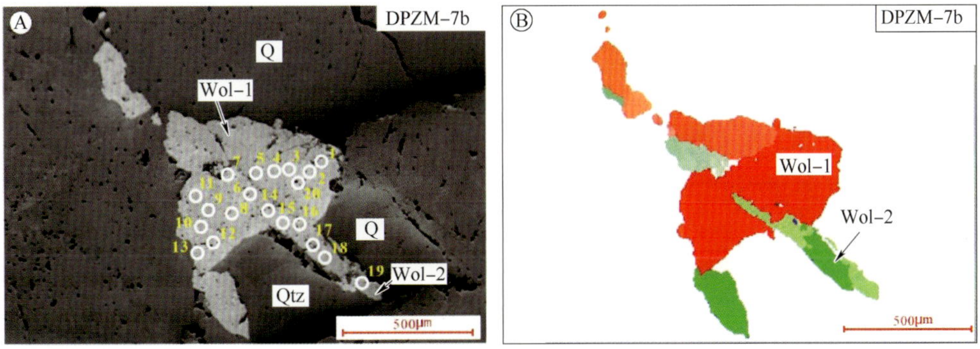


图 4-29　黑钨矿 BSE 照片及激光测试位置（A）和黑钨矿 EBSD 成像图（B）

**表 4-14　东坪矿区黑钨矿微量元素、稀土元素含量表**

| 点号 | Wol-1 | | | | | | | | | | | | Wol-2 | | | | | | | | |
|---|---|---|---|---|---|---|---|---|---|---|---|---|---|---|---|---|---|---|---|---|---|
| | 01 | 02 | 03 | 04 | 05 | 08 | 09 | 10 | 12 | 13 | 20 | 平均（Ⅰ） | 06 | 07 | 14 | 15 | 16 | 17 | 18 | 19 | 平均（Ⅱ） |
| La | 0. 04 | 0. 02 | 0. 01 | 0. 01 | 0. 01 | 0. 02 | 0. 02 | 0. 01 | 0. 00 | 0. 02 | 0. 01 | 0. 02 | 0. 04 | 0. 02 | 0. 19 | 0. 11 | 0. 29 | 0. 02 | 0. 01 | 0. 01 | 0. 09 |
| Ce | 0. 07 | 0. 02 | 0. 02 | 0. 02 | 0. 02 | 0. 04 | 0. 04 | 0. 02 | 0. 01 | 0. 03 | 0. 03 | 0. 03 | 0. 07 | 0. 05 | 0. 32 | 0. 19 | 0. 54 | 0. 03 | 0. 02 | 0. 02 | 0. 15 |
| Pr | 0. 01 | 0. 00 | 0. 00 | 0. 00 | 0. 00 | 0. 00 | 0. 01 | 0. 00 | 0. 00 | 0. 00 | 0. 00 | 0. 00 | 0. 01 | 0. 01 | 0. 03 | 0. 02 | 0. 06 | 0. 01 | 0. 00 | 0. 00 | 0. 02 |
| Nd | 0. 04 | 0. 01 | 0. 01 | 0. 01 | 0. 02 | 0. 02 | 0. 03 | 0. 01 | 0. 01 | 0. 02 | 0. 04 | 0. 02 | 0. 02 | 0. 03 | 0. 13 | 0. 07 | 0. 23 | 0. 01 | 0. 03 | 0. 01 | 0. 07 |
| Sm | 0. 02 | 0. 05 | 0. 03 | 0. 03 | 0. 00 | 0. 02 | 0. 03 | 0. 01 | 0. 02 | 0. 05 | 0. 04 | 0. 03 | 0. 03 | 0. 01 | 0. 03 | 0. 02 | 0. 07 | 0. 04 | 0. 03 | 0. 01 | 0. 03 |
| Eu | 0. 03 | 0. 05 | 0. 05 | 0. 03 | 0. 04 | 0. 02 | 0. 02 | 0. 03 | 0. 03 | 0. 07 | 0. 04 | 0. 04 | 0. 02 | 0. 01 | 0. 05 | 0. 03 | 0. 03 | 0. 05 | 0. 03 | 0. 02 | 0. 03 |
| Gd | 0. 14 | 0. 28 | 0. 18 | 0. 08 | 0. 08 | 0. 07 | 0. 08 | 0. 08 | 0. 08 | 0. 27 | 0. 22 | 0. 14 | 0. 13 | 0. 04 | 0. 12 | 0. 11 | 0. 09 | 0. 26 | 0. 17 | 0. 10 | 0. 13 |
| Tb | 0. 07 | 0. 17 | 0. 12 | 0. 05 | 0. 07 | 0. 05 | 0. 06 | 0. 05 | 0. 06 | 0. 14 | 0. 12 | 0. 09 | 0. 08 | 0. 02 | 0. 08 | 0. 05 | 0. 05 | 0. 16 | 0. 11 | 0. 07 | 0. 08 |
| Dy | 1. 21 | 2. 82 | 1. 82 | 0. 82 | 0. 99 | 0. 83 | 1. 08 | 0. 87 | 0. 93 | 2. 17 | 2. 07 | 1. 42 | 1. 37 | 0. 30 | 1. 61 | 0. 77 | 0. 51 | 2. 38 | 1. 66 | 1. 19 | 1. 23 |
| Ho | 0. 55 | 1. 19 | 0. 64 | 0. 35 | 0. 43 | 0. 32 | 0. 45 | 0. 35 | 0. 38 | 0. 77 | 0. 83 | 0. 57 | 0. 55 | 0. 12 | 0. 62 | 0. 36 | 0. 21 | 1. 00 | 0. 68 | 0. 45 | 0. 50 |
| Er | 3. 00 | 5. 94 | 3. 23 | 1. 72 | 2. 09 | 1. 62 | 2. 31 | 2. 10 | 2. 12 | 3. 98 | 4. 38 | 2. 95 | 2. 86 | 0. 68 | 3. 30 | 2. 16 | 1. 11 | 5. 32 | 3. 18 | 2. 70 | 2. 66 |
| Tm | 0. 86 | 1. 61 | 0. 80 | 0. 53 | 0. 59 | 0. 43 | 0. 64 | 0. 67 | 0. 58 | 1. 01 | 1. 17 | 0. 81 | 0. 78 | 0. 20 | 0. 88 | 0. 69 | 0. 30 | 1. 39 | 0. 88 | 0. 87 | 0. 75 |
| Yb | 9. 37 | 15. 80 | 7. 99 | 5. 40 | 6. 30 | 4. 65 | 6. 84 | 7. 03 | 6. 32 | 10. 09 | 12. 0 | 8. 35 | 8. 26 | 2. 37 | 9. 21 | 8. 02 | 3. 52 | 14. 97 | 8. 35 | 10. 22 | 8. 11 |
| Lu | 1. 74 | 2. 83 | 1. 38 | 1. 02 | 1. 14 | 0. 89 | 1. 25 | 1. 40 | 1. 14 | 1. 71 | 2. 16 | 1. 52 | 1. 51 | 0. 50 | 1. 61 | 1. 62 | 0. 70 | 2. 69 | 1. 45 | 1. 89 | 1. 50 |
| LREE/HREE | 0. 011 | 0. 005 | 0. 007 | 0. 010 | 0. 008 | 0. 014 | 0. 012 | 0. 006 | 0. 006 | 0. 009 | 0. 007 | 0. 009 | 0. 012 | 0. 035 | 0. 043 | 0. 032 | 0. 188 | 0. 006 | 0. 007 | 0. 004 | 0. 026 |
| ΣREE | 17. 14 | 30. 80 | 16. 28 | 10. 06 | 11. 79 | 8. 99 | 12. 86 | 12. 63 | 11. 68 | 20. 35 | 23. 1 | 15. 97 | 15. 73 | 4. 36 | 18. 17 | 14. 21 | 7. 69 | 28. 34 | 16. 62 | 17. 58 | 15. 34 |
| δEu | 1. 22 | 1. 13 | 1. 71 | 1. 64 | 2. 80 | 1. 62 | 1. 52 | 1. 88 | 1. 68 | 1. 42 | 0. 92 | 1. 44 | 0. 93 | 1. 49 | 2. 15 | 1. 56 | 1. 03 | 1. 26 | 1. 13 | 1. 39 | 1. 32 |

续表

| 点号 | Wol-1 | | | | | | | | | | | | Wol-2 | | | | | | | | |
|---|---|---|---|---|---|---|---|---|---|---|---|---|---|---|---|---|---|---|---|---|---|
| | 01 | 02 | 03 | 04 | 05 | 08 | 09 | 10 | 12 | 13 | 20 | 平均（Ⅰ） | 06 | 07 | 14 | 15 | 16 | 17 | 18 | 19 | 平均（Ⅱ） |
| δCe | 1.01 | 0.70 | 0.84 | 0.60 | 0.68 | 1.06 | 0.76 | 0.62 | 1.04 | 1.26 | 0.96 | 0.88 | 0.82 | 0.96 | 0.94 | 0.86 | 0.98 | 0.78 | 1.66 | 0.90 | 0.94 |
| Mg | 356.2 | 699.0 | 246.2 | 379.0 | 440.7 | 403.9 | 289.3 | 248.6 | 452.6 | 405.9 | 628 | 413.6 | 482.3 | 153.2 | 400.4 | 237.0 | 453.2 | 464.3 | 332.1 | 334.7 | 357.2 |
| Sc | 31.07 | 30.58 | 9.92 | 11.65 | 16.09 | 15.31 | 13.39 | 28.96 | 17.26 | 15.69 | 27.5 | 19.77 | 27.45 | 21.47 | 27.90 | 36.46 | 23.47 | 37.08 | 14.07 | 43.00 | 28.86 |
| Ti | 26.72 | 72.24 | 24.57 | 51.16 | 29.06 | 45.13 | 33.19 | 27.52 | 21.48 | 27.64 | 54.0 | 37.52 | 25.90 | 38.59 | 33.78 | 38.91 | 53.67 | 31.35 | 31.33 | 17.10 | 33.83 |
| Th | 0.32 | 0.07 | 0.11 | 0.15 | 0.25 | 0.44 | 0.41 | 0.15 | 0.11 | 0.30 | 0.13 | 0.22 | 0.38 | 0.35 | 0.69 | 0.87 | 0.55 | 0.30 | 0.06 | 0.09 | 0.41 |
| Ta | 23.51 | 50.01 | 7.14 | 12.31 | 20.84 | 10.20 | 12.74 | 13.65 | 16.39 | 8.98 | 50.9 | 20.61 | 18.39 | 16.31 | 15.54 | 15.17 | 13.49 | 16.83 | 10.88 | 8.72 | 14.42 |
| Sr | 0.62 | 0.21 | 0.49 | 0.48 | 0.16 | 0.44 | 0.86 | 1.03 | 0.77 | 0.24 | 0.62 | 0.54 | 0.40 | 1.32 | 5.57 | 2.62 | 2.16 | 0.37 | 1.10 | 0.29 | 1.73 |
| Zr | 4.28 | 5.19 | 3.52 | 2.72 | 2.03 | 1.59 | 2.52 | 4.60 | 1.32 | 3.76 | 4.69 | 3.29 | 3.17 | 2.78 | 3.02 | 8.90 | 3.33 | 6.75 | 1.86 | 5.12 | 4.37 |
| Hf | 0.11 | 0.14 | 0.11 | 0.08 | 0.09 | 0.06 | 0.08 | 0.14 | 0.03 | 0.11 | 0.16 | 0.10 | 0.10 | 0.10 | 0.12 | 0.27 | 0.11 | 0.20 | 0.07 | 0.19 | 0.14 |
| Nb | 551.3 | 948.6 | 171.2 | 302.3 | 420.4 | 239.7 | 290.6 | 248.8 | 364.1 | 251.8 | 782 | 415.6 | 391.1 | 380.1 | 385.6 | 449.2 | 363.4 | 454.4 | 265.9 | 255.3 | 368.1 |
| Mo | 1.29 | 1.15 | 0.83 | 1.01 | 0.86 | 1.00 | 0.86 | 1.14 | 0.98 | 0.80 | 1.11 | 1.00 | 0.93 | 0.77 | 0.92 | 1.02 | 0.74 | 0.81 | 0.86 | 0.94 | 0.87 |
| Sn | 4.52 | 5.62 | 2.30 | 3.16 | 2.83 | 2.52 | 2.47 | 2.01 | 2.24 | 1.51 | 7.79 | 3.36 | 3.18 | 8.24 | 6.45 | 6.69 | 7.77 | 4.96 | 1.36 | 2.57 | 5.15 |
| U | 0.92 | 0.79 | 0.48 | 1.26 | 0.70 | 1.98 | 1.36 | 0.70 | 0.33 | 0.84 | 1.28 | 0.97 | 1.22 | 1.31 | 1.50 | 1.97 | 2.03 | 1.02 | 0.42 | 0.38 | 1.23 |
| MnO | 10.98 | 7.67 | 9.58 | 9.14 | 9.19 | 9.81 | 9.27 | 12.08 | 9.82 | 9.20 | 7.74 | 9.50 | 9.38 | 10.74 | 10.60 | 11.27 | 8.86 | 10.04 | 9.48 | 10.86 | 10.15 |
| FeO | 11.01 | 13.70 | 12.09 | 12.49 | 12.40 | 11.83 | 12.47 | 10.09 | 11.98 | 12.55 | 13.7 | 12.22 | 12.31 | 10.92 | 11.18 | 10.68 | 12.80 | 11.78 | 12.34 | 10.99 | 11.63 |
| $WO_3$ | 77.72 | 78.20 | 78.12 | 78.11 | 78.14 | 78.11 | 77.98 | 77.53 | 77.83 | 77.90 | 77.8 | 77.95 | 78.03 | 78.11 | 77.49 | 77.56 | 77.67 | 77.66 | 77.67 | 77.65 | 77.73 |
| FeO/MnO | 1.00 | 1.79 | 1.26 | 1.37 | 1.35 | 1.21 | 1.34 | 0.84 | 1.22 | 1.36 | 1.78 | 1.32 | 1.31 | 1.02 | 1.06 | 0.95 | 1.44 | 1.17 | 1.30 | 1.01 | 1.16 |

注：微量元素、稀土元素含量单位为 $10^{-6}$，氧化物含量单位为%。

东坪矿床黑钨矿中微量元素主要有 Sr、Nb、Ta、Mo 等，其中 Wol-1 的微量元素特征为，Sr 含量为$(0.16\sim1.03)\times10^{-6}$，平均 $0.54\times10^{-6}$，含量相对较低；Nb 含量为$(171.3\sim948.6)\times10^{-6}$，平均 $415.6\times10^{-6}$；Ta 含量为$(7.1\sim50.9)\times10^{-6}$，平均 $20.6\times10^{-6}$；Mo 含量为$(0.8\sim1.3)\times10^{-6}$，平均 $1.0\times10^{-6}$。Wol-2 的微量元素特征为，Sr 含量为$(0.29\sim5.57)\times10^{-6}$，平均 $1.73\times10^{-6}$；Nb 含量为$(255.3\sim454.4)\times10^{-6}$，平均 $368.1\times10^{-6}$；Ta 含量较高，为$(8.7\sim18.4)\times10^{-6}$，平均 $14.4\times10^{-6}$；Mo 含量为$(0.74\sim1.02)\times10^{-6}$，平均 $0.87\times10^{-6}$；其他元素含量如 Ni、Cu、Rb、Ag 等均低于检测限，并在表中已略去。

**3. 黑钨矿稀土元素**

稀土元素数据分析能探讨解决矿区岩浆岩成岩成矿及成矿流体来源等问题，对其分析显得尤为重要（表 4-14）。Wol-1 的稀土元素总量（$\sum$REE）介于 $8.99\times10^{-6}\sim30.80\times10^{-6}$之间，LREE/HREE 为 0.005~0.014，$\delta$Eu 值介于 0.9~2.8，Eu 总体显示正异常，个别见 Eu 负异常，表明轻重稀土元素间发生了极强的分异；而 Wol-2 的稀土元素总量（$\sum$REE）介于 $4.36\times10^{-6}\sim28.34\times10^{-6}$之间，LREE/HREE 为 0.004~0.188，$\delta$Eu 值介于 0.93~2.15，Eu 总体显示正异常，个别见 Eu 负异常，表明轻重稀土元素间分异严重。两阶段的黑钨矿均呈现出 LREE 明显亏损，HREE 相对富集，具弱正 Eu 异常，Sr 正异常的特征，在球粒陨石标准化稀土元素配分模式图上总体表现均为左倾型配分模式（图 4-30A）。

第二阶段黑钨矿（Wol-2）的 Sr 含量明显高于第一阶段黑钨矿（Wol-1），暗示围岩新元古界双桥山群变质岩地层为晚阶段钨成矿提供了物质来源。

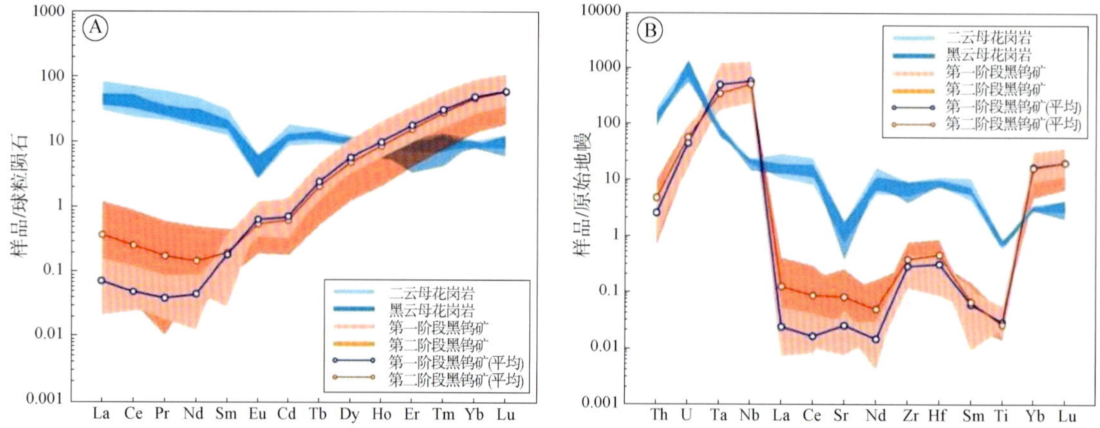


图 4-30　东坪矿区黑钨矿稀土元素配分模式图（A）和微量元素蛛网曲线图（B）

## 二、成矿流体地球化学特征

**1. 石英流体包裹体显微测温**

石英是较易生长的流体包裹体的矿物，显微镜下观察发现，东坪黑钨矿床石英-黑钨矿脉的石英流体包裹体个体较小、数量多，多数呈椭圆状，少数呈不规则状、长条状，一般呈孤立状、群状分布，为原生包裹体。可见少量包裹体沿裂隙分布，定向性明显，为次生包裹体。原生包裹体以气液两相（V-L）包裹体为主（图 4-31），含子晶类包裹体发育较少。石英流体包裹体粒度在 5~20μm 之间，气液相比在 15%~90%之间。原生包裹体显微测温结果见表 4-15 和图 4-32。

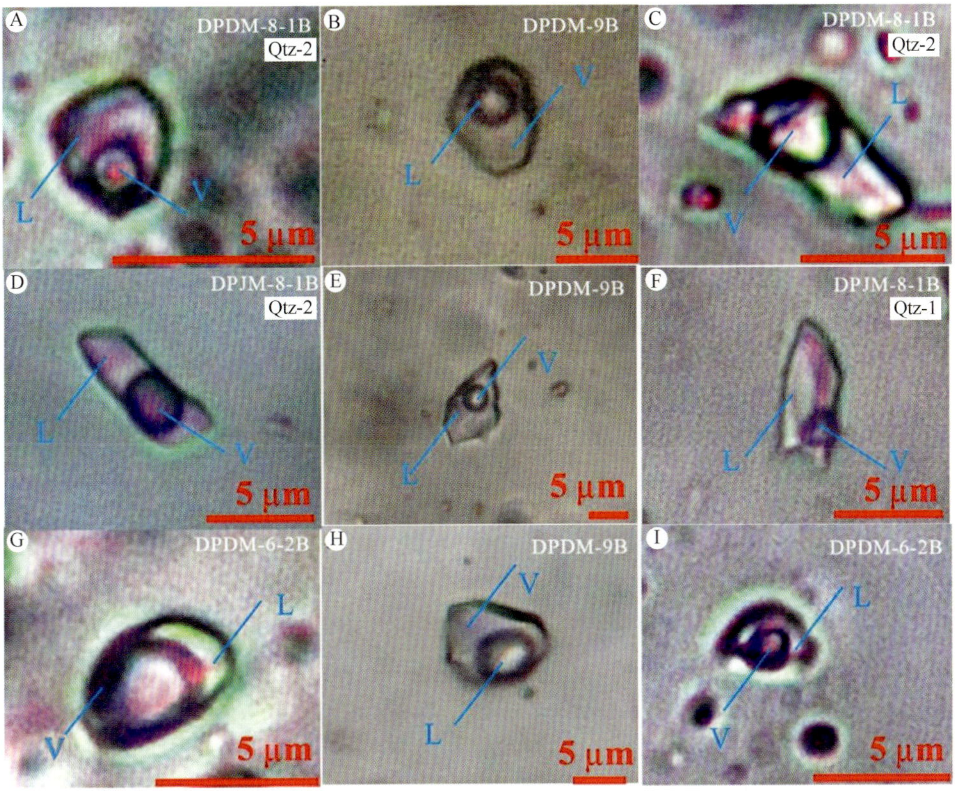


图 4-31　东坪黑钨矿床石英-黑钨矿脉石英流体包裹体

根据室温下原生包裹体的类型和相态特征，采用卢焕章（2004）提出的流体包裹体分类方案，将东坪黑钨矿床石英-黑钨矿脉石英流体包裹体分为以下 3 种类型：

第Ⅰ类为纯气相包裹体，包裹体全部由气体组成，形态多为椭圆形或不规则状。此类包裹体数量少，一般呈孤立状分布。

第Ⅱ类包裹体为气液两相包裹体，包裹体由气体、液体组成，形态多为椭圆状，少数呈不规则状，此类包裹体分布广泛，呈群状、孤立状分布。

第Ⅲ类为含子晶多相包裹体，包裹体由气相、液相、一种或多种子晶组成，此类包裹体发育少、个体小，包裹体中大多只含一个子晶。形态多为长条状和不规则状，一般呈孤立状分布。

对石英流体包裹体进行了详细的岩相学观察后，用均一法对流体包裹体开展了显微测温研究。在测温过程中尽量选取包裹体较大，形状较规则，无明显后期改造的原生包裹体进行测温，共测试石英流体包裹体 180 个（图 4-32；表 4-15），包裹体的盐度根据冰点温度和盐度关系表查出。从石英流体包裹体均一温度和盐度直方图中可以看出，Qtz-1 温度主要集中在 183~280℃之间，峰值出现在 220~260℃之间，盐度在 0.88%~7.73%之间，平均为 4.81%；Qtz-2 温度主要集中在 180~390℃之间，峰值出现在

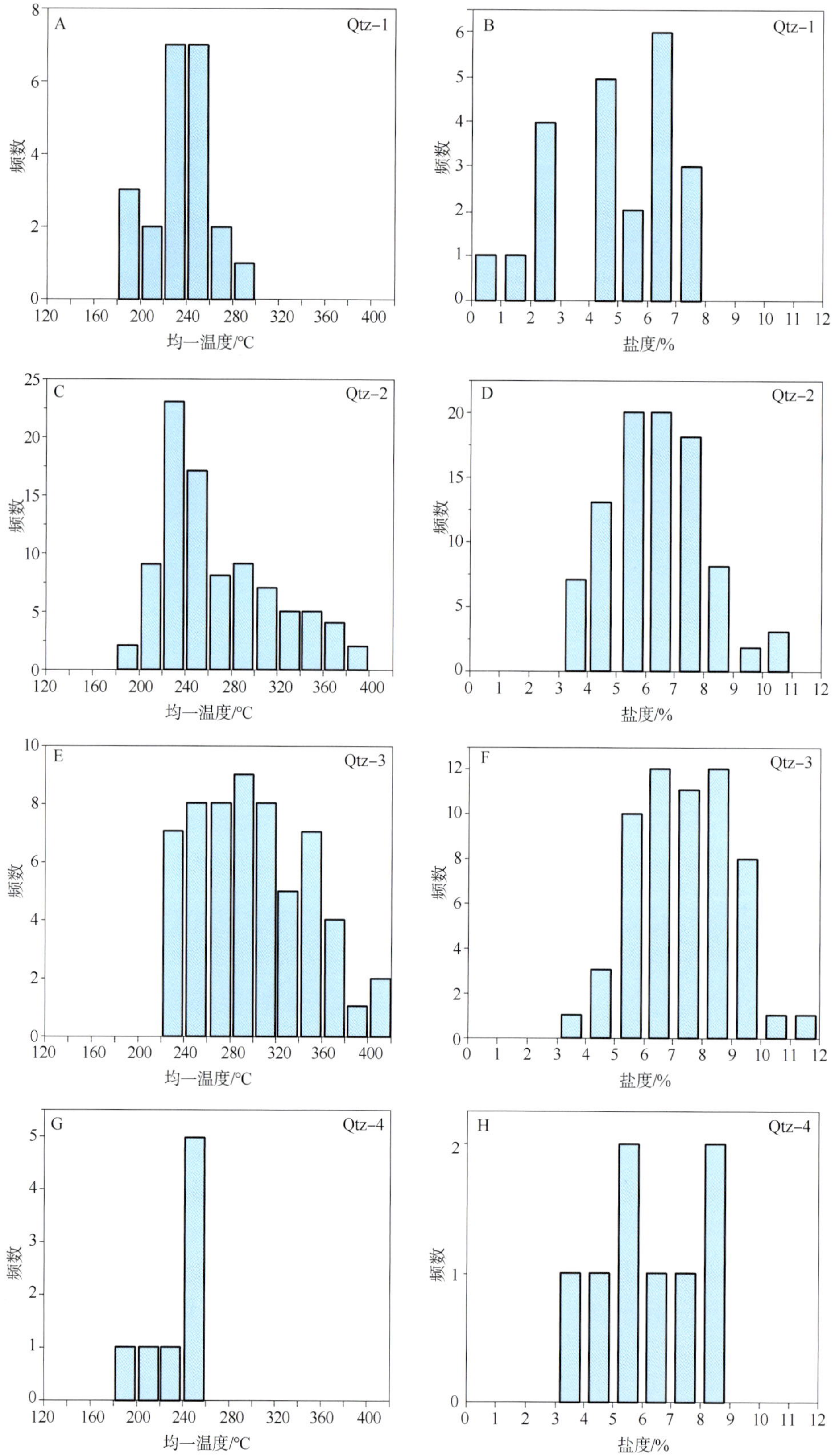


图 4-32　石英流体包裹体均一温度（A、C、E、G）和盐度（B、D、F、H）直方图

表 4-15　石英-黑钨矿脉流体包裹体测温结果

| 矿物 | 样品号 | 产状 | 包裹体 | | | 形态 | 冰点/℃ | 均一温度/℃ | 盐度/% |
|---|---|---|---|---|---|---|---|---|---|
| | | | 类型（测算数） | 相比/% | 粒度/μm | | | | |
| Qtz-1 | DPJM-9 | 尖灭带 | V-L（14） | 15~40 | 5~20 | 椭圆形、不规则等 | -4.9~-0.5 | 205~280 | 0.88~7.73 |
| | DPXM-4 | 线脉带 | V-L（8） | 20~25 | 5~8 | 椭圆形 | -4.4~-1.4 | 183~235 | 2.41~7.02 |
| Qtz-2 | DPDM-6-2 | 大脉带 | V-L（21） | 15~55 | 5~12 | 椭圆形 | -6.1~-1.9 | 212~373 | 3.23~9.34 |
| | DPJM-9 | 尖灭带 | V-L（17） | 20~55 | 5~12 | 椭圆形、不规则等 | -7.1~-2.2 | 180~365 | 3.71~10.61 |
| | DPDM-8-1 | 大脉带 | V-L（18） | 15~45 | 5~15 | 椭圆形、不规则等 | -6.2~-2.3 | 209~313 | 3.87~9.47 |
| | DPZM-7 | 中脉带 | V-L（13） | 25~50 | 5~12 | 椭圆形、不规则等 | -1.8~-4.9 | 222~390 | 3.06~7.59 |
| | DPXM-4 | 线脉带 | V-L（15） | 20~50 | 6~10 | 椭圆形、不规则等 | -4.2~-2.1 | 213~333 | 3.55~6.74 |
| Qtz-3 | DPDM-6-2 | 大脉带 | V-L（19） | 20~90 | 5~15 | 椭圆形、不规则等 | -7.5~-1.8 | 255~388 | 3.06~11.10 |
| | DPJM-9 | 尖灭带 | V-L（8） | 30~65 | 5~10 | 椭圆形、不规则等 | -3.8~-6.0 | 233~410 | 6.16~9.21 |
| | DPDM-8-1 | 大脉带 | V-L（9） | 20~50 | 5~8 | 椭圆形、不规则等 | -6.7~-3.9 | 223~350 | 6.30~10.11 |
| | DPZM-7 | 中脉带 | V-L（13） | 15~75 | 5~12 | 椭圆形、不规则等 | -6.1~-3.1 | 220~343 | 5.11~9.34 |
| | DPXM-4 | 线脉带 | V-L（10） | 15~40 | 5~12 | 椭圆形、不规则等 | -2.9~-4.8 | 225~315 | 4.18~7.59 |
| Qtz-4 | DPDM-8-1 | 大脉带 | V-L（4） | 20~30 | 5~6 | 椭圆形 | -5.4~-3.4 | 241~251 | 5.56~8.41 |
| | DPJM-9 | 尖灭带 | V-L（4） | 15~35 | 5~8 | 椭圆形 | -5.6~-2.1 | 183~250 | 3.71~8.68 |
| Wol-1 | DPJM-9 | 尖灭带 | V-L（6） | 38~55 | — | 椭圆形、不规则等 | -8.2~-2.5 | 298~325 | 4.18~11.93 |
| | DPDM-8-1 | 大脉带 | V-L（4） | 16~30 | — | 椭圆形 | -1.2~-0.8 | 285~350 | 1.40~2.07 |
| Wol-2 | DPDM-6-1 | 大脉带 | V-L（6） | 18~35 | — | 椭圆形、不规则等 | -6.0~-0.5 | 315~380 | 0.88~9.21 |
| | DPZM-7 | 中脉带 | V-L（12） | 15~45 | — | 椭圆形、不规则等 | -1.8~-9.6 | 298~386 | 4.03~13.51 |
| Fl | DPZM-7 | 中脉带 | V-L（8） | 15~40 | 12~18 | 三角形、椭圆形 | -7.1~-3.1 | 178~197 | 5.11~10.61 |

220~280℃之间，盐度在3.06%~10.61%之间，平均为6.24%；Qtz-3温度在220~410℃之间，峰值出现在300~360℃之间，盐度在3.06%~11.10%之间，平均为7.26%；Qtz-4温度在183~251℃之间，峰值出现在240~260℃之间，盐度在3.71%~8.68%之间，平均为7.67%。

**2. 石英流体包裹体的成分**

对石英流体包裹体进行了激光拉曼分析测试（图4-33），其结果表明，东坪黑钨矿床石英-黑钨矿脉石英流体包裹体成分以$H_2O$为主（宽泛的包络峰），其次部分包裹体还含有$CO_2$、$N_2$、$CH_4$。

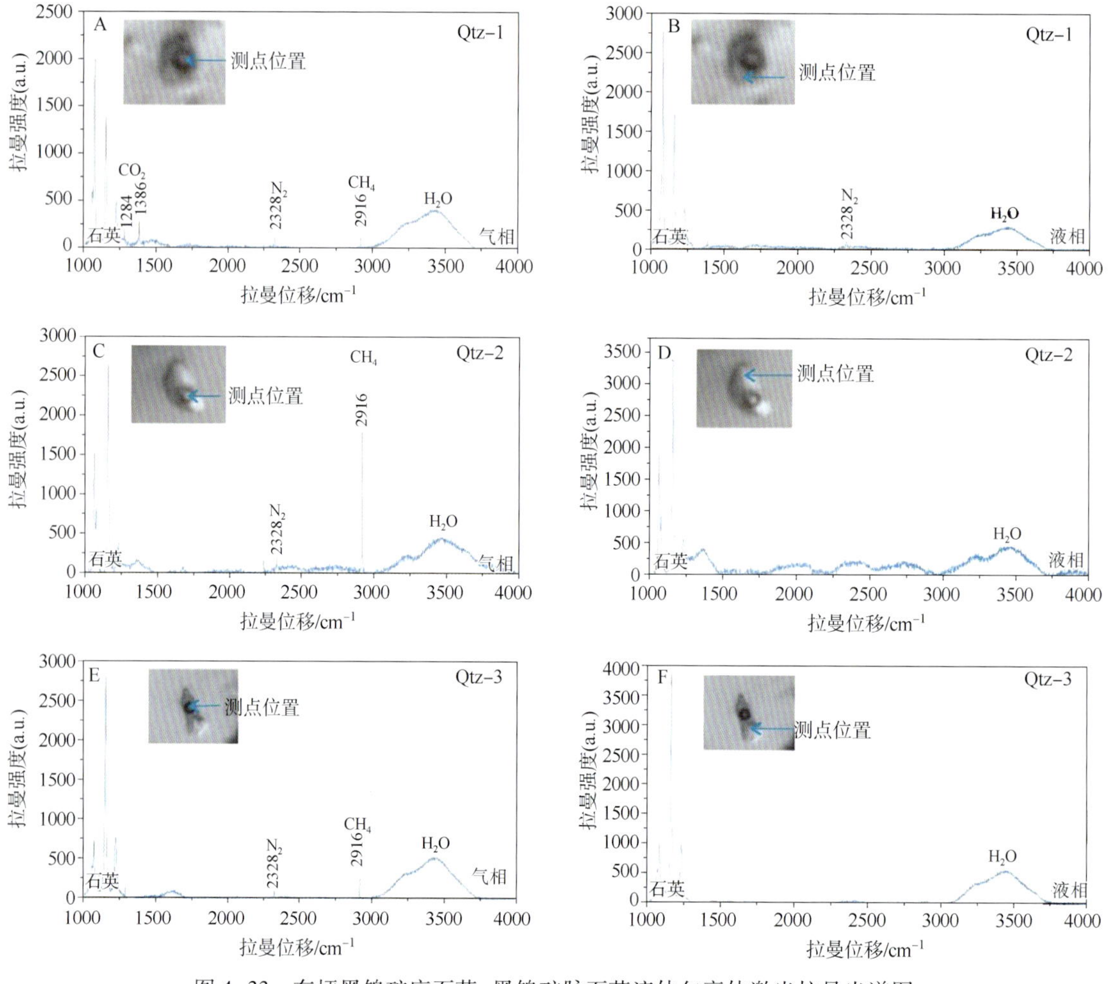


图4-33　东坪黑钨矿床石英-黑钨矿脉石英流体包裹体激光拉曼光谱图

**3. 黑钨矿流体包裹体显微测温**

（1）包裹体的岩相学研究

利用红外显微成像观察发现，东坪黑钨矿床石英-黑钨矿脉的黑钨矿流体包裹体个体较小、数量较少，呈黑色，多数呈椭圆状，少数呈不规则状，一般呈孤立状、群状分布，以气液两相（V-L）包裹体为主（图4-34）。黑钨矿粒度在5~20μm之间，气液相比在15%~55%之间。

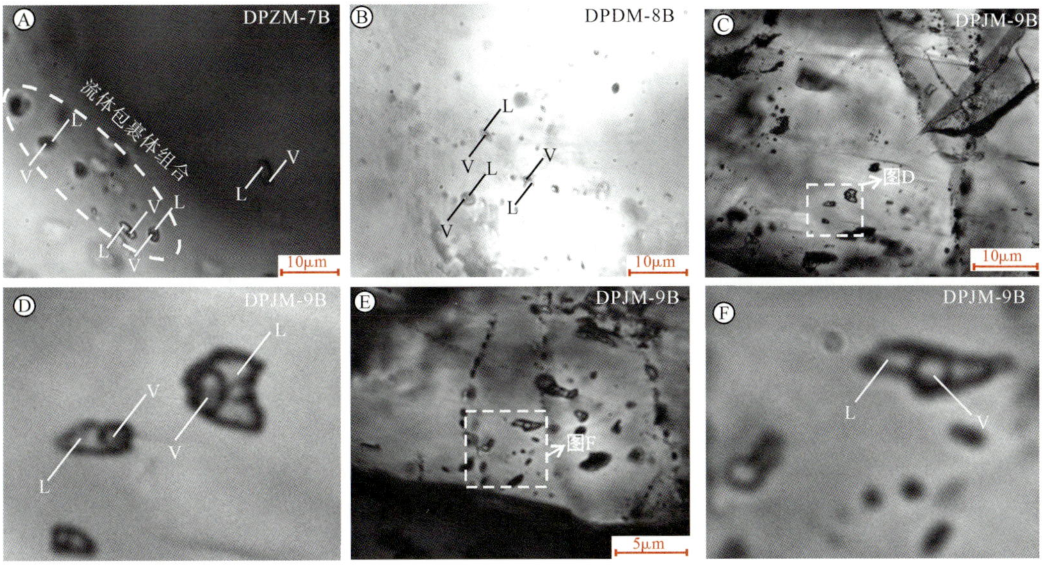


图 4-34　东坪黑钨矿床石英-黑钨矿脉石英（A，B）和黑钨矿（C-F）中流体包裹体特征

（2）包裹体的均一温度和盐度

作者共获得 28 组黑钨矿流体包裹体数据（图 4-35；表 4-15）。从黑钨矿流体包裹体均一温度和盐度直方图中可以看出，Wol-1 均一温度在 285～350℃之间，峰值出现在 280～320℃之间，盐度在 1.40%～11.93%之间，平均为 5.38%；Wol-2 均一温度在 298～386℃之间，峰值出现在 320～340℃之间，盐度在 0.88%～13.51%之间，平均为 5.93%。

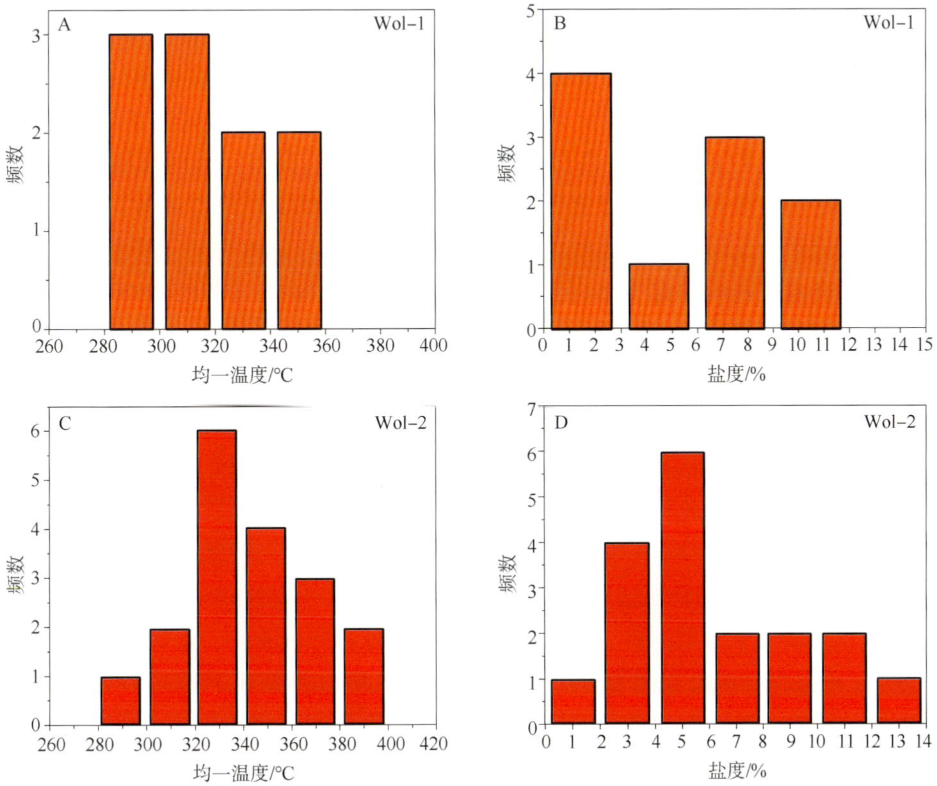


图 4-35　黑钨矿流体包裹体均一温度（A，C）和盐度（B，D）直方图

**4. 成矿流体特征**

根据上文对流体包裹体均一温度和盐度分析可知，Qtz-1 属于中温、中盐度流体；Qtz-2属于中-高温、中-高盐度流体；Qtz-3 属于高温、高盐度流体；Qtz-4 属于中温、中盐度流体。

Wol-1 属于中高温、中高盐度流体；Wol-2 属于中高温、中高盐度流体。

总体上，黑钨矿流体包裹体温度明显高于石英流体包裹体，Wol-1 流体包裹体温度比同阶段的 Qtz-2 流体包裹体温度高 40~60℃，Wol-2 流体包裹体温度比同阶段的 Qtz-3 流体包裹体温度高 20℃。

## 三、成矿流体演化

值得注意的是，黑钨矿微区稀土元素配分模式图呈左倾型（图 4-30A），轻稀土明显亏损，而重稀土明显富集，与东坪矿区隐伏花岗岩稀土元素配分模式图和蛛网图呈“镜像”（图 4-3B），暗示成矿流体和成矿物质来源于东坪矿区隐伏花岗质岩浆热液。Ta 和 Nb 是黑钨矿中重要的微量元素，其成因及含量变化一直备受研究者关注。黑钨矿形成时成矿流体中 Ta 的浓度和水-岩反应是控制黑钨矿中 Ta 含量重要因素。当含矿石英脉与周围岩体发生水-岩反应时，会从围岩中获得 Sr、Ta 和 Nb 等元素，从而使得石英脉中黑钨矿 Sr、Ta 和 Nb 等元素富集。

黑钨矿微区地球化学显示，黑钨矿呈 Sr 正异常，且 Sr 在 Wol-2 中的含量明显高于 Wol-1，围岩双桥山群变质岩地层中 Sr 含量较高，暗示围岩新元古界双桥山群变质岩地层为晚阶段钨成矿提供了物质来源。

流体包裹体研究能够直接、有效获取成矿流体的组成和温度、盐度等物理化学条件，为了解流体演化和成矿机制提供了重要手段。石英脉型钨矿床中钨矿物沉淀主要受流体冷却、减压沸腾、流体混合和水-岩反应等因素的影响。高温、酸性流体是迁移 $WO^{4-}$ 的有利条件，温度的降低和 pH 值的升高会导致钨的沉淀。一般而言，减压沸腾作用会产生均一温度接近的高盐度液相和低盐度富气相两种流体，东坪黑钨矿床流体包裹体研究结果表明，石英和黑钨矿中流体包裹体类型以富气相和气液两相包裹体为主，只发育少量含子晶多相包裹体，且难以观察到富气相与含子晶包裹体空间上共生，因此，减压沸腾作用不是东坪黑钨矿床中钨富集的主要机制。东坪黑钨矿床流体包裹体测温结果表明，成矿早阶段成矿流体属于中低温、中高盐度流体，成矿主阶段流体属于中高温、中高盐度流体，成矿晚阶段属于中低温、中高盐度流体，流体演化不是单一的冷却过程。研究表明，深部岩浆流体多期次脉动能够提供稳定迁移成矿元素的热液流体条件，有利于矿化的发生。东坪黑钨矿床，随着成矿作用的进行，流体温度逐渐升高，晚阶段流体温度降低。石英流体包裹体从 Qtz-1 到 Qtz-2 再到 Qtz-3 阶段的均一温度整体上升（图 4-36A），与相应阶段黑钨矿 Wol-1 到 Wol-2 经历的升温过程相似（图 4-36B），这一现象暗示东坪矿区主成矿期存在“脉冲式”多次岩浆热液成矿。岩浆热液沿着断裂上升过程中，在晚阶段有大气降水加入，Qtz-4 阶段均一温度显著降低，成矿流体与双桥山群变质岩地层发生水-岩反应，萃取围岩中一定的成矿物质，随着温度的降低、pH 值升高等物理化学条件的变化，钨等成矿金属沉淀富集成矿，形成了东坪大规模的石英脉型钨矿化。

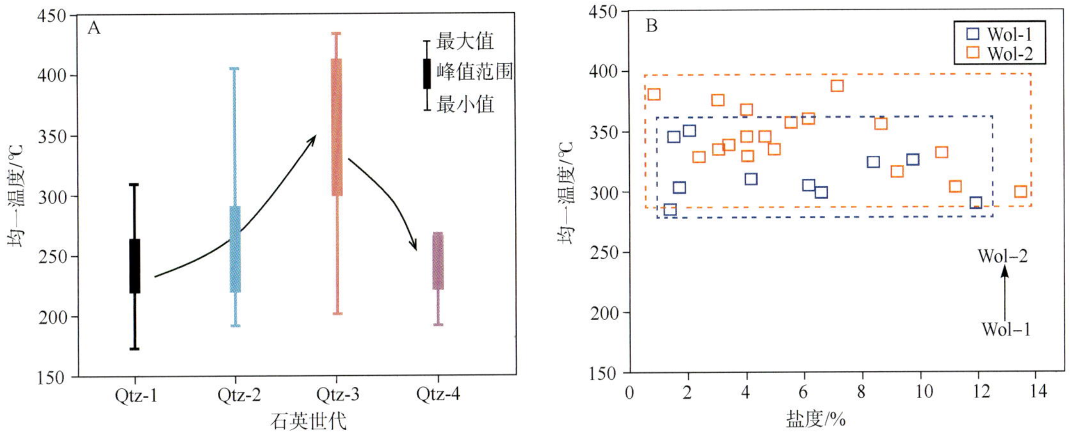


图 4-36　东坪黑钨矿床石英世代-均一温度（A）和黑钨矿流体包裹体盐度-均一温度（B）协变图

# 第六节　矿床成因分析

## 一、成矿物质来源

大量研究成果显示 S 型花岗岩的源区为变质沉积岩（Chappell and White，1974；王德滋等，2003）。东坪矿区黑云母花岗岩为强过铝质花岗岩，其 A/CNK 值介于 1.21~1.44。实验表明，源区为泥质岩经部分熔融产生的强过铝质 S 型花岗岩，其 $CaO/Na_2O$ 比值通常小于 0.3；而砂屑岩经部分熔融产生的强过铝质 S 型花岗岩，其 $CaO/Na_2O$ 比值通常大于 0.3（Sylvester，1998）。在反映花岗岩源区特征的 C/MF-A/MF 图解（图 4-37）中，东坪矿区黑云母花岗岩的 $CaO/Na_2O$ 比值介于 0.12~0.21，都小于 0.3，黑云母花岗岩位于变质泥岩部分熔融区域；在 Rb/Sr-Rb/Ba 图解（图 4-38）中，东坪矿区黑云母位于贫黏土矿物源区，反映出东坪矿区黑云母花岗岩源区以泥质为主，与大湖塘矿区具有相似的源区特征。

Nb、Ta 离子半径和电荷数极为相近，两者具有非常相似的地球化学特征，Nb/Ta 比值常作为岩浆岩来源的重要指示剂。正常花岗岩和大陆地壳的 Nb/Ta 比值约为 11（Green，1995），原始地幔与 MORB（洋脊玄武岩）具有相近的 Nb/Ta 比值，分别为 16.7、17.39。Rb/Sr 和 Rb/Nb 比值可以反映岩浆分异演化的程度，中国东部上地壳Rb/Sr 和 Rb/Nb 比值的平均值分别为 0.31 和 6.8。东坪矿区黑云母花岗岩 Nb/Ta 比值介于 2.81~7.00，远低于正常花岗和大陆地壳的 Nb/Ta 比值（约为 11）；Rb/Sr 和 Rb/Nb 比值分别为 11.87~65.18、27.27~46.98，远高于中国东部上地壳 Rb/Sr 和 Rb/Nb 比值；Rb/Nb 比值和 Nb/Ta 比值呈负相关（图 4-39），反映出东坪矿区黑云母花岗岩主要源自陆壳物质，在岩浆演化过程中可能存在流体作用影响（Green，1995）。

在亚铝质-过铝质的岩浆中 Nb 要比 Ta 优先进入到相关的副矿物（如铌铁矿）中，并且随着岩浆铝质成分的增加，Nb 分配系数（$D_{Nb}$）较 Ta 的分配系数（$D_{Ta}$）更大，导致

Nb 和 Ta 发生了分馏，Ta 逐渐趋向于富集，导致 Nb/Ta 比值逐渐降低。在 Nb-Nb/Ta 图解（图 4-40）中，黑云母花岗岩数据均位于上地壳平均值的右下方，且 Nb 含量范围较大，在横向上有所发散，也说明地壳物质部分熔融过程中可能有富挥发分的参与。Zr/Hf 比值是反映岩浆体系演化程度和是否发生流体交代作用的一个重要参数。一般花岗岩的 Zr/Hf 比值为 30，岩浆演化程度的增加或发生流体交代作用会导致 Zr/Hf 比值变小（Bau，1996），东坪矿区岩体 Zr/Hf 比值介于 13.97~33.55，平均为 25.41，反映出东坪矿区黑云母花岗岩在演化过程中可能有富挥发分的参与或发生过流体交代作用。

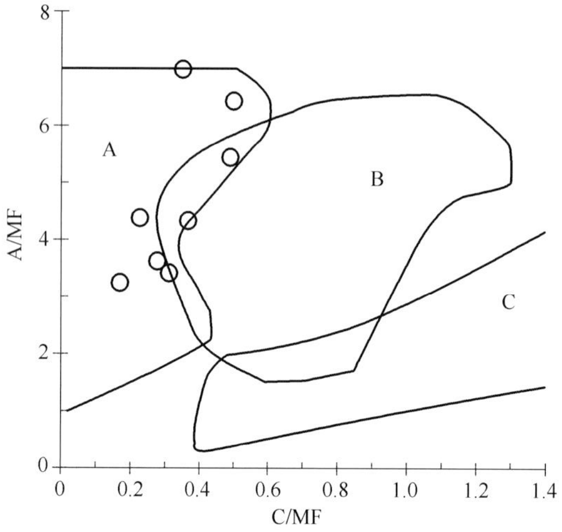


图 4-37　东坪黑云母花岗岩 C/MF-A/FM 图解

（底图据 Alther et al.，2000）

A—变质泥岩部分熔融；B—变质砂岩部分熔融；

C—基性岩部分熔融

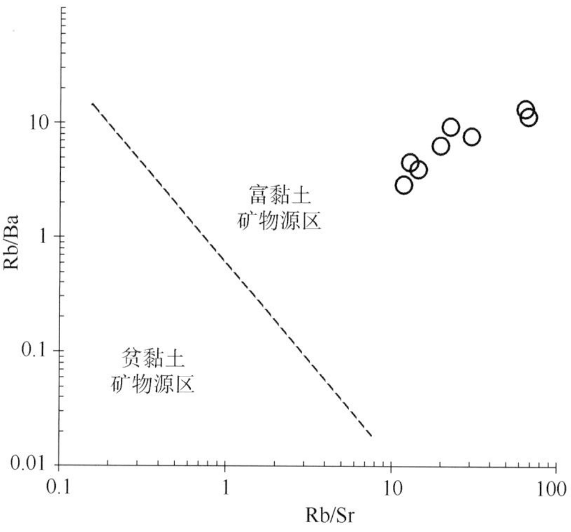


图 4-38　东坪黑云母花岗岩 Rb/Sr-Rb/Ba 图解

（底图据 Sylvester，1998）

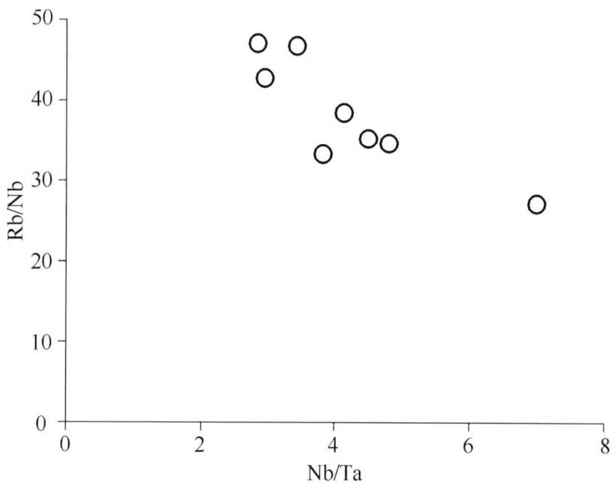


图 4-39　黑云母花岗岩 Nb/Ta-Rb/Nb 图解

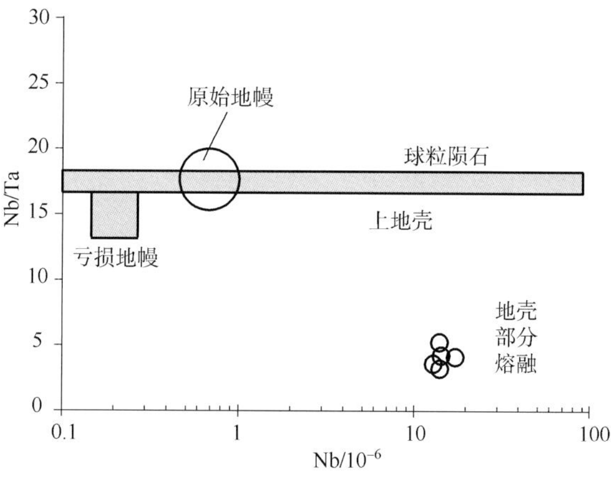


图 4-40　黑云母花岗岩 Nb-Nb/Ta 图解

（据 Barth et al.，2000）

综上，东坪矿区黑云母花岗岩两阶段的 Nd 模式年龄（$T_{DM}^{C}$）除 ZK5050-1579（$T_{DM}^{C}=2.65$Ga）外，其余均集中于 1.57~1.84Ga 之间，这与华南燕山期壳型花岗岩的

Nd 两阶段模式年龄（$T_{DM}^{C}$ = 1.3～1.8Ga）基本一致（李献华，1996；张海祥等，2000）。因此，东坪矿区黑云母花岗岩来源于富泥质岩石熔融，其源区岩石很可能是华南中元古代老基底物质的再循环，在演化过程中可能有富挥发分的参与或发生过流体交代作用。

## 二、矿床成因类型

东坪矿区隐伏岩体侵位于双桥山群安乐林组浅变质碎屑岩系，自岩体至围岩接触带表现出云英岩化→绿泥石、绿帘石化→角岩化蚀变特征，在云英岩化与绿泥石、绿帘石化黑云母花岗岩中具有星点状、稀疏浸染状辉钼矿化、黄铜矿化等，石英脉叠加发育在每一个蚀变带中。前文已述区内脉体自岩体至外接触带垂向上具有5个分带特征：尖脉带→大脉带→薄脉带→细脉带→线脉带，脉内均有不同程度的钨、铜矿化现象。据此认为东坪矿区隐伏岩体对钨矿化的分布具有明显的控制作用，为东坪成矿岩体。九宫山—香炉山—沙店一带燕山期岩浆岩主要集中于135～125Ma，香炉山黑云母花岗岩全岩Rb-Sr等时线年龄为126±2.6Ma（张家菁等，2008）；任家山岩体、高湖岩体、太阳山岩体等三大岩体全岩 K-Ar 同位素年龄为 125.9～131.1Ma（江西省地质矿产勘查开发局，2017）。东坪黑钨矿床产出于香炉山—沙店一带，黑云母花岗岩 LA-ICP-MS 锆石 U-Pb 年龄为 128.79±0.39Ma～132.9 ±1.4Ma，这一测年成果与香炉山、彭山、高湖等岩体高度一致。本次获得东坪黑钨矿 30 个测点获得的$^{206}Pb/^{238}U$ 年龄为 129.5 ± 5.4Ma（1$\sigma$，MSWD = 0.75）（Yang et al.，2022），与东坪隐伏岩体成岩时代一致，表明东坪黑钨矿和东坪隐伏岩体具有成因联系，暗示巨量钨成矿与花岗岩岩浆作用具有密切成因联系。

根据矿区的侵入体类型、矿石组构、热液蚀变特征及其分带及同位素定年等，我们已经确立了主要的矿化类型为产于石英脉中的细脉-浸染状钨矿体、铜银矿体；矿床类型属石英脉带型黑钨矿床，其成矿与岩浆期后热液的成矿作用有关。

## 三、成矿垂直分带

东坪矿床矿脉赋存在600～-700m之间，矿床遭受剥蚀较浅，矿床保留较好，自上而下可分为6个具渐变过渡特点的矿化带（图4-41，图4-42）。

1）顶部矿化标志带（云母线）：白云母石英线脉、黑钨矿化白云母石英线，矿物组合为黑钨矿、黄铜矿、白钨矿、闪锌矿、白云母、绢云母及石英（图4-42A-C），脉侧围岩出现广泛的热液蚀变是其主要标志。含脉密度3～13条/m，含脉率1%～5%，带宽3～30m，单脉厚0.1～0.8cm。推测此带的标高在600～400m之间。

2）上部细脉带：矿物组合为黑钨矿、黄铜矿、黄铁矿、白钨矿、白云母、绢云母及石英（图4-42D，E），含脉密度2.5～6条，含脉率5%～28%，带宽20～55m，单脉厚2～5cm。推测此带的标高在400～200m之间。分布有少量的硫化物。黑钨矿呈薄板状，晶体短小，（000）面的生长环带比较发育。石英脉中的晶洞较为常见。

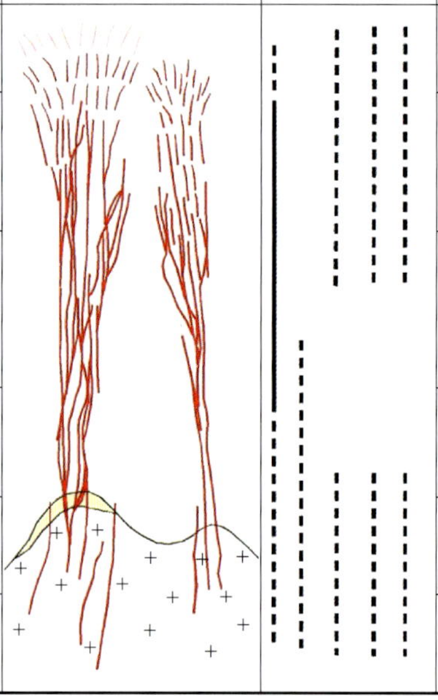

| 部位 | 带名 | 标高 m | 工业价值 | 形态示意图 | 主成矿元素 W Bi Cu Ag Ga | 含脉密度 条·m⁻¹ | 含脉率/% | 带宽 m | 单脉厚度/cm | 主要矿物组合 |
|---|---|---|---|---|---|---|---|---|---|---|
| 顶部 | 矿化标志带(云母线) | 600~400 | 无 | | | 3~13 | 1~5 | 3~30 | 0.1~0.8 | Wol-Ccp-Py Mus-Ser |
| 上部 | 细脉带 | 400~200 | 大 | | | 2.5~6 | 5~28 | 20~55 | 2~5 | Wol-Ccp-Sph-Py-Sch-Mus-Ser等 |
| 中部 | 中脉带 | 200~-300 | 巨大 | | | 1.2~3.4 | 15~42 | 8~25 | 20~50 | Wol-Sch-Ccp-Py-Mus等 |
| 下部 | 大脉带 | -300~-500 | 大 | | | 1~2 | 45~90 | 3~15 | 20~200 | Wol-Ccp-Po-Py-Mo1等 |
| 深部 | 地下室 | -500~-600 | 弱 | | | 钨多金属矿化沿岩体顶部云英岩化带发育，呈似层状产出 | | | | Wol-Ccp-Py-Mol-Mus-Ser-Chl-Ep等 |
| 根部 | 巨脉-尖灭带 | -500~-700 | 弱 | | | 1~2 | 0.6~25 | 20~45 | 0.5~200 | Wol-Ccp-Py-Cal |

图 4-41　东坪钨矿“五层楼”式矿床模式示意图

Wol—黑钨矿；Sch—白钨矿；Ccp—黄铜矿；Sph—闪锌矿；Py—黄铁矿；Mol—辉钼矿；Mus—白云母；Ser—绢云母；Chl—绿泥石；Ep—绿帘石；Cal—方解石；Po—磁黄铁矿

3）中部中脉带：矿物组合为黑钨矿、黄铜矿、黄铁矿、白钨矿、白云母及石英（图 4-42F），含脉密度 1.2~3.4 条/m，含脉率 15%~42%，带宽 8~25m，单脉厚 20~50cm。推测此带的标高在 200~-300m 之间。硫化物最为富集，黑钨矿呈长矛状，晶体粗大，在构造有利部位常常形成大小不等的“钨砂包”。这个带是区间最大和钨矿最富的。

4）下部大脉带：矿物组合简单，为黑钨矿、黄铜矿、黄铁矿、辉钼矿、白云母及石英（图 4-42G-K），含脉密度 1~2 条/m，含脉率 45%~90%，带宽 3~15m，单脉厚 20~200cm。推测此带的标高在-300~-500m 之间。辉钼矿代替闪锌矿，与白云母常富集于石英脉两侧。对于钨矿来说，这个带可能只有局部地段矿化尚好。

5）深部地下室：黄铜矿、黄铁矿、辉钼矿呈细脉浸染状（图 4-42M），其他矿物有绿泥石、绿帘石及绢云母。云英岩化蚀变黑云母花岗岩沿岩体顶部发育，呈似层状产出；肉眼难以看见黑钨矿。推测此带的标高在-500~-600m 之间。

6）根部巨脉-尖灭带：矿物组合简单，为黑钨矿、黄铜矿、黄铁矿、方解石及石英（图 4-42N，O），含脉密度 1~2 条/m，含脉率 0.6%~25%，带宽 20~45m，单脉厚 0.5~200cm。推测此带的标高在-500~-700m 之间。

## 四、成矿过程

在燕山期（130Ma±）岩浆热液作用下，早期阶段由于东坪矿区节理、裂隙连通性差，这些孤立裂隙未能成为岩浆流体运输的通道，岩浆岩直接与新元古界双桥山群安乐林组变质粉砂岩、千枚岩发生接触变质作用，形成角岩、角岩化砂岩。随着岩浆的冷凝结晶，开

图 4-42　东坪矿区成矿垂直分带对应典型照片

A—矿化标志带（云母线带）：白云母石英线脉，ZK6602 旁；B—线脉带：黑钨矿化白云母石英线，ZK1450 孔口旁，产状 50°∠85°；C—线脉带：Ccp+Py-Mus-Q 线脉分支复合，ZK5050-277.4，$W$=0.8~0.2cm，$\alpha$=60°~70°；D—细脉带：Wol-Mus-Ser-Q 细脉，ZK2-27/130；E—细脉带：Ccp-Py-Sph-Q 脉，ZK526-246，$W$=0.6cm，$\alpha$=65°；F—中脉带：Wol-Ccp（少）-Py（少）-Mus-Q 脉，ZPD-ph9，产状 320°∠78°，$W$=4~10cm，右手方位 230°；G—细脉-大脉带：Wol+Sch-Q 脉（ZK526-661，$W$=1cm，$\alpha$=45°），正常光照（左）及荧光灯 F（右）效果；H—细脉-大脉带：Wol-Mus-Q 脉，ZPD，右手方位 NE30°，$W$=15cm；I—细脉-大脉带：I号矿带 Wol-Ccp（少）-Py（少）-Mus-Q 脉，ZPD-ph11，右手方位 NE42°，$W$=15cm；J—大脉带：Wol-Mus-Q 脉，ZPD-ph11，右手方位 NE35°，$W$=130cm；K—大脉带：Wol-Q 脉；L—变质粉砂岩（hs）与蚀变黑云母花岗岩（$\gamma$）接触带，ZK14-50/975.6；M—地下室：细脉浸染状 Ccp-Py-Mol 矿化云英岩化蚀变黑云母花岗岩；N—巨脉-尖灭带：蚀变黑云母花岗岩中的 Wol-Ccp-Py-Pyr-Q 脉（$W$>140cm）；O—巨脉-尖灭带：蚀变黑云母花岗岩中的 Wol-Ccp-Py-Q 脉（$W$=3cm）

始出现与硅酸盐熔融体相和凝聚相共存的独立挥发相，这种挥发相在向岩体顶部运移聚集的过程中，对早先已结晶的钾长石、斜长石、黑云母等矿物发生自交代作用产生云英岩化，使其中的钨等成矿元素不断转移到挥发相中。由于安乐林组变质砂岩、板岩经角岩化使岩石愈发致密，保证了挥发分的封闭性。随着岩浆热液的不断演化，释放的高压富含挥发分的流体不断聚集，将减小含节理岩石的最小主应力。当最小主应力达到岩体的抗张强度（Ts）时，岩石发生张拉破裂或水力破裂，流体压力有小幅下降。相对于应力场，陡倾节理是最优破裂的位置；与其他方向的裂隙相比，这些陡倾方向的张裂隙保持张开状态所需要的流体压力最小。当流体压力不足以使裂隙继续张开，陡倾节理逐渐愈合，岩石恢复强度。在深部，高压富挥发分成矿流体对围岩的静水压缩使得围岩渗透率显著降低，抑制热液与围岩的水岩反应，促进成矿元素的高效运输，显著地提高化学反应速率。在浅部，由于流体压力较低，裂隙难以长时间保持打开状态，且静水压缩作用不显著，微裂隙内成矿流体的流动以扩散为主，与围岩的交代反应强烈，造成成矿元素的分散沉淀。其结果，在岩体顶部与围岩的内接触带上发育硅化和云英岩化、绢英岩化，在外接触带石英呈脉状、网脉状，成群出现，脉动成矿特征较为明显，成矿溶液伴随断裂构造多期次的反复活动而呈“脉动式”的多次充填成矿，形成类似“五层楼”式的石英脉型黑钨矿床。

# 第五章　东坪钨矿床三维地质建模

## 第一节　建模软件简介与建模数据预处理

### 一、建模软件

江西武宁县东坪钨矿床三维地质建模选用法国 Nancy 大学开发的 GOCAD（Geological Object Computer Aided Design）软件和澳大利亚 Micromine 公司开发的 Micromine 软件共同完成。GOCAD 和 Micromine 软件都是国际公认的主流三维地质建模软件，GOCAD 软件适用于大区域复杂地质界面的快速、精细建模，常用于三维界面模型的构建（吴志春等，2015a，2016a，2016b，2020a，2021；郑国磊等，2017；耿瑞瑞等，2020）；Micromine 软件是一款针对矿山三维地质建模、储量估算的软件，可用于不同矿种和各种形状的矿体储量估算（郑文宝等，2011；陆海和孙喜新，2015；时昆林和冯文杰，2015；魏明等，2019；刘永刚等，2021）。在 GOCAD 软件中主要完成 DEM（Digital Elevation Model）面、模型边界面、矿体界面和黑云二长花岗岩界面（即双桥山群浅变质岩与黑云二长花岗岩的接触界面）的构建及界面模型组合工作。在 Micromine 软件中构建矿体三维界面模型，并运用探矿工程中的样品测试分析数据通过数据插值处理构建钨矿体品位属性模型，并对矿体进行储量估算。

**1. GOCAD 软件**

1989 年，法国 Nancy 大学的 J. L. Mallet 教授提出了用于曲面建模的离散光滑插值（Discrete Smooth Interpolation，DSI）技术。同年，多所高校和企业联合成立了以 DSI 技术为核心的建模技术攻关联合体，致力于研发一套适用于石油、气藏、矿山、环境工程等领域三维地质建模软件。20 世纪 90 年代，联合体利用 C 语言开发出初代 GOCAD 软件，随后在数家公司的支持下用 C++语言重新进行了编译。1998 年，Earth Decision Seciences 公司开始对 GOCAD 软件进行商业化推广，并成立了 T-SURF 子公司负责软件的开发、维护和技术支持。2004 年，J. L. Mallet 教授在 GOCAD 软件基础上，又提出了地质年代学模型（Geo-Chronologicalmodel，GeoChronmodel）的概念，并研发了（古地理）坐标转换（UVT Transform）技术，该技术在保证地质数据解译一致的前提下，更能精确地构建地下三维地质模型。2006 年，帕拉代姆（Paradigm）公司收购了 T-SURF 公司，并开始使用 GOCAD 软件自带开发工具模块对软件进行开发。2007 年，帕拉代姆公司在 GOCAD 软件的基础之上推出了新一代基于 UVT 地质沉积空间的三维地质建模软件 SKUA（Subsurface Knowledge Unified Approach），相比于 GOCAD 软件，SKUA 软件不仅提高了油藏建模的速度和真实三维模拟地下沉积状态，而且还提供了全局解释、真三维地震古拉平、断裂概率计算等功能。2011 年，帕拉代姆公司推出了基于 Epos 数据库平台的 SKUA 软件，实现了 SKUA 与其他产品的数据共享。2013 年，帕拉代姆公司将 GOCAD 软件与 SKUA 软件合并，推出了 SKUA-GOCAD 软件，现该软件已广泛应用于地球物理学、地质学、储层建模、油藏工程模拟网格、地质力学等领域。

GOCAD 软件是以工作流程为核心的地质建模软件，实现了高水平的半智能化建模，具有功能强、界面友好、易学易用等优点，并能在几乎所有硬件平台上运行，与其他三维地质建模软件相比，具有以下显著特征。

（1）真三维地质建模

采用 UVT 坐标转换技术进行三维地质建模，能综合应用地下多源信息，充分考虑建模区的断裂系统，同时进行地层界面与断层网格的建模。

（2）准确建模

UVT 坐标转换技术，对解译的地震界面赋予了地下地质意义。应用这种古地理网格，建模人员可对地质目标、储层参数及储层属性建立真实沉积环境下的三维模型，而不是在现今几何形态或古几何形态发生变形的条件下建立三维地质模型。同时，该建模软件可以构建复杂（地层、断裂）三维地质模型。

GOCAD 软件提供了一种角点（Corner point）网格来刻画断裂构造系统，该网格可以快速实现柱状（Pillar）网格或阶梯状（Stair-step）网格（横向交互近似垂直的柱状网格）转换。由于储层建模与数值模拟建模对网格的要求不一样，基于柱状网格的建模软件只能输出一种网格，不能很好地满足这两种建模的要求。GOCAD 软件提供的网格能生成两种不同的网格，满足不同生产阶段的建模需求，具体采用哪种网格取决于建模人员的实际需要。

（3）快速建模

GOCAD 软件的建模速度快。①能自动生成断层模型，断层之间的关系自动产生，较大程度减少了人工参与修改的工作量；②能自动生成不存在层位间交叉现象的地层模型，避免了常规建模软件层位相互交叉的现象；③能应用新增地质数据实时对三维地质模型进行更新、修改。

**2. Micromine 软件**

Micromine 公司是一个国际性的矿业软件开发、营销及咨询公司，该公司成立于 1986 年，总部位于西澳大利亚珀斯。目前在全球设有多个办事处及分支机构，中国分部位于北京市朝阳区。该公司开发的软件主要有 Micromine、Fieldmarshal、Pitram 和 GBIS。Micromine 软件主要用于地质勘探、矿山三维建模、储量估算、采矿设计。Fieldmarshal 软件主要用于野外地质数据的采集和处理。Pitram 软件是矿山生产日常管理系统，主要用于提供生产产量和活动报告，也可实时显示设备和人员的位置和状态。GBIS 软件是数据管理系统，主要用于与其他软件集成。

Micromine 软件共有 Core 模块、勘探模块、资源估算模块、线框模块、开采和品位控制模块、测量模块、输出模块 7 个模块（杨东来等，2007）。Core 模块是 Micromine 软件的核心模块，主要功能包括数据输入与输出、数据检查、数据编辑、二维和三维空间环境下的数据浏览、线框解释与赋值、坐标转换、数据分布特征统计分析、任意角度剖面切割、线的编辑等。勘探模块主要功能包括等值线与 DTM 的创建、钻孔显示与编辑、地质统计学分析、剖面显示与编辑、地质剖面建模等。资源评估模块主要功能包括矿体模型构建、煤层评估、资源报告生成等，并提供了加权回归法、普通克立格法、对数正态克立格法、序贯克立格法、多重指示克立格法等插值方法。线框模块主要功能是面模型的构建，包括面的几何形态与属性信息创建与编辑。开采和品位控制模块简化了露天矿和储放堆的设计。露天矿设计包括台阶面宽度、角度、坡度、斜坡宽度、斜坡方向、台阶到斜坡的尖端等；地下矿设计包括斜坑道、平坑道、斜坡和穿脉；所有的坑道均可做成隧道实体。品位控制能以体积、吨位和品位交替性描绘各采矿层的矿体块状模型。测量模块主要用于输入测量数据并简化为三维坐标的点和线。输出模块主要功能是图件的成图与输出。

Micromine 适用于矿山三维建模与储量估算，已被国际上一些大中型矿业地质勘探公司所采用，该软件具有以下特点。

（1）精确、快捷

该软件可建立槽、钻、坑探数据库，并提供严谨的数据检查功能；可实现工程轨迹（槽、钻、坑探）、勘探线位置及岩性位置的精确绘制；提供基于三维可视化环境的地质解释、矿体边界圈定、地质体三维模型构建功能；可自动生成矿体图件。

（2）可靠性高

Micromine 软件空间数据库是地质报告编写的逆向操作，实现二维空间图纸到三维立体空间的转换；另一方面，该软件中建立的软件模型及应用地学统计方法进行的矿体储量估算与常规地质勘查报告储量估算相比，误差更小。

（3）方便、直观

该软件中数据全部具有三维属性，每一个点的位置都是三维空间中的实际点，而非投影；最终形成的矿体、夹石及断层模型直观性强，便于一目了然地了解矿体、夹石及断层的空间位置关系及其形态、产状等，施工指导性强。

（4）储量计算便捷

该软件中建立的矿山数据模型，在储量核查时只需对矿体的变化情况进行测量，便可以快速、准确地计算各个矿体各类矿石储量、矿山各级储量总量、已开采储量、保有储量、备采储量的数量、质量及其空间分布规律。

## 二、建模数据

东坪钨矿床三维地质建模的建模数据源包括 1 幅 1：2000 地形地质图、1 幅遥感影像图、291 个钻孔、36 幅勘探线剖面图、9 幅中段平面图等数据，钻孔分布图见图 5-1。291 个钻孔总进尺为 194213.4m，钻孔深度范围在 206.1～1602.7m 之间，平均深度 667.4m，深度集中在 500～800m 之间（图 5-2）。

根据已有建模数据的分布范围和深度，地表建模范围形状为矩形（长约 1.5km，宽约 1.4km），面积约 2.1km$^2$，建模深度范围为-1200～623m。

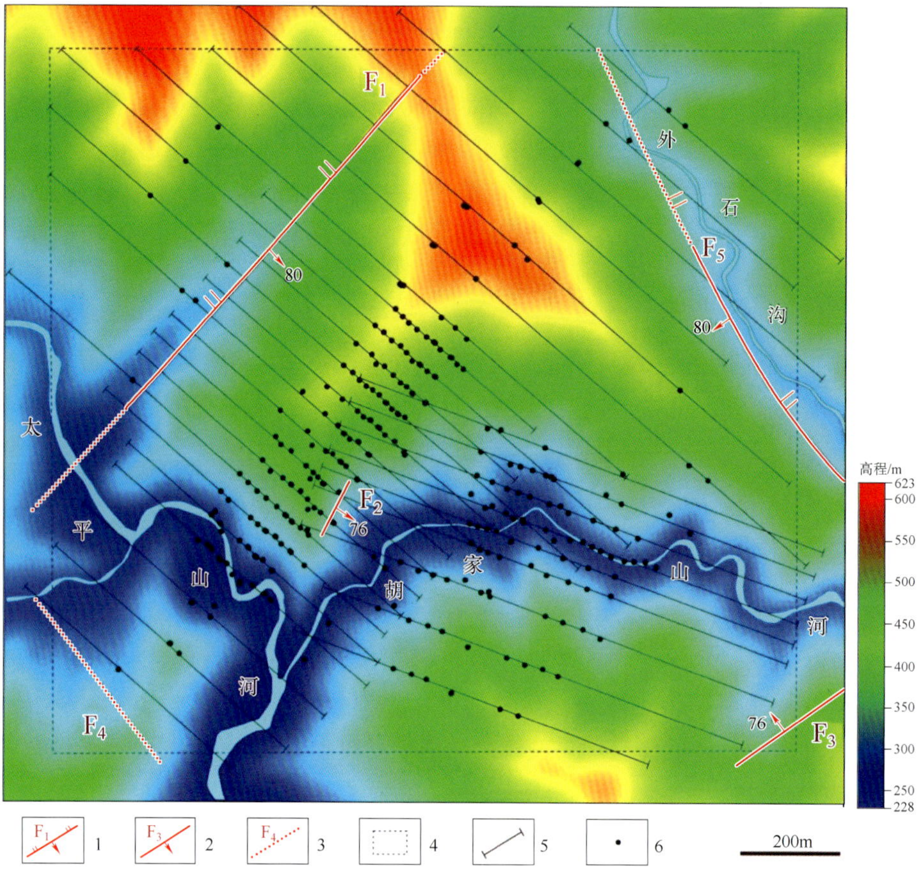


图 5-1　钻孔分布图

1—逆断层及编号；2—性质不明断层及编号；3—推断断层；4—建模范围；5—勘探线；6—钻孔

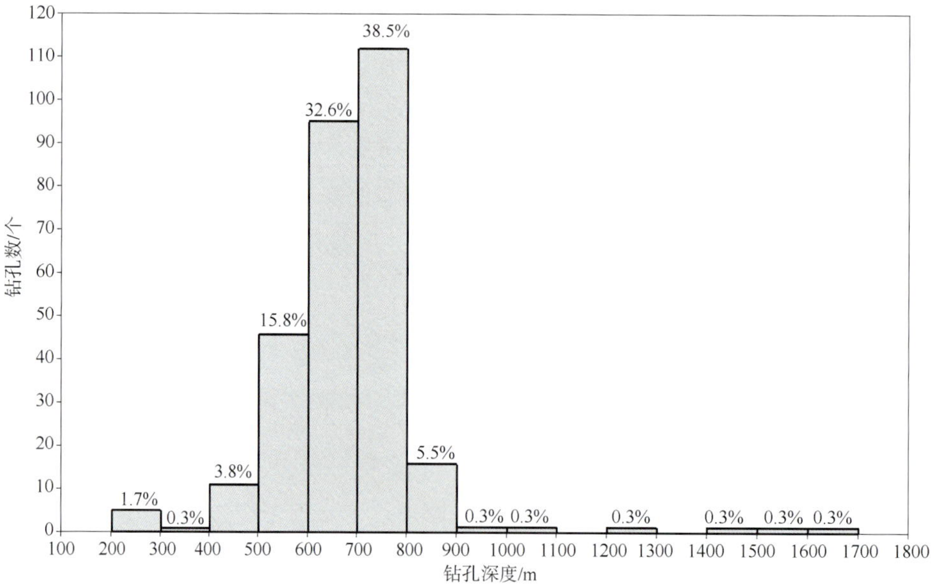


图 5-2　钻孔深度直方图

## 三、建模数据处理

**1. 地形地质图数据**

在 MapGIS 6.7 软件中将 1∶2000 的地形地质图数据投影变换成 1∶1000。对线的线型、颜色进行统改，将其修改为实线，颜色为黑色，目的是防止在数据格式转换过程中丢失数据。修改地形数据的文件名称和属性名称，确保无特殊符号和汉字，目的是让建模软件平台能够正确读取。

分图层将 .wl 格式数据转换成 .dxf 格式，并导入建模软件。地形数据导入建模软件之后，通过勾选 *Z* 值属性复选框，等高线按高程值大小呈现不同颜色，同时也可以通过修改颜色表、显示范围、显示级数等信息来调整等高线显示的颜色（图 5-3），以此来检查等高线中的高程值是否存在错误。

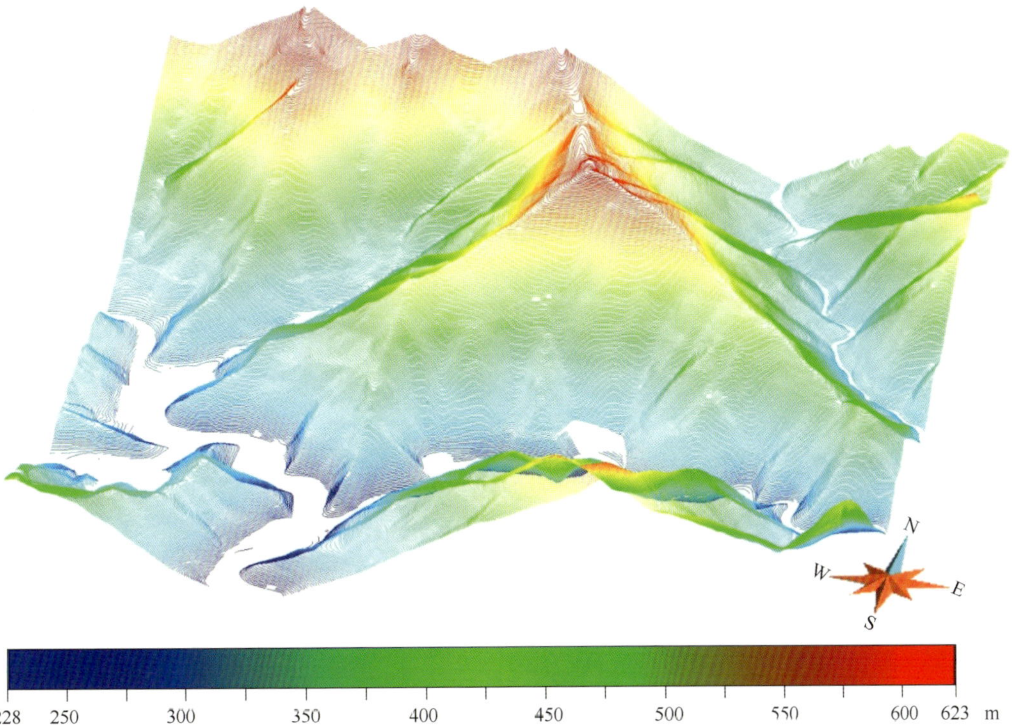


图 5-3　等高线三维显示

加密地质界线中的节点，在 *Z* 轴方向上将地质界线投影到 DEM 面，使地质界线与 DEM 面完全重合。因为建模区为同一个填图单元，因此无须进行面的处理。

**2. 遥感影像**

对遥感影像进行几何校正，获取矩形影像的 4 个角点坐标。将影像格式转换成 .tif 格式或 .jpg 格式，并导入建模软件平台。通过运用影像的 4 个角点坐标对其进行空间定位。空间定位后的影像为平面图，将遥感影像设置成 DEM 面的纹理，使平面影像变成三维图。遥感影像作为 DEM 面的纹理之后，DEM 面隐藏，此时只显示三维影像（图 5-4）。

图 5-4　遥感影像图三维显示

**3. 勘探线剖面图、中断平面图**

勘探线剖面图和中段平面图导入方法大致相同。不同之处在于读取矩形图 4 个角点坐标之后，勘探线剖面图还需根据所处位置和走向换算出 4 个角点的三维空间坐标（$x$、$y$、$z$），而中段平面图需要增加高程坐标。

**4. 钻孔**

将钻孔数据整理成测斜表、位置表、岩性表、测试分析表 4 个表。测斜表中包含钻孔名称（Wellname）、倾角（Inclination）、方位角（Azimuth）、深度（MD）等信息；位置表中包含钻孔名称（Wellname）、开孔坐标（$X$，$Y$，$Z$）、钻孔深度（Toaldepth）等信息；岩性表中包含钻孔名称（Wellname）、分层深度（MD）、分层代号（Makername）等信息；测试分析表中包含钻孔名称（Wellname）、顶测深（Top）、底测深（Bottom）、品位（Grade）等信息。数据表之间以钻孔名相链接。钻孔测斜表中的倾角为钻孔与 $Z$ 轴所交的锐角，测斜数据需要从开孔位置处开始算起。在建模软件平台中，依次按钻孔测斜表、位置表、岩性表、测试分析表顺序导入，三维空间内的钻孔数据见图 5-5。

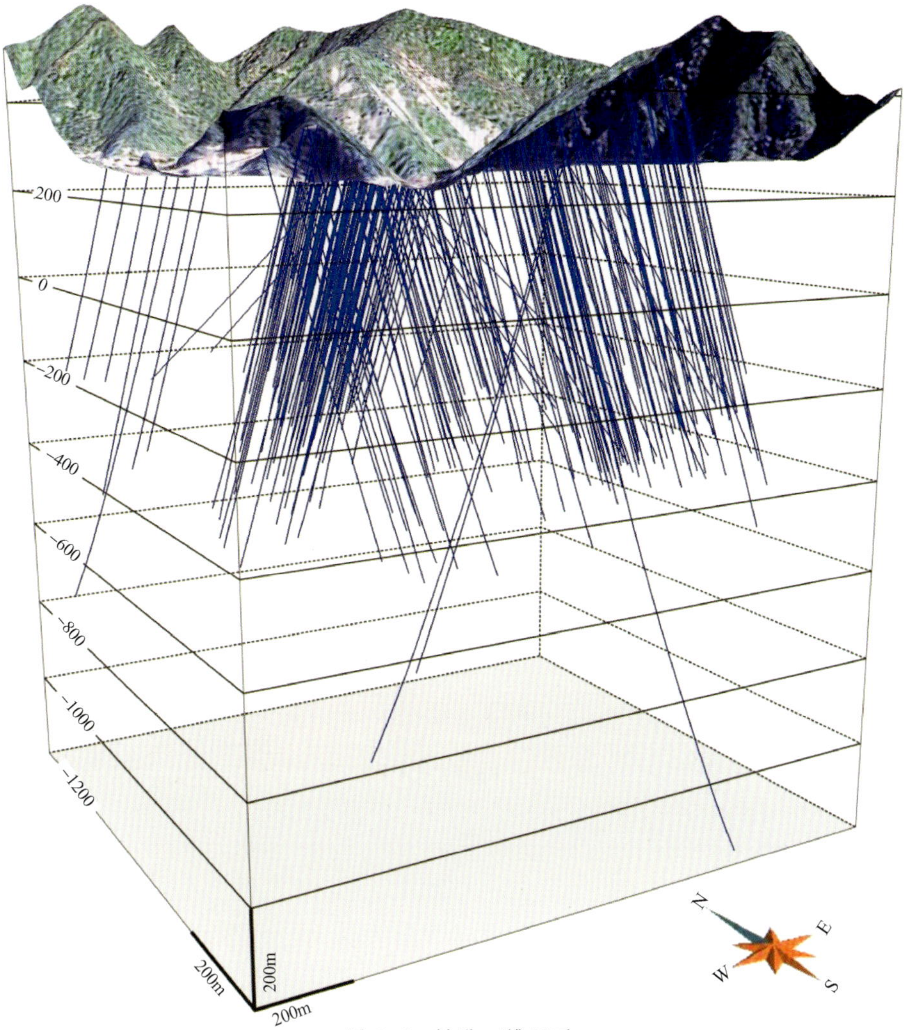


图 5-5　钻孔三维显示

（高程单位为 m）

## 第二节　三维界面模型

三维界面模型构建的关键是不同类型地质界面的构建，模型中界面类型有 DEM 面、模型边界面、断层面、矿体界面和黑云二长花岗岩界面。

### 一、DEM 面

运用地形地质图中的等高线数据进行 DEM 面的构建。该界面的构建主要有地形数据的质量检查、地形数据转换成散点数据、运用散点数据构建 DEM 面和修正 DEM 面 4 个关键步骤。地形数据的质量检查主要是检查等高线和高程点（如山峰、山隘、凹地最低点等的高程点和三角点等）的高程属性信息是否缺失和数据的准确性。数据质量的检查可以用肉眼直接观察三维地形数据、计算机属性信息查询等方法相结合的方式进行。等高线为线数据，高程点为散点数据，为了方便 DEM 面的构建，将等高线中的节点转换成散点数据，将散点数据作为 DEM 面构建的数据类型。在将等高线中的节点转换成散点之前，可通过加密或抽稀等高线中节点来控制转换后散点的数量。运用散点数据在 GOCAD 软件中的构造建模流程（Structural Modelling Workflow，SMW）模块中创建 DEM 面。在创建过程中，可对散点数据进行 DSI 插值，并可定义创建面的范围和三角网格的大小和类型（吴志春等，2015b，2020b；郭福生等，2018），用该方法创建的界面效果好（图 5-6）。构建的 DEM 面与钻孔开孔高程常存在不吻合现象。由于钻孔数据的精度更高，应用钻孔数据修正已构建的 DEM 面。将钻孔开孔坐标转换成散点，并将散点设置成为控制点，用这些控制点数据对 DEM 面进行约束、插值处理来调整 DEM 面，使其与钻孔数据相吻合。

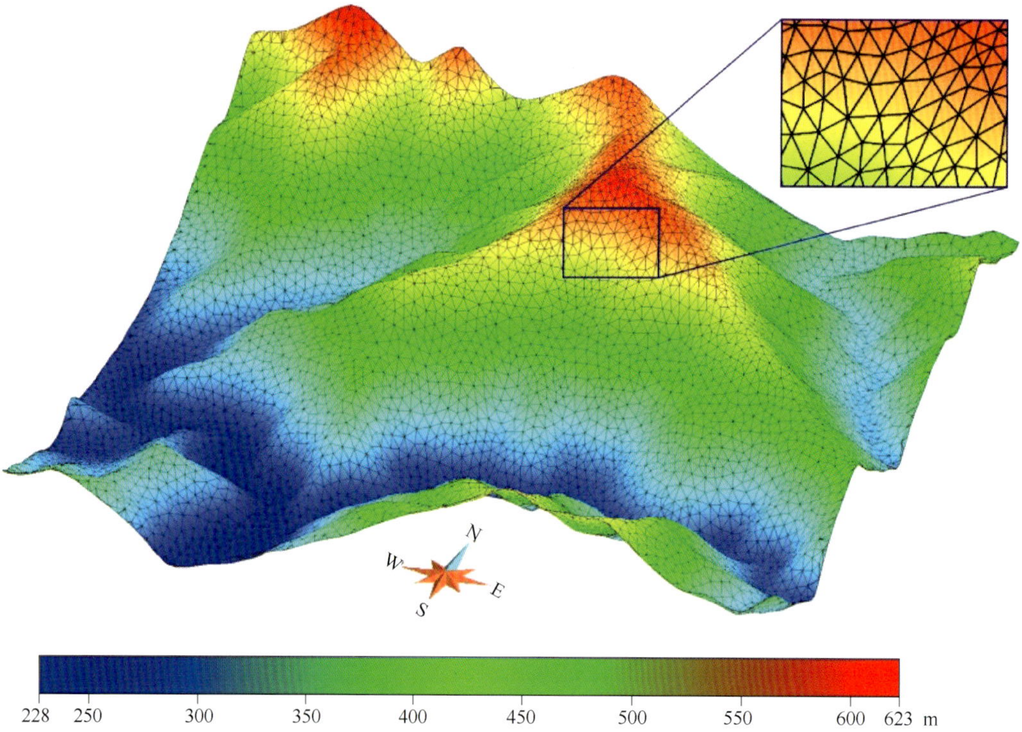


图 5-6　DEM 面三维显示

## 二、模型边界面

用建模范围边界线在 GOCAD 软件 SMW 模块中运用“根据线生成模型边界面”的功能创建模型边界面，构建过程中只需设置模型的深度范围即可自动创建模型边界面。生成的模型边界面之间能够完全拼接，相邻界面的边界三角网节点空间位置相一致。相邻界面的边界三角网节点空间位置的一致性有利于后期三维界面模型的组合，可以降低三维界面模型组合过程中的错误率。

## 三、断层面

建模区内共有 5 条断层（$F_1$、$F_2$、$F_3$、$F_4$、$F_5$），其中北东向断层有 3 条（$F_1$、$F_2$、$F_3$）、北西向断层有 2 条（$F_4$、$F_5$）。$F_2$ 断层有钻孔数据控制，剩余 4 条断层仅为地表地质数据控制。

$F_2$ 断层面的构建采用通过对地表断层轨迹线与深部钻孔数据进行插值的方式构建。$F_1$、$F_3$、$F_4$、$F_5$ 断层的构建分成 3 个步骤，首先根据地表断层轨迹线和对应的产状采用趋势成面法创建初始断层面，然后将初始断层面中的节点转化为散点进行 Delaunay 三角剖分生成断层面，最后对 Delaunay 三角剖分生成断层面进行平滑处理。构建的 5 个断层面见图 5-7，各断层的特征见表 5-1。

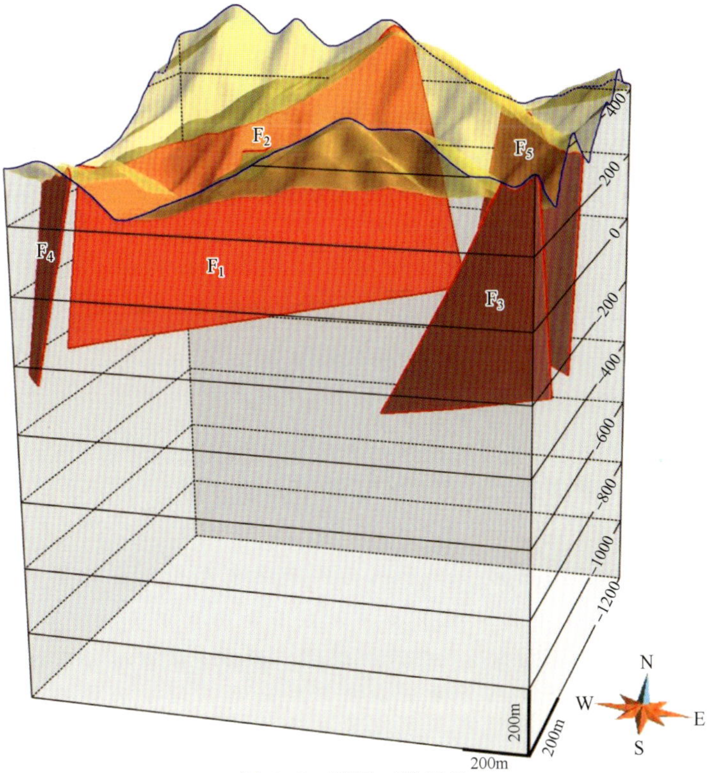


图 5-7　断层三维显示

（高程单位为 m）

**表 5-1　建模区断层特征表**

| 编号 | 性质 | 位置 | 地表延伸长度/m | 深度范围 | 产状 | 特征 | 矿化关系 |
|---|---|---|---|---|---|---|---|
| $F_1$ | 逆断层 | 北东部 | 建模区内 1228 | 不明 | 133°∠80° | 岩石破碎，充填有石英脉 | 含矿性好，与钨、铜矿化密切 |
| $F_2$ | 张性破碎带 | 中部 | 126 | 241m 至地表 | 295°∠61° | 发育为破碎带，石英脉发育 | 含矿性好，与钨、铜矿化密切 |
| $F_3$ | 张性破碎带 | 南东部 | 建模区内 93 | 不明 | 313°∠76° | 发育为破碎带，石英脉发育 | 不密切 |

续表

| 编号 | 性质 | 位置 | 地表延伸长度/m | 深度范围 | 产状 | 特征 | 矿化关系 |
|---|---|---|---|---|---|---|---|
| $F_4$ | 逆断层 | 南西部 | 建模区内 330 | 不明 | 242°∠80° | 岩石较破碎，岩石硅化 | 不密切 |
| $F_5$ | 逆断层 | 北东部 | 建模区内 859 | 不明 | 231°∠80° | 岩石破碎，岩石硅化 | 不密切 |

## 四、矿体界面

矿体界面的准确构建是后期矿床资源储量估算的关键。参照《钨、锡、汞、锑矿地质勘查规范》（DZ/T 0201—2002）确定矿体资源量估算的工业指标，对勘探线剖面中的单矿体进行圈定，在矿体的圈定过程中充分考虑矿区成矿规律、矿体分布特征、工程勘查间距等因素。

东坪矿床共有钨矿体 162 条，其中Ⅰ号矿带 72 条，Ⅱ号矿带 90 条，矿体数量多，矿体三维形态复杂，准确、快速构建困难，建模工作量大。针对该问题，本书将矿体界面拆分成若干个界面分别构建，同一矿体中的不同界面之间通过公共边界线对面边界进行约束，用于控制界面的范围和面边界节点的空间位置，确保界面组合后的矿体能够完全闭合。不同类型的矿体界面构建方法具体如下。

**1. 简单矿体**

简单脉状矿体可以分为沿矿体走向两端平推形成的矿体和沿矿体走向两端尖推形成的矿体两种情况。

（1）沿矿体走向两端平推形成的矿体

当构建沿矿体走向平推形成的矿体时，主要有以下关键步骤（图 5-8）。

1）运用封闭折线构建面的方法构建矿体两端界面（图 5-8C，F），矿体的封闭折线作为界面四周的边界约束。

2）在封闭矿体轮廓线两侧端点处断开，即在勘探线剖面中矿体尖灭点处断开，将一条封闭的折线拆分成两条线（图 5-8B）。

3）通过连接线创建界面的方法，依次连接同一界面上的矿体边界线分别构建矿体上界面和矿体下界面（图 5-8D，E）。将矿体同一界面的左、右矿体界线和矿体界线上、下端点之间的连线（共 4 条线）作为界面的边界约束。

4）将矿体的 4 个边界面组合成一个界面，构建成矿体的界面模型（图 5-8G）。4 个矿体边界面之间拥有共同的约束边界线，这确保了面之间的拼接部位具有共同的节点，使得矿体界面模型能够完全密闭。

（2）沿矿体走向两端尖推形成的矿体

当构建沿矿体走向尖推形成的矿体时，主要有以下关键步骤（图 5-9）。

1）在封闭矿体轮廓线两侧端点处断开，即在勘探线剖面中矿体尖灭点处断开，将一条封闭的折线拆分成两条线（图 5-9B）。

2）通过连接线创建界面的方法，依次连接同一界面上的矿体边界线分别构建矿体上界面和矿体下界面（图 5-9D，E）。

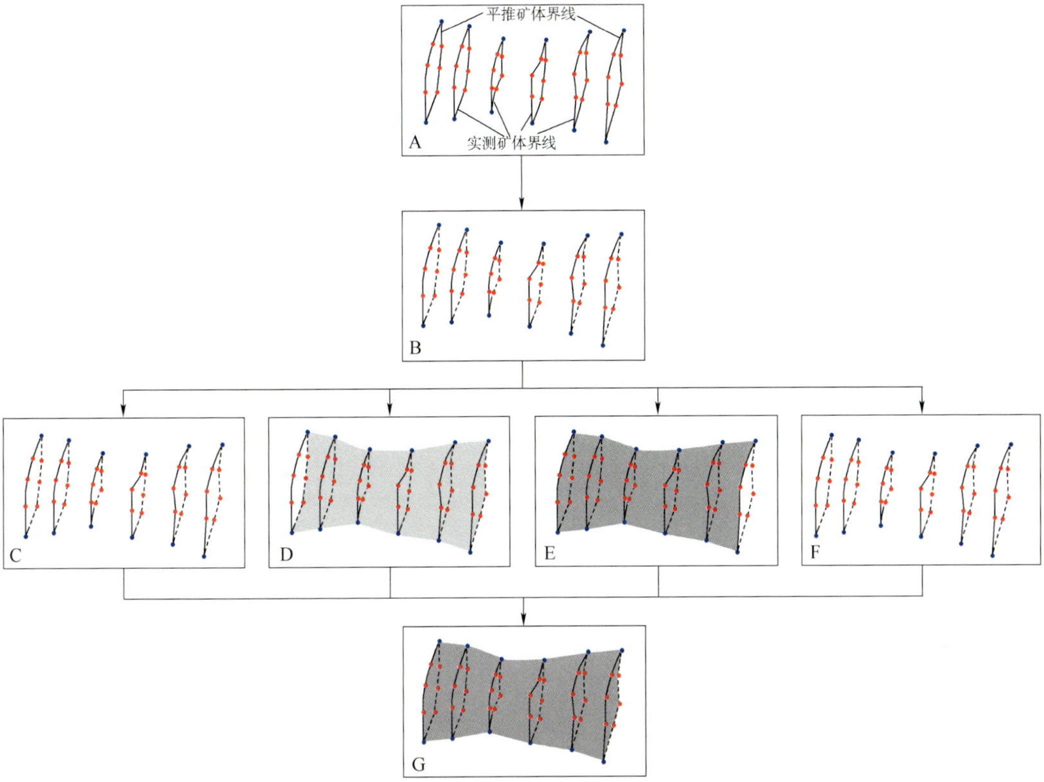


图 5-8　简单矿体（平推）界面模型构建示意图

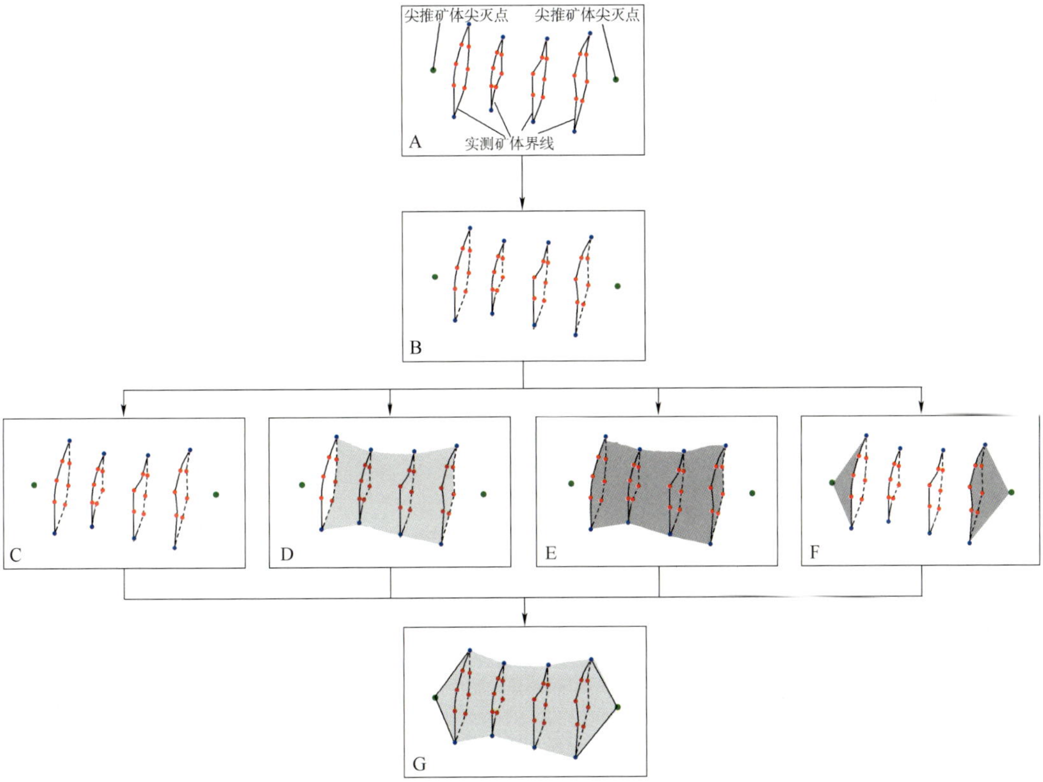


图 5-9　简单矿体（尖推）界面模型构建示意图

3）将矿体两端界线分别与对应的外推矿体尖灭点相连，形成封闭曲线，运用封闭曲线构建面的方法构建矿体两端界面（图 5-9C，F）。

4）将矿体的 6 个边界面合并成一个界面，构建成矿体的界面模型（图 5-9G）。相邻矿体界面的构建时应有共同的边界线对界面的边界进行约束，确保界面合并之后能够完全密闭。

**2. 分支、复合矿体**

当矿体存在分支、复合时，应充分采用拆分界面构建矿体模型的方法，降低复杂矿体构建的难度，提高建模效率和建模精度。复杂矿体界面的构建主要有以下步骤（图 5-10）。

1）矿体两端界面的处理方法与简单矿体两端界面的处理方法相同。

2）在封闭矿体轮廓线两侧端点处断开，将一条封闭的折线拆分成两条线（图 5-10B）。

3）在矿体的分叉、复合部位进行拆分，分成主矿体和分支矿体。运用连接线生成面的方法分别构建主矿体和分支矿体的上、下界面（图 5-10C，F），在分支和复合部位需要将平推点参与界面的构建（图 5-10C1，C2，F1，F2）。

4）将矿体中包含的所有分块界面组合成一个完整矿体三维界面模型（图 5-10H）。

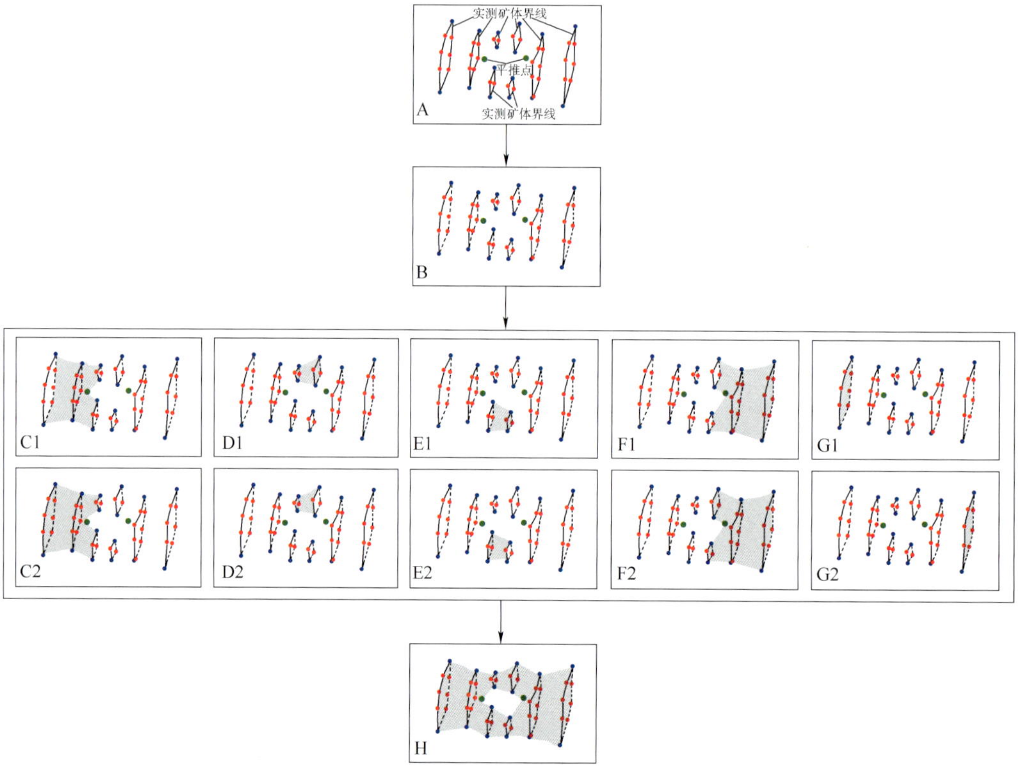


图 5-10　分支、复合矿体界面模型构建示意图

矿体三维模型见图 5-11。从矿体三维模型可知，Ⅰ号矿带标高为-427. 3～548. 8m，地表有出露；Ⅱ号矿带标高为-412. 5～594. 4m。从不同高程的矿体（图 5-12，图 5-13；表 5-2）分布特征可知，在平面上，Ⅰ号矿带中的矿体分布集中，Ⅱ号矿带中的矿体分布相对分散。Ⅰ号矿带中矿体集中分布在高程 0～250m 范围内，Ⅱ号矿带矿体集中分布在高程-100～150m 范围内。Ⅰ号矿带和Ⅱ号矿带在高程 100m 处矿体面积最大，分别为 26090. 13$m^2$和 16534. 30$m^2$。

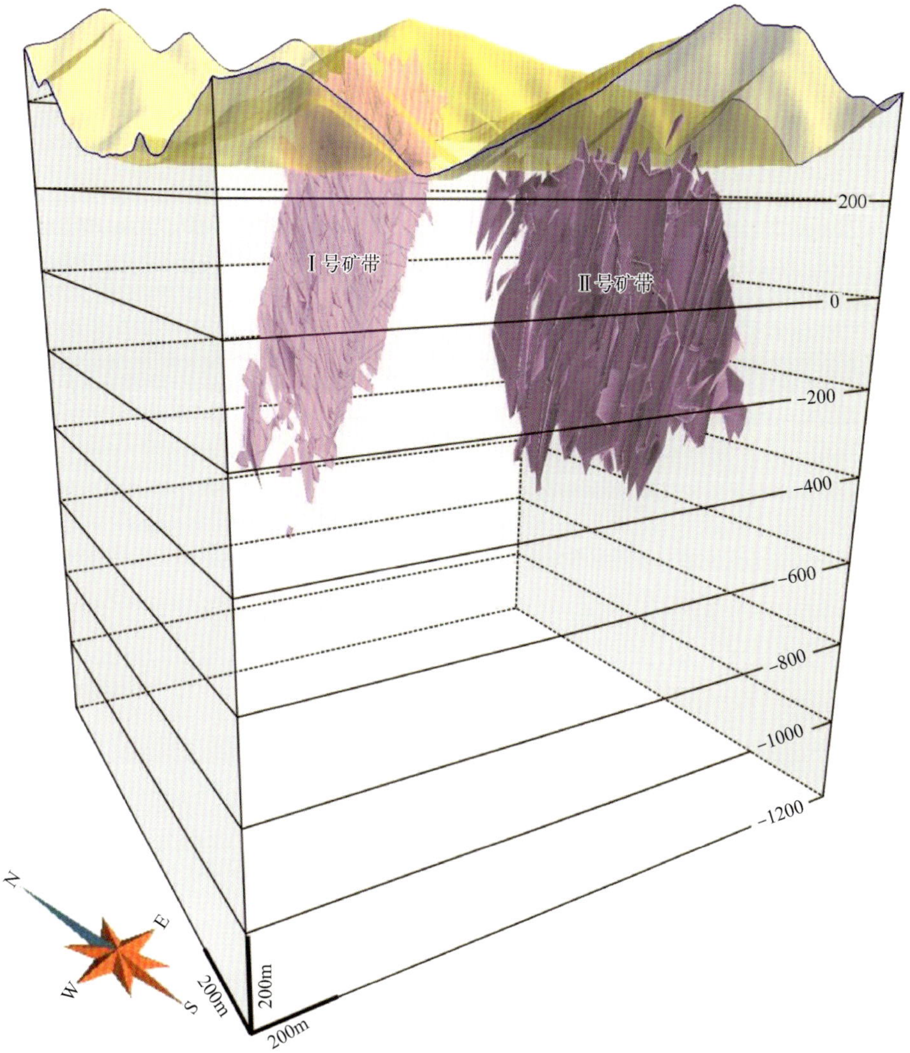


图 5-11 矿体界面三维模型

（高程单位为 m）

**表 5-2 不同高程的矿体数量与面积表**

| 矿体高程 m | Ⅰ号矿带 | | Ⅱ号矿带 | | 总和 | | 矿体高程 m | Ⅰ号矿带 | | Ⅱ号矿带 | | 总和 | |
|---|---|---|---|---|---|---|---|---|---|---|---|---|---|
| | 数量 条 | 面积 $m^2$ | 数量 条 | 面积 $m^2$ | 数量 条 | 面积 $m^2$ | | 数量 条 | 面积 $m^2$ | 数量 条 | 面积 $m^2$ | 数量 条 | 面积 $m^2$ |
| 450 | 22 | 2478.81 | 0 | 0 | 22 | 2478.81 | 0 | 89 | 22892.11 | 93 | 16515.31 | 182 | 39407.42 |
| 400 | 57 | 7385.17 | 0 | 0 | 57 | 7385.17 | -50 | 82 | 18620.26 | 94 | 15732.02 | 176 | 34352.28 |
| 350 | 83 | 12494.34 | 2 | 161.90 | 85 | 12656.24 | -100 | 72 | 13566.85 | 96 | 14023.21 | 168 | 27590.06 |
| 300 | 100 | 16318.84 | 9 | 236.73 | 109 | 16555.57 | -150 | 64 | 8043.77 | 85 | 11971.45 | 149 | 20015.22 |
| 250 | 114 | 21084.94 | 45 | 3054.51 | 159 | 24139.45 | -200 | 49 | 3589.64 | 63 | 9813.33 | 112 | 13402.97 |

续表

| 矿体高程 m | Ⅰ号矿带 | | Ⅱ号矿带 | | 总和 | | 矿体高程 m | Ⅰ号矿带 | | Ⅱ号矿带 | | 总和 | |
|---|---|---|---|---|---|---|---|---|---|---|---|---|---|
| | 数量/条 | 面积/$m^2$ | 数量/条 | 面积/$m^2$ | 数量/条 | 面积/$m^2$ | | 数量/条 | 面积/$m^2$ | 数量/条 | 面积/$m^2$ | 数量/条 | 面积/$m^2$ |
| 200 | 109 | 25449.62 | 67 | 9708.92 | 176 | 35158.54 | -250 | 26 | 1276.07 | 58 | 8047.54 | 84 | 9323.61 |
| 150 | 118 | 24966.28 | 83 | 14473.51 | 201 | 39439.79 | -300 | 8 | 668.71 | 40 | 2491.95 | 48 | 3160.66 |
| 100 | 102 | 26090.13 | 94 | 16534.30 | 196 | 42624.43 | -350 | 5 | 242.39 | 15 | 474.09 | 20 | 716.48 |
| 50 | 104 | 25144.47 | 86 | 16428.57 | 190 | 41573.04 | -400 | 1 | 115.38 | 1 | 162.62 | 2 | 278.00 |

注：此表中的矿体数为封闭线圈定的矿体数量。一条矿体在某一高程上可能存在多个封闭线圈定的矿体。

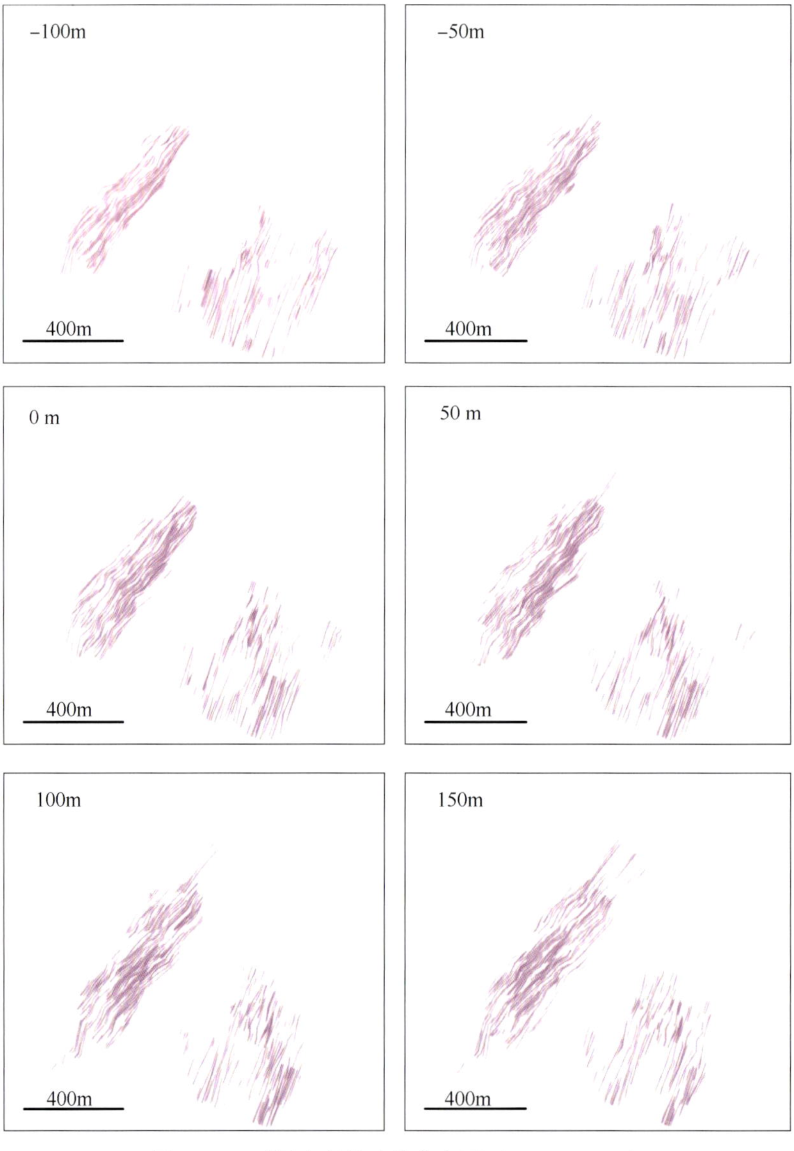


图 5-12　不同高程的矿体分布图（-100~150m）

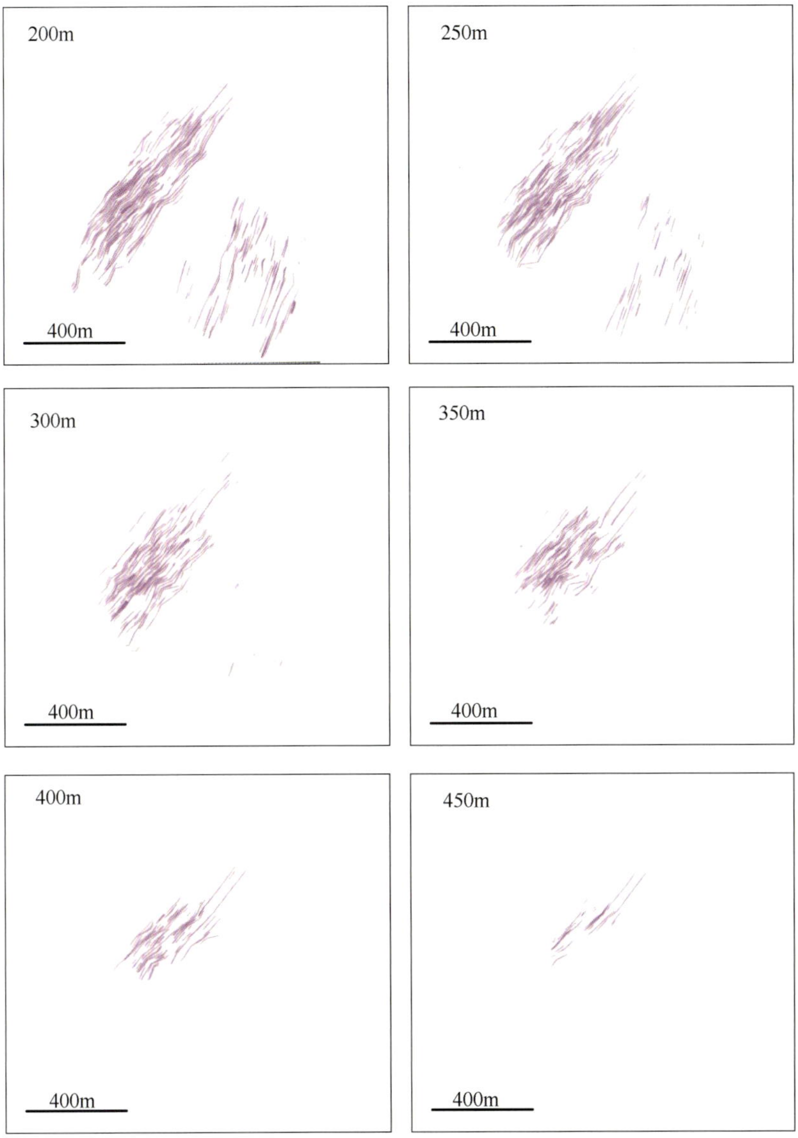

图 5-13　不同高程的矿体分布图（200~450m）

## 五、黑云二长花岗岩界面

共有 4 个钻孔（ZK50-50、ZK6-50、ZK10-50、ZK14-50）揭穿至黑云二长花岗岩体顶界面（图 5-14）。黑云二长花岗岩界面的构建方法是运用钻孔的揭穿点通过数据插值进行构建。在构建过程中，人机交互的方式设置界面三角网的大小和界面的范围，三角网的大小与 DEM 面的三角网保持一致，模型的边界用于约束界面的构建范围，构建的黑云二长花岗岩体三维模型见图 5-15。

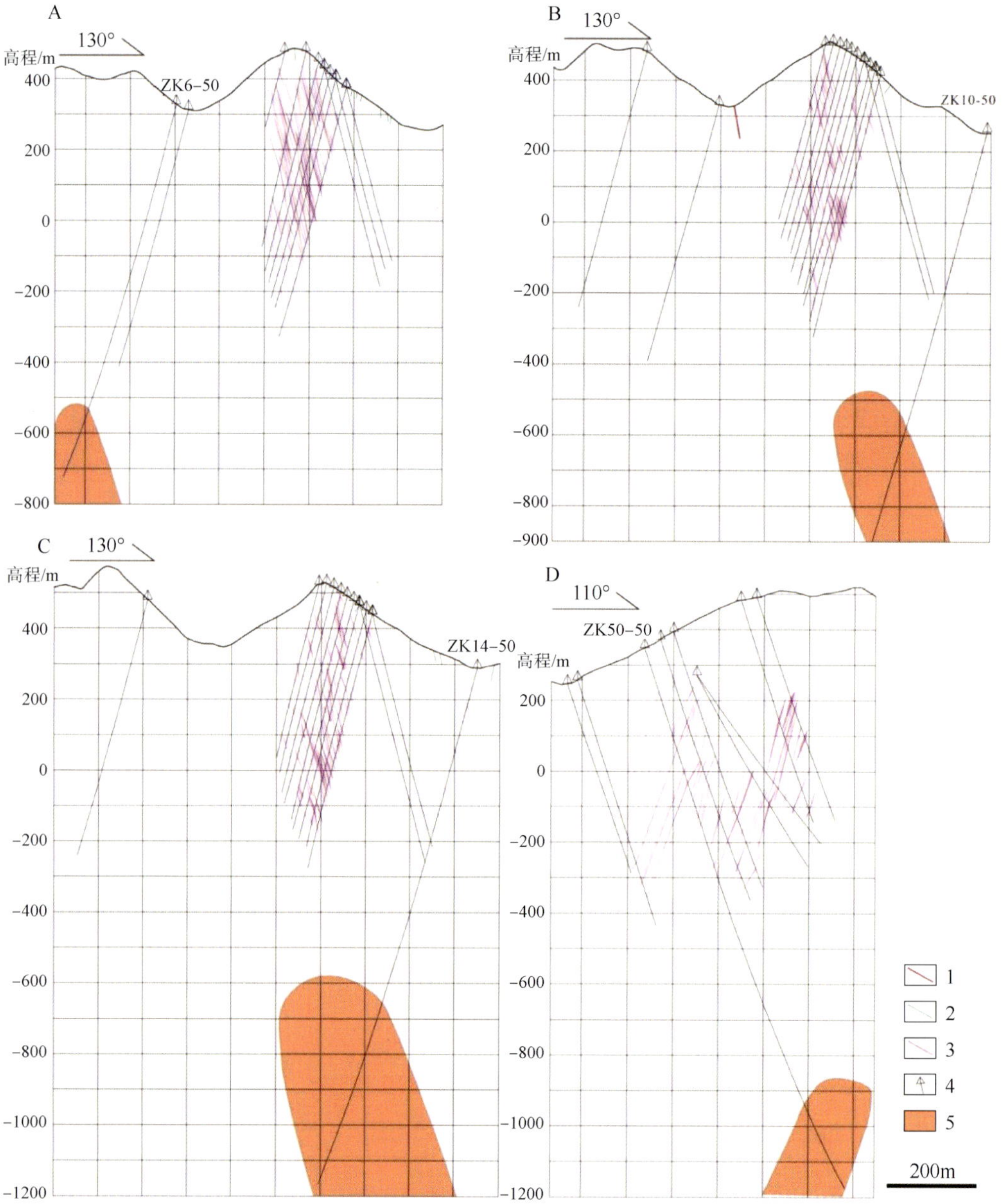


图 5-14　揭穿至黑云二长花岗岩勘探线剖面图

A—6 号勘探线剖面图；B—10 号勘探线剖面图；C—14 号勘探线剖面图；D—50 号勘探线剖面图

1—断层；2—铜矿脉；3—钨矿脉；4—钻孔；5—黑云二长花岗岩

## 六、模型的组合

将已构建的 DEM 面、模型边界面、断层面、矿体界面、黑云二长花岗岩界面进行组合，构建东坪钨矿床三维界面模型（图 5-16）。

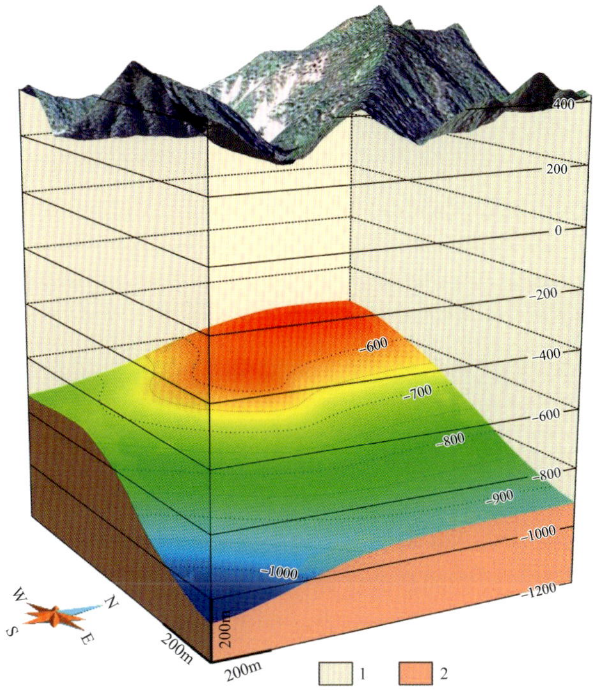


图 5-15　黑云二长花岗岩体三维模型

（高程单位为 m）

1—双桥山群浅变质岩；2—黑云二长花岗岩

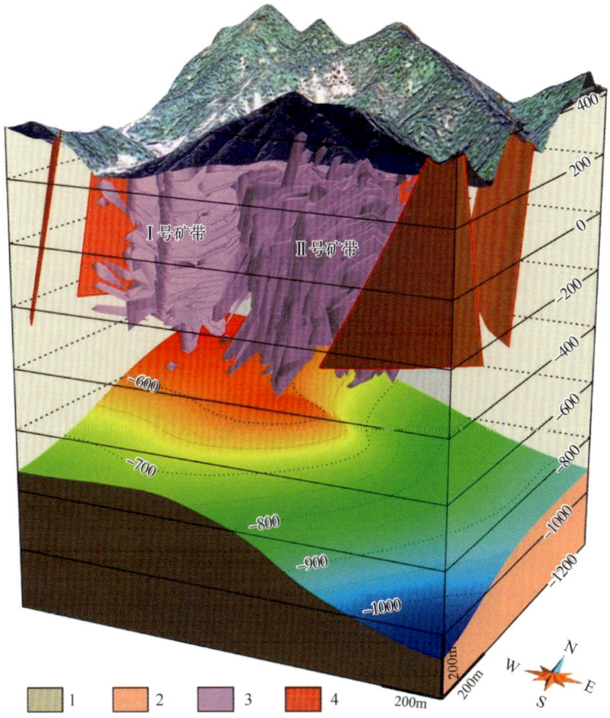


图 5-16　东坪钨矿床三维界面模型

（高程单位为 m；双桥山浅变质岩模型半透明显示）

1—双桥山群浅变质岩；2—黑云二长花岗岩；3—钨矿体；4—断层

# 第三节　矿体三维属性模型

## 一、样品组合

运用空间数据插值的方法来实现资源量或储量的估算，实际上就是运用已有测试分析数据对矿体实体模型进行品位数据空间插值的处理过程。受矿体厚度和钻孔穿过矿体长度的不同，矿区内不同位置的取样长度存在较大差异。为了确保插值数据的一致性和参与插值的区域化变量的无偏差估值，要求所有样品数据的长度应保持一致，以此消除系统误差的影响。

样品组合方法主要分为以下 4 种：①以规则的钻孔区间组合样品数据；②以规则的台阶高度组合样品数据；③以规则的品位区间组合样品数据；④以指定的区间约束组合样品数据。当品位变化系数大时，根据规则钻孔区间或者区间约束的方式组合样品时，无法保证绝大多数样品的样长保持一致；按照台阶高度组合样品数据，则更适合露天采矿的需求。因此，选择以规则的钻孔样长区间组合样品数据是更合适的选择。

以标准差、变异系数、峰度以及偏度等多项精度评定指标的组合来判断样品组合结果的优劣。若组合样品的标准差、变异系数以及偏度下降，表明组合后的品位数据分布更集中。其次，若组合样品的峰度下降，则表明品位特异值对数据集的影响下降。

通过对样品数据的样长统计分析，确定合理的样品组合长度，对原始样品进行长度组合，以确保用于估值的品位按照相同的样长进行加权平均，保证估值过程不出现偏差。矿区内共有 35693 个样品，其中 Ⅰ 号矿带钻孔样品有 6109 个，Ⅱ 号矿带钻孔样品有 1857 个。样品长度分布在 0.03~1.98m 之间，主要集中在 0.4~1.2m 之间。矿区内的样长大多集中在 1m 左右，本次估值采用 1m 作为组合样长，采用规则的钻孔区间组合方式进行样品组合。

在 Micromine 软件中，将每个样品按照 1m 的长度通过加权平均的方法划分成样长为 1m 的样品。组合后样品数量有较大的增加，总样品数变为 50722 个，Ⅰ号矿带钻孔组合样品数据变为 9286 个，Ⅱ号矿带组钻孔组合样品数据变为 2579 个。

样品组合前后，总样品以及Ⅰ号矿带样品品位的最大、最小值未有变化，而样品品位的平均值、下四分位数、中四分位数、上四分位数、标准偏差、变异系数、峰度、偏度等数据都有变化。其中，样品品位的标准差、变异系数以及偏度均有一定程度下降，Ⅰ号矿带和Ⅱ号矿带中样品品位的峰度值有一定程度下降，而矿区总样品品位的峰度值有一定程度升高（表 5-3）。由此可知，组合后的样品数据可靠，能够保证绝大多数样品的样长一致，亦可一定程度上降低品位特异值对数据集的影响，可作为后续插值估算的基础数据。

表 5-3 样品组合、品位特异值处理前后品位数据统计分析表

| 类型 | 原始数据 | | | 样品组合后 | | | 品位特异值处理后 | | |
|---|---|---|---|---|---|---|---|---|---|
| | 矿区总样品 | Ⅰ号矿带钻孔样品 | Ⅱ号矿带钻孔样品 | 矿区总样品 | Ⅰ号矿带钻孔样品 | Ⅱ号矿带钻孔样品 | 矿区总样品 | Ⅰ号矿带钻孔样品 | Ⅱ号矿带钻孔样品 |
| 数量/个 | 35693 | 6109 | 1857 | 50722 | 9286 | 2579 | 50722 | 9286 | 2579 |
| 最小值/% | 0.000 | 0.004 | 0.005 | 0.000 | 0.004 | 0.005 | 0.005 | 0.03 | 0.019 |
| 最大值/% | 38.260 | 18.870 | 25.000 | 38.260 | 18.87 | 19.29 | 9.914 | 7.17 | 4.600 |
| 平均值/% | 0.354 | 0.600 | 0.571 | 0.334 | 0.605 | 0.463 | 0.328 | 0.597 | 0.439 |
| 下四分位数/% | 0.011 | 0.024 | 0.029 | 0.013 | 0.044 | 0.066 | 0.013 | 0.044 | 0.060 |
| 中四分位数/% | 0.052 | 0.184 | 0.183 | 0.057 | 0.205 | 0.172 | 0.057 | 0.205 | 0.172 |
| 上四分位数/% | 0.247 | 0.640 | 0.612 | 0.243 | 0.623 | 0.45 | 0.243 | 0.633 | 0.450 |
| 标准差 | 1.075 | 1.214 | 1.329 | 0.957 | 1.150 | 0.971 | 0.852 | 1.042 | 0.756 |
| 变异系数 | 3.037 | 1.994 | 2.328 | 2.861 | 1.900 | 2.096 | 2.596 | 1.746 | 1.721 |
| 峰度 | 187.295 | 39.503 | 99.690 | 191.553 | 37.952 | 84.021 | 46.606 | 14.083 | 12.766 |
| 偏度 | 10.215 | 5.01 | 7.844 | 9.869 | 4.862 | 6.977 | 5.937 | 3.434 | 3.387 |

## 二、品位特异值分析与处理

品位特异值的存在会造成实体模型插值结果存在较大的不确定性，故需要对组合样品中的品位特异值进行分析与处理。

品位特异值分析的目的是确定组合样品中品位特异值的下限值，主要可根据以下 4 种方法进行确定。

1）累计概率分布曲线法。将品位对数累计概率分布曲线上的拐点或断点作为品位特异值的下限值。该方法适用于样品数较多的情况，其并不预先设定品位特异值一定存在。若概率曲线的分布型式趋近直线而没有明显的拐点和断点，则未必存在品位特异值。此种方法结合品位分布直方图，可消除人为因素的影响，并具有可以同时分析研究特高品位和特低品位等优势。

2）平均品位的 6~8 倍法。按照相关规范，如果存在单样品品位超过平均品位的 6 倍时，认为存在特高品位。当有用组分变化均匀时，取平均品位的 6 倍为特高品位的下限；变化较均匀时，取平均品位的 7 倍为特高品位的下限；变化不均匀时，取平均品位的 8 倍为特高品位的下限。该方法适用于传统剖面法和块段法。

3）十分位法。首先按照十分位，将样品品位划分为 10 个品位区间并计算总金属量，然后对品位值最大的十分位段划分百分位段，并计算各百分位段的金属量，若任意百分位段的金属量超过总金属量的 10%时，则以其之前一个百分位段的品位最大值作为特高品位的下限；当样本群数据较少时，也可根据实际情况以首次出现超过总金属量的 5%的百分位段为依据。此方法虽然对高估的风险有较好的管控，但应用在三维模型上的操作较麻烦，可用性较差。

4）累计频率 95%分位法。经验判断法，选择品位累计频率 95%（97.5%）分位数对

应的品位值为特高品位的下限。

确定特高品位的下限值后，需对组合样品中的特高品位进行处理，主要包括下列 4 种方法。

1）截止法。用特高品位的下限值替换特高品位，替代后这些样品的品位仍然是组合样品内的最高值，即截止值。

2）替代法。用单工程或块段平均品位、品位中值或者基于生产实际而选择的一个固定值去替代样本群中的特高品位；替代后这些样本的品位不再是样本群的最高值。

3）限制法。限制特异品位的影响空间，如通过设定较小的搜索距离来约束参与估值的样品数量。可先使用截止法替换特高品位值，再使用限制法设定更小的搜索半径。

4）舍弃法。剔除具有特高品位值的样品，应用较少。

本书运用品位累计概率分布图来确定组合样的品位特异值，以累计概率分布曲线中的拐点或断点处的值作为品位特异值的截断值，该方法可以同时确定品位数据的特低值和特高值。对于品位特异值的处理，采用截止法进行处理，即用某一个数值代替特异值，本书运用品位特异值的截断值来替换组合样品中的品位特异值。

对比样品品位特异值处理前后数据（表 5-3）可知，品位的最大、最小值变化大，但平均值变化小，下四分位数、中四分位数、上四分位数未有变化。矿区总样品、Ⅰ号矿带钻孔样品、Ⅱ号矿带钻孔样品的品位数据标准差、变异系数、峰度以及偏度均明显变小，表明样品品位数据更加集中，品位特异值处理结果较为合理。

## 三、构建实体模型

实体模型是矿体品位插值和储量估算的对象。矿体实体模型的构建通常是用规则的矿块（小方块）单元对每个矿体的界面模型进行填充，生成一个由大量矿块组成的矿体模型。

在矿体实体模型的创建过程中，先确定矿体的三维坐标范围和单个矿块的大小，确定建模范围，再以矿体界面模型作为约束条件确定实体模型的边界，最后生成矿体实体模型（图 5-17）。此时构建的实体模型，每个矿块仅拥有坐标属性值，即属性中只有 $X$、$Y$、$Z$ 值。

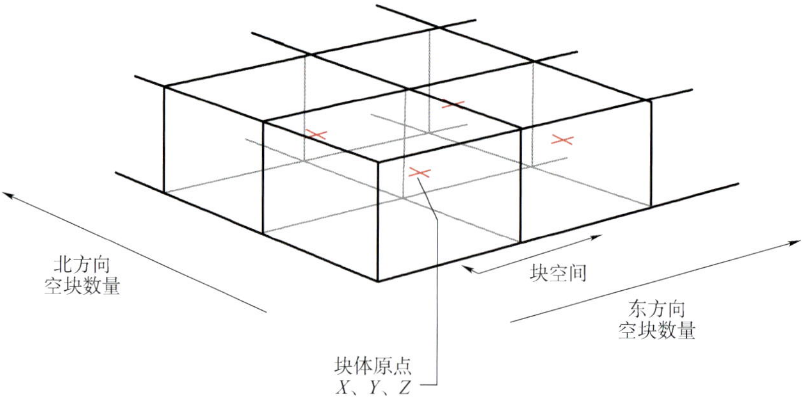


图 5-17　立方体实体模型示意图

实体模型的矿块单元尺寸需综合考虑工程勘查网度、矿体的三维形态、组合样长等因素。在进行矿块模型估值时，矿块单元尺寸显著影响了实体模型的空间形态和块体估值的精度。

根据过往的经验，矿块单元的水平尺寸应设置为工程勘察网度的1/4~1/2，高度尺寸则取决于组合样长以及矿体厚度等。本矿床内的矿体空间形态分布近乎垂向分布，为薄脉状矿体，工程勘察网度为100m×60m，组合样长为1m。故以 $X$ 方向为高度方向，$Y$×$Z$ 方向为水平方向，确定本书所构建的实体模型的基本矿块单元尺寸为5m×15m×25m（$X$×$Y$×$Z$）。同时，为确保能够完整表达薄脉状钨矿体的空间形态，本书选择次分块法对矿块尺寸单元进一步划分子块，设置子块尺寸为5m×5m×5m。

## 四、品位估值

品位估值是根据组合样的品位数据，采用空间插值的方法求取实体模型中各个待估矿块中心点品位值的过程，拥有品位属性的矿块实体模型常称为属性模型。在品位估算过程中需要限制搜索待估点邻近已知样品点的范围，并赋予不同的权重系数实现对待估点的最佳估值。

在品位估值中通常使用椭球体模型来对数据进行搜索。椭球体模型参数中的倾角、倾伏角、方位角等主要遵循“椭球体的平面形态与矿体形态基本贴合，长轴倾伏角与矿体走向倾伏角基本吻合，同时短轴倾角与矿体倾角基本吻合”的基本原则进行选择。通常椭球体的搜索半径取基本勘查间距的2~5倍时，可以获得较好的估值效果。为减少品位数据的群聚效应，椭球体模型应按方向均匀采样（扇形取样），限制每个方向的最小样品数，同时也可以限制最多样品数。离散化系数的取值根据矿体形态的复杂程度，取值在3~5之间。

Ⅰ号矿带矿体产状和Ⅱ号矿带矿体的产状存在较为明显的差异，两条矿体分别进行估值，设置不同的搜索椭球体参数（表5-4）。为减少参与估值的已知样品在空间上分布不均匀、数量不一致的问题，设置扇区数为4，即沿倾向和走向均匀取点。单个扇区的最小样品数设置为2，避免某一方向仅有单个样品参与估值，影响估值的可靠程度。IDW 插值过程中距离待估块越远的样品，其权重分配越低，对待估块的影响越小，最大样品数的限制可能会提高最近点的权重系数，故本次研究中不设置单扇区最大样品数。

**表5-4　Ⅰ号矿带和Ⅱ号矿带搜索椭球体参数表**

| 参数 | Ⅰ号矿带 | Ⅱ号矿带 |
|---|---|---|
| 最多样品数 | — | — |
| 最少样品数 | 2 | 2 |
| 方位角/(°) | 40 | 20 |
| 倾伏角/(°) | 175 | 355 |
| 倾角/(°) | 75 | 75 |
| 扇叶数 | 4 | 4 |
| 离散化系数 | 4×4×4 | 4×4×4 |
| 搜索半径/m | 250 | 250 |

Ⅰ号矿带总体走向北东 35°~48°，倾向南东 123°~138°，倾角 53°~85°；Ⅱ号矿带总体走向北北东 16°~25°，倾向北西 281°~295°，倾角 65°~80°。针对Ⅰ号矿带和Ⅱ号矿带，设置搜索椭球体的方位角分别为 40°和 20°，倾角均设置为 75°。

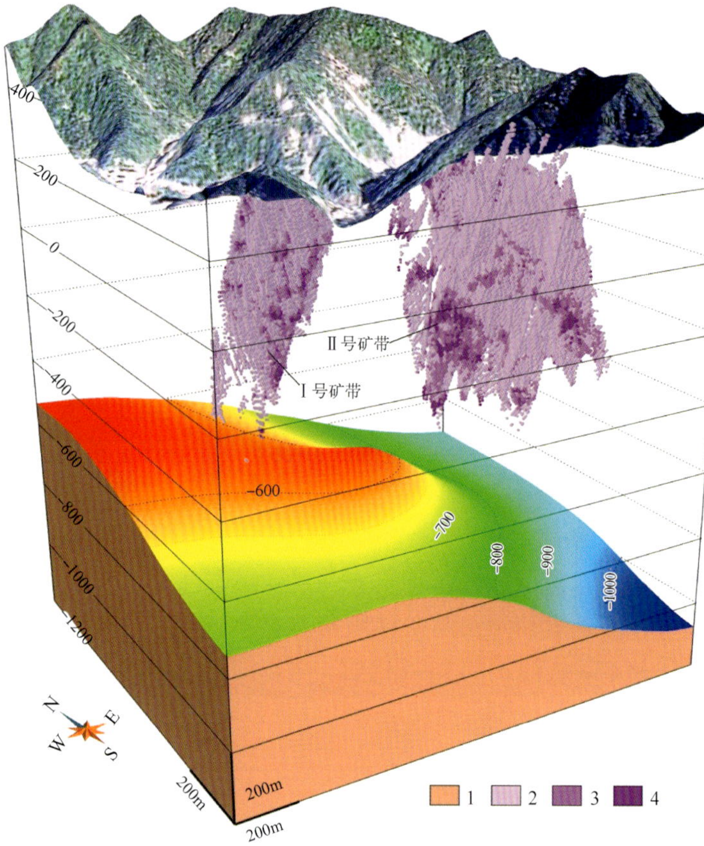


图 5-18 东坪钨矿床矿体品位属性模型

（高程单位为 m）

1—黑云二长花岗岩；2—钨矿体（品位为 0.020%~0.446%）；3—钨矿体（品位为 0.446%~0.868%）；4—钨矿体（品位为 0.868%~5.840%）

较大的离散化系数，可以提供估值结果的可靠性。在避免估值结果过度平滑的前提下，通过多次测试分析，设置离散化系数的取值为 4×4×4。

由于本矿床中的钨矿体为薄脉状，故估值算法选择距离反比加权法（IDW）。该方法以搜索椭球体在指定搜索半径范围内所获取的待估点周围的已知样品作为参估样品，并根据各样品距离待估点的远近，赋予相应的权重，最后对搜索半径范围内的已知样品的品位数据进行线性加权拟合的方式求取待估点的品位值。其基本原理是假设空间内分布着一系列离散点（样本点），已知其位置坐标（$x_i$，$y_i$，$z_i$）和属性值 $\alpha_i(i=1,2,\cdots,n)$，$P(x,y,z)$为空间内的任一点，根据周围离散点的属性值，通过距离反比加权插值求 $P$ 点属性值。周围点与 $P$ 点因分布位置的差异，对 $P(\alpha)$影响不同，我们把这种影响称为权函数 $w_i(x,y,z)$，权重与观测点到预测位置的距离的幂（$u$）倒数成正比。其计算公式为：

$$P(\alpha)=\sum_{i=1}^{n}\frac{\alpha_i}{[d_i(x,y,z)]^u}\Big/\frac{1}{[d_i(x,y,z)]^u} \tag{5-1}$$

式中：$d_i(x,y,z)$表示由离散点（$x_i$，$y_i$，$z_i$）到点$P(x,y,z)$的距离；$P(\alpha)$为待插点的值，权函数$w(i)=\frac{1}{[d_i(x,y,z)]^u}$；距离反比加权法使用大于或等于1的幂值，取值一般在1~3之间。

随着距离的增加，权重将迅速降低，权重下降的速度取决于$u$值（幂次）。如果$u=0$，则表示距离没有影响，因为每个已知样品点权重值均相同，预测值将是搜索邻域内的所有数据值的平均值。随着$u$值的增大，较远数据点的权重将迅速减小；如果$u$值极大，则仅最邻近的数据点会对预测产生影响。当计算格网结点属性值时，配给的权重是一个分数，所有权重的总和等于1。当一个观测点与一个格网结点重合时，该观测点被给予一个实际为1的权重，所有其他观测点被给予一个几乎为0的权重。换言之，该结点被赋给与观测点一致的值，这就是一个准确插值。

根据矿床类型及其形态变化特征，此次资源量估算幂数值取2（与距离二次方成反比）。

运用上述估值方法，对Ⅰ号矿带和Ⅱ号矿带的资源储量进行了估算，构建了矿体品位三维属性模型（图5-18）。

## 第四节　深部地质特征分析及有利找矿部位预测

建模区内的黑云二长花岗岩顶界面倾向南东，整体呈北西高南东低，界面平均产状为123°∠17°，高程介于-1076.2~-527.9m之间。根据岩体三维形态及其延伸趋势可以推断该岩体可能与矿区北西侧出露的沙店岩体为同一岩体，因此可推断矿区北西侧隐伏岩体顶部也具有较好的找矿空间，且勘探深度相对更浅。胡正华等（2018）、李永明和李吉明（2018）等也认为沙店岩体与东坪矿床深部的黑云二长花岗岩体一样具有较好的找矿潜力。

Ⅰ号矿带标高为-427.3~548.8m，地表有出露；Ⅱ号矿带标高为-412.5~594.4m，隐伏于地下。通过构建的矿体品位三维属性模型可以快速查询不同品位时的资源量（表5-5）。

**表5-5　Ⅰ号矿带和Ⅱ号矿带不同品位的资源量**　　单位：t($WO_3$)

| 品位/% | >0.1 | >0.2 | >0.3 | >0.4 | >0.5 | >0.6 | >0.7 | >0.8 |
|---|---|---|---|---|---|---|---|---|
| Ⅰ号矿带 | 141890.4 | 134023.1 | 118374.4 | 99318.5 | 81251.4 | 65680.2 | 52424.2 | 41854.4 |
| Ⅱ号矿带 | 76886.3 | 71036.2 | 59437.7 | 47709.8 | 37884.8 | 30262.1 | 23927.6 | 18932.4 |
| 总计 | 218776.7 | 205059.3 | 177812.1 | 147028.3 | 119136.2 | 95942.3 | 76351.8 | 60786.8 |
| 品位/% | >0.9 | >1.0 | >1.1 | >1.2 | >1.3 | >1.4 | >1.5 | >1.6 |
| Ⅰ号矿带 | 33575.9 | 27540.2 | 22343.9 | 18426.8 | 15458.4 | 13012.0 | 10926.0 | 9283.8 |
| Ⅱ号矿带 | 14659.6 | 11102.4 | 8305.3 | 6417.5 | 5088.9 | 4149.9 | 3349.6 | 2616.3 |
| 总计 | 48235.5 | 38642.6 | 30649.2 | 24844.3 | 20547.3 | 17161.9 | 14275.6 | 11900.1 |
| 品位/% | >1.7 | >1.8 | >1.9 | >2.0 | >2.1 | >2.2 | >2.3 | >2.4 |
| Ⅰ号矿带 | 8010.9 | 6853.8 | 5989.2 | 5232.3 | 4549.5 | 3943.5 | 3435.1 | 2958.7 |
| Ⅱ号矿带 | 2066.1 | 1632.3 | 1321.0 | 1006.6 | 828.7 | 578.1 | 431.6 | 374.7 |
| 总计 | 10077.0 | 8486.1 | 7310.2 | 6238.9 | 5378.2 | 4521.6 | 3866.7 | 3333.4 |

从不同品位的矿块空间分布（图 5-19，图 5-20）可以清楚看出，Ⅰ号矿带由浅部向深部品位具有明显降低的趋势，而Ⅱ号矿带则由浅部向深部品位具有明显增高的趋势。受Ⅱ号矿带范围内的钻探深度不够的影响，Ⅱ号矿带底部是否还具有钨矿体未能揭示，但根据Ⅱ号矿带钨品位数据的变化趋势（图 5-20）和石英脉型黑钨矿“五层楼”式找矿模型（许建祥等，2008；刘向冲，2014；华仁民等，2015；韦龙明等，2018），可以推断Ⅱ号矿带底部至花岗岩体顶部具有较好找矿潜力。

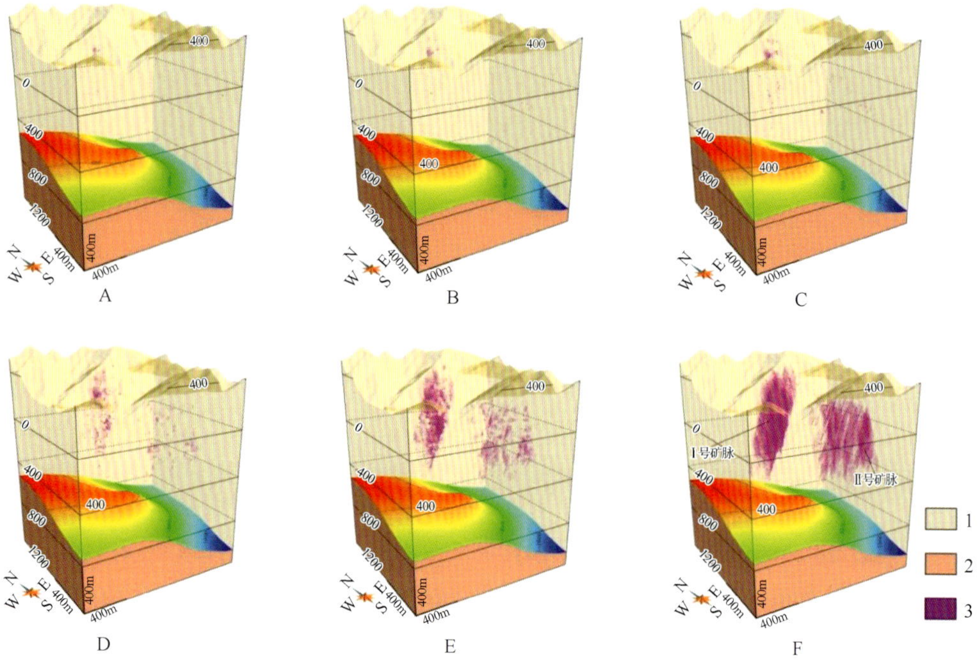


图 5-19　东坪钨矿床不同品位矿体三维模型

A—品位大于 2.5%的矿体三维模型；B—品位大于 2.0%的矿体三维模型；C—品位大于 1.5%的矿体三维模型；D—品位大于 1.0%的矿体三维模型；E—品位大于 0.5%的矿体三维模型；F—品位大于 0.1%的矿体三维模型

1—双桥山群浅变质岩；2—黑云二长花岗岩；3—钨矿体矿块

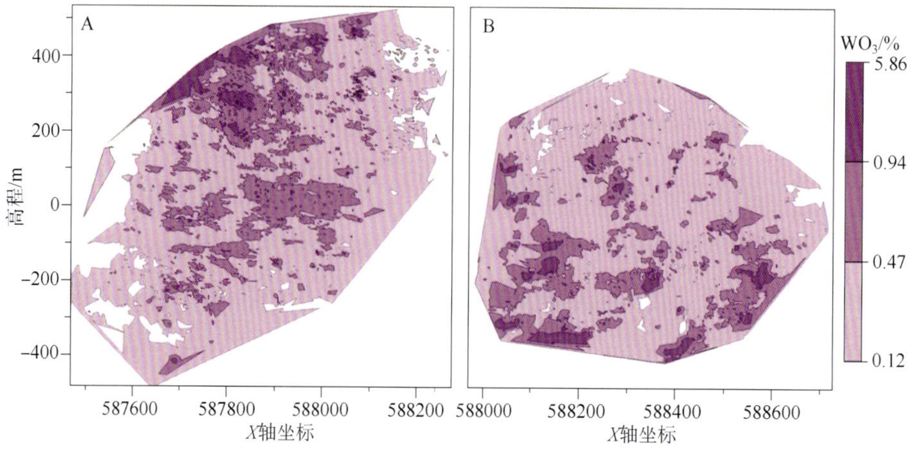


图 5-20　矿带品位变化图

A—Ⅰ号矿带品位变化图；B—Ⅱ号矿带品位变化图

# 第六章　成矿规律与成矿预测

## 第一节　成矿规律

### 一、江西钨多金属矿床时空分布规律

**1. 江西钨多金属成矿单元划分**

江西钨多金属成矿受地层、构造和岩浆的综合作用控制，构造单元是沉积构造-岩浆-成矿的综合体，是钨矿成矿单元划分的重要依据。

按照《中国区域地质志·江西卷》（2017）和《江西省钨矿地质志》（2022）江西大地构造成矿单元划分方案，江西归属于古华南洋成矿域与滨太平洋成矿域复合区的华夏成钨省。华夏成钨省根据其地质构造背景与成钨特征，分为下扬子亚省、南岭亚省；前者包括长江中游、江南、湘桂、钦杭4条成钨带，后者含钦杭南段、诸广-云开、于山-九连山、武夷和东南沿海5条成钨带。《中国矿产地质志·江西卷》（2015）将江西钨锡矿成矿单元分为两个一级（赣北、赣中南）成矿区，7个二级成矿亚带、矿集区和25个三级矿带、矿田。作者等结合近期重大找矿成果，依据江西大地构造单元横跨江南造山带、钦杭结合带、武夷构造带、南岭构造带的主要特色，将江西钨多金属成矿单元分划分为江南、钦杭、南岭、武夷4条成钨带（图6-1）。

（1）江南成钨带

大地构造位于扬子东南缘江南造山带东段，北跨长江中下游坳陷带。江南成钨带由东南自北西可划分出朱溪-塔前、莲花山、阳储岭、彭山、大湖塘、九瑞和香炉山-东坪7个钨多金属矿集区，代表性矿床分别为朱溪钨-铜矿、阳储岭钨-钼矿、大湖塘钨-铜-钼矿、通江岭铜-钨矿、香炉山钨矿和东坪钨-铜矿，多为大型-超大型矿床。矿化类型多样，有矽卡岩型、斑岩型、云英岩型、隐爆角砾岩型和石英脉型等不同类型的钨-铜矿床，其中矽卡岩型和斑岩型是最重要的矿床类型，除东坪钨-铜矿为石英脉型外，其他多为斑岩型、矽卡岩型或斑岩-矽卡岩复合型矿床。钨-铜矿体主要以似层状、透镜状、网脉状产出，通常产在花岗岩的内、外接触带和顶部，个别产在围岩中。矿石品位较富，主要包括白钨矿、黑钨矿、辉钼矿、黄铜矿等。围岩大多具矽卡岩化、英云岩化、硅化、钾化等。朱溪、阳储岭、通江岭、东坪等钨-铜矿垂向上存在“上铜、下铜钨”的矿化分带趋势。

江南成钨带的钨-铜矿以斑岩-矽卡岩型白钨矿为主、钨-铜（钼）共生、成矿时代呈多期次等特点，不同于南岭以石英脉型黑钨矿为主、钨-锡共生、成矿年龄集中等特征。江南成钨带已探明钨资源量超$600\times10^4$t，超过南岭成钨带百年累计探获钨资源储量总和

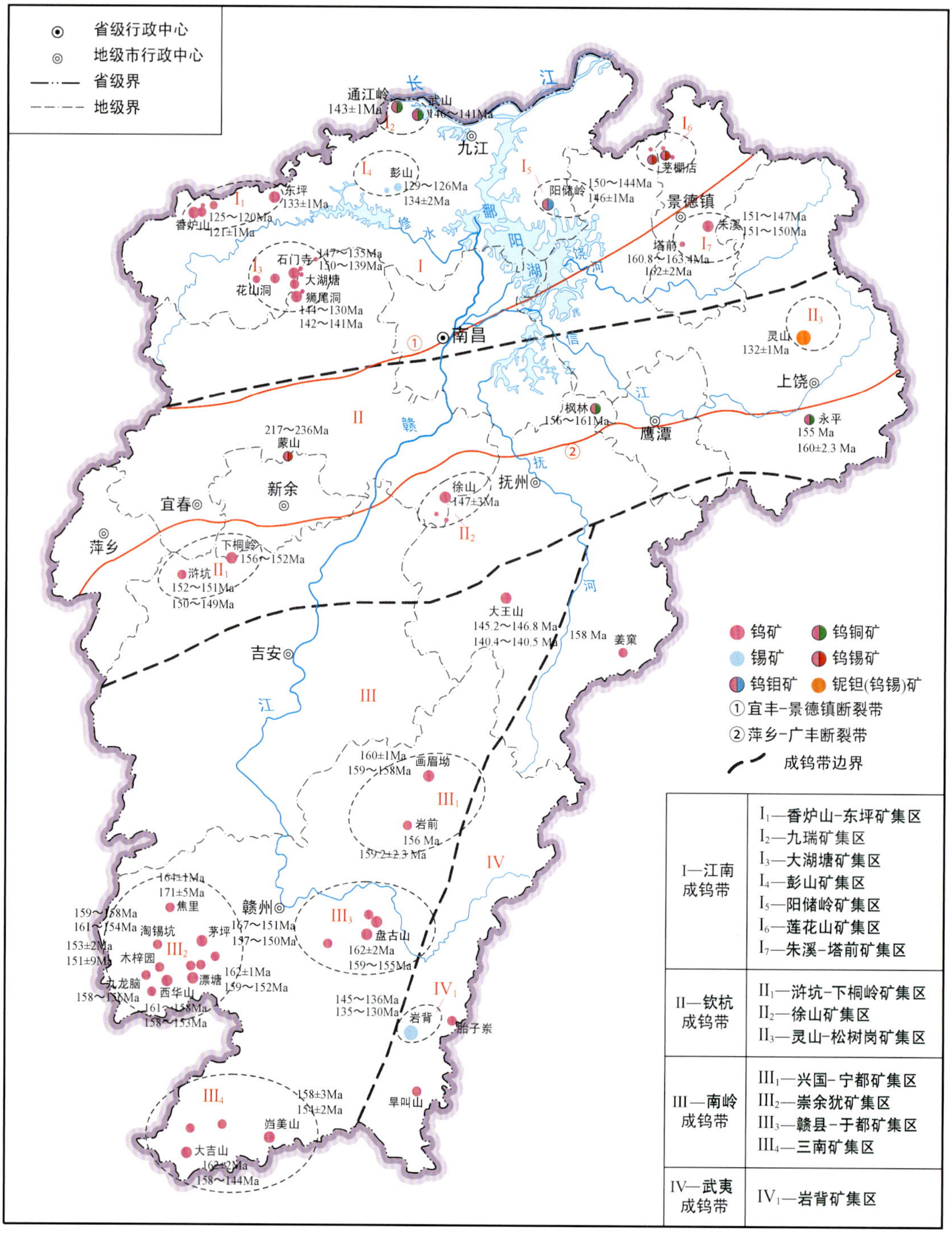


图 6-1　江西钨多金属矿成矿单元划分略图

（年龄数据来源同表 6-1）

（胡正华等，2020）。该成矿带以单个钨矿床规模大、共伴生组分复杂、成矿年龄新等特点，区别于南岭成矿带的钨矿床（张家菁等，2008；丰成友等，2012b；黄兰椿等，2012；王先广等，2015，2020；胡正华等，2015，2018，2020；Mao et al.，2013）。

江南成钨带多处大型-超大型钨矿床的发现，彻底改造了江西省内“南钨北铜”的资源分布特征，呈现出“南钨北扩”的矿产资源开发趋势（王登红等，2012；苏慧敏等，2017；蒋少涌等，2020；Mao et al.，2013）。岩浆与钨成矿事件大致可分为三期，由南至北成岩成矿时代依次为约160Ma、150~140Ma、135~125Ma（毛景文等，2004；王先广等，2015；李晓峰等，2021；胡正华等，2015，2018，2020；胡正华，2015）。

（2）钦杭成钨带

钦杭成矿带横跨扬子成矿省和华南成矿省，受钦杭结合带控制，是中国东部一条重要的铜、金、钨、锡、铀、钽铌、铅锌等多金属成矿带。钦杭成钨带是世界上燕山期S型花岗岩成钨最丰富的地带，也有S型、I-S型中酸性岩浆岩成铜钨、成钨钼作用。

在萍乡—乐平西部萍乡—高安一带坳陷深、推滑叠覆强，以中低温热液铜铅锌钴金成矿为主，且多为准平原“断根”矿床。仅有上栗县I型斑岩接触带形成的志木山小型矽卡岩铜钼钨铁“断根”矿床。另在上高县蒙山印支期S型花岗岩体接触带有白钨矿点。在赣东北有横峰县松树岗世界级燕山晚期蚀变花岗岩型钽铌矿床，浅部为石英脉钨锡钼矿体。在怀玉山-大茅山燕山晚期S型花岗岩基有丝茅岗、坂大等石英脉钨矿点。

武功山—仙霞岭一带位于南华加里东期造山带前缘，萍乡-绍兴逆冲推覆深断裂带上盘。西临茶陵晚白垩世断陷带。除永平铜（钨）矿床外，以钨为主的矿床的成矿岩浆岩均为燕山早期晚侏罗世S型南岭组合花岗岩。湘东境内有著名的锡田-邓阜仙钨锡矿田，处于永（新）莲（花）坳陷中，产有邓阜仙中型石英脉黑钨矿床和锡田超大型似层状矽卡岩钨锡矿床。武功山钨钽铌矿集区发育有雅山超大型蚀变花岗岩钽铌锂铷矿床及相伴产出的小型石英脉钨矿床，浒坑大型石英脉黑钨矿床，下桐岭大型石英大脉与网脉钨钼铋矿床，另有中小型钨矿床8处。徐山钨矿田有钨矿床（点）5处，以丰城市徐山大型石英脉+“地下室”式钨铜矿床和崇仁县香元（聚源）大型石英大脉与网脉白钨矿床为代表。该带东部钨成矿趋弱，在饶南坳陷有铅山县永平似层状矽卡岩铜矿床中伴生的白钨矿达大型规模，在龙头岗小型似层状矽卡岩铜矿床中也伴有白钨矿化。浙西常山县有岩前小型石英脉钨锡矿床，诸暨市有青子山石英脉钨矿点。

值得进一步讨论的是，原钦杭成矿带萍乐坳陷带东段塔前-赋春矿集区的浮梁县朱溪钨铜矿床、塔前毛家园中型斑岩钼钨矿床，均产于江南隆起带核部和隆坳过渡带，成矿地质构造背景为江南隆起带，因此，本书将其划入江南成钨带。

（3）南岭成钨带

该带位于南岭东段隆起与湘粤坳陷过渡部位，青白口纪晚期至早古生代属于华南裂谷海盆的中央海盆区。区内盖层褶皱发生显著扭曲和出现东西向成串的构造-花岗岩穹隆，北东、北北东与东西向构造-岩浆-成矿活动发育，呈现北东（或北北东）与东西向构造交汇复合控制矿集区或矿田呈“东西成带、北北东向成串”分布格局，形成了世界级的巨量钨锡多金属成矿区。

赣南地区的罗霄山、崇余犹、雩山、南武夷成矿亚带大地构造位于东南加里东期造山带，燕山期形成隆起区，坳陷规模小，且处于燕山期大陆活化造山的策源地和核心地带，S型成矿花岗岩大规模侵入，石英脉型黑钨矿床（点）密集分布。隆起区及其复合区大多形成石英脉型和蚀变花岗岩型钨矿，如南岭东西向隆起带在江西境内西段与近南北向诸广山隆起复合控制的崇余犹钨锡矿集区；中段与雩山隆起区复合控制的兴国-宁都、赣县-

于都和三南钨锡矿集区；南岭东段与武夷山隆起复合控制的武夷岩背锡矿集区。各矿集区（田）具有各自特点的岩浆-成矿特征：崇余犹、赣县-于都矿集区均以燕山早期S型花岗岩为主要成矿母岩，形成以钨为主，共伴生有锡、钼、铋多金属矿产；三南矿集区燕山早期花岗岩中虽也以S型为主，但有较多规模较大的中侏罗世A型碱性花岗岩（陂头-塔背）和中侏罗世铝质A型花岗岩（中寨等）。

（4）武夷成钨带

该带为一条北北东向构造隆起复式花岗岩基带。江西位于其西坡，钨成矿作用与西部于山-九连山带相比，显得弱化，钨矿床分布比较稀疏。北端北纬26°30′，即石城以北，黎川-广昌间隆起剥蚀强烈，复式花岗岩基裸露，矿产地稀少。其南与南岭构造带复合且燕山晚期潜火山岩发育，为主要成矿地带。

在闽西北浦城、松溪、建阳、邵武等县（市）境内有小型石英脉钨矿床（点）分布；在赣东资溪、黎川一带也以石英脉型钨矿为主，包括资溪县三口峰、黎川县姜窠（潭下）石英脉钨矿床，具小型规模。南武夷东北部为永（安）梅（州）坳陷所据，隆起带变窄。在福建境内有清流县行洛坑燕山晚期超大型石英大脉-网脉型钨（钼）矿床，建瓯市上房燕山早期大型似层状矽卡岩钨钼矿床，宁化、清流、武平、长汀等县（市）境内有一批小型石英脉钨矿床（点）。赣东南石城县有海罗岭、姜坑里燕山晚期小型蚀变花岗岩钽铌矿床，伴有石英脉钨钼矿体；瑞金市有燕山晚期胎子岽小型爆破岩筒型钨矿床。延至粤东、龙川、龙门、东莞等县（市）有多处小型石英脉钨矿床（矿点）分布。岩背锡矿集区处于龙南-会昌中生代陆相火山岩带，形成与S型潜火山岩有关的锡、钼、铅锌矿床（如岩背、铜坑嶂等）。

成矿系列为与燕山晚期S型中浅成花岗岩和潜火山岩有关的锡钼、稀有金属及萤石成矿系列，如岩背、锡坑迳、铜坑嶂、石城海罗岭、姜坑里等矿床，为该带重要成矿系列。其他矿产还有与中基性火山岩有关的铀、铜、萤石矿床（点）；离子型稀土矿床（包括花岗岩、火山岩型）和晚白垩世周田岩盐矿等，构成一条锡钼铜钽铌锂铀钨萤石岩盐成矿带。

**2. 成矿时间分布规律**

诸多学者运用锆石U-Pb法、辉钼矿Re-Os法等方法对江西钨多金属矿床的成岩成矿年龄进行了测定，构建了该区成岩成矿作用的年代格架（表6-1）。总体而言，赣南和赣北地区与钨矿化有关的成岩成矿作用主要集中在晚中生代，但二者在时间上呈现出一定的差异性。已有的研究表明，包括赣南在内的南岭东段钨锡多金属矿床的成岩成矿时代相对集中，为165~150Ma（毛景文等，2007；郭春丽等，2013；Mao et al.，2013；张志辉，2014；蒋少涌等，2015）。然而，赣北地区钨-铜（钼）矿床成岩成矿作用的时间跨度较大，例如李春海（2016）和Mao等（2017）测得赣北阳储岭钨-钼矿床辉钼矿Re-Os年龄为146~147Ma；张家菁等（2008）报道了赣北香炉山白钨矿的Sm-Nd年龄为121±11Ma；丰成友等（2012a）获得了石门寺矿段辉钼矿Re-Os等时线年龄为143.7±1.2Ma，狮尾洞矿段辉钼矿Re-Os等时线年龄为140.9±3.6Ma；项新葵等（2013）在石门寺矿床石英大脉型矿体获得相对较大的Re-Os等时线年龄为149.6±1.4Ma；Mao等（2013）也在石门寺矿床测得Re-Os等时线年龄为139.2±1.0Ma；蒋少涌等（2015）测得Sm-Nd法等时线年龄为142.4±8.9Ma（MSWD=1.7），定年结果处于辉钼矿Re-Os年龄结果范围内，成矿时代集中在150~140Ma之间，成矿活动持续时间约10Ma。近年来报道的朱溪矿区的成矿年龄也集中在149~153Ma之间（Pan et al.，2017；Song et al.，2019；Zhang et al.，2021）。

表 6-1　江西主要钨多金属矿床成岩、成矿年龄统计表

单位：Ma

| 矿带 | 矿床名称 | 岩石类型 | 成岩年龄 | 参考文献 | 成矿年龄 | 参考文献 |
|---|---|---|---|---|---|---|
| 江南成钨带 | 大湖塘钨-铜矿狮尾洞段 | 似斑状白云母花岗岩 | 144±1（锆石 LA-ICP-MS） | 黄兰椿和蒋少涌，2012 | 141±4（辉钼矿 Re-Os）<br>142±9（白钨矿 Sm-Nd） | 丰成友等，2012a<br>蒋少涌等，2015 |
| | | 富钨花岗斑岩 | 135±1（锆石 LA-ICP-MS） | | | |
| | | 似斑状二云母花岗岩 | 144±1（锆石 LA-ICP-MS） | Huang and Jiang，2014 | | |
| | | 斑状二云母花岗岩 | 130±1（锆石 LA-ICP-MS） | | | |
| | 大湖塘钨-铜矿石门寺段 | 似斑状黑云母花岗岩 | 138（锆石 LA-ICP-MS） | 项新葵等，2015 | 144±1（辉钼矿 Re-Os）<br>150±1（辉钼矿 Re-Os）<br>139±1（辉钼矿 Re-Os）<br>144±1（辉钼矿 Re-Os） | 丰成友等，2012a<br>项新葵等，2013<br>Mao et al.，2013<br>张志辉，2014 |
| | | 花岗斑岩 | 135（锆石 LA-ICP-MS） | | | |
| | | 似斑状黑云母花岗岩 | 147±1（锆石 LA-ICP-MS） | Mao et al.，2015 | | |
| | | | 148±2（锆石 LA-ICP-MS） | | | |
| | | 细粒黑云母花岗岩 | 145±1（锆石 LA-ICP-MS） | | | |
| | | | 146±1（锆石 LA-ICP-MS） | | | |
| | | 花岗斑岩 | 143±1（锆石 LA-ICP-MS） | | | |
| | | | 143±1（锆石 LA-ICP-MS） | | | |
| | 大湖塘钨-铜矿大岭上段 | 中细粒白云母花岗岩 | 134±1（锆石 LA-ICP-MS） | Huang and Jiang，2014 | | |
| | | 细粒二云母花岗岩 | 131±1（锆石 LA-ICP-MS） | | | |
| | | 黑云母花岗斑岩 | 130±2（锆石 LA-ICP-MS） | 彭花明等，2015 | | |
| | 大湖塘钨-铜矿平苗段 | 花岗斑岩 | 149±1（锆石 LA-ICP-MS） | 孟亚飞和蒋少涌，2015 | | |
| | 朱溪钨-铜矿 | 白云母花岗岩 | 147±1（锆石 LA-ICP-MS） | 王先广等，2015 | 151±2（白云母 Ar-Ar）<br>150±2（磷灰石 U-Pb） | Pan et al.，2017<br>Zhang et al.，2021 |
| | | 蚀变花岗岩 | 149±2（锆石 LA-ICP-MS） | 陈国华等，2015 | | |
| | | 蚀变花岗斑岩 | 148±3（锆石 LA-ICP-MS） | | | |
| | | 花岗斑岩 | 151±2（锆石 LA-ICP-MS） | 李岩等，2014 | | |
| | | | 150±2（锆石 LA-ICP-MS） | | | |
| | 阳储岭钨矿 | 花岗斑岩 | 146±3（锆石 LA-ICP-MS） | 李春海，2016 | | |

续表

| 矿带 | 矿床名称 | 岩石类型 | 成岩年龄 | 参考文献 | 成矿年龄 | 参考文献 |
|---|---|---|---|---|---|---|
| 江南成钨带 | 东坪钨矿 | 黑云母花岗岩 | 133±1（锆石 LA-ICP-MS） | 胡正华等，2018 | 129.5 ± 5.4（黑钨矿 U-Pb） | Yang et al.，2022 |
| | 香炉山钨矿 | 黑云母花岗岩 | 120±1（锆石 LA-ICP-MS） | 李春海，2016 | 121±1（白钨矿 Sm-Nd） | 张家菁等，2008 |
| | | | 125±1（锆石 LA-ICP-MS） | Li X Y et al.，2020 | | |
| | | | 124±1（锆石 LA-ICP-MS） | Dai et al.，2018 | | |
| 钦杭成钨带 | 浒坑钨矿 | | | | 150.22Ma（辉钼矿 Re-Os 法） | 刘珺等，2008 |
| | 下桐岭钨矿 | | | | 152Ma（辉钼矿 Re-Os 法） | 李光来等，2011 |
| | 徐山钨矿 | | | | 147Ma（白云母 Rb-Sr 等时线法） | |
| | 永平铜-钨矿 | 似斑状黑云母花岗岩 | 160±2.3（SIMS 锆石 U-Pb） | 丁昕等，2005 | | |
| 南岭成钨带 | 西华山钨矿 | 斑状黑云母花岗岩 | 159±1（锆石 SIMS） | Guo et al.，2012 | 158±1（辉钼矿 Re-Os）<br>153±2（白云母 Ar-Ar） | Hu et al.，2012 |
| | | 含石榴子石黑云母花岗岩 | 161±3（锆石 SIMS） | | | |
| | | | 159±2（锆石 SIMS） | | | |
| | | 斑状黑云母花岗岩 | 158±2（锆石 SIMS） | | | |
| | 荡坪钨矿 | 斑状花岗岩 | 159±3（锆石 LA-ICP-MS） | 杨競红等，2009 | | |
| | | 斑状黑云母花岗岩 | 155±2（锆石 LA-ICP-MS） | | | |
| | | 黑云母花岗岩 | 158±2（锆石 LA-ICP-MS） | | | |
| | 淘锡坑钨矿 | 花岗岩 | 159±4（锆石 SHRIMP） | 郭春丽等，2007 | 154±4（辉钼矿 Re-Os） | 陈郑辉等，2006 |
| | | | | | 154±4（石英 Rb-Sr） | 郭春丽等，2007 |
| | | | | | 157±3（石英 Rb-Sr） | |
| | | | | | 161±4（石英 Rb-Sr） | |
| | 洪水寨钨矿 | 九龙脑岩体 | 156±1（锆石 SHRIMP） | 丰成友等，2011 | 156±1（辉钼矿 Re-Os） | 丰成友等，2011 |
| | 漂塘钨-锡矿 | 斑状黑云母花岗岩 | 162±1（锆石 U-Pb） | 张文兰等，2009 | 152±2（白云母 Ar-Ar） | 张文兰等，2009 |
| | | | | | 154±3（黑钨矿 Ar-Ar） | Bai et al.，2013 |
| | | | | | 161±9（黑钨矿 Ar-Ar） | |
| | | | | | 157±1（黑钨矿 Ar-Ar） | |

续表

| 矿带 | 矿床名称 | 岩石类型 | 成岩年龄 | 参考文献 | 成矿年龄 | 参考文献 |
|---|---|---|---|---|---|---|
| 南岭成钨带 | 木梓园钨-锡矿 | 含云母花岗岩 | 153±2（锆石 U-Pb） | 张文兰等，2009 | 151±9（辉铜矿 Re-Os） | 张文兰等，2009 |
| | 大吉山钨矿 | 花岗岩 | 152±2（锆石 U-Pb） | 张文兰等，2006 | 144±1（云母 Ar-Ar） | 张文兰等，2006 |
| | | | | | 147±2（云母 Ar-Ar） | |
| | | | | | 153±2（白云母 K-Ar） | 蒋国豪等，2004 |
| | | | | | 158±3（白云母 K-Ar） | |
| | 盘古山钨矿 | 花岗岩 | 162±2（锆石 LA-ICP-MS） | 方贵聪等，2014 | 155±3（辉钼矿 Re-Os） | 方贵聪等，2014 |
| | | | | | 158±1（辉钼矿 Re-Os） | 曾载淋等，2011 |
| | 岗美山钨矿 | 黑云岳花岗岩 | 158±3（锆石 SHRIMP） | 李丽侠等，2014 | 154±2（辉钼矿 Re-Os） | 李丽侠等，2014 |
| | 焦里钨矿 | 斑状花岗闪长岩 | 164±1（锆石 SHRIMP） | 丰成友等，2012b | 171±5（辉铜矿 Re-Os） | 丰成友等，2012b |
| | 宝山钨矿 | 花岗岩 | 157±4（锆石 SHRIMP） | 丰成友等，2012b | 161±2（辉钼矿 Re-Os） | 丰成友等，2012b |
| | | | 158±3（锆石 SHRIMP） | 郭春丽等，2011 | | |
| | 摇篮寨钨矿 | 张天堂白云母花岗岩 | 157±2（锆石 SHRIMP） | Feng et al.，2011 | 156±3（辉钼矿 Re-Os） | Feng et al.，2011 |
| | 茅坪钨-锡矿 | 天门山黑云母花岗岩 | 152±2（锆石 SHRIMP） | 刘善宝等，2007 | 157±4（辉钼矿 Re-Os）<br>155±3（辉钼矿 Re-Os）<br>150±3（辉钼矿 Re-Os） | 曾载淋等，2009<br>Feng et al.，2011 |
| | | | 152±3（锆石 SHRIMP） | | | |
| | | 天门山花岗斑岩 | 151±2（锆石 SHRIMP） | | | |
| | | 天门山黑云母花岗岩 | 167±5（锆石 SHRIMP） | 曾庆涛等，2007 | | |
| | 牛岭钨矿 | 红桃岭黑云母花岗岩 | 151±3（锆石 SHRIMP） | Feng et al.，2011 | 155±4（辉钼矿 Re-Os） | Feng et al.，2011 |
| | 樟斗钨矿 | 黑云母花岗岩 | 151±3（锆石 SHRIMP） | Feng et al.，2011 | | |
| | 八仙脑钨矿 | 黑云母花岗岩 | 157±2（锆石 SHRIMP） | Feng et al.，2011 | 149±7（辉铜矿 Re-Os） | Feng et al.，2011 |
| | | 斑状黑云母二长花岗岩 | 152±3（锆石 SHRIMP） | | 158±2（辉钼矿 Re-Os） | |
| | 画眉坳钨矿 | 黑云母花岗岩 | 160±1（锆石 LA-ICP-MS） | Feng et al.，2015 | 159±3（辉铜矿 Re-Os） | Feng et al.，2015 |
| | | | | | 158±1（白云母 Ar-Ar） | |

大部分学者将赣北地区（江南成钨带、钦杭成钨带）划分为3个成矿时期：早期晚侏罗世（160Ma±），发生于塔前—赋春一带，塔前主成矿岩体锆石U-Pb年龄值为160.9±2.5Ma（胡正华等，2015）、辉钼矿等时线年龄为162±2Ma（黄安杰等，2013）；中期为主成矿时期，发生于朱溪、大湖塘、阳储岭、九瑞等广大地区，成岩成矿时代为晚侏罗世—早白垩世（150~145Ma）；晚期为135~120Ma，发育在香炉山—东坪、莲花山—八字脑等地区。成岩与成矿时差一般为1~10Ma，成矿往往与岩浆演化序列中晚期次侵入体关系更密切。杨世文等（2020）认为赣北钨铜矿成矿具有多期次多阶段性（图6-2），可分为四期：第Ⅰ期，中侏罗世—晚侏罗世（165~160Ma），以塔前钨钼矿为代表；第Ⅱ期，晚侏罗世（155~145Ma），以朱溪钨-铜矿、阳储岭钨-钼矿和大湖塘钨铜钼矿为代表；第Ⅲ期，晚侏罗世—早白垩世（145~130Ma），以朱溪钨-铜矿和大湖塘钨铜钼矿为代表；第Ⅳ期，早白垩世（130~120Ma），主要分布在香炉山—九宫山—彭山一带，以香炉山钨矿和东坪钨铜矿为代表。在空间上，赣北钨铜矿自中部向北西、南东，成矿时代总体呈逐渐年轻化的趋势（杨世文等，2020；Yang et al.，2022）。

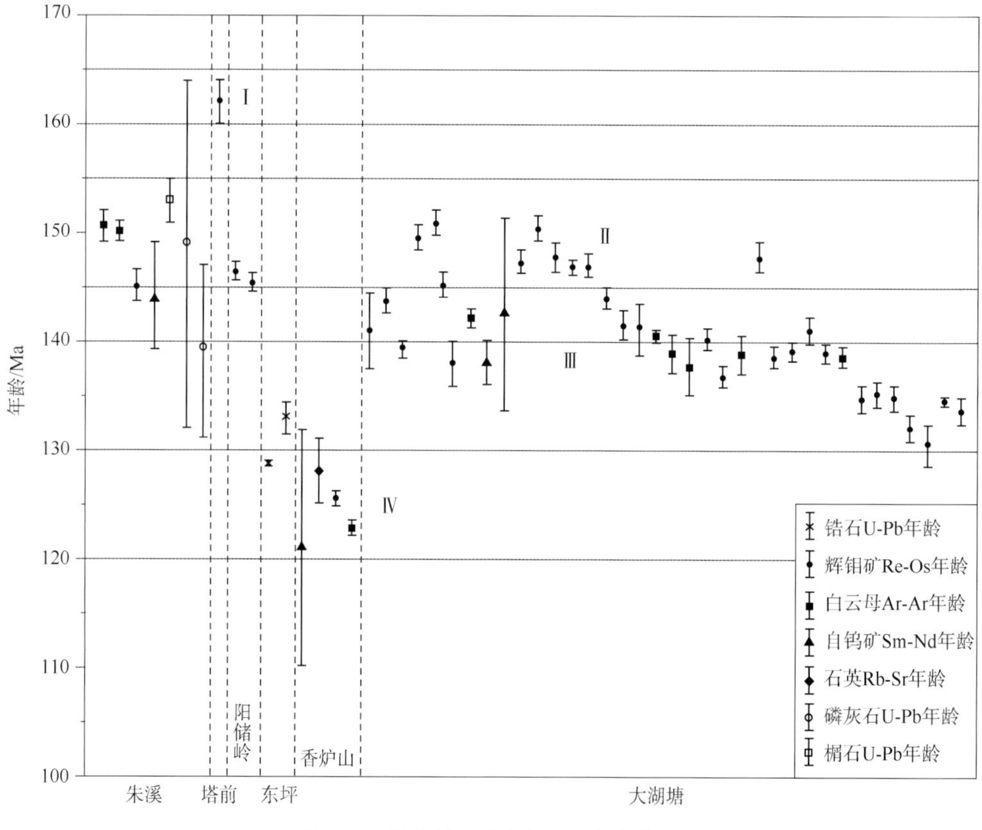


图6-2 赣北钨-铜矿成矿年龄柱状图

（据杨世文等，2020；Yang et al.，2022）

Ⅰ—第Ⅰ期（165~160Ma）；Ⅱ—第Ⅱ期（155~145Ma）；Ⅲ—第Ⅲ期（145~130Ma）；Ⅳ—第Ⅳ期（130~120Ma）

单个矿床普遍存在两期成矿作用，如朱溪钨-铜矿为晚侏罗世（150~145Ma）和早白垩世（137Ma）。大湖塘钨铜钼矿同样存在两期成矿作用，晚侏罗世（153~147Ma）和晚侏罗世—早白垩世（146~130Ma），且晚侏罗世以钨、钼成矿为主，晚侏罗世—早白垩世以铜、钼、钨成矿为主。阳储岭钨-钼矿和通江岭铜钨矿成矿时代为晚侏罗世（145Ma）。

香炉山钨矿成矿时代为早白垩世（125Ma左右），东坪钨铜矿成矿岩浆岩成岩时代为132~128Ma（详见第四章）。香炉山-东坪矿集区内成矿时代主要集中在早白垩世岩浆成矿期。香炉山成矿年龄（121~128Ma）略晚于东坪成矿年龄（128~132Ma），可能反映成矿流体由东向西迁移。

**3. 钨矿床空间分布与组合规律**

（1）钨矿床空间展布上的矿集区、矿带、矿田规律

矿集区：由数条矿带、多个矿田、数十个至百余个矿床（点）汇集成群构成矿集区，如著名的九岭尖、莲花山、崇余犹、赣于、三南、武功山等矿集区，是江西最重要的钨矿产地和找矿远景区，朱溪钨矿田位于著名的赣东北钨铜矿集区内。

矿带：受断裂或褶皱组合构造控制的多个矿床（田）往往沿某一方向呈带状或串珠状分布，构成一定规模矿带。例如，北北东向漂塘-西华山钨矿带，矿床沿北北东向呈2.5~3km大致等距出现，具等距性分布规律；北北东向黄沙-盘古山矿带；北北东向石门寺-昆山矿带；北东东向塔前-朱溪矿带等。

矿田：即由多个矿床点（体）围绕某一成矿岩体周边形成的钨矿田（床）（如西华山、大湖塘、浒坑、香炉山、莲花山、八仙脑、下桐岭等矿田）。

例如，朱溪矿田受塔前-赋春构造带内晚古生代碳酸盐岩地层构成的向斜构造，及其与燕山期中酸性岩体接触带控制；在空间上表现为成矿横向（北东向）分区、纵向（北西向）分带“双向”复合分带规律，主要矿产在空间上具有分区集中、成带展布的特点。在矿种上呈现出温度分带，即由北东部赋春金矿（低温）→中部朱溪钨-铜矿和月形铜矿（中高温）→南西部塔前钨-钼矿（高温），由南侧画子山铜-铅-金矿和北侧胡家岭铜-铅-金矿（中低温）→中部朱溪钨-铜矿和月形铜矿（中高温）。大湖塘矿田主要产在深大断裂带附近的次级张扭或剪切裂隙构造带内，赋矿围岩主要为前寒武纪的变质基底，岩体制约着矿床的空间分布。

（2）脉状钨矿床垂向分带

钨矿床“五层楼”式垂向分带性：以燕山早期南岭组合中深成花岗岩外接触带比较发育，自上而下含脉率由小变大，含脉密度由大变小，平均脉幅由小变大，最后尖灭，即呈线脉（标志带）→细脉带→薄脉带→大脉带→尖灭带分带，钨矿化作用相应呈矿化带→贫矿带→富矿带→无矿带的垂向分带性。一些矿床含矿岩体内还发育蚀变花岗岩型钨（锡、钽铌）矿体（如大吉山、徐山、黄沙等钨矿），则构成“五层楼+地下室”矿化分带模式，少数矿床甚至有双层岩体矿化（西华山、岿美山），即“楼下楼”式垂向矿化分带模式。

矿化元素垂向分带性：石英脉型钨矿床，通常锡在钨的上部贫矿带和富矿带上部富集，铍在钨的中部富矿带和下部贫矿带中富集，钼富集于钨下部贫矿带中，铜常产于矿带下部，有时富集于钨上部贫矿带中，总体上自上往下呈锡→钨→铍→钼→铜→铅→锌（银）的“逆向”垂直分带性。相反，亦可见“顺向”矿化垂直分带性，如漂塘钨锡矿床。

矿物组合垂向分带性：总体上，顶部多为含挥发组分的矿物（如黄玉、电气石、萤石）→中上部黑钨矿最富集，其次有锡石等氧化物矿物及少量硫化物矿物→中下部硫化

物最发育，并常见黑钨矿→底部全为硫化物，呈“逆向”矿化分带特征。

例如，大湖塘矿带以燕山期岩体为中心向外依次为强硅化、（云英岩）钾长石、更钠长石、绢（白）云母、石英化带→黑鳞云母、绢（白）云母、石英、（云英岩）、钾长石、更钠长石化带→黑鳞云母、绢（白）云母、萤石、方解石（层解石）化带→黑鳞云母、绢（白）云母化带。其中黑鳞云母、绢（白）云母、石英（云英岩）、钾长石、钠长石化带是矿体集中分布带，与钨、铜、钼、锡、银矿化有关，常形成细脉浸染型、石英大脉型、岩体型等钨多金属矿床。岩浆期后期及高温热液蚀变作用形成的云英岩化、黑鳞云母化、白云母化与黑钨矿、锡石、白钨矿化关系密切；中温热液蚀变作用形成的绢云母化、硅化、绿泥石化，与黑钨矿化和金属硫化物关系密切。蚀变强的地段能形成钨、铜共生矿体。

朱溪矿区蚀变花岗岩向深部穿插更频繁且钨铜矿化有加强趋势，水平方向自南西向北东、垂向上由下向上成矿元素依次呈现出钨→钨-铜-（铁）→铜-钨→铜-锌→锌-（铅-银）（由高温到低温）变化趋势，此类成矿元素的分带特征对找矿具有很好地指示意义。

（3）钨矿床的“多位一体”组合

钨矿床以岩体为中心，因围岩构造等条件的差异，形成多种多样的矿床式，组成二位、三位、四位的“多位一体”钨矿床（田），大致可分为脉、层、体三大类。

脉：包括石英大脉式、细脉带式、破碎带式等。以石英大脉式最普遍，破碎带式比较少见，但脉幅较大，可构成矿床主脉。裂隙充填式矿脉在外接触带形成“五层楼”式矿床，在内接触带形成脉芒带→大脉带→根脉带矿床。

层：以似层状矽卡岩矿体为主，偶见似层状细脉浸染型矿体。

体：分为接触交代型矽卡岩矿体和蚀变花岗岩型、斑岩型、角砾岩筒型矿床（体）。例如，大湖塘钨矿带是一处由外接触带控制的细脉浸染型、石英大脉型、石英细脉带型、隐爆角砾岩型、云英岩型“多位一体”的钨多金属矿。朱溪“多位一体”钨矿田中的矽卡岩型矿床主要产于晚古生代碳酸盐岩区，岩体型矿床则主要产于各类中酸性岩或其内接触带，脉型（破碎带型）矿床主要产于断裂、破碎带、岩层分界面等容易失稳的部位。

## 二、钨多金属矿床成矿系列

### 1. 与钨矿有关矿床成矿系列的厘定

陈毓川等（2007）在《中国成矿体系与区域成矿评价》一书中指出，成矿系列序次是一种新的矿床分类。这种分类不同于以往各种分类原则，如以成因进行分类、以工业应用进行分类、以赋矿围岩进行分类等。以成矿系列对矿床进行分类，是矿床的自然分类，以特定的地质构造环境形成的矿床自然体（矿床成矿系列）为基本单位，以同构造旋回、同构造单元形成的各类矿床成矿系列为矿床成矿系列组，以产出于相似地质构造环境和相似矿床组合的矿床成矿系列为矿床成矿系列类型，以地质成矿作用的不同构成矿床成矿系列组合。这一原则也是钨矿床分类的主体构成。这种分类反映了矿床形成的客观自然过程，并与地球的演化过程联系在一起，反映了不同历史阶段不同地质构造环境中的矿床组合及内在联系和时空演化。因此，这种分类更接近于客观，反映了在区域内矿床之间的时空及成因关系及区域成矿规律。

运用矿床成矿系列概念、理论与方法指导不同钨矿床类型间的成因研究、指导成矿预测和找矿也发挥了积极作用。如本书所论述的东坪石英脉型黑钨矿床，与同一矿集区的香炉山矽卡岩型白钨矿床就是同源成矿流体在不同成矿环境下形成的一套成矿系列，即江南地块与燕山期S型酸性岩浆活动有关的钨锡银铅锌矿床成矿系列。

根据钨矿的成矿特征和钨矿的空间分布规律、时间分布规律，将中国的主要钨矿床归属于20个成矿系列（陈毓川等，2007）。由于矿床成矿系列的厘定考虑是综合因素而不分矿种，因此，2018年编著的《中国矿产地质志·钨矿卷》根据新的找矿成果和研究进展（如江西省新发现朱溪、大湖塘、东坪等超大型钨矿床），在不影响2007年版全国矿床成矿系列厘定考虑方案的基础上，以增加亚系列和矿床式的方式为主要手段进行调整，这样不影响大格局，同时也更符合实际地质情况并突出典型钨矿床的地位，如朱溪式、东坪式为新列的矿床式。在这20个矿床成矿系列中，以南岭与燕山期中浅成花岗岩类有关的稀土、稀有、有色金属及铀矿床成矿系列和江南地轴与燕山期壳源花岗岩有关的钨、锡、钼、汞、锑、铌、钽、铜、铅、锌、铁矿床成矿系列最为重要。

江西南部的南岭成矿带是研究大陆成矿体系和花岗岩成岩成矿理论最典型地区之一，孕育了包括钨矿“五层楼”式模式和成矿系列等原创性成矿理论，对指导区内找矿工作起到了重大作用（陈毓川等，2007，2018）。根据程裕淇、陈毓川等（1979）创立的成矿系列理论，立足江西省的客观实况，参考国内主要成矿区带成矿系列划分的范例（王先广等，2022，2023），将江西钨多金属矿床成矿系列分为3个成矿系列、6个成矿亚系列、16个矿床式（表6-2）。其中，江南地块与燕山期Ⅰ型中酸性岩浆活动有关的钨铜钼金银铅锌矿床成矿系列、与$S_2$型酸性岩浆活动有关的稀有金属、钨、锡矿床成矿亚系列和葛源式是作者重新厘定的。

赣中地区的钦杭南段武功山-北武夷钨（铜钼锡铋铌钽）成矿亚带横跨武功山-北武夷隆起与萍乐坳陷带，介于江西南、北两大成矿单元之间。带内浒坑钨钼矿、下桐岭钨钼铋矿、徐山钨铜矿等矿床成因较复杂，以成矿元素（钨锡钼铋、铜、稀有金属及硅灰石）多为特色。已发现钨锡稀有金属矿产地有宜春414特大型钽铌锂矿、浒坑钨钼矿、下桐岭钨锡钼铋矿、徐山钨铜矿、永平铜钨硫矿等。该带矿床成矿系列划分是归入江南还是南岭造山带存有争议，本书暂将其划入南岭与燕山期S型花岗岩钨、锡、钼、铋、铅、锌、银、（金）矿床成矿系列。

**2. 江西与钨矿有关的典型矿床成矿系列概述**

（1）江南地块与燕山期Ⅰ型中酸性岩浆活动有关的钨铜钼金银铅锌矿床成矿系列

本系列主要分布在江南成钨带，包括与燕山期$I_1$型次火山岩、斑岩有关的铜钨钼金铅锌铁矿床和与燕山期$I_2$型斑岩有关的钨钼矿床两个成矿亚系列（王先广等，2023）。

与燕山期$I_1$型次火山岩、斑岩有关的铜钨钼金铅锌铁矿床亚系列：主要分布在塔前—朱溪一带和九江—瑞昌地区，含塔前式、通江岭式等两个矿床式。成矿母岩多为浅成相小型岩体，呈岩株、岩脉状产出，主要岩石有花岗闪长斑岩、石英闪长玢岩、英安斑岩等。形成于燕山早期强烈造山阶段，产于板缘和陆内活化断裂带，常见于晚古生代坳陷带。有关的矿化以铜、钼、金为主，钨、银、铅、锌亦有重要地位。

表 6-2 江西钨多金属矿床成矿系列划分表

| 成矿系列 | 成矿亚系列 | 矿床式 | 主成矿元素 | 成矿构造环境 | 成矿（岩）时代/Ma | 矿床成因类型 | 代表性矿床 | 成岩成矿时代数据来源 |
|---|---|---|---|---|---|---|---|---|
| 江南地块与燕山期 I 型中酸性岩浆活动有关的钨铜钼金银铅锌矿床成矿系列 | 与燕山期 $I_1$ 型次灿岩、斑岩有关的铜钨钼金铅锌铁成矿亚系列 | 塔前式 | W、Mo | 坳陷带 | 162～161 | 斑岩-矽卡岩型 | 塔前 | 胡正华等，2015 |
| | | 通江岭式 | W、Cu | 坳陷带 | 146～141 | 斑岩-矽卡岩型 | 通江岭、武山（南港） | 王先广等，2019<br>胡正华，2015 |
| | 与燕山期 $I_2$ 型斑岩有关的钨钼矿床成矿亚系列 | 阳储岭式 | W、Mo | 隆起带 | 145～143.31 | 斑岩型 | 阳储岭 | Mao et al.，2017<br>曾庆权等，2019 |
| 江南地块与燕山期 S 型酸性岩浆活动有关的钨锡多金属、稀有金属矿床成矿系列 | 与燕山晚期 $S_1$ 型酸性花岗岩有关的钨锡萤石矿床成矿亚系列 | 曾家垅式 | Sn、Pb、Zn | 隆起带 | 130～128 | 似层状型锡矿 | 曾家垅、尖锋坡 | Xu et al.，2017 |
| | | 朱溪式 | W、Cu、Ag | 隆中坳 | 153～146 | 蚀变花岗岩-矽卡岩-云英脉-热液脉型 | 朱溪 | Song et al.，2019<br>Zhang et al.，2021 |
| | | 大湖塘式 | W、Cu、Mo | 隆起带 | 151～128 | 蚀变花岗岩-石英大脉-隐爆角砾岩筒型 | 石门寺、昆山、蓑衣洞、大雾塘矿、狮尾洞 | Song et al.，2018<br>Yang et al.，2022 |
| | | 香炉山式 | W、Ag、Pb、Zn | 隆坳过渡带 | 125～121 | 层状矽卡岩型 | 香炉山 | Li X Y et al.，2020 |
| | | 东坪式 | W、Cu | 隆起带 | 133～128 | 石英脉型为主 | 东坪 | 胡正华等，2018 |
| | | 浒坑式 | W | 隆起带 | 152-149 | 石英脉型为主 | 浒坑、下桐岭、徐山 | 刘珺等，2008 |
| | | 莲花山式 | W、Sn | 隆坳过渡带 | 125.0～120.5 | 蚀变花岗岩-石英脉型 | 茅棚店、八字脑 | 杨明桂等，2015 |
| | 与燕山晚期 $S_2$ 型中酸性岩浆活动有关的稀有金属、钨锡矿床成矿亚系列 | 葛源松树岗式 | Nb、Ta、（W-Sn） | 隆坳过渡带 | 134～133 | 蚀变花岗岩-石英脉型 | 松树岗、黄山 | Liu et al.，2022<br>Xiang et al.，2017 |
| 南岭与燕山期 S 型花岗岩钨、锡、钼、铋、铅、锌、银、（金）矿床成矿系列 | 与燕山早期 $S_1$ 型花岗岩钨、锡、钼、铋、铅、锌、银、（金）矿床成矿亚系列 | 西华山式 | W（Sn、Mo、Bi、Nb、Ta、HREE） | 陆内造山隆起 | 161～153 | 石英大脉型钨（锡、稀有、稀土）矿床 | 西华山、荡坪、浒坑、盘古山、淘锡坑、木梓园、画眉坳 | Guo et al.，2012<br>Hu et al.，2012 |
| | | 漂塘式 | W、Sn、Mo、Bi、Cu、Zn | 陆内造山隆起 | 162～152 | 石英细脉-网脉型钨锡矿床 | 下桐岭、漂塘、黄沙、上坪 | Bai et al.，2013 |
| | | 大吉山式 | W、Nb、Ta（Mo、Bi、Be） | 陆内造山隆起 | 158～152 | 蚀变花岗岩+石英大脉型钨、稀有金属复型矿床 | 大吉山、岿美山、徐山、黄沙、茅坪 | 蒋国豪等，2004<br>张文兰等，2006 |
| | | 九龙脑式 | W、Sn | 陆内造山隆起 | 158～151 | 蚀变花岗岩型钨锡矿床 | 洪水寨、九龙脑 | 郭春丽等，2011<br>丰成友等，2011 |
| | 与燕山晚期壳熔 $S_2$ 型花岗岩及陆相潜火山岩有关的锡、钨、（铌、钽）成矿亚系列 | 岩背式 | Sn、Cu、W | 陆相火山盆地 | 136～130 | 潜火山岩-斑岩型锡铜、钨矿床 | 松岭、大窝里、胎子岽、淘锡坝 | Liu et al.，2021 |

与燕山期$I_2$型斑岩有关的钨钼矿床成矿亚系列：以都昌县阳储岭钨钼矿床为代表，另有善坑铜钼矿、邦彦坑钨矿、庄前钼矿等一批矿点，称阳储岭式，产布于赣中北部板缘深断裂带和赣东北深断裂带北段及其推（滑）覆构造带。成岩成矿时期主要为燕山中晚期，成矿岩体主要为中酸性花岗闪长斑岩、二长花岗斑岩、花岗闪长岩，还有隐爆角砾岩分布，与$I_1$型斑岩比较其岩石化学成分偏酸性，具富碱高钾特点，显示以壳源为主的壳幔混熔的岩源特征。

（2）江南地块与燕山期S型酸性岩浆活动有关的钨锡多金属、稀有金属矿床成矿系列

该矿床成矿系列为全国厘定的20个与钨锡有关的矿床成矿系列（王登红等，2005，2012；陈毓川等，2007）之一，主要分布在江南成矿带幕阜山-九岭地区和钦杭成矿带赣东北地区。不同的地质构造环境，岩浆活动方式及其定位深度差异较大，成矿特征亦有明显差别，可进一步分为与燕山晚期$S_1$型酸性花岗岩有关的钨锡萤石矿床成矿亚系列和与燕山晚期$S_2$型中酸性岩浆活动有关的稀有金属、钨锡矿床成矿亚系列。

与燕山晚期$S_1$型酸性花岗岩有关的钨锡萤石矿床成矿亚系列：主要形成于燕山期晚侏罗世到早白垩世，空间上主要分布于九岭隆起带。成矿岩体同位素年龄为150~124Ma，成矿年龄145~120Ma，成岩成矿时间相近（胡正华等，2020）。以钨（白钨）为主，其次为锡、铅、锌、银，共伴生钼、铜、金矿化较强。分别形成以钨、锡、铅锌、金为主矿化组合。矿床类型、矿床式和典型矿床如下。复合型矿床：朱溪式钨铜矿、大湖塘式钨铜（锡钼）矿床；矽卡岩型矿床：香炉山式钨矿；层状热液和层状矽卡岩型：彭山式锡（锑）矿（曾家垅、黄金洼锡矿床）；花岗岩型矿床：茅棚店式锡钨矿；石英脉型：东坪式钨矿床。

与燕山晚期$S_2$型中酸性岩浆活动有关的稀有金属、钨锡矿床成矿亚系列：主要分布于江南隆起带南侧过渡带及萍乐坳陷，成矿构造环境为燕山晚期后造山-伸展转换构造环境；成矿岩体碱度更高，更富钾，稀土元素含量较高，轻稀土富集程度更高，铕亏损更强，但分异演化程度较低。形成矿床类型除蚀变花岗岩型外，细晶岩型和伟晶岩型矿床也很发育。代表性矿床式为葛源松树岗式蚀变花岗岩型-石英脉型钽铌锂钨锡矿。

（3）南岭与燕山期S型花岗岩钨、锡、钼、铋、铅、锌、银、（金）矿床成矿系列

该成矿系列为全国厘定的20个与钨锡有关的矿床成矿系列（陈毓川等，2007）之一，主要分布在钦杭成矿带南侧和南岭成矿带。可进一步分为以下两个成矿亚系列。

与燕山早期$S_1$型花岗岩钨、锡、钼、铋、铅、锌、银、（金）矿床成矿亚系列：主要分布于江西中南部，又相对集中于武功山—徐山、崇余犹、雩山和“三南”地区。成矿岩体形成于燕山早期中晚侏罗世，同位素年龄为168~150Ma，成矿年龄为162~149Ma，两者时差小于10Ma，一般为1~7Ma。以钨为主，可形成独立钨矿，共伴生锡、钼、铋、铅锌、银、铌钽、铍、稀土等；矿床类型有热液石英脉型、矽卡岩型、蚀变花岗岩型（含云英岩型）。其中以黑钨矿-石英脉型最主要，空间上构成自下而上的“五层楼+地下室”成矿模式。代表性矿床式有石英大脉型黑钨矿矿床：西华山式（W、Mo、HREE、Bi）、盘古山式（W、Bi）；石英细脉-网脉型黑钨矿矿床：漂塘式（W、Sn）、下桐岭式（W、Mo、Bi）；复合型矿床：大吉山式（W、Nb、Ta）、浒坑式（W、Cu）、岿美山式（W、Sn、Bi、Cu）等。

与燕山晚期壳熔$S_2$型花岗岩及陆相潜火山岩有关的锡、钨、（铌、钽）成矿亚系列：主要分布于武夷成矿带南段西坡与南岭成矿带东端复合部位。发育一系列火山构造、潜火山隐爆构造，是区内锡、（铌、钽、钨、铜）矿床的控矿构造。矿床往往产于正向火山构造中，

成矿岩体主要为早白垩世 S 型酸性潜火山岩和中浅成花岗岩。典型矿床式有潜灿岩-斑岩型：岩背式锡（铜）矿（岩背、松岭、上湾锡矿床）；隐爆角砾岩型：大窝里钨锡矿。

**3. 华南中生代构造体制转换与矿床成矿系列叠加**

华南陆块中生代受古特提斯构造域和滨太平洋构造域两大动力学体系控制，形成了独具特色的华南大花岗岩区和巨量有色、稀有金属富集的成矿省。江西及邻区是古特提斯构造域与滨太平洋构造域的重要叠加转换区，其主要矿集区具有东西向与北东向断裂控岩、北西西向裂隙控矿、深部变质基底双向汇聚叠加等特征，是研究华南陆块中生代构造体制转换与矿床成矿（亚）系列叠加和演化的理想场所。

（1）华南陆块中生代构造动力体制转换

华南陆块中生代构造动力体制转换是一次重大的地球动力学事件（董树文等，2008；任纪舜，2011；Li et al.，2021）。印支运动之后中国大陆主体基本形成，燕山运动在印支期近东西向为主的构造格架之上叠加了以北东向为主的构造行迹，并形成一系列叠置于前中生代地层单元之上的构造-岩浆带及沉积盆地。陈培荣等（2002）基于对南岭构造带花岗岩的研究，提出燕山早期的 A 型花岗岩类（178～176Ma）和双峰式火山岩（179～158Ma）是一套典型的后造山岩石组合，代表了一次造山作用的结束，新的威尔逊旋回的开始。张岳桥等（2009）基于对南岭、江南造山带中段等地构造变形研究，发现中生代早期近东西向褶皱构造与晚期北东-北北东向褶皱构造叠加，两者分别记录印支期近南北向和燕山早期近东西向挤压作用。Shu 等（2009）对华南中生代沉积盆地的成因进行了分析，认为沉积盆地形成的构造背景依次经历了晚三叠世—早侏罗世的印支造山后阶段，到中侏罗世的裂谷阶段，最后到白垩纪由于古太平洋板块向北西俯冲的区域伸展阶段。Li 等（2007）根据华南火成岩的时空分布规律，提出古太平洋板块自晚二叠世向华南陆块长距离（1300km）平俯冲模型。Zhou 和 Li（2000）及 Zhou 等（2006）提出古太平洋板块低角度俯冲和角度变化模型。

关于两大动力体系转换发生的时间，舒良树等（1999）和周新民等（2000）通过 A 型花岗岩和双峰式火山岩（～180Ma）的研究，判断南岭地区在早侏罗世至早白垩世完成了转换。李三忠等（2017）通过雪峰山和南岭地区构造变形研究，认为古特提斯构造体制向滨太平洋构造体制转变发生在晚三叠世末期—早侏罗世早期。李献华等（2009）提出华南在 164～87Ma 经历了 5 次岩石圈伸展和花岗岩侵入事件。谢桂青（2003）通过基性岩墙研究，提出华南在 180～75Ma 经历了 3 阶段岩石圈伸展作用，表明在早侏罗世开始进入古太平洋板块多期挤压伸展的动力体制。赵正等（2022）通过构筑华南钨锡锂铍铌钽和风化壳型稀土矿床的时空谱系，认为华南地区在早侏罗世（200～180Ma）存在一个明显的内生矿床成矿作用的寂静期（图 6-3），将印支期矿床成矿系列与燕山期矿床成矿系列分开，这标志着动力体制可能在该阶段发生转换过渡。

（2）矿床成矿系列叠加

赵正等（2022）结合近年来华南有色金属、稀有金属矿产勘查、矿床学研究和深部探测工作的新进展，系统总结了因印支期近南北向的挤压作用与燕山期北西-南东向的挤压/伸展作用叠加，铸就华南印支晚期、燕山早期和燕山晚期有色金属、稀有金属矿床成矿（亚）系列的叠加和演化特征；厘定了华南陆块 15 处中生代有色金属、稀有金属矿床成矿（亚）系列叠加成矿区（图 6-4）。其中，江西及邻区主要包括 7 处叠加区（表 6-3）。

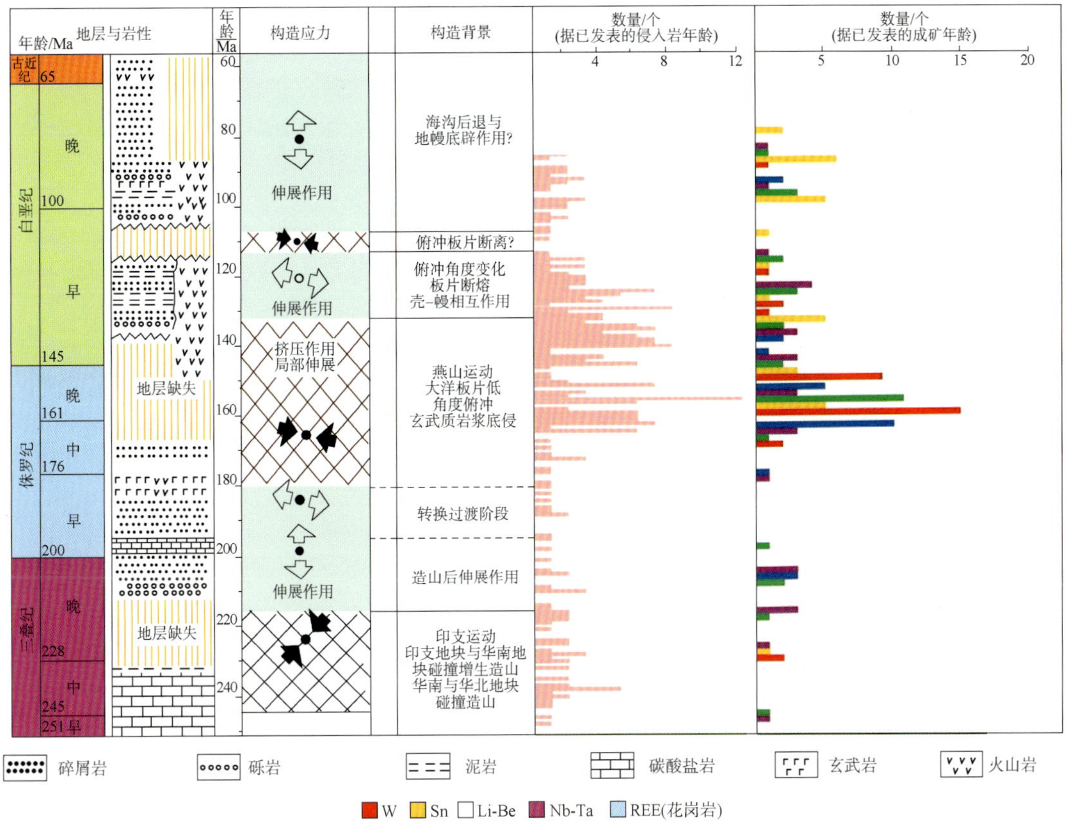


图 6-3　华南中生代沉积-构造演化与花岗岩类相关钨锡锂铍铌钽稀土矿床综合成矿谱系

（据赵正等，2022）

**表 6-3　江西有色、稀有金属矿床成矿（亚）系列的叠加演化关系表**

| 成矿构造环境 | 成矿（亚）系列叠加区 | 典型矿床 | 年龄/Ma | 资料来源 |
|---|---|---|---|---|
| SC-1 江南隆起东段（弱挤压、深断裂）构造-岩浆带 | Ms-1 赣东北地区与燕山早期、燕山晚期中酸性侵入岩有关的钨、锡、铌钽矿床成矿亚系列叠加 | 曾家垅 Sn | 129 | Mao et al., 2019 |
| | | 葛源 Nb-Ta-W-Sn | 130 | Chen et al., 2019 |
| | | 阳储岭 W-Mo | 145 | Mao et al., 2017 |
| | | 朱溪 W-Cu | 145 | Hu et al., 2015 |
| | | 永平 W-Cu | 160 | Zhu et al., 2016 |
| | Ms-2 幕阜山-九岭地区与燕山早期、燕山晚期花岗岩类有关的铌钽锂铍、钨多金属矿床成矿亚系列叠加 | 香炉山 W | 128 | Zhao et al., 2021 |
| | | 仁里 Nb-Ta | 131 | 黄小强等，2021 |
| | | 虎形山 W-Be | 135 | 唐朝永等，2013 |
| | | 大湖塘 W-Cu | 143 | Mao et al., 2013 |
| | | 东坪 W-Cu | 129 | Yang et al., 2022 |
| | | 宜丰 Li-Rb-Cs | 150 | 楼法生等，2023 |
| | | 传梓源 Nb-Ta-Be-Li | 146 | 李鹏等，2021 |

续表

| 成矿构造环境 | 成矿（亚）系列叠加区 | 典型矿床 | 年龄/Ma | 资料来源 |
|---|---|---|---|---|
| SC-2 武夷隆起（中强弱挤压区）构造-岩浆带 | Ms-3 赣东-闽西北地区与加里东期、印支期、燕山期火山-侵入岩有关的铌钽、锂铍、钨矿床成矿亚系列叠加 | 行洛坑 W-Be | 156 | 张清清等，2020 |
| | | 海罗岭 Nb-Ta-Li | 140 | 徐喆等，2023 |
| | | 头陂 Li-Be-Nb-Ta | 246 | Chen et al.，2019 |
| | | 河源 Li-Nb-Ta | 220~200 | 胡为正等，2005 |
| | | 南平西坑 Li-Be-Nb-Ta-Sn | 391 | Tang et al.，2017 |
| | | 西港 Nb-Ta-Li | 430 | Chen et al.，2019 |
| SC-3 武功山断隆（中强弱挤压区）构造-岩浆带 | Ms-4 武功山地区与燕山期花岗岩类有关的钨锡、铌钽矿床成矿亚系列叠加 | 徐山 W | 147 | 李光来等，2011 |
| | | 浒坑 W | 150 | 刘珺等，2008 |
| | | 宜春 414 Nb-Ta-Li-Be | 150 | 张勇等，2019 |
| | | 下桐岭 W-Be | 152 | 易先奎等，2015 |
| | | 邓阜仙 W-Sn | 154 | 何苗等，2018 |
| SC-4 赣南隆起（强挤压区）构造-岩浆带 | Ms-5 赣东南与燕山早期、燕山晚期花岗岩类有关的锂铌钽、钨、锡矿床成矿（亚）系列叠加 | 岩背 Sn | 132 | Liu et al.，2021 |
| | | 淘锡坝 Sn | 136 | Liu et al.，2021 |
| | | 铜坑嶂 Mo-Cu-W | 138 | 苏慧敏等，2010 |
| | | 盘古山 W-Bi-Te | 157 | 曾载淋等，2011 |
| | Ms-6 崇余犹地区与印支期、燕山期花岗岩有关的钨锡、锂矿床成矿亚系列叠加 | 茅坪 W-Sn-Li | 156 | Chen et al.，2019 |
| | | 石雷 W-Sn-Li | 160 | 王成辉等，2022 |
| | | 青山 W-Sn | 228 | Zhao et al.，2018a |
| | Ms-7 赣南-粤北地区燕山早期、燕山晚期花岗岩类有关的钨锡铌钽矿床成矿亚系列叠加 | 良源 Nb-Ta-Rb-W | 166 | 范飞鹏等，2022 |
| | | 锯板坑 W-Sn | 139 | 付建明等，2009 |
| | | 大吉山 W-Nb-Ta | 153~158 | Liu et al.，2019 |

（据赵正等，2022，略修改）

晚三叠世，与古特提斯构造域有关的岩浆活动主要发生在230~200Ma之间。在华南陆块西缘形成了甘孜-理塘、丹巴-康定构造岩浆带与印支期花岗岩有关的锂铍矿床成矿系列，雪峰山弧形构造隆起带中段前寒武纪浅变质岩容矿的钨锑金矿床成矿系列，桂东印支期花岗岩类相关锡铌钽矿床成矿系列，闽西北构造岩浆带与印支期侵入岩有关的钨铌钽矿床成矿系列，云开构造岩浆带与印支期混合花岗岩有关的锡铌钽矿床成矿系列，南岭东段与印支期花岗岩有关的钨锡稀土矿床成矿系列。

中—晚侏罗世，与古太平洋板块向东亚大陆俯冲作用有关的岩浆活动主要发生在180~135Ma之间，并于160~150Ma形成花岗质岩浆活动与成矿作用高峰。形成了扬子东南缘幕阜山-九岭构造岩浆带（江南地块）与燕山期S型花岗岩类有关的钨锡锂铍铌钽矿

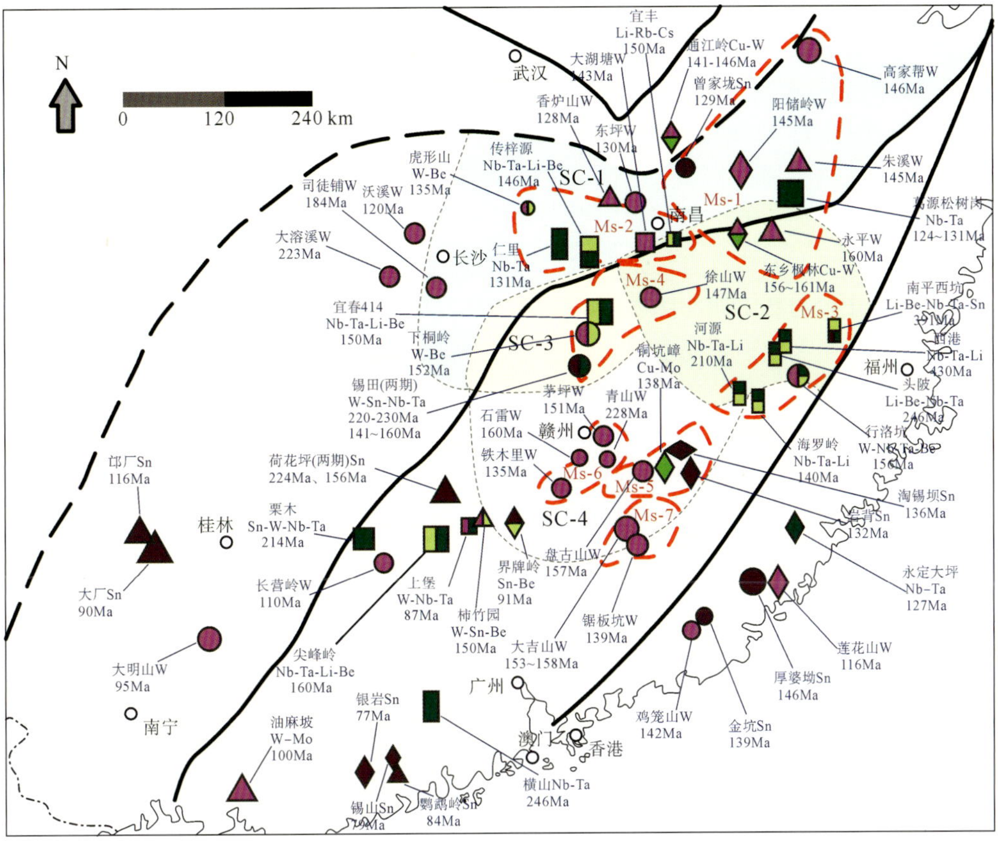


图 6-4　江西及邻区主要钨锡多金属、稀有金属矿床及成矿（亚）系列分布略图

（成矿构造区及成矿系列编号说明见表 6-3，年龄数据来源同表 6-3；据赵正等，2022，有修改）

床成矿系列，鄂东南-九江构造岩浆带（长江中下游）与燕山期 I 型中酸性侵入岩有关的钨铜多金属矿床成矿系列，武功山构造岩浆带与燕山期 S 型花岗岩类有关的铌钽钨矿床成矿系列，赣南构造岩浆带（南岭）与燕山期 S 型花岗岩类有关的钨锡矿床成矿系列。

白垩纪以来，华南陆块的构造-岩浆作用受东侧古太平洋板块俯冲和西缘新特提斯构造域的联合影响，在华南东部形成一系列白垩纪断陷盆地，在华南西部形成一系列挤压走滑断裂。形成了滇东南构造岩浆带与燕山晚期花岗岩有关的锡多金属矿床成矿系列，桂北南丹-河池构造岩浆带与燕山晚期花岗岩类有关的锡多金属矿床成矿系列，五华-博罗构造岩浆带与燕山晚期花岗岩类有关的钨锡铌钽矿床成矿系列，粤东陆缘岩浆带与燕山晚期酸性火山-侵入岩有关的钨锡矿床成矿系列。

因此，在印支期—燕山期动力体制转换的背景下，华南陆块内同一构造单元（如江南造山带东段）经历了不同世代、不同源区、多个类型岩浆作用相关的矿床成矿（亚）系列的叠加和演化，其叠加成矿机理是华南中生代大规模成矿作用研究的关键，其复合成矿效应是华南各成矿区带找矿预测工作的重要依据。

（3）矿床成矿（亚）系列叠加的表现形式

华南中生代动力体制转换背景之下，有色金属、稀有金属矿床成矿（亚）系列的叠加主要表现为 3 种形式。

一是同构造单元，不同世代岩浆作用相关的同类矿床成矿（亚）系列的叠加，其成矿源区和成矿物质具有一定继承性并可能存在演化关系，如南岭东段印支期花岗岩相关钨锡矿床成矿亚系列和燕山早期花岗岩相关钨锡矿床成矿亚系列叠加（赵正等，2017b；Zhao et al.，2018a），武夷山北段印支期伟晶岩型锂多金属矿床成矿系列与加里东期锂多金属矿床成矿系列叠加；湘东锡田钨锡矿田、赣南稀有稀土矿集区、幕阜山锂铍铌钽矿集区印支期、燕山早期、燕山晚期矿床成矿亚系列叠加演化亦是此类型。

二是同构造单元或构造岩浆带结合部，同世代不同类型矿床成矿（亚）系列的复合成矿，如南岭东段与燕山期花岗岩相关钨多金属成矿亚系列与华南褶皱系与燕山期花岗闪长岩相关银金多金属成矿系列叠加（赵正等，2017a；Zhao et al.，2018b），江南造山带东段与燕山期S型花岗岩相关钨铌钽矿床成矿亚系列与赣东北燕山期I型花岗闪长岩有关的铜金银矿床成矿亚系列叠加。

三是同构造单元或构造岩浆带结合部，不同世代岩浆作用、不同源区、不同类型矿床成矿（亚）系列的叠加，如武夷山南段与燕山早期花岗斑岩相关锡多金属矿床成矿亚系列与燕山晚期闪长岩相关铜金矿床成矿亚系列叠加，南岭中段燕山早期花岗岩相关钨锡矿床成矿亚系列与燕山晚期铌钽矿床成矿亚系列叠加。

在华南中生代动力体制转换背景下，印支晚期—燕山早期—燕山晚期的构造岩浆作用持续活化，促使了各世代矿床成矿亚系列叠加演化和多组有色、稀有、稀土金属元素的复合成矿作用。矿床成矿（亚）系列的叠加演化显著提升了区域成矿的强度，这些叠加成矿区将是江西新一轮找矿突破行动部署战略性矿产勘查的重中之重。

## 三、赣北与赣南钨矿成矿特征对比

### 1. 成矿地质条件对比

赣南与赣北以萍乡-广丰断裂（江山-绍兴断裂的中部）为界。赣南属江山-绍兴断裂南东侧的华夏陆块的一部分，是华南加里东褶皱带。区内岩浆活动较为强烈，为相对隆起区，除少数地区出露有震旦系—青白口系外，主要以奥陶系—寒武系陆源碎屑（火山）沉积为主体的下古生界浅变质岩系等组成的东西向紧密褶皱构成褶皱基底（杨明桂等，1998）。赣南以石英脉型和蚀变花岗岩型黑钨矿床为主，同时有少量矽卡岩型及层控角岩型钨矿床，前两种钨矿床类型的赋矿围岩主要为震旦系、寒武系硅铝质砂岩、板岩或凝灰岩、凝灰质砂岩；而后两种钨矿床的赋矿围岩多为古生界（中寒武统、中-上泥盆统）的泥质灰岩和砂页岩。

赣北为江山-绍兴断裂北西侧扬子板块东南缘的一部分，为相对凹陷区，地层具有明显的双层结构，即新元古代浅变质火山岩-陆源碎屑岩（如双桥山群等）构成区内褶皱基底，而上覆奥陶系—二叠系等构成盖层。徐克勤等（1981）认为华南震旦系和古生界的某些层位，可能存在钨矿源层或含钨建造。刘英俊和马东升（1987）进一步确定华南存在4个含钨建造，即新元古界（+震旦系）、寒武系、泥盆系和石炭系。现有资料表明，赣南、赣北两侧地层的钨背景值均比较高（华仁民等，2010），如赣北新元古界双桥山群中钨元素为地壳平均值的60~150倍，上石炭统黄龙组中钨元素为地壳平均值的数十倍以上。

赣南、赣北两侧地层，均具有形成钨矿床所需的矿源层条件，此外从成矿时代、成矿岩体特征二者区别如下：

1）赣南地区钨矿床的成岩成矿作用是一次相对集中的事件，时间集中在晚侏罗世（165~150Ma）。赣北地区钨钼铜矿床的成岩成矿作用则呈现出年龄新、跨度大、期次多的特点。

2）赣北和赣南地区含钨花岗岩都是富硅的高钾钙碱性系列岩石，其元素地球化学特征显示，二者都属于分异演化程度比较高的岩石，赣南含钨花岗岩经历了更高程度的分异并遭受了更为强烈的流体交代作用。

3）赣北地区含钨花岗岩是由成熟度较低的、形成时代较年轻的新元古界双桥山群中一套砂质-泥质岩夹变火山岩岩系部分熔融形成的；赣南地区含钨花岗岩则是由成熟度比较高的、形成较早的中元古代富黏土质泥岩部分熔融而成的。

4）赣北地区钨（锡钼铜）矿和赣南地区钨（锡铌钽）矿在成矿作用上的差别，与花岗岩岩浆的源区物质控制以及演化分异程度和赋矿围岩的差异密切相关。

**2. 成矿机制对比**

（1）成矿物质来源对比

江西含钨锡花岗岩都具有负的 $\varepsilon_{Nd}(t)$ 值，变化范围分别在-9.4~-2.5和-11.4~-9.1之间，利用两阶段模式年龄计算出来的Nd同位素模式年龄分别为736~1689Ma和1686~1872Ma，表明它们主要是由壳源物质重熔的产物，没有或只有少量幔源物质的卷入。含钨花岗岩都是富硅的高钾钙碱性系列岩石，但赣南花岗岩具有略高的 $SiO_2$ 含量，两个地区的含钨花岗岩均属于铝过饱和岩石，但是赣南地区含钨花岗岩以弱过铝质为主，而赣北地区则变化范围较大，既有弱过铝质的，也有强过铝质的岩石。

值得注意的是，在 $\varepsilon_{Nd}(t)$-年龄图解上（图6-5A），二者呈现出一定的差异性。赣北含钨花岗岩的Nd同位素数据主要落在华南元古代陆壳演化线附近，且主要位于该区新元古界基底岩石双桥山群演化线范围的中部，而赣南地区含矿花岗岩则位于华南元古代地壳Nd同位素演化线范围内。前人总结了华南江南造山带和华夏地块基底变质岩的Nd-Sr同位素组成，江南造山带的古老变质沉积岩基底主要包括上溪群/双桥山群/板溪群/四堡群（同一地层在不同地区的名称有所差异）。根据Sm-Nd资料统计，江南造山带的变质岩基底代表了成熟度较低、形成较晚的元古宙地壳，而华夏地块变质沉积岩则代表了成熟度较高、形成较早的元古宙地壳（沈渭洲等，1995）。这些特征也反映了赣北含钨花岗岩是由成熟度较低的，形成时代较新的新元古界双桥山群的产物，而赣南地区含矿花岗岩则主要来自成熟度较高的，形成较早的中元古界。

花岗岩的形成过程中是否有幔源岩浆的参与以及幔源岩浆参与的形式和比例已经引起了越来越多的重视和研究。在 $\varepsilon_{Hf}(t)$-年龄图解上（图6-5B），赣南地区含矿花岗岩主要位于下地壳的演化线上，表明其主要起源于下地壳岩石的部分熔融。华仁民等（2010）指出，在赣南-粤北地区大量与钨矿化相关的花岗岩在其形成和演化过程中，很少或几乎没有地幔物质的参与。Guo等（2012）对西华山矿区花岗岩中锆石的O同位素进行了测定，其 $\delta^{18}O$ 的值变化于6.93‰~11.23‰之间（平均值为9.0‰），加上其较低的 $\varepsilon_{Hf}(t)$ 值（-14.0~-4.8，平均为-10.21），表明没有或只有少量幔源物质的卷入。

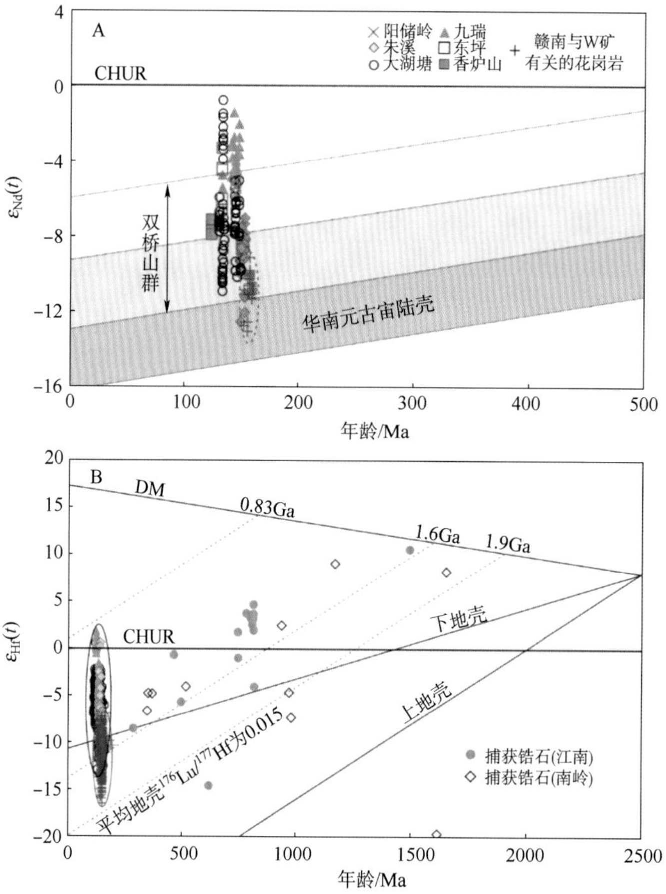


图 6-5　赣北和赣南含钨花岗岩 $\varepsilon_{Nd}(t)$-年龄（A）和锆石 $\varepsilon_{Hf}(t)$-年龄（B）图解

[A 图底图来源于 Su and Jiang, 2017；数据来源：大湖塘（见表 6-1），朱溪、阳储岭（Mao et al., 2017），九瑞（Li et al., 2013；Xu et al., 2014），东坪（胡正华等，2018），香炉山（胡正华，2015），赣南（郭春丽等，2011；Guo et al., 2012；Zhang et al., 2017；Zhao et al., 2018）]

DM—亏损地幔；CHUR—球粒陨石均一储库

相比于赣南地区含矿花岗岩，赣北地区含矿花岗岩的 $\varepsilon_{Hf}(t)$ 值明显偏高，在 $\varepsilon_{Hf}(t)$-年龄图解上主要位于下地壳和球粒陨石演化线之间（图 6-5B）。在 $\varepsilon_{Hf}(t)$ 值和二阶段模式年龄频率直方图上也可以看出明显的规律（图 6-6）：与赣南含矿花岗岩相比，赣北含钨花岗岩具有更高的 $\varepsilon_{Hf}(t)$ 峰值和更年轻的二阶段 Hf 同位素模式年龄。但是，赣北含矿花岗岩的形成过程中亦没有显著的地幔起源的岩浆被卷入进来，区别如下。

1）在 $\varepsilon_{Nd}(t)$-年龄图解上（图 6-5A），赣北地区含矿花岗岩主要落于江南造山带上广泛出露的变质基底低成熟度的双桥山群中。双桥山群的岩性主要是千枚岩、板岩和变质砂岩等夹少量的变质火成岩。当将这套变质基底岩石的 Sr-Nd 同位素组成校对到年龄为 140~120Ma，双桥山群岩石的 $^{87}Sr/^{86}Sr$ 和 $\varepsilon_{Nd}(t)$ 值分别变化于 0.715~0.742 和 -2.1~-10.6之间（Xie et al., 2011），与赣北地区含钨花岗岩的对应值基本一致。

2）南岭含锡花岗岩锆石的 $\varepsilon_{Hf}(t)$ 值（-8~-2）明显高于南岭含钨花岗岩（-14~-8），且含锡花岗岩中常见暗色包体，其形成温度也明显高于含钨花岗岩，暗示在含锡花岗岩的物

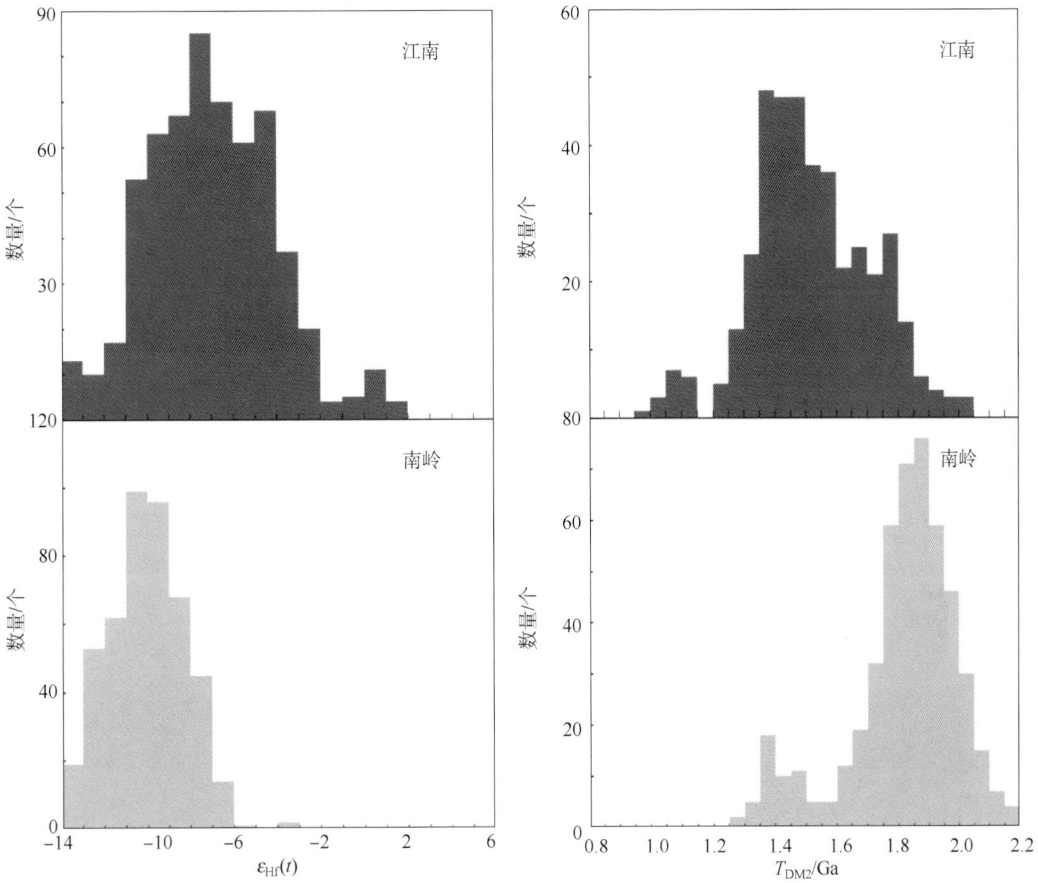


图 6-6　赣北和赣南含钨锡花岗岩锆石 Hf 同位素对比

（数据来源同图 6-3）

源中可能有明显地幔物质的贡献（陈骏等，2014）。虽然赣北地区含钨花岗岩与南岭含锡花岗岩具有相似的 $\varepsilon_{Hf}(t)$ 值，但是在赣北地区含钨花岗岩中未见到典型的地幔岩浆侵入作用的“暗色包体”或“基性岩脉”特征。再者，利用花岗岩锆石饱和温度计计算得知，赣北地区含钨花岗岩的成岩温度集中在 650~776℃之间（平均值为 737℃），可见其成岩温度并不高，明显低于南岭含锡花岗岩（>850℃）（陈骏等，2014），而与赣南地区含钨花岗岩的成岩温度一致（集中在 661~789℃之间，平均为 744℃），进一步表明赣北地区含矿花岗岩的形成过程中没有明显幔源物质的参与。

总之，赣北和赣南地区含钨花岗岩主要是壳源形成的，在其形成过程中均没有明显地幔组分的加入。二者的物质源区呈现明显差异的原因主要是由于它们是由不同性质的变质基底部分熔融而形成的。

（2）含钨成矿流体来源对比

含钨成矿流体主要来源于岩浆分异演化作用，这一结论是比较明确的。目前存在争议的是，变质水与大气降水在成矿流体中的参与情况如何？是否有地幔流体的加入？黑钨矿等矿物流体包裹体及成矿流体 He-Ar 等同位素地球化学的研究表明，赣南石英脉型黑钨矿床的成矿流体主要为花岗质岩浆流体，成矿过程中没有明显地幔流体的加入（王旭东等，2010）。现以赣北大湖塘钨矿田和赣南西华山钨矿田的含钨成矿流体来源特征为例对比如下。

江西省地质局第三地质大队（2022），项新葵等（2013，2015）对赣北大湖塘钨矿田系统开展了 C-H-O-S-Pb 等同位素研究工作，已查明矿床成矿流体与成矿物质来源。具体结果如下。

1）硫同位素特征：矿田金属硫化物的 $\delta^{34}S$ 的变化范围较小，分布比较集中，其变化范围在-2.29‰~-0.91‰之间，平均值为-1.65‰~1.56‰。硫的来源比较均一。硫同位素组成更多地显示出岩浆硫的特征，推测成矿流体中硫主要来自岩浆。

2）铅同位素特征：矿田内硫化物矿石的铅同位素组成相当均一，$^{206}Pb/^{204}Pb$ 比值范围石门寺矿床为 18.109~18.268（平均 18.201），大湖塘矿床为 18.151~18.718（平均 18.303）；$^{207}Pb/^{204}Pb$ 比值范围石门寺矿床为 15.586~15.708（平均为 15.627），大湖塘矿床为 15.617~15.671（平均 15.632）；$^{208}Pb/^{204}Pb$ 比值范围石门寺矿床为 38.208~38.715（平均为 38.472），大湖塘矿床为 38.322~38.442（平均为 38.348）。矿田矿石铅同位素组成低 $\mu$(9.58±)、高 $\omega$(36.889~39.589)值的特征指示了矿石铅来源于富 Th、亏 U 的源区，具有下地壳来源的特征，但同时也有部分来自上地壳。

3）氢-氧同位素特征：大湖塘石英样品的氢同位素组成变化范围非常小，$\delta D_{V\text{-}SMOW}$值介于-71.3‰~-65.4‰之间，为正常岩浆水的范围（-80‰~-50‰），平均值为-67.19‰。石英包裹体流体氧同位素组成变化范围较小，$\delta^{18}O_{H_2O}$值介于1.61‰~3.65‰之间，平均值为2.65‰，均偏离岩浆水的变化范围（5.5‰~9.5‰）。

在 $\delta D$-$\delta^{18}O_{H_2O}$关系图中，氢-氧同位素组成既不落入岩浆水区域，也不在大气降水线附近，而均落在岩浆水区域的左侧，推测原始热液主要来自燕山期花岗岩岩浆水。而 $\delta^{18}O_{H_2O}$值有向大气降水线方向漂移的趋势，产生这种现象的原因可能是由于大气降水的加入，造成了氧同位素向大气降水方向漂移，这说明大湖塘钨多金属矿区的成矿流体主要为岩浆水与大气降水的混合。

大湖塘矿田内的石门寺、大湖塘及南侧的昆山 3 个矿床在地理位置上从北到南依次分布着，而它们的氧同位素组成依次有序地降低，石英样品氢-氧同位素组成投点具有非常明显的向雨水线方向漂移趋势。这种现象可能反映了石门寺、大湖塘、昆山 3 个矿床成矿标高大致等深但成矿岩体由地表到浅隐伏或深隐伏，从而导致成矿流体混入的大气降水依次增加。

4）碳-氢同位素特征：大湖塘矿区方解石 $\delta^{13}C_{PDB}$值变化范围在-17.5‰~-6.4‰之间，平均值为-10.34‰；$\delta^{18}O_{SMOW}$值变化范围在8.18‰~17.87‰之间，平均值为12.55‰。将样品碳-氧同位素组成投影在方解石 $\delta^{13}C_{PDB}$-$\delta^{18}O_{SMOW}$图解（图 6-7）上发现，石门寺矿区样品落入花岗岩区及低温蚀变区和有机质氧化作用区，其原因可能是地幔或深源流的甲烷向上运移的过程中，发生强烈的同位素分馏，轻的同位素在气体的上部集中，并被氧化为 $CO_2$，通过化学反应，从而沉淀形成方解石；另外，显微激光拉曼光谱显示石门寺钨多金属矿区流体包裹体中气相成分含有较多的 $CH_4$与少量的 $CO_2$。因此，石门寺钨多金属矿区成矿流体中的碳可能来源于下地壳或上地幔，也有一部分可能是深源甲烷转化而来。

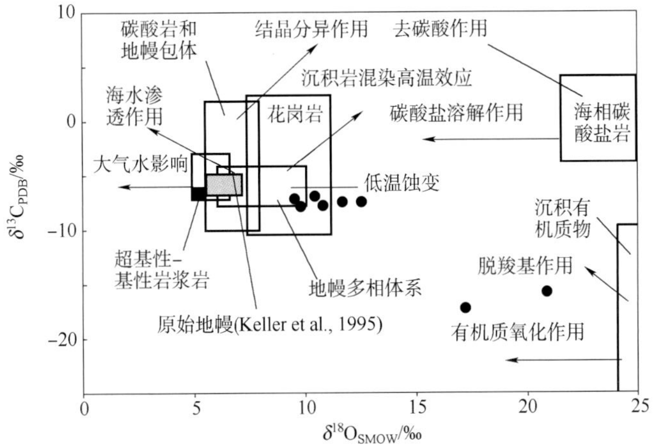


图 6-7 大湖塘钨矿田方解石 $\delta^{13}C_{PDB}$-$\delta^{18}O_{SMOW}$ 图解

（据项新葵等，2013）

前人对赣南西华山钨矿床氢-氧同位素做了大量工作（吴永乐，1987；刘家齐等，2002；魏文凤等，2011）。为了进一步探明西华山钨矿床成矿流体来源，江西省地质局（2022）采用 MAT251EM 进行 $\delta D$、$\delta^{18}O$、$\delta^{13}C$ 同位素成分分析，并收集了部分流体包裹体的氢-氧同位素数据，以期更清晰阐明成矿流体特征。从 $\delta^{18}O$-$\delta D$ 关系图（图 6-8）可以明显看出，西华山钨矿床流体包裹体的 $\delta^{18}O$ 和 $\delta D$ 投影点相对集中，投影点均在岩浆水和雨水线之间，从早期到晚期 $\delta^{18}O_{H_2O}$ 值逐渐降低。其中，第一期次的投影点大部分都落在原生岩浆水范围内，即便个别投影点也是落在原生岩浆水附近；第二期次的投影点绝大多数落在岩浆水和雨水线之间范围内，并且有向大气降水线方向漂移的迹象。由此推断，早期成矿流体以岩浆水为主，混入了少量的大气降水，随着成矿流体的不断演化，后期受大气降水的影响越来越明显；由于受大气降水的影响或者交代具有低 $\delta^{18}O$ 值的围岩，矿床 $\delta^{18}O$ 值低于标准岩浆水。

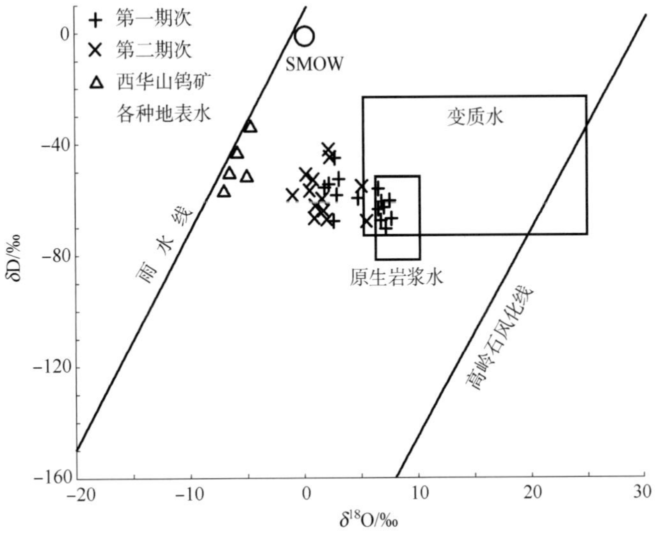


图 6-8 西华山钨矿床成矿流体 $\delta^{18}O$-$\delta D$ 关系图

（据江西省地质局，2022）

西华山钨矿床流体包裹体碳同位素组成研究，测试矿物为石英，分析结果显示 $\delta^{13}C_{PDB}$值变化范围在-7.53‰～-1.0‰之间，平均值为-4.65‰，系深源碳的特点，接近壳源碳范围（-8‰～-5‰），同时也在火成岩-岩浆系统范围内（-30‰～-3‰）。将所得数据投影到 $\delta^{13}C$-$\delta^{18}O$ 组成图（图 6-9）上可以发现，样品投点几乎全部落在花岗岩区及其边缘，其中第一期次样品投点大部分落在花岗岩区及其边缘，第二期次主要落在花岗岩区，少数落在花岗岩区周围及其地幔多相流体，这些都表明西华山钨矿中的碳可能少数由地幔源提供，主要由岩浆水提供，且受低温蚀变作用的影响。

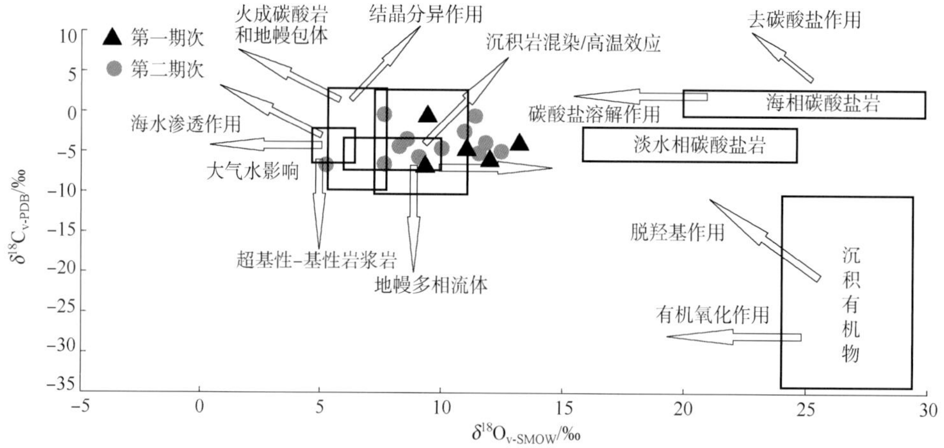


图 6-9　西华山钨矿床流体包裹体 $\delta^{13}C$-$\delta^{18}O$ 关系图
（据江西省地质局，2022）

如前所述，香炉山钨矿床中白钨矿先后以氧化物阶段的石英-白钨矿和石英硫化物阶段的石英-硫化物-白钨矿形式沉淀成矿，并以前者为主。早晚两期成矿流体 $\delta^{18}O_{H_2O}$较为接近，远低于 Ohmoto（1986）界定的岩浆水（5.5‰～9.5‰）范围，往大气降水范围靠近。朱溪矽卡岩型钨矿床、大湖塘斑岩型钨矿床稳定同位素特征均表现为以岩浆水为主，这一特点与南岭地区钨矿床成矿流体特征基本一致。

因此，江西绝大多数钨锡矿床的成矿流体来源与岩浆热液活动密切相关，但其他来源流体在一些矿床中对成矿也有贡献，特别是大气降水流体的混合是许多矿床钨锡沉淀的一种重要机制。与岩浆岩有关的钨锡矿床，成矿流体一般是通过花岗岩浆出溶作用形成，具有较高温度特征。已有研究表明，江西含钨锡花岗岩的 Zr/Hf 平均比值分别为 26.52 和 15.62（Su and Jiang，2017），明显低于一般花岗岩的平均值（39），表明他们都发生了强烈的岩浆分异作用或流体交代作用。

（3）成矿温度和盐度对比

作者总结了江西 16 个钨锡矿床的流体包裹体测温数据，显示江南成矿带与南岭成矿带钨锡矿均一温度和盐度略有差异，江南成矿带均一温度偏高，在 280～500℃之间，盐度在 0.9%～7.9%之间；南岭成矿带石英脉型钨矿的均一温度在 100～420℃及以上，盐度在 0.2%～17.4%之间（图 6-10）。

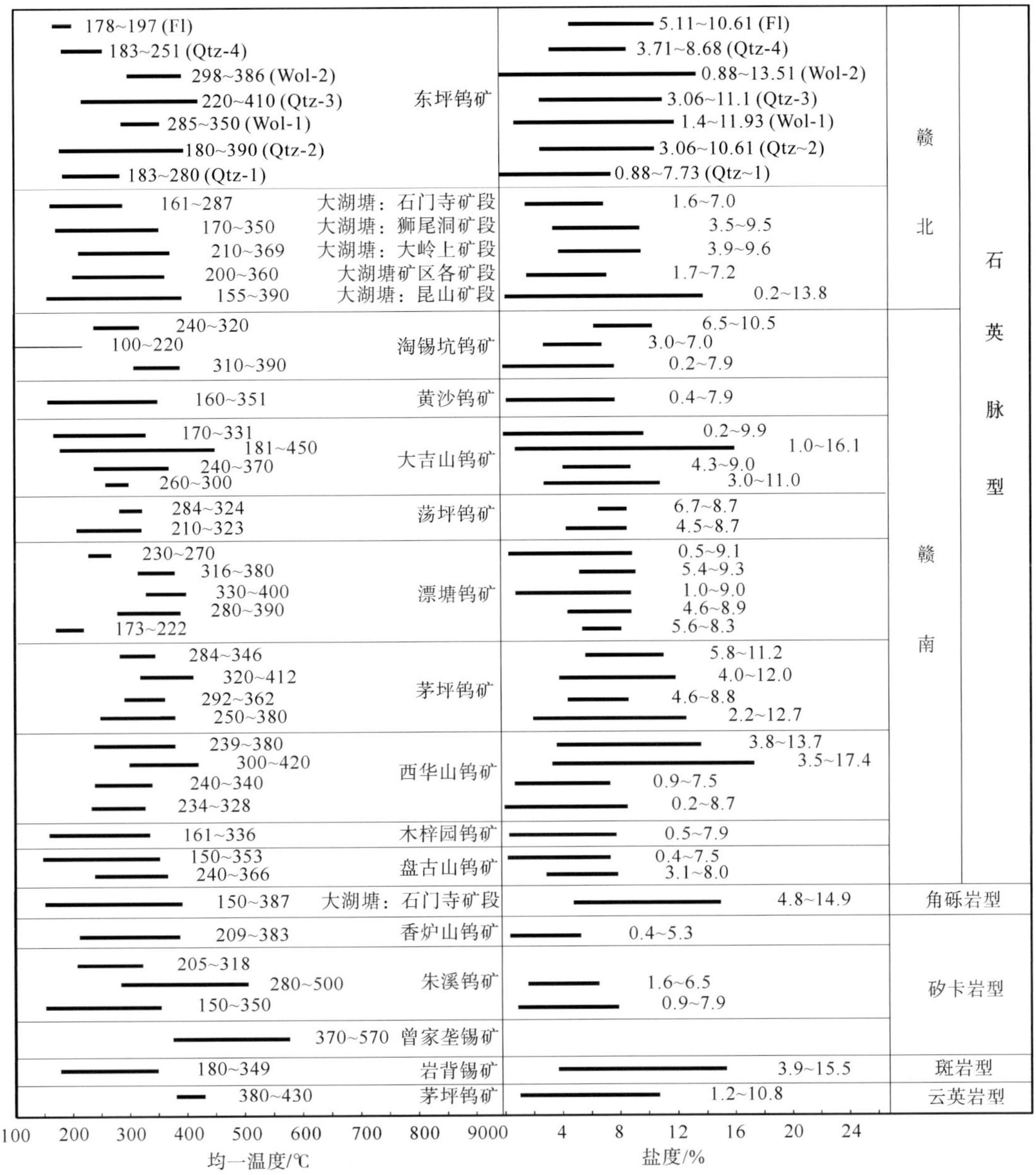


图 6-10　江西钨锡矿床成矿流体温度-盐度图

### 3. 与钨锡共生的稀有、多金属矿化特征对比

与南岭以单一钨矿为主的特征不同，江南成矿带往往出现钨-铜（钼）-锡-铌钽等多金属组合。例如，朱溪成矿元素自南西向北东表现出钨→钨、铜→铜的分带特征；在垂向上由深到浅：矿化类型依次出现蚀变花岗岩型钨（铜）矿化→厚层状矽卡岩型钨-铜（锌）矿化→矽卡岩脉型铜、铅、锌矿化。这一特征表明朱溪矿床由南西至北东、由深到浅显示出由高温→中高温→中低温的变化趋势。赣东北松树岗矿区是一个以钽、铌为主，共伴生铷、锂、钨、锡的稀有、有色金属矿区。矿化类型自下往上出现强钠长石化花岗岩型钽铌矿化带（$\gamma_a$）→中钠长石化花岗岩型钽铌矿化带（$\gamma_b$）→弱钠长石化花岗岩

型钽铌矿化带（$\gamma_c$）→云英岩化花岗岩型钽铌矿化带（$\gamma_g$）→钾化花岗岩型钽铌矿化带（$\gamma_d$）→伟晶岩型钽铌矿化带（$\rho$），至顶部近地表为石英、细脉带型钨锡矿体和云英岩型锡矿体，构成完整的岩浆热液成矿系列。多数学者认为二者之所以形成不同的矿化组合，不是岩体类型和形成环境的差异所致，而是受花岗岩岩浆的源区物质控制以及演化分异程度的影响（Su and Jiang，2017；毛景文等，2020）。

近年来的锂矿找矿成果显示，南岭地区大吉山、茅坪、洪水寨等矿区钨矿化伴生稀有金属矿化。赣南洪水寨云英岩型锂矿产于蚀变花岗岩中的云英岩，围岩为花岗岩，呈脉状分布，云英岩由充填-交代作用形成，受断裂控制。茅坪矿区钨锡钽铌锂矿位于花岗岩体顶部云英岩化区，呈似层状产出，受岩浆晚期自交代作用（钠长石化、云英岩化）及其强度控制。王成辉等（2022）在南岭东段赣南石雷矿区深部发现了云英岩型锂矿（产于角岩化砂岩中的云英岩的 $Li_2O$ 平均含量为 0.25%，二云母花岗岩中石英（长石）脉-云英岩 $Li_2O$ 平均含量为 0.21%，二云母花岗岩中发育的含云母脉云英岩 $Li_2O$ 平均含量为 0.22%），证实了赣南石英脉型钨锡矿集区也有找锂矿的巨大潜力 。吴福元等（2023）提出未来应结合锂资源的国家重大战略需求，对南岭地区高分异花岗岩，特别是晚期钨锡铌钽成矿花岗岩展开全面检查与评价，着重研究铁锂云母花岗岩及云英岩的岩石序列、矿物演变、金属元素富集和岩浆储存机制等。

**4. 石英脉型黑钨矿床特征对比**

石英脉型钨矿床是江西省传统优势钨矿床，也是江西省钨资源消耗幅度最大的类型，广布省境。石英脉型矿床以开发利用早，品质优，资源丰富，矿石易选，矿床数量多而驰名中外。除少量石英脉型白钨矿床外，绝大多数为黑钨矿床。截止到 2020 年底，上江西省资源储量登记表的产地共计 107 处，其中大型 13 处，中型 16 处，小型 78 处（江西省地质局，2022），矿点众多。矿床源于花岗岩浆富钨成矿热液，于适时性构造扩容充填，形成含钨石英脉、含钨长石石英脉、含钨破碎带石英脉等。根据脉体产出部位，矿床可以分为内接触带石英脉型、外接触带石英脉型和破碎带石英脉型等。内接触带石英脉型矿床多为脉幅大于 10cm 的薄脉、大脉，垂向上具脉芒、薄脉或大脉，根部带，构成“三层楼”脉体结构模式；外接触带石英脉型矿床呈矿化线脉、细脉带、薄脉带、大脉带，根部带，垂向上构成“五层楼”脉体结构模式，发育完全者往往具备大型矿床资源潜力。

石英脉型钨矿体往往产于燕山期花岗岩岩体穹顶的内、外接触带。成矿半径一般不大于 1km。有的仅产于内接触带，即仅产于成矿花岗岩内（如西华山、浒坑、下桐岭等钨矿床）；有的仅产于或主要产于外接触带（如盘古山、画眉坳、东坪、上坪、徐山等钨矿床）；也有既产于外接触带、又产于内接触带的石英脉型钨矿床（如淘锡坑、木梓园等钨矿床），但数量相对较少。

赣北东坪钨矿床具有“五层楼”式石英脉型黑钨矿床所特有的垂向脉体分带及各分带对应的矿物组合、蚀变与矿化特征，是赣北第一例得到确认的外接触带型“五层楼”式石英脉型黑钨矿床，可与赣南盘古山、画眉坳、漂塘、淘锡坑等钨矿床进行对比。现选择赣南盘古山钨矿床与东坪钨矿床成矿特征对比如下（表 6-4）。

**表 6-4 赣南盘古山与赣北东坪石英脉型黑钨矿床特征对比表**

| 成矿特征 | | 赣南盘古山钨矿床 | 赣北东坪钨矿床 |
|---|---|---|---|
| 成矿地质条件 | 赋矿地层 | 主要为南华纪、震旦纪、寒武纪浅变质岩，其次为泥盆纪碎屑岩，W、Sn 元素丰度普遍较高，为地壳克拉克值 3~4 倍 | 新元古界安乐林组主体岩性为浅变质碎屑岩，相对富集 W（$14\times10^{-6}$）、Cu、Zn、Au、Ag |
| | 成矿岩体 | 隐伏岩浆岩顶面标高 -115m，岩性为黑云母花岗岩、白云母花岗岩和二云母花岗岩，锆石 LA-ICP-MS 年龄为 162±2Ma | 隐伏岩浆岩顶面标高 -569.30m，岩性为黑云母二长花岗岩，$^{206}Pb/^{238}U$ 年龄为 132.9±1.4Ma |
| | 控矿构造 | 矿区位于盘古山向斜南东翼，断裂构造主要有北东东向和北西西向与近东西向 3 组，容矿裂隙也为北东东向、北西西向和近东西向 3 组，构成菱形网状裂隙系统 | 双桥山群层内发育枢纽近北北东走向的背斜，石英脉体侵位于背斜两翼的褶劈理内。西侧矿带脉体走向北东-南西，倾向南东；东侧矿带脉体走向北北东-南南西，倾向北西。北东-南西走向断层为深部流体的向上运移提供了通道 |
| 矿体特征 | 矿（段）带划分及产状 | 矿区分为南、中、北 3 组矿脉群，构织成菱形网状脉群，呈等距（180~200m）分布。矿脉走向有北西西向和北东东向及东西向 3 组，均向南倾斜 | 已发现两个矿带，Ⅰ号矿带总体走向北东 33°~48°，倾向南东 123°~138°，倾角 53°~85°；Ⅱ号矿带总体走向北北东 16°~25°，倾向北西 281°~295°，倾角 65°~80° |
| | 矿带（体）规模 | 全区有钨矿石英脉 70 多条，主要产于岩体外带中，部分矿脉在深部进入花岗岩体中，划分为北、中、南 3 组。南组最陡（倾角 80°~87°），规模最大，占全区 $WO_3$ 总量的 90.2%；主矿体 7 号矿脉（带）长 1270m，延深 650m，厚 0.65m，$WO_3$ 资源储量占全区总量的 12.40%。矿脉长一般为 400~500m，最长达 800 余米，宽数十厘米，最大达 1~2m | 圈定具有工业利用价值矿体的 173 条，其中钨矿体 162 条、铜钨银矿体 11 条，均赋存于安乐林组变质粉砂岩内石英脉或石英脉带中。Ⅰ号矿带 $WO_3$ 资源储量占全区 $WO_3$ 总量的 72.59%，矿带长 50~1000m，延深达 715m，矿带宽 50~420m；Ⅱ号矿带总体走向北北东 16°~25°，倾向北西 281°~295°，倾角 65°~80°，延长 587m，延深达 723m，矿带宽 50~650m |
| | 赋矿标高 | 赋矿标高由地表（1150m）至 0m 以下（最深达 -192m，仍有矿化），矿化深度达 1300m | 矿床整体赋存标高在 520m~-480m 之间，矿化深度达 1000m |
| | 资源量、品位 | $WO_3$ 资源量为 $10.82\times10^4t$，$WO_3$ 平均品位 0.99% | $WO_3$ 资源量为 $21.14\times10^4t$，$WO_3$ 平均品位 0.445% |
| 成矿机制 | 石英温度 | 220~320℃ | 183~360℃ |
| | 黑钨矿温度 | 240~330℃ | 320~340℃ |
| | 盐度 | 6%~8%，低盐度流体 | 0.88%~13.51%，中高盐度流体 |
| | 成矿物质和含矿流体 | $\delta^{34}S$ 值在 1.0‰~1.20‰，具深源硫性质 | 同一矿集区的香炉山钨矿区 $\delta^{34}S$ 在 1.22‰~4.60‰，平均 2.99‰，离散度小，具深源硫特征 |
| | 成矿年龄 | Re-Os 年龄为 158.0~157.75Ma | 黑钨矿 $^{206}Pb/^{238}U$ 年龄为 129.5±5.4Ma |

由表6-4可知，两个矿床均为成矿花岗岩隐伏深、矿脉延深大的外带型石英脉型黑钨矿床，成矿与壳源S型花岗岩类侵入体的关系密切，岩体与矿床形成时间先后衔接，在空间上严格受岩体控制，并随成矿岩体期次侵入或成矿热液多次充填而具脉动成矿特点。赣南石英脉型钨矿围岩主要为震旦纪—早古生代泥砂质浅变质岩，其次为泥盆纪—侏罗纪地层；赣北为新元古代浅变质岩。成矿特征对比显示，东坪黑钨矿床的控矿构造、矿体形态、成矿机制及成矿过程相对更为复杂。

据赣南盘古山钨矿床科学深钻揭露，发现了南组隐伏矿脉，在1290~1302m深处见含辉钼矿石英脉。其中有断裂破碎带大脉一条，且隐伏花岗岩顶部也有蚀变矿化（陈毓川等，2018）。东坪矿区目前控制了Ⅰ、Ⅱ号矿带走向，但Ⅰ、Ⅱ号矿带部分矿体沿倾向没有控制，极少部分钻孔揭露到隐伏的含钨、铜、钼矿化黑云母二长花岗岩，表明东坪“五层楼”式钨矿下部发现“地下室”（似层状蚀变花岗型钨铜矿体）的可能性较大。

## 四、香炉山-东坪钨多金属矿集区成矿规律

香炉山-东坪矿集区位于赣北江南成钨带幕阜山-莲花山钨成矿亚带内，江南隆起带九宫山凸起与长江中下游坳陷带南部交接地带，呈近东西展布。

**1. 成钨地质背景**

长江中下游坳陷带以码头-九宫山断褶带为界，西面为厦铺近东西向复向斜，东面为瑞昌弧帚状褶皱带。地层由南华系至中志留统组成，地层中发育层间滑脱带（图6-11）。

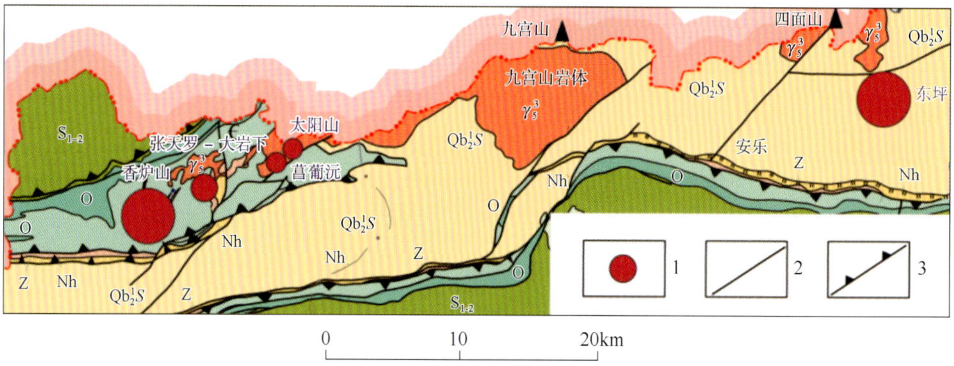


图6-11　香炉山-东坪矿集区（江西部分）地质简图

（据江西省地质局，2022）

1—钨矿床（点）；2—挤压走滑断裂带；3—滑脱带；$S_{1-2}$—中下志留统；O—奥陶系；

Z—震旦系；Nh—南华系；$Qb_2^1S$—上青白口统下部双桥山群；$\gamma_5^3$—燕山晚期花岗岩

复合发育的新华夏构造体系有北东向华夏式和北北东向新华夏式两组断裂带。北东向的码头-九宫山-香炉山褶断带是郯庐断裂带的末梢部分，具左行挤压扭动特征，断裂连续性较差，沿带东西向发生弯转，或出现东西向叠加褶皱，厦铺东西向复向斜南翼的香炉山北东向背斜是该带南部的一个叠加褶皱。北北东向左行挤压走滑断裂带，西侧有著名的麻城-团风-幕阜山断裂带，东部有崭春-九宫山、大洞-安乐断裂带。

以九宫山大型花岗岩株为中心，西有香炉山花岗岩株，东有四面山花岗岩株及东坪隐

伏花岗岩株，组成一条近东西向燕山晚期S型成钨花岗岩带，显示九宫山岩株向西面的太阳山、高湖、香炉山半隐伏花岗岩体倾伏，四面山花岗岩株向南东面的东坪隐伏花岗岩株倾伏。

**2. 成钨特征**

香炉山-东坪钨矿集区钨矿床发现于1957年，经几十年勘查研究，相继查明了香炉山、东坪超大型钨矿床及张天罗-大岩下中型钨矿床，钨资源储量计约$52\times10^4$t，且仍具资源潜力。该矿集区由中、西、东3部分组成。成矿区内分布有成矿晚期的低温热液萤石矿床。

中部九宫山-太阳山石英脉型钨矿田，处于九宫山凸起北缘，成矿岩体为九宫山、太阳山花岗岩株，由石英脉型钨矿床（点）组成。在鄂东南境内有通山县老鸦尖、百人山、老朱冲垄钨矿点，通城市花桥墩、杨石岭钨矿点。在江西境内太阳山花岗岩体中有太阳山小型钨矿床。

西部有修水县香炉山矽卡岩型钨矿田，成矿的香炉山花岗岩体分为两支。北东支花岗岩受北北东向构造控制，向南南西方向延伸，与下震旦统陡山沱组含锰灰岩、灰岩夹炭质泥岩耦合形成了大岩下-张天罗似层状矽卡岩钨矿床。该支花岗岩沿香炉山北东向倾伏背斜轴部侵入，并随倾伏背斜倾伏，在侵入体与中寒武统杨柳岗组碳酸盐岩层接触带形成了独特的接触带似层状矽卡岩型白钨主矿体，在背斜与岩体南西倾伏端形成似层状囊状矽卡岩白钨矿体。

东部武宁县东坪大型石英脉型钨矿床位于赣鄂两省交界的四面山燕山晚期花岗岩株以南，为一隐伏型成矿花岗岩株和隐伏型石英脉型钨矿床。矿体产于双桥山群安乐林组浅变质岩中，浅表为石英-云母线脉标志带，具工业价值的石英大脉在标志带下100m左右深处，燕山晚期成矿黑云母花岗岩隐伏于-569.30~-989.87m标高处。矿区西部发育北北东向断裂带。矿脉与脉带走向为北东向，1号与2号主脉带向南东东陡倾。1、2号矿带控制333类以上$WO_3$资源量$21\times10^4$t；2号矿带控制矿脉76条，平均厚度0.9m，勘查程度偏低，深部交会部位未控制。

东坪钨矿床外围还有蜈蚣坑钨矿点和太平山钼矿化点，主要分布于四面山（沙洲店）岩体与安乐林组的外接触带浅变质岩中。

香炉山-东坪矿集区区域布格重力异常显示九宫山岩体与太阳山、香炉山岩体在深部可联为一体（图6-12），由矿集区中部向西面的香炉山背斜倾伏，形成香炉山超大型和张天罗-大岩下中型钨矿床，香炉山矿床接触带未完全控制，有望进一步扩大规模。四面山-东坪半隐伏花岗岩基呈卵圆状，长轴呈北西-南东向，由四面山向东南方的东坪倾伏，形成超大型的东坪石英脉型黑钨矿床，矿带深部未控制，可进一步扩大规模。东坪矿田半隐伏岩基产状形态与成矿特征未进行整体调研，有望发现新的重要钨矿床。

**3. 成矿物质来源**

东坪石英脉型黑钨矿床，与同一矿集区的香炉山矽卡岩型白钨矿床是同源成矿流体在不同成矿环境下形成的一套成矿系列，即江南地块与燕山期S型酸性岩浆活动有关的钨锡银铜铅锌矿床成矿系列。两矿区成矿花岗岩体均为高分异型的弱过铝质高硅高钾钙碱性S型花岗岩，其岩浆来源主要可能为中新元古代地层部分熔融的产物。

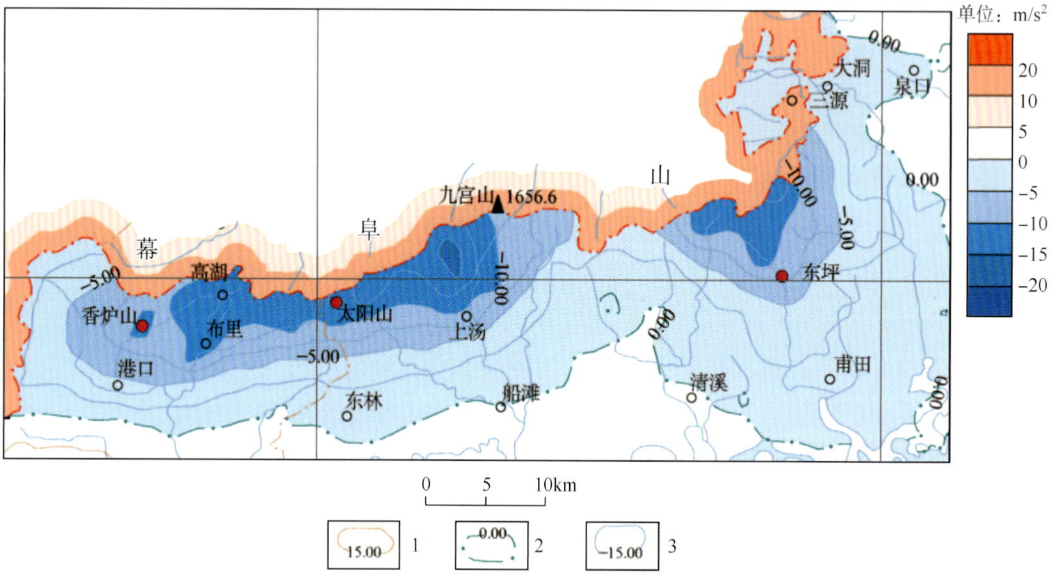


图 6-12　香炉山-东坪矿集区布格重力异常图

1—布格重力局部异常正等值线及标注；2—布格重力局部异常零等值线及标注；3—布格重力局部异常负等值线及标注

（1）香炉山钨矿田

香炉山矿区岩体 Sr 同位素初始比值（$^{87}Sr/^{86}Sr$）$_i$ 为 0.7138～0.7219，$\varepsilon_{Nd}(t)$ 为-7.07～-7.86，二阶段 Nd 模式年龄 $T_{DM2}$ 集中在 1.52～1.58Ga；花岗岩具有低 Ti（$TiO_2$ 含量为 0.082%～0.2%）、Ca（CaO 含量为 0.66%～1.4%）、Mg（MgO 含量为 0.099%～0.39%），富 Si（$SiO_2$ 含量为 72.92%～77.02%）、碱（$Na_2O+K_2O$ 含量为 7.94%～9.15%）、Al（$Al_2O_3$ 含量为 14.14%～15.85%），A/CNK 为 1.01～1.08，花岗岩微量元素较富集 Rb、U、Th、K、Hf 元素，略微亏损 Nb 元素，强烈亏损 Ba、Sr、P、Ti 元素；稀土总量 ΣREE 为 $115.18\times10^{-6}$～$219.65\times10^{-6}$，$(La/Yb)_N$ 值为 0.99～1.02，轻稀土元素（LREE）富集，重稀土元素（HREE）相对亏损，具明显的强负 Eu 异常特征（δEu 为 2.04～5.02），稀土元素配分模式图整体表现为向右倾斜型。

香炉山矿区花岗岩受原岩和高分异过程的影响，MALI 值（$Na_2O+K_2O-CaO$）和 $K_2O$ 含量较高，属于钙碱性系列岩石，指示岩浆源区具有大陆地壳物质的参与（Frost et al.，2001）。同时，岩石 A/CNK 变化范围 1.01～1.08，显示弱过铝质的特征，微量元素 Nb/Ta 平均值 7.85，接近大陆地壳的 Nb/Ta 值（10～14）（赵振华，2007），远低于上地幔的 Nb/Ta 平均值（17.5）（McDonough et al.，1995）；亏损 Nb、Ti、P 等高场强元素（HFSE），指示物质来源为大陆地壳。

香炉山成矿与燕山晚期花岗岩体有密切的时空和成因联系，矿化产于岩体内、外接触带一定范围（100m）内，主矿体产于岩体接触带上；岩体富含 W、Bi、Cu、Mo、Ag、Au 等成矿元素，其中 W 浓集系数达 35～62，为成矿提供了物质来源；矿床 12 件硫化物 $\delta^{34}S$ 在1.22‰～4.60‰，平均 2.99‰，离散度小，具深源硫特征；与白钨矿共生石英 $^{87}Sr/^{86}Sr$ 初始值 0.7152（张家菁等，2008），与矿区花岗岩相当（$^{87}Sr/^{86}Sr$ 初始值

0.71305)，均为上地壳来源。黑云母二长花岗岩（$^{87}Sr/^{86}Sr$）$_i$为0.7138~0.7219，$\varepsilon_{Nd}(t)$为-7.07~-7.86，Nd同位素亏损地幔模式年龄（$T_{DM2}$）为1.52~1.58Ga。$\varepsilon_{Hf}(t)$值（图6-13C）主要集中于-1.16和-7.36之间，平均值-4.74；单阶段Hf模式年龄$T_{DM1}$介于0.89~1.08Ga，平均值0.99Ga；二阶段Hf模式年龄$T_{DM2}$介于1.25~1.6Ga，平均值1.48Ga。成矿花岗岩$\varepsilon_{Hf}(t)$值和$\varepsilon_{Nd}(t)$值均为负值且变化范围小，指示源区同位素具较好的均一性。

（2）东坪钨矿床

东坪矿区黑云母花岗岩为强过铝质花岗岩，其A/CNK值介于1.21~1.44。大量研究成果显示S型花岗岩的源区为变质沉积岩（王德滋等，2003）。实验表明，源区为泥质岩经部分熔融产生的强过铝质S型花岗岩，其$CaO/Na_2O$比值通常小于0.3；而砂屑岩经部分熔融产生的强过铝质S型花岗岩，其$CaO/Na_2O$比值通常大于0.3（Sylvester，1998）。东坪黑云母花岗岩的$CaO/Na_2O$比值介于0.12~0.21之间，都小于0.3，表明其源区可能以泥质岩为主，与大湖塘石门寺矿区具有相似的源区特征。东坪黑云母花岗岩的两阶段Nd模式年龄（$T^C_{DM}$）除ZK5050-1579（$T^C_{DM}$=2.65Ga）外，其余均集中于1.57~1.84Ga之间，这与华南燕山期壳型花岗岩的Nd两阶段模式年龄（$T^C_{DM}$=1.3~1.8Ga）基本一致（李献华，1996；张海祥等，2000）。

在Rb/Ba-Rb/Sr图解（图6-13A）中，香炉山、东坪、大湖塘3个矿区的花岗岩均投在泥质岩熔融端元；在$\delta Eu-(La/Yb)_N$判别图解（图6-13B）中，3个矿区的花岗岩均落在壳源区域且离幔源区域较远。以上元素特征表明赣北地区中生代花岗岩具有较为一致的岩浆来源，源区富黏土矿物，岩浆来源主要为沉积岩重熔的酸性岩浆，且在形成过程中可能没有幔源物质的加入。

在$\varepsilon_{Hf}(t)$-年龄图解上（图6-13C），香炉山花岗岩和东坪花岗岩数据点均落在球粒陨石演化线之下，具有较为一致的样品投影点，表明该地区花岗岩的岩浆来源与壳源岩石的部分熔融作用密切相关，而幔源岩浆作用较小。这与（$^{87}Sr/^{86}Sr$）$_i$-$\varepsilon_{Nd}(t)$图解的结果一致，香炉山5个Sr-Nd同位素数据投点全都落入C源区（图6-13D），大部分落入扬子板块上地壳区域，结合Sr-Nd-Hf同位素两阶段模式年龄主体峰值集中在1.5Ga，说明母岩岩浆在侵位、结晶过程中主要来源于中元古代地壳部分熔融，这与李献华（1996）提出的华南燕山期壳型花岗岩的两阶段模式年龄（$T_{DM2}$=1.3~1.8Ga）基本一致。

综上，香炉山-东坪矿集区成矿黑云母花岗岩来源于的富泥质岩石熔融，其源区岩石很可能是华南中新元古代基底物质的再循环，在演化过程中可能有富挥发分的参与或发生过流体交代作用。

**4. 区域成矿模式**

区域成矿模式的建立既可以作为区域找矿勘查的重要依据，又能为丰富发展相关成矿理论提供支撑。

香炉山-东坪矿集区新元古代为古华南洋弧后盆地，沉积了双桥山群巨厚的复理石建造（图6-14A），晋宁运动形成了本区第一期、第二期褶皱基底，表现为紧闭褶皱和强面理化（图6-14B）；南华纪—寒武纪为南华裂谷盆地或残余弧后盆地海相碎屑岩夹碳酸盐

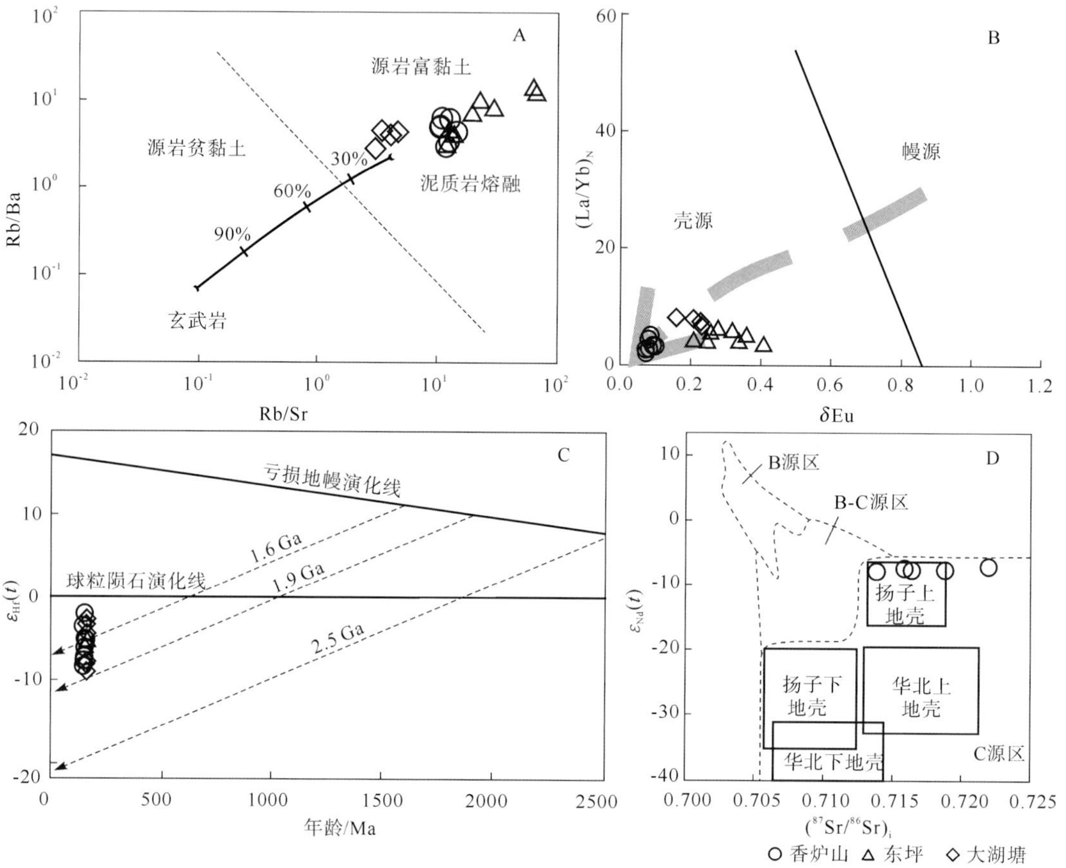


图 6-13 香炉山、东坪、大湖塘钨矿床成矿花岗岩源区判别图

A—Rb/Ba-Rb/Sr 图解；B—$\delta$Eu-$(La/Yb)_N$ 判别图解（据王中刚等，1989）；

C—锆石 $\varepsilon_{Hf}(t)$-年龄图解；D—$(^{87}Sr/^{86}Sr)_i$-$\varepsilon_{Nd}(t)$ 图解（据张旗等，2008）

岩，奥陶纪—志留纪为前陆盆地碎屑岩（图 6-14C）；加里东运动发生隆起造山，区域上指示右行剪切的韧性变形和改造先存面理的膝折；晚古生代—中生代沉积作用主要发生在矿集区南侧修水-武宁坳陷盆地中；印支运动在北侧华北板块与华南板块碰撞挤压环境下，形成近东西走向逆冲断层和相关褶皱，包括九宫山复式背斜和北东向香炉山-太阳山背斜及北北东向张天罗次级背斜（图 6-14D）；燕山期在江南造山带岩浆-构造-成矿大环境下，形成 S 型花岗岩带和近北东-南西走向逆冲断层（图 6-14E）；新生代发育小尺度正断层和断陷盆地。

燕山期在江南造山带岩浆-构造-成矿大环境下，香炉山-东坪矿集区由前震旦系重熔形成富含 W-Cu 的花岗岩浆，沿着北东向深断裂与先期（晋宁晚期）形成的近东西向古断裂的交汇部位上涌，通过热传导效应引起地壳深部源岩为双桥山群以千枚岩和板岩为代表的富铝质变沉积岩发生部分熔融，于香炉山-东坪地区形成了香炉山、九宫山、沙店（四面山）等一系列酸性侵入岩。岩浆侵位时有部分大气降水、部分围岩矿质参与，岩浆结晶分异逐渐成岩，并在顶部分异形成富含 W-Cu 的成矿流体，成矿流体选择减压部位运动、充填，通过追踪、改造、充填已有的容矿裂隙而形成矿脉。当侵位于双桥山群时，若较为局限的富铜（中）基性火山岩中的Cu都可能被动卷入S型黑云母花岗岩的还原性成矿系统，则发生第一期成矿作用（132~128Ma），即以东坪石英脉型为主的W-Cu多金属矿床；稍晚（128~121Ma）当侵位于震旦系—寒武系碳酸盐岩夹碎屑岩时，则形成矽卡岩型白钨矿床（香炉山式）。随着更后期构造抬升剥蚀，部分矿脉出露地表（图6-14E）。

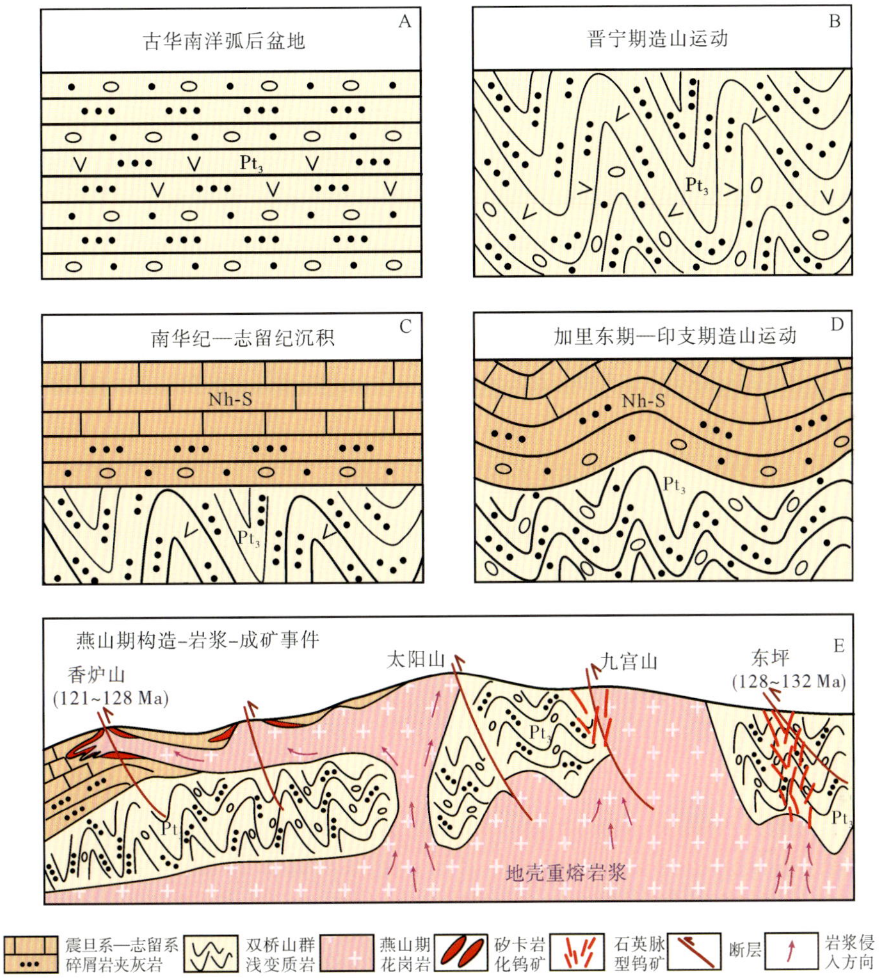


图6-14　香炉山-东坪钨多金属矿集区成矿演化模式图

## 第二节　成矿预测

通过对香炉山-东坪矿集区内典型矿床地质特征、成矿规律和地球物理、地球化学异常的分析，认为本区半隐伏岩基产状形态与成矿特征未进行整体调研，有望发现新的重要钨矿床；结合近期勘查成果，划分出香炉山外围、九宫山、东坪外围等3处找矿远景区，提出下一步勘查建议。

## 一、控矿地质因素分析

香炉山-东坪矿集区内地层由青白口系浅变质岩系、南华系—志留系碎屑岩及碳酸盐岩类组成，北东向背斜与北北东向次级构造交汇处为最有利于成矿部位，与成矿有关的燕山期二长花岗岩呈岩株状大规模侵入，蚀变主要有角岩化、矽卡岩化、云英岩化、硅化、绿泥石化等，矿床的主要成因类型是高-中温热液充填-交代钨矿床。

**1. 地层岩性控矿作用**

江南造山带内成矿有利地层为中-新元古界（双桥山群、溪口岩群）、寒武系（华严寺组、杨柳岗组、王音铺组—观音堂组）、石炭系（梓山组、黄龙组）、二叠系（茅口组、栖霞组）。这些地层中的含钨丰度普遍高于地壳中钨的平均含量，是个范围广阔的钨地球化学高背景区。这些地层中不仅新元古界（钨丰度 $14\times10^{-6}$）、寒武系（钨丰度 $6.11\times10^{-6}$）、泥盆系（钨丰度 $3.5\times10^{-6}$）、石炭系（钨丰度 $6.02\times10^{-6}$）等层位中含钨丰度最高，而且铜、锌、银、金的含量均高于地壳克拉克值的几倍至几十倍。这些地层沉积时，往往伴随有或强或弱的火山活动，地层中几乎都或多或少地赋存有火山岩、火山碎屑岩或与火山作用有关的硅质、炭质沉积。而这些含火山质岩石中的含钨丰度又比其他沉积岩要高得多，并有锡、铋、钼、铜、铅、锌、金、银等多种元素，且火山活动越发育，钨及其他元素的丰度也越高。

中元古界溪口岩群、新元古界双桥山群，均为一套含火山细碎屑的砂泥质组成的复理石建造，厚逾万米，共同组成扬子陆块的褶皱基底，扬子陆块江西段含有大量的火山物质，含钨丰度也最高，为重要赋钨围岩。在双桥山群中的千枚岩、粉砂质板岩夹斜黝帘石石英岩（火山岩）中，少数样品 $WO_3$ 含量达 0.18%，人工重砂中含白钨矿 5539g/t，因此成为扬子陆块的第一个重要矿源层，同时也是后期含钨花岗岩的岩源层（如东坪、石门寺）。

寒武系，下统王音铺组、观音堂组，岩性由灰黑色炭质页岩，偶夹硅质岩、泥晶灰岩-黄绿色粉砂质页岩组成；中统杨柳岗组为灰黑色泥质灰岩夹钙质页岩，顶部夹白云岩；上统下部华严寺组为灰黑色条纹条带状灰岩夹瘤状灰岩。在修水-武宁地区下寒武统为黑色页岩夹硅质层和灰岩透镜体，底部为含石煤、磷结核、钒、铀等的矿产层，其碳酸盐岩又易形成矽卡岩，为钨多金属矿床的重要赋矿层位之一（如香炉山特大型钨矿）。

石炭系形成于加里东造山后陆块微扩张期的浅海环境，为砂页岩、碳酸盐岩组合，岩组中夹有少量中酸性火山凝灰岩层，富含铜、钨、钴、铅、锌、硫、铁、锰，尤其是黄龙组碳酸盐岩，钨、铜、锌元素含量是中国东部地壳元素丰度值的数十倍以上，为钨多金属矿床的重要赋矿层位之一（如朱溪超大型钨矿）。

二叠系茅口组、栖霞组，主要为灰色至灰黑色灰岩，还有硅质岩建造以及黏土岩等，钨、铜、锌元素含量是中国东部地壳元素丰度值的数倍以上。

九岭赣公山地区内侵位于前震旦系双桥山群浅变质岩系的晋宁期中-粗粒黑云母花岗含钨、铜、锡、锌丰度较高（钨丰度 $27\times10^{-6}$，铜丰度 $196\times10^{-6}$、锡丰度 $57\times10^{-6}$，锌丰度 $114\times10^{-6}$），是区内重要的成矿围岩（如石门寺、大湖塘、蓑衣洞等），可能是钨矿矿源层之一。

香炉山矿区围岩主要是含炭泥钙质岩类，其对成矿的控制作用主要表现为以下3个方面：一是围岩中所含钙质，是白钨矿的有效沉淀剂，厚大白钨矿体多产于花岗岩与钙质岩石接触带上。二是成矿的屏蔽作用，炭泥质岩岩石化学性质相对灰岩和灰质泥岩要不活泼得多，且岩石致密、渗透率低形成成矿流体迁移的隔挡层作用，使成矿流体被封存或限制在一定空间内与围岩进行充分的交代作用，围岩中的Ca被充分活化与钨酸结合形成白钨矿沉淀成矿。三是围岩的性质决定了矿石类型和矿体规模。如陡山沱组钙质泥岩变质形成的钙硅角岩类围岩，岩石中主要见稀疏的浸染状白钨矿；陡山沱组底部泥质灰岩夹层变质形成矽卡岩，岩石中富含硫化物，见稠密的浸染状白钨矿。

东坪矿区围岩为新元古界青白口系双桥山群安乐林组、修水组，对应于湖北省的黄浒洞组、小木坪组、大药姑组。钨矿体主要位于新元古界安乐林组变质砂岩内石英脉带中。安乐林组主体岩性为浅变质碎屑岩，它相对富集钨、铜、锌、金、银。其低渗透率使该岩层对含矿流体形成了天然的屏障，具有良好的圈闭性，为区域内钨矿体的形成提供了必要的围岩外部因素。地球化学剖面光谱曲线图显示，钨元素峰值出现在硅化破碎带及含石英脉变质粉砂岩中。

综上，上述成矿有利地层/岩石，一是地层中或多或少赋存有火山岩或火山碎屑岩形成含钨建造，表现在其本身为矿源层，在成矿作用过程中，为矿床的形成提供了部分成矿物质（如石门寺钨矿床）；二是本身的物理化学性质的特殊性，有利于成矿物质富集成矿，如岩浆岩体与富钙地层接触，有利于形成矽卡岩型矿床（朱溪超大型钨铜矿床、香炉山超大型钨矿床）或成为矿床的有利赋矿围岩。

**2. 岩浆控矿作用**

岩体对成矿的控制作用主要表现在3个方面：①岩浆本身富集某些成矿元素，据香炉山矿区分析资料的统计，区内黑云母花岗岩含钨（$30\times10^{-6}$）、锌（$100\times10^{-6}$）、铅（$44\times10^{-6}$）、铜（$39\times10^{-6}$）、银（$2\times10^{-6}$），其含量是世界同类酸性岩体平均值的2~40倍。岩浆的侵入源源不断地带来成矿物质，在为本区成矿提供物质保障的同时，其热力作用促使地下热水溶解地壳上部地层中分散的成矿元素，使成矿元素迁移和富集，进一步为成矿提供了物质来源。②岩浆的侵位作用成生接触带构造及层间破碎带构造，并强化香炉山-太阳山背斜的虚脱空间，为矿液迁移、富集、沉淀提供了良好的场所。③岩浆的侵入使围岩发生热接触变质，导致接触带围岩粒度变粗，孔隙增大，进一步为矿液的渗透、充填、交代成矿提供了有利条件。

东坪钨矿区深部存在隐伏二云母花岗岩体，分别对主量、微量及稀土元素进行分析，成矿母岩二云母花岗岩属高硅高钾、钙碱性过铝质高分异S型花岗岩，是华南元古宙基底富泥质岩石重新熔融的产物（李永明等，2018）。其源区岩石很可能是华南中元古代古老基底物质的再循环，形成于太平洋板块俯冲引起的陆内“伸展-拉张”动力学背景（胡正华等，2018）。细粒花岗岩中光谱分析银含量较高，细粒含斑黑云二长花岗岩中钨、铋含量较高。

东坪矿区内岩体自变质及后期蚀变较为发育，有钠长石化、云英岩化、高岭土化、叶蜡石化等。同时，区内热液蚀变作用强烈，有硅化、云英岩化、（磁）黄铁矿化、透闪石化、电气石化、绿泥石化、角岩化等。蚀变具有一定的分带性，岩体内接触带普遍发育硅化、云英岩化，局部发育钠长石化、电气石化及绿泥石化。外接触带主要是角岩化及少量硅化。硅化和云英岩化常伴有钨矿化，是区内重要的钨矿化类型。

**3. 构造控矿作用**

构造是成岩成矿的主导因素，多期次复杂的构造组合为成岩成矿提供了良好就位空间。深部地壳在地幔热液作用下发生重熔，形成壳源岩浆，沿着构造断裂带上升，上升过程中不断重熔上地壳岩层，汇聚其中的钨多金属物质。

香炉山矿区内有褶皱构造、断裂构造、接触带构造及层间破碎带构造。褶皱构造以北东向香炉山-太阳山背斜及北北东向张天罗次级背斜为特征。褶皱构造以北东向香炉山-太阳山背斜及北北东向张天罗次级背斜为特征。香炉山-太阳山背斜规模最大，呈北东向横贯矿区，香炉山-太阳山背斜是基础构造，在成岩成矿过程中起着主导作用，控制着岩体及矿体就位。

1）褶皱构造：通过褶皱运动或已经形成的褶皱构造，为成矿提供有利的空间。矿区为高-中温热液充填-交代矿床，矿体赋存于背斜核部岩体接触带与围岩层间破碎带中。矿体的形成与空间分布主要受背斜构造及其派生的次级构造与层间虚脱空间控制。背斜倾伏端，特别是轴线由缓变陡部位，所受的次生张力（平行褶皱轴向）一般较大，最易出现横向张断裂，为成矿提供了有利条件。如形坪矿段矿体产于香炉山背斜轴部及其倾伏端部位。

2）断裂构造：矿区内各方向的断裂构造，多为香炉山-太阳山背斜的次生构造，其中北东向断裂构造、层间破碎带与成岩、成矿作用关系较为密切。

北东向断裂构造是矿区最重要的构造之一，切割地层，倾向北西西，局部反倾，倾角45°~88°，走向长30~900m，宽0~20m。构造面平直、弯曲并存，局部见似角砾、角砾岩，属压扭性。根据香炉山矿床就位于一系列北东向构造密集带的上盘，多被后期脉岩充填，局部可见小型钨矿体和铅锌银矿体。因此认为该组断裂是矿区重要的导岩、导矿构造。

3）层间破碎带：S型重熔花岗岩侵位于香炉山-太阳山背斜或其次级背斜核部，导致围岩岩层弯曲变形、破碎剥落，形成层间挤压破碎构造带，该破碎带多发育于岩石学性质差异较大的两种地层之间，矿区震旦系各岩组之间及震旦系与寒武系之间尤为发育。层间破碎带构造为矿液的运移、富集、沉积提供了良好的场所，其力学性质、围岩成分是制约矿体形态、产状、规模、矿石组构、甚至矿物成分的重要因素。

东坪矿区区域内北东向和北西向断裂、节理均为成矿前或成矿期的构造，沿构造面多充填石英，其中北东向断裂、褶劈理是区内主要控矿、容矿构造。区内钨矿体中北东向断裂内石英脉规模较大，矿化较好，是矿区主要含矿脉体；北西向断裂、节理构造内，部分节理可见石英脉体的充填，但其规模大多较小，一般仅几毫米，除局部具矿化现象外，多无矿化现象。北西向断裂为导岩控岩构造，区内岩浆沿北西向断裂贯入，并被后期北东向断裂错断，错距达 3~10km。

矿区受北西-南东向的区域应力挤压，产生北西向张性断裂，岩浆沿北西向断裂贯入，产生北北东向、北东向张性裂隙。后期含钨热液沿裂隙充填形成矿床。

## 二、成矿预测要素及找矿标志分析

**1. 成矿预测要素**

在综合分析香炉山-东坪矿集区内主要矿床成因类型控矿地质要素，以及东坪、香炉山典型钨矿床的成矿特征基础上，系统总结了东坪矿区成矿要素和香炉山区域成矿预测要素特征，详见表 6-5、表 6-6，为成矿潜力预测、找矿远景区划分及靶区优选提供依据。

**2. 找矿标志分析**

（1）地质特征标志

东坪钨矿区的含钨石英脉常成群成带的产出，且多具等距产出特征。根据钨成矿的水平与垂向分带分布规律及液压致裂裂隙产出规律，便能够准确地预测出隐伏矿脉的存在。花岗质岩体的外接触带，具有云英岩化、硅化、黄铁矿化等部位是寻找钨、钼矿的良好场所。黑钨矿伴随着石英脉产出，石英脉是直接的找矿标志。

1）地层标志：香炉山矿区中寒武统杨柳岗组灰岩，震旦系灯影组和陡山沱组及莲沱组与南沱组碎屑岩夹碳酸盐岩地层是区内矿床最主要赋矿层位，厚大矿体多产于此套地层，因此震旦系—寒武系碳酸盐岩可作为显著的地层标志。

2）构造标志：岩体接触构造、滑脱构造、层间裂隙、破碎带构造、张裂构造均与区内钨铜多金属矿床的形成有着直接的关系，尤其是多组构造交汇处，更有利于成矿作用的发生。寻找此类构造或其交汇部位，是本区寻找同类型矿床的重要标志。

**表 6-5　东坪钨矿成矿要素表**

| 基本特征 | | 与侵入岩浆岩有关的高（中）温热液石英脉型钨多金属矿 | 预测要素 |
|---|---|---|---|
| 成矿时代 | | 早白垩世，成矿年龄为 128.79±0.39Ma | |
| 区域成矿地质背景 | 大地构造位置 | 扬子板块：扬子陆块（Ⅰ）、江南造山带（Ⅱ）、江西北部隆起带（Ⅲ）、九岭逆冲隆起（Ⅳ）九宫山凸起 | 必要 |
| | 地层 | 从新元古界青白口系至中-新生界均有出露，以新元古界青白口系双桥山群浅变质岩系出露最为广泛，构成九宫山复式背斜的核部。震旦系及古生界的寒武系、奥陶系、志留系、石炭系及二叠系分布于背斜两翼。中生界的三叠系分布于南部的向斜核部，白垩系则分布于断陷盆地内 | 必要 |
| | 主要断裂 | 区内发育北东向、北西向及近东西向 3 组断裂构造，其中规模最大者当属北东向断裂 | 必要 |
| | 岩浆岩 | 区域上中生代岩构造浆活动频繁，形成了规模宏大的幕阜山复式岩基，岩性以过铝质强分异花岗岩类为主，与区内成矿关系密切 | 必要 |

续表

| | | | |
|---|---|---|---|
| 基本特征 | | 与侵入岩浆岩有关的高（中）温热液石英脉型钨多金属矿 | 预测要素 |
| 成矿时代 | | 早白垩世，成矿年龄为 128.79±0.39Ma | |
| 矿床主要成矿要素 | 地层 | 矿区仅出露新元古界安乐林组，主体岩性为浅变质碎屑岩，它相对富集 W、Cu、Zn、Au、Ag。其低渗透率是该岩层对含矿流体形成了天然的屏障，具有良好的圈闭性，为矿区矿体的形成提供了必要的围岩外部因素 | 必要 |
| | 成矿构造 | 矿区北东向断裂及其次及裂隙对岩浆和含矿流体起着分配容纳的作用 | 必要 |
| | 成矿岩体 | 东坪矿区地表未见火山岩、侵入岩出露。隐伏岩浆岩赋存于地下-569.30m 以下，岩性为黑云母二长花岗岩。①岩体空间上呈岩株或岩枝状产出，产状陡倾，岩体的边缘顶部挤压破碎严重，热液角砾岩发育；②矿区深部隐存着一个提供大量含矿气液热流体的花岗质岩浆房；③侵位成岩接触变质角岩带发育，与围岩呈突变接触关系，岩体内自交代现象强烈 | 必要 |
| | 矿化类型 | 热液脉型铜钨银矿体、石英脉型钨矿体 | 重要 |
| | 结构构造 | 自形、半自形、他形晶粒状结构，交代溶蚀结构、交代残余结构、假象结构、乳滴状结构。脉状-网脉状构造，局部为浸染状构造、条带状构造、团斑状构造、星点状构造、薄膜状构造 | 次要 |
| | 矿石矿物 | 以黑钨矿为主，次有白钨矿、黄铜矿、辉钼矿、方铅矿、辉铜矿、辉铋矿，常见闪锌矿、黄铁矿。脉石矿物有石英、长石、云母、萤石、方解石、沸石等 | 重要 |
| | 围岩蚀变 | 东坪矿区蚀变以硅化、绢云母化为主，硅化与成矿有直接关系 | 重要 |

（据江西省地质调查研究院，2014）

（2）矿化蚀变特征标志

东坪矿区地表见孔雀石化、铜锌矿化，围岩蚀变主要有硅化、云英岩化、黄铁矿化、绢云母化等可作为在区域上寻找钨、钼矿化的重要找矿标志。

香炉山矿区矿体主要赋存于矽卡岩或矽卡岩化岩石，故矽卡岩或矽卡岩化岩石为直接找矿标志。

（3）化探异常特征标志

化探异常表现为 W 系成矿元素，并伴有 Au、Bi、Cu、Mo 等元素的特征，异常浓集中心明显，有良好的内、中、外元素分带。

**表 6-6　香炉山成矿预测要素表**

| 预测要素 | | 描述内容 | | | 预测要素分类 |
|---|---|---|---|---|---|
| 储量 | | 238607t | 平均品位 | $WO_3$　0.636% | |
| 特征描述 | | 江西省修水县香炉山矽卡岩型白钨矿床 | | | |
| 地质环境 | 岩石类型 | 含炭碳酸盐岩、泥质碎屑岩（已转变为角岩）及黑云母二长花岗岩 | | | 必要 |
| | 岩石结构 | 泥质结构、微晶结构、细粒变晶结构、隐晶质结构、花岗结构 | | | 次要 |
| | 成矿时代 | 早白垩世。黑云母花岗岩 K-Ar 法同位素年龄测定为 125.9~131.1Ma | | | 次要 |
| | 成矿环境 | 燕山晚期花岗岩岩体与古生代碳酸盐岩、泥质碎屑岩接触带附近 | | | 必要 |
| | 构造背景 | 扬子古板块的江南地块东南缘九岭-鄣公山隆起带之九宫山隆起的西段，香炉山-太阳山背斜轴附近 | | | 重要 |

续表

<table>
<tr><td colspan="2">预测要素</td><td colspan="3">描述内容</td><td rowspan="3">预测要素分类</td></tr>
<tr><td colspan="2">储量</td><td>238607t</td><td>平均品位</td><td>$WO_3$ 0.636%</td></tr>
<tr><td colspan="2">特征描述</td><td colspan="3">江西省修水县香炉山矽卡岩型白钨矿床</td></tr>
<tr><td rowspan="5">矿床特征</td><td>矿物组合</td><td colspan="3">金属矿物有白钨矿、磁黄铁矿、黄铁矿、白铁矿、黄铜矿、闪锌矿、方铅矿等；主要脉石矿物有透辉石、石英、方解石、长石，其次有（绢）白云母、石榴子石、透闪石、萤石等</td><td>重要</td></tr>
<tr><td>结构构造</td><td colspan="3">粒状和填隙结构、熔蚀结构、共生边界结构、固熔体结构等；矿石构造主要为浸染-条纹条带状构造，其次为不规则团块状构造、微脉状构造</td><td>次要</td></tr>
<tr><td>蚀变</td><td colspan="3">云英岩化、硅化、绿泥石化、萤石化和高岭土化，具面形蚀变分带</td><td>重要</td></tr>
<tr><td>变质作用</td><td colspan="3">岩石地层均遭热变质作用，使原岩转化为各种角岩及角岩化岩石。具面形变质分带。其中以透辉石-黑云母变质带（Di-Bi）的找矿标志尤其重要，次为透闪石-绢云母变质带（Ho-Did）</td><td>必要</td></tr>
<tr><td>控矿条件</td><td colspan="3">香炉山北东东向背斜及与北东向次级构造叠加交汇处，北东向断裂及区内赋矿地层不同岩性差异面的层间破碎带附近或其交汇（切）处及岩体与围岩的接触部位，尤其是燕山晚期S型细粒黑云母花岗岩与含炭、硅、泥质岩类的接触部位或与控矿构造交汇（切）处</td><td>必要</td></tr>
<tr><td>地球物理特征</td><td>磁法</td><td colspan="3">不规则或较规则低磁异常，尤其以平稳磁场区与紊乱磁场区交接部位为主</td><td>重要</td></tr>
<tr><td>地球化学特征</td><td>土壤</td><td colspan="3">土壤地化异常中 Ag 衬值大于 1.5、(W+Bi)/(Zn+Ag) 值大于 1，以及白钨重砂异常面积一般比矿区面积大 3~5 倍或更大一些时，对隐伏钨银多金属矿（化）体具间接指示作用</td><td>次要</td></tr>
</table>

（据江西省地质调查研究院，2014）

（4）其他标志

水系重砂测量和重砂测量。这是因为黑钨矿在风化剥蚀时不易被氧化分解，而作为重物聚集在松软沉积物或土壤的底部。

## 三、找钨远景区划分

据江西 W 元素地球化学图（图 6-15），推测香炉山矿田外围、九宫山、东坪矿床外围西面与南面异常浓集中心明显，可能存在隐伏成矿花岗岩株和钨矿床。

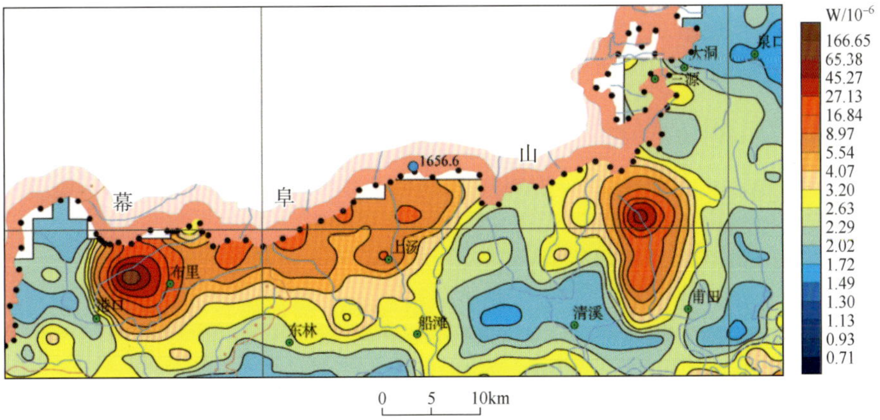


图 6-15 香炉山-东坪矿集区 W 元素地球化学图

在全面分析研究区内成矿地质条件、已知矿床（点）分布、化探及重砂异常等因素，圈出钨矿找矿远景区 3 处（图 6-16）。

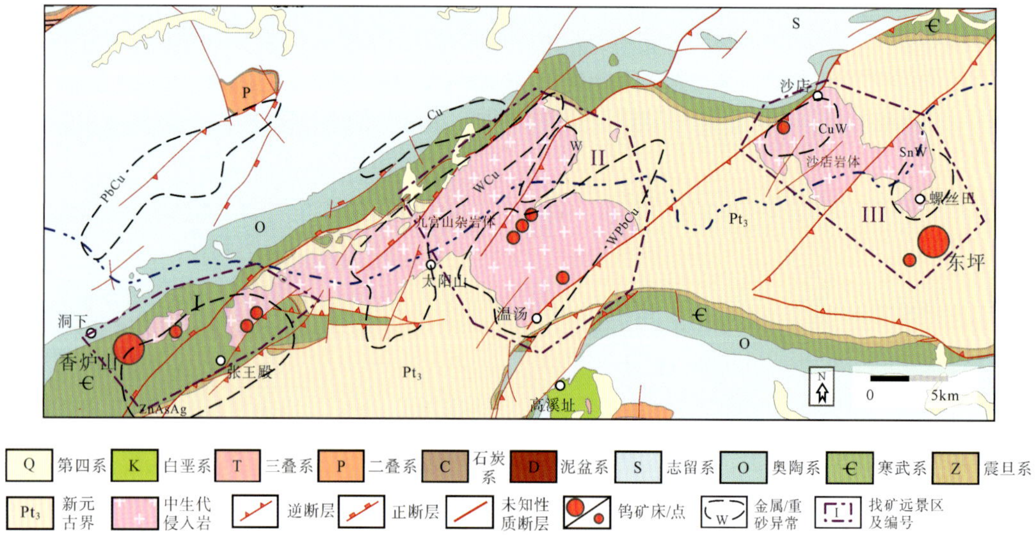


图 6-16　香炉山-东坪矿集区找矿远景区划分略图

Ⅰ—香炉山钨矿田外围找矿远景区；Ⅱ—九宫山找钨远景区；Ⅲ—沙店-东坪找钨远景区

### 1. 香炉山钨矿田外围找矿远景区

该远景区位于香炉山-东坪矿集区西部，面积约 90km$^2$。江西省地质局第二地质大队在本区开展了修水县洞下-官塘尖钨矿区勘查和修水县邓家源钨铜多金属矿普查等项目，划分了形坪、张天罗、大岩下、邓家源等找矿有利地段，取得了较好的找矿成果。

（1）洞下-官塘尖钨矿勘查区

香炉山矿田外围地球化学异常以 Cu、Cr、Ni、Co、V、P、Sb、Mg、Fe 等基性组分呈高背景，Be、Nb、Zr、Mo 等酸性组分呈低背景，Cu、Mo、Au、Ag、Pb、Zn、Sb 等亲硫元素异常广泛分布为主要特征。各元素异常丰值高，具二—三级浓度分带，其中 W、Sn 异常规模最大，浓集中心明显，套合良好。部分异常经查证，发现异常与已知的矿床（点）相吻合，为该地区寻找 W、Sn 等多金属矿的重要标志，土壤化探异常对找矿指示意义明显。

洞下-官塘尖钨矿区可以进一步划分为大岩下、张天罗、形坪 3 个矿段（图 6-17）。

大岩下、张天罗矿体赋存于灯影组含钙硅质岩与陡山沱组含炭含硅含钙泥岩夹灰岩中，呈似层状、扁豆状、透镜状，矿体内矽卡岩白钨矿矿石与角岩型白钨矿矿石共生为一体。形坪矿段矿体赋存于寒武系杨柳岗组碳酸盐岩与花岗岩接触带内，呈似层状、扁豆状，以矽卡岩型白钨矿矿石为主。

张天罗一带出现较明显矿化异常，且在 52 线见厚大矽卡岩矿体（图 6-18），综合分析矿体往两侧具有较好的延伸，表明在陡山沱组与燕山期花岗岩形成的港湾部位，成矿条件优越、矿化标志明显，具有较好的找矿潜力，其钨矿潜在资源量预计可达大-中型规模。

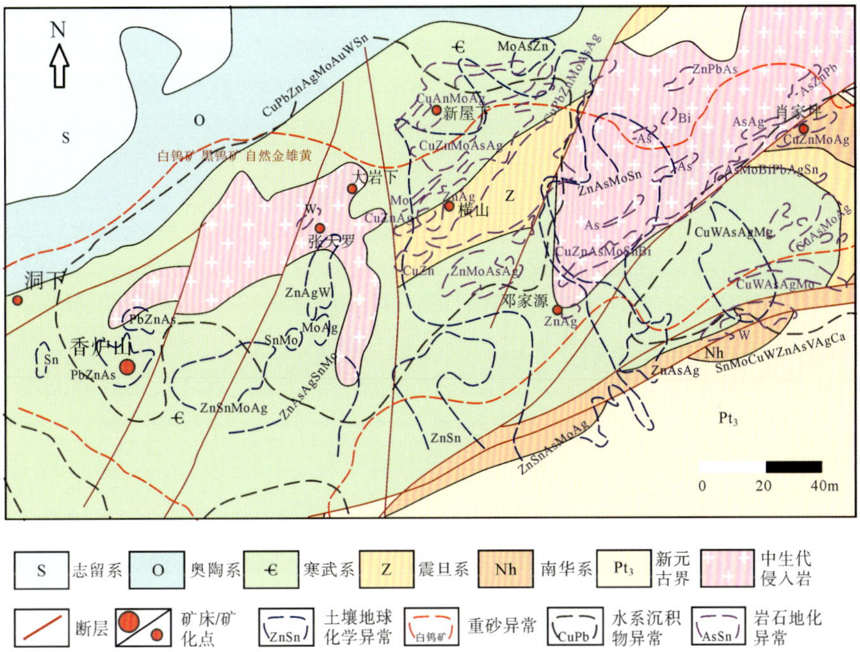


图 6-17　香炉山钨矿田外围地质矿产图

（据江西省地质局第二地质大队，2022）

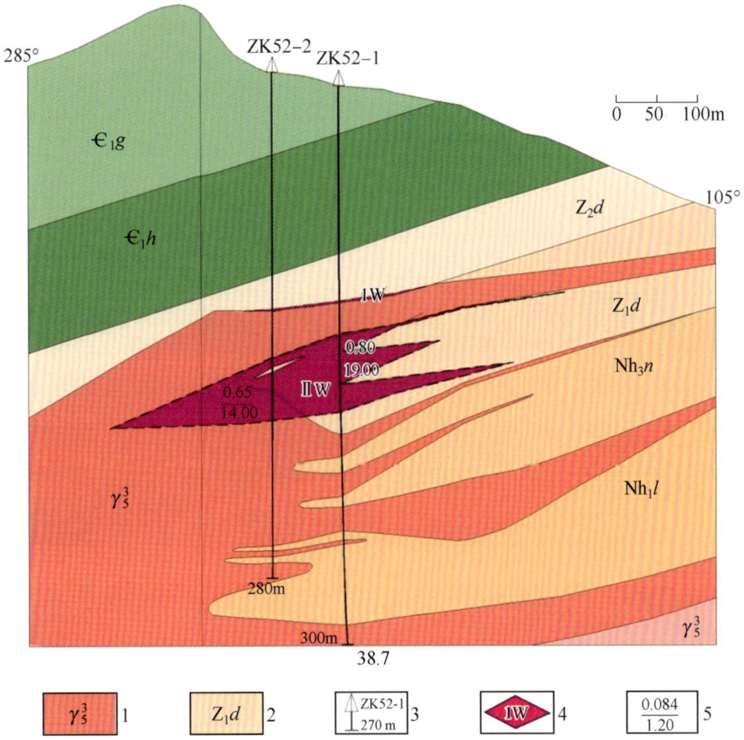


图 6-18　张天罗 52 线剖面矿体特征图

（据江西省地质局第二地质大队，2022）

1—燕山晚期花岗岩；2—含炭含泥硅质岩；3—钻孔及编号；4—钨矿体；5—品位（%）/厚度（m）

大岩下 63~77 线范围震旦系陡山沱组含炭含钙泥岩底部夹灰岩，顶部岩性致密的寒武系含炭泥岩具有良好的屏蔽作用，促进了成矿作用的充分进行，结合完工的 ZK73-01 钻孔见的厚大富矿体，可预测在 63~77 线范围还具有较好的找矿远景。

形坪位于香炉山-太阳山背斜的西倾伏端与北东向徐家岭次级背斜构造的复合部位。香炉山钨矿体向南西已经大规模延伸至预测区的形坪范围内，主要分布于 24~188 线，走向长 1100m，倾斜长 200m，整体平缓，倾伏角 11°~37°。矿体主要受岩体与围岩接触带控制，其产状与背斜倾伏构造、接触带产状基本一致。岩体接触带在剖面上呈“7”形分上、下接触带，在上接触带中分布有 IW 矿体；下接触带因岩支穿插，呈锯齿状，在各岩枝的接触带上均有矿化。在距离香炉山矿床较远的 188 线见矿体延伸，且钻孔见厚度大、品位富的钨矿体（厚度大于 10m、平均品位 1.00%），预示形坪 24~190 线范围找矿潜力较大。形坪 ZK18-01 揭示出区内+600m 标高以上赋存有厚大钨矿体（图 6-19），该矿体在深部与香炉山钨矿床内的矿体在空间上连为一体，且该区出露有细粒黑云母花岗岩，具有较多硫化物，局部矽卡岩化强烈。根据区内花岗岩与成矿具有一定的专属性特征，本类型岩体与钨多金属矿密切相关，表明本区具有找寻钨多金属矿床的较好潜力，其钨矿潜在资源预计可达大-中型规模。

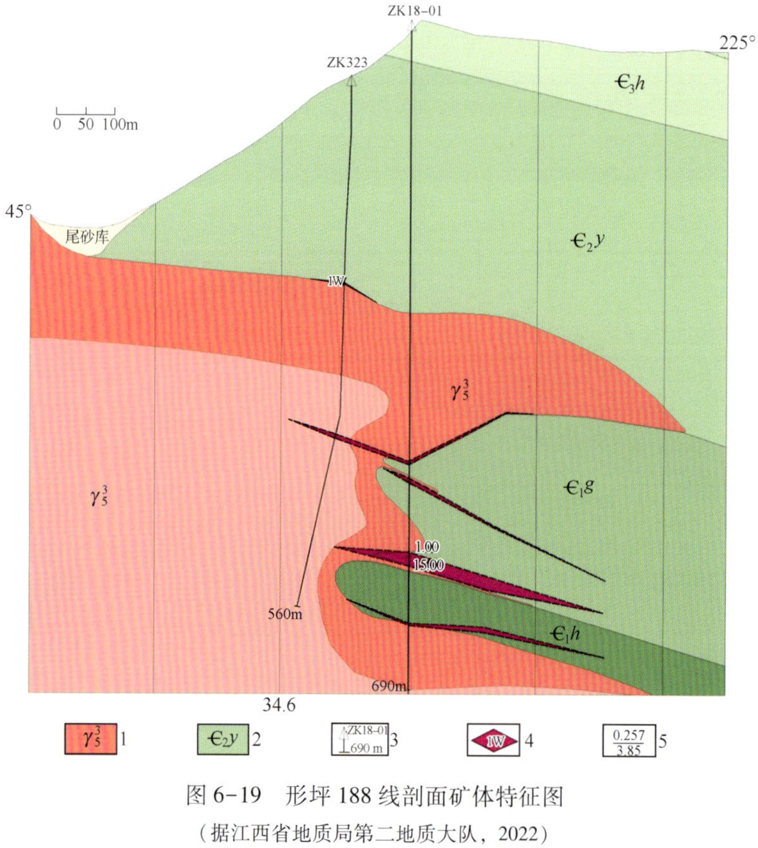


图 6-19 形坪 188 线剖面矿体特征图

（据江西省地质局第二地质大队，2022）

1—燕山晚期花岗岩；2—含炭泥质灰岩；3—钻孔及编号；4—钨矿体；5—品位（%）/厚度（m）

洞下-官塘尖钨矿勘查区 3 个矿段初步圈定工业矿体 55 个（含单线单工程控制矿体），其中大岩下 15 个、张天罗 8 个、形坪 32 个。主要矿体有 10 个，为大岩下ⅠW、

ⅡW，张天罗ⅠW、ⅡW，彤坪1W、5W、6W、7W、13W及1W-4。

金属矿物以钨矿、磁黄铁矿、黄铁矿、闪锌矿、方铅矿、黄铜矿为主，脉石矿物以石英、钾长石、斜长石、透辉石、透闪石、方解石为主，其次有（绢）白云母、石榴子石、透闪石、萤石等。矿石结构有粒状和填隙结构、溶蚀结构、共生边界结构、固熔体结构等；矿石构造主要为浸染状构造、条纹条带状构造，其次为不规则团块状构造。矿石类型主要为矽卡岩白钨矿矿石，次为角岩白钨矿矿石，少量花岗岩白钨矿矿石与磁黄铁矿白钨矿矿石。矿石主要伴生组分有铜、铋、硫、铅、锌、金、银、镓等。

初步估算修水县洞下-官塘尖钨矿勘查区$WO_3$资源量$8.20\times10^4$t，平均品位0.56%。较2010年普查提交的$WO_3$资源量$5.67\times10^4$t，新增$WO_3$资源量$2.53\times10^4$t。

（2）邓家源钨铜多金属矿普查区

该区位于香炉山矿田东部。在远景区中北部有1∶20万重砂组合异常，异常主要为白钨矿、黑钨矿、自然金、雄黄；北东角、北西角有1∶10万水系沉积物组合异常，异常主要为W、Cu、Pb、Zn、Ag、Sn、Mo；1∶5万土壤地球化学测量在全区圈定了以Zn、Sn、As、Mo、As为主的组合异常；北部邓家源矿化点处有1∶1万岩石地球化学组合异常，异常为Zn、Ag。

普查区及周边已知矿（化）点信息丰富，已发现钨铜铅锌矿（化）点4处，主要分布于调查区中部、北部。

（1）邓家源铅锌矿黄铁矿矿（化）点

该矿点位于太阳山岩体接触带附近，次生晕、原生晕综合异常及重砂、分散流综合异常发育，是寻找香炉山式隐伏钨多金属矿的有利地段，矿脉宽0.01~0.10m，经光谱分析结果，品位为Pb 0.15%，Zn小于1%，Cu $50\times10^{-6}$，Ag 15g/t，W、As、Co均大于$20\times10^{-6}$。

（2）横山钨多金属矿（化）点

该矿点位于香炉山-太阳山控矿背斜核部，次生晕、原生晕综合异常及重砂、分散流综合异常发育，是寻找香炉山式钨多金属矿的有利地段，发现含铅锌的白钨矿、黑钨矿破碎带矿体，品位为$WO_3$ 0.11%、Ag 19.75g/t、Pb 0.03%、Zn 3.78%。

（3）新屋下铅锌矿矿（化）点

该矿点位于主背斜旁侧北东向次级背斜核部，发育次生晕、原生晕综合异常及重砂、分散流综合异常，是寻找香炉山式隐伏钨多金属矿的有利地段。矿化体出露长15m，厚度0.5m。品位为Pb 0.28%、Zn 0.15%、Ag 44.75g/t、$WO_3$ 0.042%。

（4）肖家坪铜多金属矿化点

该矿点位于太阳山岩体外接触带，见黄铜、黄铁矿方解石脉，破碎带中常见孔雀石及大面积分布的铜草，Cu品位为0.1%~0.22%，具有寻找受震旦系陡山沱组构造和层间破碎带控制的含钨铜多金属矿找矿前景。

综上显示，在本次普查区北部，重砂、水系、土壤、岩石化探异常叠合性较好，叠合元素主要为W、Zn、Ag、Mo，对寻找钨铜多金属矿提供了较好的依据。

上述找矿信息说明在香炉山钨矿外围具有较大找矿空间。

**2. 九宫山找钨远景区**

该远景区位于香炉山-东坪矿集中部，面积约190km$^2$。本区为九宫山杂岩体（即九宫山北坡太阳山花岗岩和南坡小九宫二长花岗岩），区内北东向断裂发育。南坡小九宫二长花岗岩中有数条含钨石英细脉带，有一条伟晶岩脉及其两侧云英岩化花岗岩含钨达工业品位，出露长12m，同时铜、钼、铋、银矿化现象和黑钨矿、泡铋矿重砂异常。北坡太阳山花岗岩中石英脉发育，有黑钨矿重砂异常和1：20万金属量测量圈定的158号、167号钨锡金属量异常点。远景区内已发现以下4处钨矿点。

（1）南湾钨矿点

该矿点位于九宫山杂岩体中。在中粒花岗岩的北东向节理中发育一组石英脉。石英脉组成细脉带，走向北东，长15m，宽7.6m，共有47条石英细脉（最多在1.4m内有34条），脉陡近直立。厚一般0.8~2cm，最厚达8cm。围岩蚀变有白云母化和云英岩化。金属矿物有黑钨矿、辉钼矿、黄铜矿、黄铁矿，$WO_3$品位为0.029%~0.018%。

（2）王伯寺钨矿点

该矿点位于九宫山杂岩体中。在含长石、石英小斑晶的细粒花岗岩的北东向节理中，发育一组石英脉。石英脉组成细脉带，走向北东，长250m，宽0.93~1.53m，有7条石英细脉。石英脉走向北东，脉陡近直立。厚一般1~5cm，最厚达9cm。围岩蚀变有白云母化和云英岩化。金属矿物有黑钨矿、辉钼矿、黄铜矿、黄铁矿，$WO_3$品位大于0.1%。

（3）黄钟坪钨矿点

该矿点位于九宫山杂岩体中。在中粒花岗岩的近南北向节理中发育一组石英脉。石英脉组成细脉带，走向南北，长50~130m，宽0.5~2.3m，有3~23条石英细脉。石英脉走向南北，脉陡近直立。厚0.5~3cm，最厚5cm。围岩蚀变有白云母化和云英岩化。金属矿物有黑钨矿、辉钼矿、黄铜矿、辉铜矿、闪锌矿、铜蓝，品位为$WO_3$ 0.07%，Cu 0.3%，Bi 0.2%，Zn 0.1%~1%，Ag 0.01%。

（4）石船东伟晶岩型黑钨矿点

该矿点位于小九宫北2.3km，石船东1km。点上出露细粒黑云母花岗岩，有北东和北北西向两组节理，前者较后者发育，均与矿化有密切关系。平行于北东向节理发育一组伟晶岩脉，其中有一条大伟晶岩脉（以下简称主矿脉），走向北东，倾向北西，倾角85°。

主矿脉走向延长12m（河谷切割部分），厚0.5~0.85m，主矿脉两侧的伟晶岩脉和细晶岩脉规模较小，厚1~3cm，长数米。

主矿脉两侧的细粒花岗岩有强烈的蚀变，主要为云英岩化，蚀变带宽1~2.25m。矿体（主矿脉及旁侧蚀变花岗岩）为脉状，长12m，宽1.5~3.1m。

矿化特征：在主矿脉及其两侧蚀变岩石的北东向和北西向节理中，有较多黑色板状的黑钨矿嵌布，含量由主矿脉向外渐减。

矿石成分：金属矿物以黑钨矿为主，有少量的辉钼矿、黄铜矿、辉铋矿、泡铋矿、黄铁矿、复稀金矿和白钨矿，非金属矿物为石英和长石。

矿石品位变化较大，主矿脉含$WO_3$ 0.076%，云英岩化花岗岩含$WO_3$ 0.10%和0.183%，伴生元素有铜、钼、铋和银。

远景区地处鄂赣两省交界处，异常查证及矿点检查工作程度低，地表所见的钨矿化现象较好，钨品位有的已达工业要求，值得进一步工作。

**3. 沙店-东坪找钨远景区**

该远景区位于香炉山-东坪矿集区东部，面积约110km²。本区沙店岩体侵入于双桥山群中，岩体边缘相石英脉较发育，岩体西北部见含钨石英脉，岩体东南外接触带有石英脉型钨矿矿床（东坪）。区内 W、Sn、Ag 组合异常规模较大，多与黑钨矿重砂异常重合。西部有 1∶20 万重砂测量圈定的黑钨矿、泡铋矿 172 号三级重砂异常（特征见前表 1-3）和钨金属量异常，东部有黑钨矿、锡石 173 号二级重砂异常（特征见前表 1-4）和钨金属量异常。1∶10 万水系沉积物测量圈定了综合异常 WAuBiSnCuAg7 甲，W 元素具三级浓度分带，1∶20 万航磁测量圈定了赣 C1-1971-87 航磁异常。本区除东坪钨矿床之外，已发现以下 2 处钨矿点。

（1）通山县朱冲垄钨矿点

该矿点位于沙店岩体北侧接触带附近。岩体上部发育较多双桥山群残留顶盖，岩体剥蚀较浅，有利于成矿的外接触带保存较好。区内发育含钨石英脉 170 多条，大多为 北北西-南南东走向。其中 18 条 $WO_3$品位≥0.1% ，局部达到 1.96% ，矿脉长一般为 5~30m，最长 70m，脉厚 10~30cm，最厚达 50cm。矿脉产于岩体边缘细粒黑云母花岗岩中，北北西向较好，南北向略差，据民采硐调查向深部矿化有富集的趋势。

（2）蜈蚣坑钨矿化点

该矿点位于东坪钨矿床外围西南侧 10km 处。出露地层为新元古界安乐林组变质砂岩夹板岩，岩石具弱硅化，构造形态呈北东向展布，周围 2~5km 见燕山期二长花岗岩。见含钨石英脉 2 条，间隔 60cm，产状基本一致，宽 2~5cm。矿脉充填于北东向构造裂隙、解理中，围岩蚀变以硅化、绢云母化、云英岩化为主。

据江西东坪地区 1∶5 万矿产地质调查成果（江西省地质调查研究院，2021），蜈蚣坑钨矿远景区预测 $WO_3$资源量为 $1.31\times10^4$t。

本区下一步工作重点是寻找接触带内侧云英岩型钨矿和近内、外接触带处的石英脉型钨矿。

（3）东坪矿区深部值得进一步勘查

东坪矿区目前控制了Ⅰ、Ⅱ号矿带走向，但Ⅰ、Ⅱ号矿带部分矿体沿倾向没有控制；成矿黑云母二长花岗岩，岩体内接触带普遍发育有细粒冷凝边，多具钠长石化、云英岩化、绿泥石、绢云母化、高岭土化、硅化等，而外接触带的浅变质碎屑岩系多具角岩化、硅化等，内、外接触带矿化均主要以浸染状、团斑状黑钨矿化石英脉的形式存在。隐伏成矿岩体——黑云母二长花岗岩岩体内接触带具云英岩化、绿泥石、绿帘石化等蚀变，云英岩化蚀变中发育稀疏浸染状、团斑状黑钨矿及少量星点状黄铜矿、辉钼矿化、黄铁矿化等，显示出与赣南茅坪钨矿、黄沙钨矿的岩体型矿化相似的特征。目前仅在 ZK14-50、ZK6-50、ZK10-50、ZK5050 4 个孔揭露到了隐伏的含钨、铜、钼矿化黑云母二长花岗岩，表明东坪“五层楼”式钨矿下部具有发现“地下室”（似层状蚀变花岗型钨铜矿体）的可能性，值得进一步勘查。

# 结　论

江西金属矿产素有“南钨北铜”的分布格局，赣南以石英脉型黑钨矿床而享有“世界钨都”之美誉。近年赣北地区新发现了朱溪、昆山、石门寺、大湖塘、狮尾洞、东坪等一批大型-超大型钨多金属矿床，彻底改变了江西省钨金属矿产资源的分布格局，并呈现出“南钨北扩”的特征。赣北东坪石英脉型黑钨矿床是运用南岭钨矿“五层楼”模式和成矿系列理论，在赣北地区新发现的首个“五层楼”式石英脉型黑钨矿床，也是目前世界最大的石英脉型黑钨矿床。矿床的发现证实了赣北地区不仅仅有世界罕见的巨型矽卡岩型白钨矿床，同样存在“五层楼”式石英脉型黑钨矿床，实现了赣北地区钨矿床类型的突破，改变了江南造山带的找矿方向和找矿思路。

本次研究选择江南造山带东段幕阜山东坪石英脉型钨多金属矿床为研究对象，在对东坪典型矿床的地质特征、成矿机理及成矿过程，三维地质模型，幕阜山-九宫山复式花岗岩体与稀有、有色金属成矿关系，区域构造与钨矿床控矿构造解析等进行专题研究基础上，进一步总结了江西及赣北香炉山-东坪矿集区的钨多金属矿成矿规律，合理划分成矿单元、找钨远景区。取得下列新认识和新进展：

1）首次运用黑钨矿 LA-ICP-MS 测年技术，获得东坪钨矿床黑钨矿 LA-ICP-MS U-Pb 年龄 129.5 ± 5.4Ma，结合本书获得的东坪隐伏花岗岩锆石 U-Pb 年龄~129Ma 和热液锆石 U-Pb 年龄~130Ma，精准厘定东坪钨矿床黑钨矿床成矿时代为~130Ma，钨成矿形成于早白垩世，与隐伏花岗岩关系密切，为揭示东坪钨矿床成因提供了高精度地质年代学约束。

2）东坪钨矿两阶段黑钨矿均呈现出 LREE 明显亏损，HREE 相对富集，呈左倾型稀土元素配分模式，具弱正 Eu 异常，Sr 正异常的特征，且晚阶段黑钨矿（Wol-2）的 Sr 含量明显高于早阶段黑钨矿（Wol-1），暗示围岩新元古界双桥山群变质岩地层为晚阶段钨成矿提供了物质来源。

3）东坪钨矿成矿早阶段成矿流体属于中低温、中高盐度流体，成矿主阶段流体属于高温、中高盐度流体，成矿晚阶段属于中低温、中高盐度流体。随着成矿作用的进行，流体温度逐渐升高，晚阶段流体温度降低。主成矿期存在“脉冲式”多次岩浆热液成矿，晚阶段大气降水加入，围岩双桥山群变质地层参与成矿，随着温度降低，钨等成矿金属沉淀富集成矿。

4）将 DEM 面、模型边界面、矿脉界面、黑云二长花岗岩界面进行组合，构建了东坪钨矿床三维地质模型；从所建模型不同品位的矿块空间分布规律分析，Ⅰ号矿脉由浅部向深部品位具有明显降低的趋势，Ⅱ号矿脉由浅部向深部品位具有明显的增高趋势，并推断Ⅱ号矿脉底部至花岗岩体上部还具有较好的找矿空间。

5）构建了香炉山-东坪矿集区区域控矿构造模型。认为东坪矿区控矿构造为双桥山群层内发育的枢纽近北北东走向的背斜，石英脉体侵位于背斜两翼的褶劈理内，呈西侧矿带脉体走向北东-南西倾向南东，东侧矿带脉体走向北北东-南南西倾向北西的展布特征，而区域内广泛发育的北东-南西走向断层为深部流体的向上运移提供了通道。

6）区域布格重力异常显示控制成矿作用的九宫山、太阳山、香炉山岩体在深部与东坪矿区沙店半隐伏花岗岩体可联为一体。因此，东坪、香炉山两个矿区可能是同源成矿流体在不同成矿环境下形成的一套成矿系列，即江南地块与燕山期S型酸性岩浆活动有关的钨锡银铅锌矿床成矿系列。香炉山成矿年龄（121～128Ma）略晚于东坪成矿年龄128～132Ma，可能反映成矿流体系统可能由东向西迁移。

7）综合分析幕阜山-九宫山复式花岗岩体与稀有金属、有色金属成矿关系。三者从岩体形成时代相比，幕阜山岩体形成时代较长，按侵入时间由早到晚呈现出黑云母二长花岗岩→二云母二长花岗岩→白云母二长花岗岩的演化顺序，3个阶段的岩浆活动分别对应了区域主要的3个阶段的稀有金属成矿作用；而九宫山地区香炉山、东坪成矿岩体年龄较单一，集中在早白垩世晚期；三者从地球化学特征相比，幕阜山岩体为正常的钙碱性系列，香炉山、东坪成矿岩体为高硅高钾钙碱性系列；三者均为壳源S型花岗岩，但幕阜山岩体早期可能存在部分壳幔混源；三者均形成于太平洋板块俯冲引起的陆内伸展-拉张动力学背景。

8）系统总结了赣北地区特别是香炉山-东坪钨多金属矿集区的构造岩浆成矿作用特征及其成矿规律；通过与赣南地区石英脉型黑钨矿床的成矿特征对比，探讨了赣北地区钨多金属成矿物质来源及钨矿床时空分布规律。赣北地区钨（锡钼铜）矿和赣南地区钨（锡铌钽）矿在成矿作用上的差别，主要受花岗岩岩浆的源区物质控制以及演化分异程度和赋矿围岩的影响。

9）分析了香炉山-东坪钨多金属矿集区钨矿成矿潜力，划分了香炉山钨矿田外围、九宫山、沙店-东坪等3处找钨远景区，指出了下一步找矿方向。

由于东坪矿区控矿构造解析中的石英脉EBSD组构分析和流体包裹体测温、同位素示踪和流体包裹体LA-ICP-MS成分分析测试工作未完成，直接制约东坪钨矿床成矿机制的深化认识和精细成矿过程的构建。建议后续开展黑钨矿氧同位素示踪、石英氢-氧同位素示踪及其他稳定同位素示踪，精细识别不同成矿阶段和世代成矿流体和成矿物质来源。挑选不同深度和不同世代黑钨矿样品开展流体包裹体LA-ICP-MS成分分析，精细揭示成矿物质沉淀机制，反演精细成矿过程。

# 参 考 文 献


柏道远，黄建中，王先辉，等. 2006. 湖南邵阳－郴州北西向左旋走滑暨水口山－香花岭南北向构造成因［J］. 中国地质，33（1）：56－63.

柏道远，李彬，周超，等. 2021. 江南造山带湖南段金矿成矿事件及其构造背景［J］. 岩石矿物学杂志，40（5）：897－922.

柏道远，文春华，黄建中，等. 2023. 湘东北幕阜山地区中生代构造－岩浆特征及其对稀有金属伟晶岩的控制［J］. 地质论评，69（3）：855－879.

蔡恒安，孙孝峰，吴昌雄，等. 2021. 鄂东南－付家山钨矿成矿规律再认识与深部找矿突破［J］. 资源环境与工程，35（3）：285－290.

陈国建. 2014. 福建南平花岗伟晶岩型钽铌矿床地质特征与成因［J］. 地质通报，33（10）：1550－1561.

陈国华，舒良树，舒立旻，等. 2015. 江南东段朱溪钨（铜）多金属矿床的地质特征与成矿背景［J］. 中国科学：地球科学，45（12）：1799－1818.

陈剑锋，文春华，黄建中，等. 2022. 幕阜山南缘仁里稀有金属矿区 7 号伟晶岩脉、辉石闪长岩脉特征及地质意义［J］. 大地构造与成矿学，46（5）：951－967.

陈骏，陆建军，陈卫锋，等. 2008. 南岭地区钨锡铌钽花岗岩及其成矿作用［J］. 高校地质学报，14（4）：459－473.

陈骏，王汝成，朱金初，等. 2014. 南岭多时代花岗岩的钨锡成矿作用［J］. 中国科学：地球科学，44：111－121.

陈培荣，华仁民，章邦桐，等. 2002. 南岭燕山早期后造山花岗岩类：岩石学制约和地球动力学背景［J］. 中国科学（D 辑：地球科学），32（4）：279－289.

陈毓川，王登红，朱裕生. 2007. 中国成矿体系与区域成矿评价［M］. 北京：地质出版社，1－1005.

陈毓川，王登红主编. 2018. 中国矿产地质志·钨矿卷［M］. 北京：地质出版社，1－958.

陈郑辉，王登红，屈文俊，等. 2006. 赣南崇义地区淘锡坑钨矿的地质特征与成矿时代［J］. 地质通报，25：496－501.

程裕淇，陈毓川，赵一鸣. 1979. 初论矿床的成矿系列问题［J］. 中国地质科学院院报，1（1）：32－58.

段政，廖圣兵，褚平利，等. 2019. 江南造山带东段新元古代九岭复式岩体锆石 U－Pb 年代学及构造意义［J］. 中国地质，46（3）：493－516.

丁昕，蒋少涌，倪培，等. 2005. 江西武山和永平铜矿含矿花岗质岩体锆石 SIMS U－Pb 年代学［J］. 高校地质学报，（3）：383－389.

董树文，张岳桥，陈宣华，等. 2008. 晚侏罗世东亚多向汇聚构造体系的形成与变形特征［J］. 地球学报，29（3）：306－317.

方贵聪，陈毓川，陈郑辉，等. 2014. 赣南盘古山钨矿床锆石 U－Pb 和辉钼矿 Re－Os 年龄及其意义［J］. 地球学报，35：76－84.

范飞鹏，肖惠良，陈乐柱，等. 2022. 粤北良源铌钽铷钨矿床地质、成岩成矿时代与成矿模式［J］. 岩石学报，38（2）：393－410.

丰成友，黄凡，屈文俊，等. 2011. 赣南九龙脑矿田东南部不同类型钨矿的辉钼矿 Re－Os 年龄及地质意义［J］. 中国钨业，26（4）：6－11.

丰成友，张德全，项新葵，等. 2012a. 赣西北大湖塘钨矿床辉钼矿 Re-Os 同位素定年及其意义［J］. 岩石学报，28（12）：3858-3868.
丰成友，曾载淋，王松，等. 2012b. 赣南矽卡岩型钨矿成岩成矿年代学及地质意义——以焦里和宝山矿床为例［J］. 大地构造与成矿学，36：337-349.
付建明，李祥能，程顺波，等. 2009. 粤北连平地区钨锡多金属矿床成矿时代研究［J］. 中国地质，36（6）：1331-1339.
高任，张明华，汪国华，等. 2023. 江南钨矿带香炉山钨矿床稳定同位素地球化学示踪［J］. 矿物学报，43（4）：501-511.
耿瑞瑞，范洪海，孙远强，等. 2020. 基于 GOCAD 软件的沙子江铀矿床三维定量预测［J］. 矿床地质，39（6）：1078-1090.
郭春丽，王登红，陈毓川，等. 2007. 赣南中生代淘锡坑钨矿区花岗岩锆石 SHRIMP 年龄及石英脉 Rb-Sr 年龄测定［J］. 矿床地质，26：432-442.
郭春丽，陈毓川，黎传标，等. 2011. 赣南晚侏罗世九龙脑钨锡铅锌矿集区不同成矿类型花岗岩年龄、地球化学特征对比及其地质意义［J］. 地质学报，85（7）：1188-1205.
郭春丽，许以明，楼法生，等. 2013. 钦杭带侏罗纪与铜和锡矿有关的两类花岗岩对比及动力学背景探讨［J］. 岩石矿物学杂志，32：463-484.
郭福生，吴志春，李祥，等. 2018. 江西相山火山盆地三维地质建模的实践与思考［J］. 地质通报，37（2-3）：421-434.
黄安杰，温祖高，刘善宝，等. 2013. 江西乐平塔前钨钼矿中辉钼矿 Re-Os 定年及其地质意义［J］. 岩石矿物学杂志，32（4）：496-504.
黄兰椿，蒋少涌. 2012. 江西大湖塘钨矿床似斑状白云母花岗岩锆石 U-Pb 年代学、地球化学及成因研究［J］. 岩石学报，28（12）：3887-3900.
黄兰椿，蒋少涌. 2013，江西大湖塘富钨花岗斑岩年代学、地球化学特征及成因研究［J］. 岩石学报，29（12）：4323-4335.
何苗，刘庆，侯泉林，等. 2018. 湘东邓阜仙花岗岩成因及对成矿的制约：锆石/锡石 U-Pb 年代学、锆石 Hf-O 同位素及全岩地球化学特征［J］. 岩石学报，34（3）：637-655.
胡正华，刘栋，刘善宝，等. 2015. 江西乐平塔前钼（钨）矿床成岩成矿时代及意义［J］. 成都理工大学学报（自然科学版），42（3）：312-322.
胡正华. 2015. 赣东北朱溪钨多金属矿床形成条件与成矿规律［D］. 成都：成都理工大学博士学位论文.
胡正华，楼法生，李永明，等. 2018. 江西武宁县东坪钨矿床中与成矿有关的岩浆岩年代学、地球化学及岩石成因［J］. 地球科学，43（S1）：243-263.
胡正华，王先广，陈毓川，等. 2020. 江南钨矿带（江西段）成矿规律［J］. 中国钨业，35（5）：10-19.
胡为正，黄俊平，黄孝文. 2005. 赣南西港伟晶岩型钽铌锂辉石矿床地质特征及成因［J］. 资源调查与环境，26（4）：258-266.
湖北省地质调查院. 2021. 中国区域地质志·湖北志［M］. 北京：地质出版社，1-1394.
湖南省地质调查院. 2017. 中国区域地质志·湖南志［M］. 北京：地质出版社，1-1268.
蒋国豪，胡瑞忠，谢桂青，等. 2004. 江西大吉山钨矿成矿年代学研究［J］. 矿物学报，24：253-256.
蒋少涌，彭宁俊，黄兰椿，等. 2015. 赣北大湖塘矿集区超大型钨矿地质特征及成因探讨［J］. 岩石学报，31（3）：639-655.
蒋少涌，赵葵东，姜海，等. 2020. 中国钨锡矿床时空分布规律、地质特征与成矿机制研究进展［J］. 科学通报，65：3730-3745.
黄兰椿，蒋少涌. 2012. 江西大湖塘钨矿床似斑状白云母花岗岩锆石 U-Pb 年代学、地球化学及成因研究［J］. 岩石学报，28（12）：3887-3900.

黄小强，李鹏，张立平，等. 2021. 湖南仁里稀有金属矿田 36 号伟晶岩地球化学特征、成矿时代及其意义［J］. 矿床地质，40（6）：1248-1266.
黄志飚，李鹏，周芳春，等. 2018. 幕阜山地区新元古代花岗岩地球化学特征及成因探讨［J］. 桂林理工大学学报，38（4）：614-624.
华仁民，李光来，张文兰，等. 2010. 华南钨和锡大规模成矿作用的差异及其原因初探［J］. 矿床地质，29（1）：9-23.
华仁民，韦星林，王定生，等. 2015. 试论南岭钨矿“上脉下体”成矿模式［J］. 中国钨业，30（1）：16-23.
江西省地质局. 2022. 江西省钨矿地质志［M］. 中国地质大学出版社，1-624.
江西省地质矿产勘查开发局. 2017. 中国区域地质志·江西志［M］. 北京：地质出版社，1-1059.
姜鹏飞，李鹏，李建康，等. 2021. 幕阜山东部麦埚铍矿床伟晶岩锆石 U-Pb 年龄、Hf 同位素组成及其地质意义［J］. 矿床地质，40（4）：723-739.
蒋国豪，胡瑞忠，谢桂青，等. 2004. 江西大吉山钨矿成矿年代学研究［J］. 矿物学报，24：253-256.
孔凡乾，韦龙明，王莉. 2016. 广东石人嶂钨矿床黑钨矿铁锰成分的变化规律初步研究［J］. 科学技术与工程，16（15）：47-53.
李安邦，黄勤，冯超，等. 2021. 幕阜山复式花岗岩体锆石年代与微量元素对伟晶岩矿床成因的限定［J］. 地球科学，46（12）：4517-4532.
李春海. 2016. 扬子板块东南缘北东段钨矿成矿作用年代学及成矿机制研究［D］. 南京：南京大学博士学位论文，1-116.
李昌元. 2016. 湖南省平江县传梓源 Nb-Ta-Li 矿床成因研究［D］. 广州：中南大学博士学位论文，1-77.
李光来，华仁民，韦星林，等. 2011. 江西中部徐山钨铜矿床单颗粒白云母 Rb-Sr 等时线定年及其地质意义［J］. 地球科学（中国地质大学学报），36（2）：282-288.
李吉明，李永明，楼法生，等. 2016. 赣北发现“五层楼”式石英脉型黑钨矿矿床-东坪黑钨矿矿床的发现及其地质意义［J］. 地球学报，37（3）：379-384.
李建康，张德会，王登红，等. 2008. 富氟花岗岩浆液态不混溶作用及其成岩成矿效应［J］. 地质论评，54（2）：175-183.
李丽侠，陈郑辉，施光海，等. 2014. 江西岿美山钨矿矿床的成矿年龄及地质特征［J］. 岩矿测试，33：287-295.
李乐广，王连训，田洋，等. 2019. 华南幕阜山花岗伟晶岩的矿物化学特征及指示意义［J］. 地球科学，44（7）：2532-2550.
李鹏，李健康，裴荣富，等. 2017. 幕阜山复式花岗岩体多期次演化与白垩纪稀有金属成矿高峰：年代学依据［J］. 地球科学，42（10）：1684-1696
李鹏，刘翔，李建康，等. 2019. 湘东北仁里-传梓源矿床 5 号伟晶岩岩相学、地球化学特征及成矿时代［J］. 地质学报，93（6）：1374-1391.
李鹏，张立平，李建康，等. 2021. 江南造山带中段幕阜山地区稀有金属成矿规律及其在找矿中的应用［J］. 矿床地质，40（4）：819-841.
李鹏春. 2006. 湘东北地区显生宙花岗岩岩浆作用及其演化规律［D］. 广州：中国科学院广州地球化学研究所博士学位论文，1-131.
李献华. 1996. 扬子南缘沉积岩的 Nd 同位素演化及其大地构造意义［J］. 岩石学报，12（3）：359-369.
李献华，李武显，王选策，等. 2009. 幔源岩浆在南岭燕山早期花岗岩形成中的作用：锆石原位 Hf-O 同位素制约［J］. 中国科学（D 辑：地球科学），39（7）：872-887.
李三忠，郑祺亮，李玺瑶，等. 2017. 中国东部苏鲁造山带的印支期俯冲极性及其造山过程［J］. 海洋地质与第四纪地质，37（4）：18-32.
李晓峰，韦星林，朱艺婷，等. 2021. 华南稀有金属矿床：类型、特点、时空分布与背景［J］. 岩石学报，37（12）：3591-3614.

李岩，潘小菲，赵苗，等. 2014. 景德镇朱溪钨（铜）矿床花岗斑岩的锆石 U-Pb 年龄、地球化学特征及其与成矿关系讨论［J］. 地质论评，60（3）：693-708.
李永明，李吉明. 2018. 赣北东坪钨矿区二云母花岗岩地球化学特征及其构造动力学意义［J］. 中国钨业，33（2）：1-9.
刘家远. 2002. 西华山钨矿的花岗岩组成及与成矿的关系［J］. 华南地质与矿产，(3)：97-101.
刘家齐，汪雄武，曾贻善，等. 2002. 西华山花岗岩及钨锡铍矿田成矿流体演化［J］. 华南地质与矿产，(3)：91-96.
刘珺，叶会寿，谢桂青，等. 2008. 江西省武功山地区浒坑钨矿床辉钼矿 Re-Os 年龄及其地质意义［J］. 地质学报，(11)：1572-1579.
刘善宝，王登红，陈毓川，等. 2007. 南岭东段赣南地区天门山花岗岩体及花岗斑岩脉的 SHRIMP 定年及其意义［J］. 地质学报，81：972-978.
刘向冲. 2014. 江西大吉山石英脉型黑钨矿床“五层楼”垂直形态分带动力学机制［D］. 北京：中国地质大学（北京）博士学位论文.
刘永刚，杨永，何高文，等. 2021. 基于 Micromine 的海山富钴结壳矿床三维评价模型应用［J］. 地质通报，40（2-3）：385-391.
刘英俊，马东升. 1987. 钨的地球化学［M］. 北京：科学出版社，1-232.
楼法生，徐喆，黄贺，等. 2023. 江西低品位超大型花岗岩云母型锂矿地质特征及找矿意义［J］. 东华理工大学学报（自然科学版），46（5）：425-436.
楼法生，曹圣华，陈振华，等. 2021. 钦杭成矿带理论研究与成矿远景区划［M］. 湖北武汉：中国地质大学出版社.
卢焕章. 2011. 流体不混溶性和流体包裹体［J］. 岩石学报，27（5）：1253-1261.
卢焕章. 2004. 美国德克萨斯州 Delaware 油气盆地中 Culberson 重晶石-硫璜矿中流体包裹体的研究［C］. 《国际有机裹体研究及其应用》短训班第十四届全国包裹体及地质流体学术研讨会论文集，1.
路凤香，侯青叶. 2002. 由深源捕虏体限定的华北克拉通下地壳特征［J］. 地学前缘，19（3）：177-187.
陆海，孙喜新. 2015. Micromine 软件在黑龙江争光金矿 Ⅰ 号矿带勘查中的应用［J］. 地质找矿论丛，30（2）：261-266.
陆凡，于继敏，孙建东，等. 2020. 幕阜山复式岩体东缘花岗岩 LA-ICP-MS 锆石 U-Pb 年龄及地质意义［A］. 第十五届全国矿床会议论文集［C］，289.
毛景文，谢桂青，李晓峰，等. 2004. 华南地区中生代大规模成矿作用与岩石圈多阶段伸展［J］. 地学前缘，11（1）：45-55.
毛景文，谢桂青，郭春丽，等. 2007. 南岭地区大规模钨锡多金属成矿作用：成矿时限及地球动力学背景［J］. 岩石学报，23：2329-2338.
毛景文，吴胜华，宋世伟，等. 2020. 江南世界级钨矿带：地质特征、成矿规律和矿床模型［J］. 科学通报，65（33）：3746-3762.
孟亚飞，蒋少涌. 2015. 江西大湖塘超大型钨矿床平苗矿段花岗斑岩的年代学和地球化学及成矿意义［J］. 矿物学报，增刊：715-716.
穆尚涛，邵拥军，宋泽友，等. 2021. 湖南仁里—传梓源伟晶岩型稀有金属矿床云母地球化学特征及其指示意义［J］. 中南大学学报（自然科学版），52（9）：2973-2989.
欧阳永棚，曾闰灵，舒立旻，等. 2023. 朱溪钨铜矿床深部石英脉型黑钨矿成因及其地质意义［J/OL］. 桂林理工大学学报.
彭花明，袁琪，李秋耘，等. 2015. 赣西北大岭上钨矿黑云母花岗斑岩锆石 U-Pb 年龄、Hf 同位素及其与 W、Cu 矿化的关系［J］. 地质论评，61：1089-1098.
沈渭洲，王德滋，刘昌实. 1995. 华南含锡斑岩的同位素地球化学特征与物质来源［J］. 地质学报，69：349-359.

时昆林，冯文杰. 2015. Micromine 在云南芒市金矿三维建模及资源量估算中的应用［J］. 桂林理工大学学报，35（3）：466-472.
舒良树，卢华复，贾东，等. 1999. 华南武夷山早古生代构造事件的$^{40}Ar/^{39}Ar$同位素年龄研究［J］. 南京大学学报（自然科学版），(6)：26-32.
苏慧敏，谢桂青，孙嘉，等. 2010. 江西铜坑嶂钼矿和红山铜矿含矿斑岩锆石 U-Pb 定年及其地质意义［J］. 岩石学报，26（3）：819-829.
苏慧敏，蒋少涌. 2017. 赣南和赣北-皖南钨成矿带含钨花岗岩及其成矿作用特征对比研究［J］. 中国科学：地球科学，47（11）：1292-1308.
束正祥，张德贤，鲁安怀，等. 2015. 湘东北幕阜山岩体地质地球化学特征及其找矿指示意义［J］. 矿物学报，35（S1）：1000-4734.
唐朝永，陈云华，游先军，等. 2013. 湖南虎形山钨铍多金属矿床地质特征及成因初探［J］. 矿产与地质，27（5）：353-362.
田彩霞，武文秀. 2019. 湖北省通城-九宫山地区九宫山花岗岩锆石 U-Pb 定年及地质意义［J］. 现代矿业，608（12）：1994-2002
涂光炽. 1984. 构造与地球化学［J］. 大地构造与成矿学，8（1）：1-5.
王成辉，王登红，刘善宝，等. 2022. 赣南石雷钨锡矿云英岩型锂矿找矿新发 现及其区域成矿潜力分析［J］. 中国地质，49（6）：1834-1844.
王德滋，沈渭洲. 2003. 中国东南部花岗岩成因与地壳演化［J］. 地学前缘，10（3）：209-220.
王登红，陈毓川，徐志刚. 2005. 中国白垩纪大陆成矿体系的初步研究及找矿前景浅析［J］. 地学前缘，(2)：231-239.
王登红，陈郑辉，黄国成，等. 2012. 华南“南钨北扩”、“东钨西扩”及其找矿方向探讨［J］. 大地构造与成矿学，36（3）：322-329.
王联魁，黄智龙. 2000a. Li-F 花岗岩液态分离与实验［M］. 北京：科学出版社，1-290.
王联魁，王慧芬，黄智龙. 2000b. Li-F 花岗岩液态分离的微量元素地球化学标志［J］. 岩石学报，16（2）：145-152.
王先广，刘战庆，刘善宝，等. 2015. 江西朱溪铜钨矿细粒花岗岩 LA-ICP-MS 锆石 U-Pb 定年和岩石地球化学研究［J］. 岩矿测试，34（5）：592-599.
王先广主编. 2020. 江西省地质勘查基金找矿重大突破与科技创意［M］. 江西南昌：江西科学技术出版社，1-685.
王先广，胡正华. 2022. 江南钨矿带（江西 段）成矿规律［M］. 北京：地质出版社，1-281.
王先广，曹圣华，龚良信，等. 2023. 江西钨锡多金属矿床成矿系列与找矿［J］. 地球学报，44（5）：916-932.
王艳，马昌前，王连训，等. 2018. 扬子东南缘新元古代花岗岩的锆石 U-Pb 年代学、地球化学和 Sr-Nd-Hf 同位素：对地壳生长的约束［J］. 地球科学，43（3）：635-654.
王艳，马昌前，王连训，等. 2020. 赣西北小九宫-沙店白垩纪花岗岩的岩石成因及构造意义［J］. 地球科学，45（4）：1115-1135.
王晶，金巍，田洋，等. 2020. 湖南岳阳-湖北通城地区 1：5 万区域地质调查成果与主要进展［J］. 华南地质，36（3）：213-220.
王旭东，倪培，张伯声，等. 2010. 江西盘古山石英脉型钨矿床流体包裹体研究［J］. 岩石矿物学杂志，29（5）：539-550
王中刚，于学元，赵振华. 1989. 稀土元素地球化学［M］. 北京：科学出版社.
文春华，陈剑锋，罗小亚，等. 2016. 湘东北传梓源稀有金属花岗伟晶岩地球化学特征［J］. 矿物岩石地球化学通报，35（1）：171-177.

文春华. 2017. 幕阜山南缘地区伟晶岩矿物学、地球化学特征及含矿性分析［J］. 矿物岩石地球化学通报，36（1）：67-74.
文春华，罗小亚，陈剑锋，等. 2019. 湘东北幕阜山地区燕山期岩浆演化与稀有金属成矿的关系［J］. 中国地质调查，6（6）：19-28.
韦龙明，田晗钰，袁琼. 2018. 石英脉型钨矿“五层楼”模式的研究进展［J］. 中国钨业，33（5）：1-6.
魏明，王锐，潘振兴，等. 2019. 基于 Micromine 软件的澳大利亚某矿床铅锌品位分布规律研究［J］. 地质与勘探，55（4）：1092-1100.
魏文凤，胡瑞忠，彭建堂，等. 2011. 赣南西华山钨矿床的流体混合作用：基于 H、O 同位素模拟分析［J］. 地球化学，40（1）：45-55.
吴福元，郭春丽，胡方泱，等. 2023. 南岭高分异花岗岩成岩与成矿［J］. 岩石学报，39（1）：1-36.
吴永乐. 1987. 中华人民共和国地质矿产部地质专报. 四，矿床与矿产. 第 2 号，西华山钨矿地质［M］. 北京：地质出版社.
吴志春，郭福生，姜勇彪，等. 2016a. 基于地质剖面构建三维地质模型的方法研究［J］. 地质与勘探，52（2）：363-375.
吴志春，郭福生，林子瑜，等. 2016b. 三维地质建模中的多源数据融合技术与方法［J］. 吉林大学学报（地球科学版），46（6）：1895-1913.
吴志春，郭福生，薛林福，等. 2021. 江西相山矿田典型铀矿床三维地质特征与成矿条件分析［M］. 北京：地质出版社.
吴志春，郭福生，郑翔，等. 2015a. 基于 PRB 数据构建三维地质模型的技术方法研究［J］. 地质学报，89（7）：1318-1330.
吴志春，郭福生，张万良，等. 2020b. 江西乐安相山火山盆地多源数据融合三维地质建模［J］. 桂林理工大学学报，40（2）：310-322.
吴志春，郭福生，周万蓬，等. 2020a. 矿集区多源数据融合建模技术方法［M］. 北京：地质出版社.
吴志春，郑翔，张洋洋，等. 2015b. 数字地质填图数据构建断层面的方法［J］. 辽宁工程技术大学学报（自然科学版），34（11）：1264-1270.
项新葵，王朋，孙德明，等. 2013. 赣北石门寺钨多金属矿床同位素地球化学研究［J］. 地球学报，34（3）：263-271.
项新葵，尹青青，孙克克，等. 2015. 江南造山带中段大湖塘同构造花岗斑岩的成因-锆石 U-Pb 年代学、地球化学和Nd-Hf 同位素制约［J］. 岩石矿物学杂志，34（5）：581-600.
徐备，郭令智，施央申. 1992. 皖浙赣地区元古代地体和多期碰撞造山带［M］. 北京：地质出版社.
许建祥，曾载淋，王登红，等. 2008. 赣南钨矿新类型及“五层楼+地下室”找矿模型［J］. 地质学报，82：880-887.
许畅，李建康，施光海，等. 2019. 幕阜山南缘似斑状黑云母花岗岩锆石 U-Pb 年龄、Hf 同位素组成及其地质意义［J］. 矿床地质，38（5）：1053-1068.
薛怀民，马芳，宋永勤，等. 2010. 江南造山带东段新元古代花岗岩组合的年代学和地球化学：对扬子与华夏地块拼合时间与过程的约束［J］. 岩石学报，26（11）：3215-3244.
谢桂青. 2003. 中国东南部晚中生代以来的基性岩脉（体）的地质地球化学特征及其地球动力学意义初探-以江西省为例［D］. 北京：中国科学院地球化学研究所博士学位论文.
徐克勤，胡受奚，孙明志，等. 1981. 华南钨矿床的区域成矿条件分析［A］. 钨矿地质讨论会文集［C］. 北京：地质出版社，243-258.
徐先兵，汤帅，李源，等. 2015. 江南造山带东段新元古代至早中生代多期造山作用特征［J］. 中国地质，42（1）：33-50.

徐喆，张勇，潘家永，等. 2023. 江西石城海罗岭花岗岩型铌钽矿床岩石地球化学、年代学特征及其地质意义［J］. 地质学报，97（6）：1874-1899.
严加永，吕庆田，张永谦，等. 2022. 江南造山带深部边界及成矿制约：来自综合地球物理的认识［J］. 岩石学报，38（2）：544-558.
晏超，陈郑辉，杨立强，等. 2017. 赣北东坪铜钨多金属矿点岩体锆石 U-Pb 定年及其地质意义［J］. 中国钨业，32（3）：1-11.
杨明桂，廖瑞君，刘亚光. 1998. 江西变质基底类型及变质地层的划分对比［J］. 江西地质，12（3）：201-208.
杨明桂主编. 2015. 中国矿产地质志·江西卷［M］. 北京：地质出版社，1-1342.
杨明桂，余忠珍，唐维新，等. 2020. 中国矿产地质志（华南洋-滨太平洋构造演化与成矿）［M］. 北京：地质出版社，1-566.
杨东来，张水波，王新春，等. 2007. 地质体三维建模方法与技术指南［M］. 北京：地质出版社，1-249.
杨世文，楼法生，丁沛勋，等. 2020. 赣北中生代岩浆作用与钨成矿特征［J］. 中国钨业，35（5）：53-60.
杨竞红，陈欣阳，王旭东. 2009. 江西荡萍钨矿花岗岩年代学与成矿流体地球化学研究［J］. 矿物学报，29（增刊）：339-340.
易先奎，李晓峰，王翠云，等. 2015. 江西雅山和下桐岭钨矿床辉钼矿 Re-Os 年龄及其地质意义［J］. 华南地质与矿产，31（4）：384-390.
赵正，陈毓川，曾载淋，等. 2017a. 江西银坑 W-Ag-Au 多金属矿田成矿规律与找矿方向：兼论华南两个成矿系列叠加问题［J］. 地学前缘，24（5）：54-61.
赵正，王登红，陈毓川，等. 2017b. "九龙脑成矿模式"及其深部找矿示范："五层楼+地下室"勘查模型的拓展［J］. 地学前缘，24（5）：8-16.
赵正，陈毓川，王登红，等. 2022. 华南中生代动力体制转换与钨锡锂铍铌钽稀土矿床成矿系列的叠加演化［J］. 岩石学报，38（2）：301-322.
曾庆涛，毛建仁，张传林，等. 2007. 赣南天门山岩体锆石 SHRIMP 定年和冷却史及其矿床学意义［J］. 矿物岩石地球化学通报，26（增刊）：348-349.
曾载淋，张永忠，朱祥培，等. 2009. 赣南崇义地区茅坪钨锡矿床铼-锇同位素定年及其地质意义［J］. 岩矿测试，28：209-214.
曾载淋，张永忠，陈郑辉，等. 2011. 江西省于都县盘古山钨铋（碲）矿床地质特征及成矿年代学研究［J］. 矿床地质，30：949-958.
曾庆权，胡正华，王先广，等. 2019. 江西省都昌县阳储岭钨钼矿年代学研究［J］. 中国地质，46（4）：841-849.
张海祥，孙大中，朱炳泉，等. 2000. 赣北元古代变质沉积岩的铅钕同位素特征［J］. 中国区域地质，19（1）：67-72.
张家菁，梅玉萍，王登红，等. 2008. 赣北香炉山白钨矿床的同位素年代学研究及其地质意义［J］. 地质学报，82（7）：927-931.
张旗，王焰，熊小林，等. 2008. 埃达克岩和花岗岩：挑战和机遇［J］. 北京：中国大地出版社，107-129.
张文兰，华仁民，王汝成，等. 2006. 赣南大吉山花岗岩成岩与钨矿成矿年龄的研究［J］. 地质学报，80：956-962.
张文兰，华仁民，王汝成，等. 2009. 赣南漂塘钨矿花岗岩成岩年龄与成矿年龄的精确测定［J］. 地质学报，83：659-670.
张清清，高剑峰，唐燕文，等. 2020. 福建行洛坑钨矿床黑钨矿 LA-ICP-MS U-Pb 年龄和微量元素地球化学特征［J］. 矿物岩石地球化学通报，39（6）：1278-1291.
张勇，马东升，徐喆，等. 2019. 雅山 414 钽锂矿辉钼矿铼锇年龄及找矿意义［J］. 第九届全国成矿理论与找矿方法学术讨论会论文摘要集，199-200.

张岳桥，徐先兵，贾东，等. 2009. 华南早中生代从印支期碰撞构造体系向燕山期俯冲构造体系转换的形变记录［J］. 地学前缘，16（1）.

张岳桥，董树文，李建华，等. 2012. 华南中生代大地构造研究新进展［J］. 地球学报，33（3），257-279.

张志辉. 2014. 江西武宁县大湖塘钨多金属矿田成矿作用研究［D］. 北京：中国地质大学（北京）博士学位论文，1-174.

赵振华. 2007. 关于岩石微量元素构造环境判别图解使用的有关问题［J］. 大地构造与成矿，31（1）：92-103.

赵劲松，赵斌，饶冰. 1996. Ta，Nb，W 在钠长花岗岩岩浆结晶分异过程中于各相间分配行为的实验研究［J］. 科学通报，（15）：1413-1417.

郑国磊，徐新学，袁航，等. 2017. 基于 GOCAD 软件的天津市大寺新家园-海河教育园区三维可视化建模研究［J］. 地球物理学进展，32（5）：2261-2267.

郑文宝，黎枫佶，唐菊兴，等. 2011. 基于 Micromine 软件下地质统计学在甲玛矽卡岩型铜多金属矿储量计算中的应用［J］. 地质与勘探，47（4）：726-736.

郑永飞，徐宝龙，周根陶. 2000. 矿物稳定同位素地球化学研究［J］. 地学前缘，（2）：299-320.

周新民，李武显. 2000. 中国东南部晚中生代火成岩成因：岩石圈消减和玄武岩底侵相结合的模式［J］. 自然科学进展，10（3）：50-57.

周新民，王德滋. 1988. 皖南低 $^{87}Sr/^{86}Sr$ 初始比的过铝花岗闪长岩及其成因［J］. 岩石学报，（3）：37-45.

周芳春，李建康，刘翔，等. 2019. 湖南仁里铌钽矿床矿体地球化学特征及其成因意义［J］. 地质学报，93（6）：1392-1404.

Alther R, Holl A, Hegner E, et al. 2000. High-potassium, cale-alkaline I-type plutonism in the European variscides: Northern Vosges (France) and Northern Schwarzwald (Germany) [J]. Lithos, 50: 51-73.

Badanina E V, Trumbull R B, Dulski P. 2006. The behavior of rare-earth and lithophile trace elements in rare-metal granites: A study of fluorite, melt inclusions and host rocks from the Khangilay complex, Transbaikalia, Russia [J]. Canadian Mineralogists, 44, 667-692.

Bai X J, Wang M, Jiang Y D, et al. 2013. Direct dating of tin-tungstenmineralization of the Piaotang tungsten deposit, South China, by $^{40}Ar/^{39}Ar$ progressive crushing [J]. Geochimca et Cosmochimca Acta, 114: 1-12.

Barth M G, McDonough W F, Rndnick R L. 2000. Traking the budget of Nb and Ta in the continental crust [J]. Chemical Geology, 165: 197-213.

Bau M. 1996. Controls on the fractionation of isovalent trace elements inmagmatic and aqueous systems: evidence from Y/Ho, Zr/Hf and lanthanide tetrad effect [J]. Contrib. Mineral. Petrol., 123: 323-333.

Bouseily A M E, Sokkary A A E. 1975. The relation between Rb, Ba and Sr in granitic rocks [J]. Chemical Geology, 16 (3), 207-219.

Čern Ý P, Ercit T S. 2005. The classification of granitic pegmatites revisited [J]. The Canadian Mineralogist, 43 (6): 2005-2026.

Čern Ý P, London D, Novák M. 2012. Granitic pegmatites as reflections of their sources [J]. Elements, 8 (4): 289-294.

Chappell B W. 1999. Aluminium saturation in I and S-type granites and the characterization of fractionated haplogranites [J]. Lithos, 46: 535-551

Chappell B W, White A J R. 1974. Two contrasting granite types [J]. Pacific. Geol, 8: 173-174.

Chappell B W, White A J R. 1992. I-and S-type granites in the Lachlan Fold Belt [J]. Transactions of the Royal Society of Edinburgh: Earth Sciences, 83 (1-2): 1-26.

Chen X D, Wang R C, Wu F Y, et al. 2019. Episodic Nb-Tamineralisation in South China: Constraints from in situ LA-ICP-MS columbite-tantalite U-Pb dating [J]. Ore Geology Reviews, 105: 71-85.

Chen J F, Wen C H, Lv Z H, et al. 2023. Petrogenesis of Mesozoic Li-, Cs-, and Ta-rich (LCT) pegmatites from the Neoproterozoic Jiangnan Orogenic Belt, South China: An alternative originmodel for the LCT type pegmatite [J]. Ore Geology Reviews, 153: 105276.

Cox K G, Bell J D, Pankhurst R J 1979. The Interpretation of Igneous Rocks [M]. Berlin: Springer Science and Business Media, 450.

Dai P, Mao J W, Wu S H, et al. 2018. Multiple dating and tectonic setting of the Early Cretaceous Xianglushan W deposit, Jiangxi Province, South China [J]. Ore Geology Reviews, 95: 1161-1178.

Evensen J M, London D. 2002. Experimental silicatemineral /melt partitioncoefficients for beryllium and the crustal Be cycle frommigmatite to pegmatite [J]. Geochimica et Cosmochimica Acta, 66 (12): 2239-2265.

Fei G C, Menuge J F, Li Y Q, et al. 2020. Petrogenesis of the Lijiagou spodumene pegmatites in Song pan-Garze Fold Belt, West Sichuan, China: Evidence from geochemistry, zircon, cassiterite and coltan U-Pb geochronology and Hf isotopic compositions [J]. Lithos, 364-365: 105555.

Feng C Y, Zeng Z L, Zhang D Q, et al. 2011. SHRIMP zircon U-Pb andmolybdenite Re-Os isotopic dating of the tungsten deposits in the Tianmenshan-Hongtaoling W-Sn orefield, southern Jiangxi Province, China, and geological implications [J]. Ore Geology Reviews, 43: 8-25.

Feng C Y, Zhao Z, Qu W J, et al. 2015. Temporal consistency between granite evolution and tungstenmineralization in Huamei'ao, southern Jiangxi Province, China: Evidence from precise zircon U-Pb, molybdenite Re-Os, andmuscovite $^{40}Ar-^{39}Ar$ isotope geochronology [J]. Ore Geology Reviews, 65: 1005-1020.

Frost B R, Barnes C G, Collins W J, et al. 2001. A Geochemical Classification for Granitic Rocks [J]. Journal of Petrology, 42 (11): 2033-2048.

Green T H. 1995. Significance of Nb/Ta as an indicator of geochemical processes in the crust-mantle system [J]. Chemical Geology, 120: 347-359.

Guo C L, Chen Y C, Zeng Z L, et al. 2012. Petrogenesis of the Xihuashan granites in southeastern China: Constraints from geochemistry and in-situ analyses of zircon U-Pb-Hf-O isotopes [J]. Lithos, 148: 209-227.

Hawkesworth C J, Vancalsteren P W C. 1984. Radiogenic isotopes-some geological application [M]. In: Henderson, P. Editor. Rare element geochemistry. Elsevier Science Press, 376-418.

Hu R Z, Wei W F, Bi X W, et al. 2012. Molybdenite Re-Os andmuscovite $^{40}Ar/^{39}Ar$ dating of the Xihuashan tungsten deposit, central Nanling district, South China [J]. Lithos, 150: 111-118.

Hu R Z, Mao J W, Hua R M, et al. 2015. Intra-Continental Mineralization of South China Craton [J]. Beijing: Science Press, 1-903 (in Chinese).

Huang L C, Jiang S Y. 2014. Highly fractionated S-type granites from the giant Dahutang tungsten deposit in Jiangnan Orogen, Southeast China: geochronology, petrogenesis and their relationship with W-mineralization [J]. Lithos, 202-203: 207-226.

Irber W. 1999. The lanthanide tetrad effect and its correlation with K/Rb, Eu/Eu*, Sr/Eu, Y/Ho, and Zr/Hf of evolving peraluminous granite suites [J]. Geochimica Et Cosmochimica Acta, 63 (3-4): 489-508.

Irvine T N, Baragar W R A. 1971. A Guide to the Chemical Classification of the Common Volcanic Rocks [J]. Canadian Journal of Earth Sciences, 8 (5): 523-548.

Ji W B, Chen Y, Chen K, et al. 2018. Multiple emplacement and exhumation history of the Late Mesozoic Dayunshan-Mufushan batholith in Southeast China and its tectonic significance: 2. magnetic fabrics and gravity survey [J]. Journal of Geophysical Research: Solid Earth, 123 (1): 711-731.

Li J, Dong S, Zhang Y, et al. 2016. New insights into Phanerozoic tectonics of south China: Part 1, polyphase deformation in the Jiuling and Lianyunshan domains of the central Jiangnan Orogen [J]. Journal of Geophysical Research Solid Earth, 121 (4): 3048-3080.

Li J, Cawood P A, Ratschabcher L, et al. 2020. Building Southeast China in the late Mesozoic: Insights from alternating episodes of shortening and extension along the Lianhuashan fault zone [J]. Earth-Science Reviews, 201: 103056.

Li J, Dong S, Cawood P A, et al. 2023. Cretaceous long-distance lithospheric extension and surface response in South China [J]. Earth-Science Reviews, 243: 104496.

Li P, Li J K, Chen Z Y, et al. 2021. Compositional evolution of themuscovite of Renli pegmatite-type rare-metal deposit, northeast Hunan, China: Implications for its petrogenesis andmineralization potential [J]. Ore Geology Reviews, 138: 104380.

Li P, Li J K, Liu X, et al. 2020. Geochronology and source of the rare-metal pegmatite in the Mufushan area of the Jiangnan orogenic belt: A case study of the giant Renli Nb-Ta deposit in Hunan, China [J]. Ore Geology Reviews, 116: 103237.

Li X H, Li Z X, Li W X. 2007. U-Pb zircon, geochemical and Sr-Nd-Hf isotopic constraints on age and origin of Jurassic I- and A-type granites from central Guangdong, SE China: Amajor igneous event in response to foundering of a subducted flat-slab [J]. Lithos, 96 (1-2): 186-204.

Li X H, Li Z X, Li W X, et al. 2013. Revisiting the "C-type adakites" of the Lower Yangtze River Belt, central eastern China: In-situ zircon Hf-O isotope and geochemical constraints [J]. Chemical Geology, 345: 1-15.

Li X Y, Zhang J R, Lai C K. 2020. Comparison of Magma Oxygen Fugacity and Zircon Hf Isotopes between Xianglushan Tungsten- BearingGranite and Late Yanshanian Granites inJiangxi Province, South China [J]. Minerals, 10 (2): 106.

Liu F, Che X D, Hu H, et al. 2019. New Nb-Tamineralization age of the Dajishan W-Nb-Ta deposit in Jiangxi province, South China [J]. Acta Geologica Sinica-English Edition, 93 (2): 485-486.

Liu P, Mao J W, Lemann B, et al. 2021. Cassiterite U-Pb dating of the lower Cretaceous Yanbei tin porphyry district in the Mikengshan volcanic basin, SE China [J]. Ore Geology Reviews, 134: 104151

Liu T, Jiang S Y, Su H M, et al. 2022. Petrogenesis of Ta-Nb mineralization related Early Cretaceous Lingshangranite complex, Jiangxi Province, southeast China: Constraints fromgeochronology, whole-rock and in-situmineral geochemistry, and Nd-Hf isotopic compositions [J]. Ore Geology Reviews, 143: 104788.

Mao J W, Chen Y B, Liu J J, et al. 2013. Geology andmolybdenite Re-Os age of the Dahutang granite-related veinlets-disseminated tungsten ore field in Jiangxi Province, China [J]. Ore Geology Reviews, 53: 422-433.

Mao J W, Xiong B K, Liu J, et al. 2017. Molybdenite Re-Os dating, zircon U-Pb age and geochemistry of granitoids in the Yangchuling porphyry W-Mo deposit (Jiangnan tungsten ore belt), China: Implications for petrogenesis, mineralization and geodynamic setting [J]. Lithos, 286: 35-52.

Mao M Z, Liu J J, Mao J W, et al. 2015. Geochronology and geochemistry of granitoids related to the giant Dahutang tungsten deposit, middle Yangtze River region, China: Implications for petrogenesis, geodynamic setting, andmineralization [J]. Gondwana Research, 28: 816-836.

Mao J W, Ou Y H, Song S W, et al. 2019. Geology and Metallogeny of Tungsten and Tin Deposits in China [J]. Society of Economic Geologists, 22: 411-482.

Miller C F. 1985. Are strongly peraluminousmagmas derived from pelitic sedimentary sources? [J] J. Geol., 93: 673-689.

McDonough W F, Sun S S. 1995. The composition of the Earth [J]. Chemical Geology, 120 (3-4): 223-253.

Ohmoto H. 1986. Stable isotopes geochemistry of ore deposits [J]. Reviews in Mineralogy & Geochemistry, 16: 491-559.

Pan X F, Hou Z Q, Li Y, et al. 2017. Dating the giant Zhuxi W-Cu deposit (Taqian-Fuchun Ore Belt) in South China usingmolybdenite Re-Os and Muscovite Ar-Ar system [J]. Ore Geology Reviews, 86: 719-733.

Peccerillo A, Taylor S R. 1976. Geochemistry of eocene calc-alkaline volcanic rocks from the Kastamonu area, northern Turkey [J]. Contribution to Mineralogy and Petrology, 58: 63-81.

Rickwood P C. 1989. Boundary lines within petrologic diagrams which use oxides ofmajor andminor elements [J]. Lithos, 22 (4): 247-263.

Roda R E, Villaseca C, Pesquera A, et al. 2018. Petrogenetic relationships between Variscan granitoids and Li-(F-P) -rich aplite-pegmatites in the Central Iberian Zone: Geological and geochemical constraints and implications for other regions from the European Variscides [J]. Ore Geology Reviews, 95: 408-430.

Shu L, Yao J, Wang B, et al. 2021. Neoproterozoic plate tectonic process and Phanerozoic geodynamic evolution of the South China Block [J]. Earth-Science Reviews, 216: 103596.

Shen C, Hu D, Min K, et al. 2020. Post-Orogenic Tectonic Evolution of the Jiangnan-Xuefeng Orogenic Belt: Insights from Multiple Geochronometric Dating of the MufushanMassif, South China [J]. Journal of Earth Science, 31 (5): 905-918.

Song S W, Mao J W, Zhu Y F, et al. 2018. Partial-melting of fertilemetasedimentary rocks controlling the ore formation in the Jiangnan porphyry-skarn tungsten belt, south China: A case study at the giant Zhuxi W-Cu skarn deposit [J]. Lithos, 304-307: 180-199.

Song S W, Mao J W, Xie G Q, et al. 2019. In situ LA-ICP-MS U-Pb geochronology and trace element analysis of hydrothermal titanite from the giant Zhuxi W (Cu) skarn deposit, South China [J]. Mineralium Deposita, 54: 569-590.

Sun J, Shu L, Santosh M, et al. 2017. Neoproterozoic tectonic evolution of the Jiuling terrane in the central Jiangnan orogenic belt (South China): Constraints frommagmatic suites [J]. Precambrian Research, 302: 279-297.

Su H M, Jiang S Y. 2017. A comparison study of tungsten-bearing granite and relatedmineralization in the northern Jiangxi-southern Anhui provinces and southern Jiangxi Province in SouthChina [J]. Science China Earth Sciences, 60 (11): 1942-1958.

Sun S S, McDonough W F. 1989. Chemical and Isotopic Systematics of Oceanic Basalts: Implications forMantle Composition and Processes [J]. Geological Society London Special Publications, 42 (1): 313-345.

Shu L S, Zhou X M, Deng P, et al. 2009. Mesozoic tectonic evolution of the Southeast China Block: New insights from basin analysis [J]. Journal of Asian Earth Sciences, 34: 376-391.

Sylvester P J. 1998. Post-collisional strongly peraluinous granites [J]. Lithos, 45 (1-4): 29-44.

Tang Y, Zhao J Y, Zhang H, et al. 2017. Precise columbite- (Fe) and zircon U-Pb dating of the Nanping No. 31 pegmatite vein in northeastern Cathaysia Block, SE China [J]. Ore Geology Reviews, 83: 300-311

Veksler I V, Dorfman A M, Dingwell D B, et al. 2002. Element partitioning between immiscible borosilicate liquids: A high temperature centrifuge study [J]. Geochimica et Cosmochimica Acta, 66 (14): 2603-2614.

Veksler I V. 2004. Liquid immiscibility and its role at themagmatic-hydrothermal transition: A summary of experimental studies [J]. Chemical Geology, 210 (1-4): 7-31.

Wang J, Li Z X. 2003. History of Neoproterozoic rift basins in South China: implications for Rodinia break-up [J]. Precambrian Research, 122: 141-158.

Wang L X, Ma C Q, Zhang C. 2014. Genesis of leucogranite by prolonged fractional crystallization: A case study of the Mufushan complex, South China [J]. Lithos, 206-207: 147-163.

Whalen J B, Currie K L, Chappell B W. 1987. A-type granites: Geochemical characteristics, discrimination and petrogenesis [J]. Contributions to Mineralogy and Petrology, 95 (4): 407-419.

Xiang Y X, Yang J H, Chen J Y, et al. 2017. Petrogenesis of Lingshan highly fractionated granites in the Southeast China: Implication for Nb-Tamineralization [J]. Ore Geology Reviews, 89: 495-525.

Xie G Q, Mao J W, Zhao H. 2011. Zircon U-Pb geochronological and Hf isotopic constraints on petrogenesis of

Late Mesozoic intrusions in the southeast Hubei Province, Middle–Lower Yangtze River belt (MLYRB), East China [J]. Lithos, 125: 693–710.

Xiong Y Q, Jiang S Y, et al. 2020. Granite–pegmatite connection andmineralization age of the giant Renli Ta–Nb deposit in South China: Constraints from U–Th–Pb geochronology of coltan, monazite, and zircon [J]. Lithos, 358–359: 105422.

Xu B, Jiang S Y, Luo L, et al. 2017. Origin of the granites and related Sn and Pb–Zn polymetallicore deposits in the Pengshan district, Jiangxi Province, SouthChina: constraints from geochronology, geochemistry, mineral-chemistry, and Sr–Nd–Hf–Pb–S isotopes [J]. Mineralium Deposita, 52: 337–360.

Xu Y M, Jiang S Y, Zhu Z Y, et al. 2014. Petrogenesis of Late Mesozoic granitoids and coevalmafic rocks from the Jiurui district in the Middle–Lower Yangtzemetallogenic belt of Eastern China: Geochemical and Sr–Nd–Pb–Hf isotopic evidence [J]. Lithos, 190–191: 467–484.

Yang S W, Lou F S, Xu D R, et al. 2022. Two significant quartz–wolframite–veiningmineralization events in the Jiangnan Orogen, South China: Constraints from in–situ U–Pb dating of wolframite in the Dongping and Dahutang W– (Cu–Mo) deposits [J]. Ore Geology Reviews, 141 (2022): 104598.

Yao J, Cawood P A, Shu L, et al. 2019. Jiangnan Orogen, South China: A ~970–820 Ma Rodinia margin accretionary belt [J]. Earth–Science Reviews, 196: 102872.

Zhao Z, Zhao W W, Lu L, et al. 2018a. Constraints ofmultiple dating of the Qingshan tungsten deposit on the Triassic W (–Sn) mineralization in the Nanling region, South China [J]. Ore Geology Reviews, 94: 46–57.

Zhao Z, Zhou X P, Guo N X, et al. 2018b. Superimposed W and Ag–Pb–Zn (–Cu–Au) mineralization and deep prospecting: Insight from a geophysical investigation of the Yinkeng orefield, South China [J]. Ore Geology Reviews, 93: 404–412.

Zhao Z, Yang X Y, Lu S M, et al. 2021. Genesis of Late Cretaceous granite and its related Nb–Ta–Wmineralization in Shangbao, Nanling Range: Insights from geochemistry of whole–rock and Nb–Taminerals [J]. Ore Geology Reviews, 131: 103975.

Zhang W, Jiang S Y, Gao T S, et al. 2021. Geochronology and textural and compositional complexity of apatite from themineralization–related granites in the world–class Zhuxi W–Cu skarn deposit: A record ofmagma evolution and W enrichment in themagmatic system [J]. Ore Geology Reviews, 128: 103885.

Zhang Y, Yang J H, Chen J Y, et al. 2017. Petrogenesis of Jurassic tungsten–bearing granites in the Nanling Range, South China: Evidence from whole–rock geochemistry and zircon U–Pb and Hf–O isotopes [J]. Lithos, 278–281: 166–180.

Zhao Z, Liu C, Guo N X, et al. 2018. Temporal and spatial relationships of graniticmagmatism and Wmineralization: Insights from the Xingguo orefield, South China [J]. Ore Geology Reviews, 95, 945–973.

Zhou X M, Li W X. 2000. Origin of Late Mesozoic igneous rocks in Southeastern China: Implications for lithosphere subduction and underplating ofmaficmagmas [J]. Tectonophysics, 326 (3–4): 269–287.

Zhou X M, Sun T, Shen W Z, et al. 2006. Petrogenesis of Mesozoic granitoids and volcanic rocks in South China: A response to tectonic evolution [J]. Episodes, 29 (1): 26–33.

Zhu J C, Li R K, Li F C, et al. 2001. Topaz–albite granites and rare–metalmineralization in the Limu district, Guangxi Province, southeast China [J]. Mineralium Desposita, 36 (5) : 393–405.

Zhu X T, Ni P, Wang G G, et al. 2016. Fluid inclusion, H–O isotope and Pb–Pb age constraints on the genesis of the Yongping copper deposit, South China [J]. Journal of Geochemical Exploration, 171: 55–70.

## 内部资料

江西省地质局. 1964. 1∶20 万修水幅矿产地质图及说明书［R］.
湖北省地质局. 1966. 1∶20 万通山幅中华人民共和国区域矿产报告［R］.
湖南省地质局区域地质测量队. 1978. 1∶20 万岳阳市幅中华人民共和国区域矿产报告［R］.
湖北省地质调查院. 2013. 湖北省 1∶5 万通城县幅、月田幅、陈家坝幅区域地质调查报告［R］.
江西省地质调查研究院. 2014. 江西省资源潜力评价成果报告［R］.
江西省地质调查研究院. 2016. 江西武宁县东坪铜多金属矿（扩深）资源储量核实报告［R］.
湖南省地质调查院. 2018. 湖南重点矿集区稀有金属调查评价成果报告［R］.
江西省地质调查研究院. 2021. 江西东坪地区 1∶5 万矿产地质调查成果报告［R］.
江西省地质调查研究院. 2022. 赣北地区构造岩浆成矿作用与东坪典型矿床研究报告［R］.
江西省地质局第二地质大队. 2022. 赣北地区香炉山与九瑞矿田钨多金属成矿作用与典型矿床研究报告［R］.
江西省地质局第三地质大队. 2022. 赣北地区大湖塘与阳储岭矿田钨多金属成矿作用与典型矿床研究报告［R］.
任纪舜. 2011. 亚洲三大构造域动力演化过程及其转化关系研究工作项目成果报告［R］. 北京：中国地质科学院地质研究所.

# 附录

# 江西武宁东坪石英脉型黑钨矿发现史

东坪矿区地质工作始于20世纪30—40年代，李毓尧、盛莘夫等在修水流域与江西省西北部开展地质调查，将江西北部一套浅变质岩划归震旦系双桥山群；20世纪50—60年代，冶金部与赣西北大队在该区作了部分路线调查及找矿工作，其中赣西北大队对东坪矿区进行了地质概查工作，圈定了含铜钨石英细脉带2个，单矿脉9条，确定为小型铜钨矿规模；1965年，江西省地质局区调大队开展了1∶20万修水幅区域地质矿产调查工作，将本区列为Ⅱ级成矿远景区；1978年，江西省地质局第一物探大队开展了1∶10万水系沉积物测量，将本区列为Ⅲ级成矿远景区；1978—1983年，江西省地质局赣西北大队开展了修水西部1∶5万钨多金属矿详查，将本区划为Ⅱ级钨多金属成矿远景区。该时期的地质工作以面上地质调查工作为主，勘查工作投入较少。

2007年3月—2007年9月，武宁县深浔矿产资源开发有限公司委托江西省地质调查研究院在原赣西北大队工作的基础上，对东坪矿区胡家矿段铜多金属矿开展地质详查工作，并编写了《江西省武县东坪矿区胡家矿段铜多金属矿详查地质报告》，基本查明了胡家矿段铜矿体埋藏深度、规模、形态、品位变化，矿石类型等。提交了（332+333）资源量，铜金属量为10252.35t，共生钨金属量（$WO_3$）为2847.27t、银金属量为53.36t；伴生金金属量为68.13kg；伴生锌金属量为1690.01t。该详查报告于2008年1月1日，由江西省金林矿产资源储量评审有限公司评审通过，2008年1月20日，江西省国土资源厅对《江西省武宁县东坪铜多金属矿胡家矿段铜多金属矿详查地质报告》的资源储量评审给予备案（赣国土资储备字〔2008〕001号）。该阶段主要工作量为28个坑探工程编录2955.3m、1∶2000地质测量3.7km$^2$、1∶1000剖面测量5200m，矿区未开展钻探工作。

在取得矿区的采矿权证后，在296m主运输巷道开拓过程中，发现地表铜钨银矿体没有向下延深。江西省地质调查研究院技术团队重新进入矿区开展地质工作，在坑道内发现有多条与铜钨银矿体倾向相反的含黑钨矿石英脉带，同时在地表也发现存在云母-石英线脉出露。经过对地表及各不同标高坑道中已出露的各类石英脉的特征分析，提出可与赣南石英脉型黑钨矿“五层楼”模式进行对比的认识，认为：①其矿物成分存在上铜下钨的可能；②胡家河以北矿体（现Ⅰ号矿带）纵向变化及特征与赣南脉钨矿床的“五层楼”模式的细脉带特征相似；③胡家河以南地表矿化体（现Ⅲ号矿带）特征与线脉带特征相似。推断矿区深部可能存在石英脉型黑钨矿细脉带、混合带甚至大脉带，明确提出找矿重点以石英脉型黑钨矿为主，建议武宁深浔公司进行深部黑钨矿探索。该公司采纳江西省地质调查研究院技术团队提出的进一步找矿工作建议，积极投资开展工作。2009年5月，江西省地质调查研究院精心研究，在采矿权区内先期布设、实施了4个深部验证钻孔（ZK-G0001、ZK5201、ZK5401、ZK5601），完成总进尺约2000m，4个钻探孔见石英脉型黑钨矿，结果与推断基本一致，在矿区深部以钨矿为主，含钨石英脉体从上到下显示了细脉带到混合带变化特征。至此，东坪石英脉型黑钨矿找矿工作初步取得了突破性的进展。

2010 年 12 月，武宁县深浔矿产资源开发有限公司为矿山后续开发提供有利的资源保障，向江西省国土资源厅申请深部扩储；2013 年 9 月江西省国土资源厅下达了《关于同意江西省武宁铜多金属矿预定矿区范围的批复》(赣采复字〔2013〕0028 号)。同意武宁县深浔矿产资源开发有限公司深部扩储申请。

2010 年 10 月开始公司进行了地质矿产填图、部分巷道检查编录及部分钻孔施工工作，批复同意深部扩储后，公司对矿区进行了大规模投入，江西省地质调查研究院按钨矿为主矿种进行详查，共投入机械岩芯钻探 194140.17m/291 孔（水文地质钻探 3461m/5 孔）、坑探编录 10893m/27 条。2015 年 10 月结束全部野外工作，2016 年 12 月提交报告送审稿，2017 年 5 月通过江西省矿产资源储量评审并备案，前后历时 6 年，完成矿区详查工作，探获保有钨工业品位矿资源储量（122b+332+333）矿石量 $4772.9\times10^4$t，钨金属量（$WO_3$）213941t，平均品位 0.448%；钨保有低品位矿资源量（332 + 333）矿石量 $610.5\times10^4$t，钨金属量（$WO_3$）5946t，平均品位 0.097%，取得了赣北石英脉带型铜钨多金属矿深部找矿的重大突破。东坪矿区由浅表小型铜矿床跃升为赣北地区首个隐伏的特大型石英脉型黑钨矿床，超越了我国同类型黑钨矿床规模，实现了赣北地区石英脉型黑钨矿床的找矿新突破。

# 地质调查专报

第33期

国土资源部中国地质调查局　　　　2017年11月8日


## 赣西北地区发现我国最大黑钨矿

赣西北地区位于长江中下游成矿带西南部。近年来，中国地质调查局在该区实施了江西九瑞、邓家山-沙河、金盆寺、武宁-宜丰、九岭等铜钨多金属矿调查及九瑞整装勘查区综合研究和江西省矿产资源潜力评价等工作。江西省地质调查研究院全面总结地质调查成果，深化区域成矿规律研究，在赣西北地区圈定2处钨矿找矿远景区（图1），在东坪-香炉山找矿远景区运用“五层楼”模式，利用商业性资金开展深部验证，发现我国目前规模最大的黑钨矿，提交资源储量21.4万吨，实现黑钨矿找矿重大突破。

### 一、深化区域成矿规律认识，指出找矿突破方向

研究认为，东坪-香炉山找矿远景区内多期次多类型的岩浆作用和构造作用与钨矿成矿关系密切。深部隐伏沙店岩体（黑云母二长花岗岩）呈岩株或岩枝状产出，岩体边缘顶部挤压破碎严重，普遍发育硅化蚀变和钨多金属矿化；成矿元素分带性明显，自上至下为钨、铋、铜、银→钨（铜）→钨、铋、铜、银；新元古代安乐林组浅变质碎屑岩的低渗透率为成矿起到了屏障作用；北东向断裂及次级裂隙为岩浆热液和含矿流体提供了运移通道。

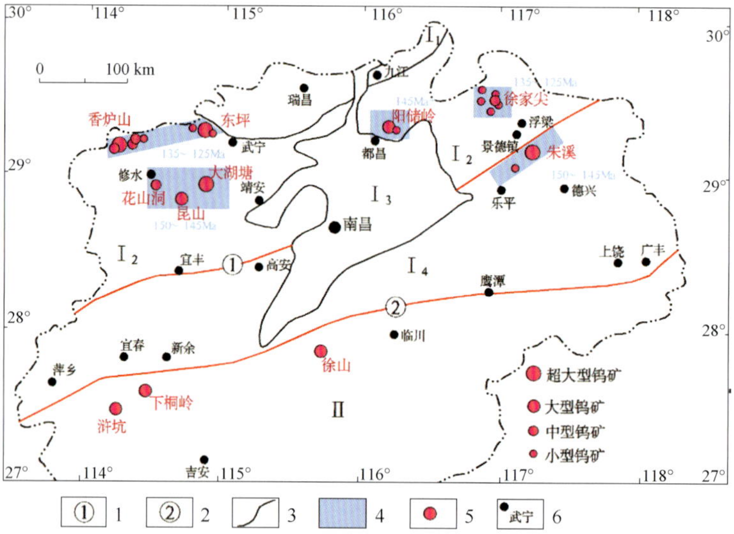


图1　赣西北-赣东北地区钨矿分布图

$I_1$—下扬子褶皱带；$I_2$—扬子地块；$I_3$—鄱阳拗陷带；$I_4$—萍乐结合带；Ⅱ—华夏地块

1—宜丰-景德镇断裂；2—萍乡-广丰断裂；3—地质界线；

4—找矿远景区；5—钨矿床；6—地名

东坪钨（铜）矿位于江西省武宁县西北部，地处东坪-香炉山钨矿找矿远景区东部，原为一处小型铜矿，探明铜资源量1万余吨，共生三氧化钨资源量0.28万吨。矿山开采过程中，在296米主巷道未发现地表铜钨矿体向下延深，但发现有多条与铜钨矿体倾向相反的含黑钨矿石英脉。江西省地质调查研究院通过对地表及各不同标高坑道中矿体特征的深入研究，特别是矿体厚度从地表到深部的变化规律与赣南石英脉型黑钨矿对比分析，认为区内存在上铜下钨的分布规律，矿脉特征及纵向变化规律与赣南黑钨矿“五层楼”成矿模式相似，具有寻找石英脉型黑钨矿的地质条件。

## 二、以科技创新为引领，实现黑钨矿找矿重大突破

以“五层楼”成矿模式为指导，通过系统研究东坪钨（铜）矿已有地质矿产资料，建立了区域成矿模式（图2），圈定了深部找矿靶区。矿山企业大胆开展深部钻探验证，首批实施的4个钻孔即验证了推断认识。矿区深部以黑钨矿为主，含黑钨矿石英脉从上到下显示了细脉带到大脉带的变化特征。自此，矿区开展全面详查工作，共施工钻探19.4万米、坑探1.0万米，新发现了隐伏的有

工业价值的石英脉型黑钨矿体173条。

根据矿体产出位置与空间展布特征，将矿区矿体自北西至南东依次划分为Ⅰ号、Ⅱ号2个矿带，矿体走向均为北东向。Ⅰ号矿带长1000米、延深715米、宽50～420米；Ⅱ号矿带长587米、延深723米、宽50~650米。矿床整体赋存标高为+520米至-480米之间，矿体形态呈脉状、网脉状，矿化连续性好。矿体厚度一般为0.10～8.84米，最厚9.94米；$WO_3$品位0.064%～9.56%。其中，Ⅰ052号矿体为主矿体，由160个钻孔和10个坑道工程控制了矿体的形态及走向，矿体走向延长950米，倾向延深510米，矿体平均厚度1.83米。

| 部位 | 带名 | 标高(m) | 工业价值 | 含脉密度(条/m) | 含脉率(%) | 带宽(m) | 单脉厚度(cm) | 主要矿物组合 |
|---|---|---|---|---|---|---|---|---|
| 顶部 | 线脉带 | 600~400 | 无 | 3~13 | 1~5 | 3~30 | 0.1~0.8 | Wol-Ccp-Py Mus-Ser |
| 上部 | 细脉带 | 400~200 | 大 | 2.5~6 | 5~28 | 20~55 | 2~5 | Wol-Ccp-Sph-Py-Sch-Mus-Ser等 |
| 中部 | 中脉带 | 200~300 | 大 | 1.2~3.4 | 15~42 | 8~25 | 20~50 | Wol-Sch-Ccp-Py-Mus等 |
| 下部 | 大脉带 | -300~-500 | 弱 | 1~2 | 45~90 | 3~15 | 20~200 | Wol-Ccp-Po-Py-Mo1等 |
| 根部 | 巨脉—尖灭带 | -500~-700 | 弱 | 1~2 | 0.6~25 | 20~45 | 0.5~200 | Wol-Ccp-Py-Cal |

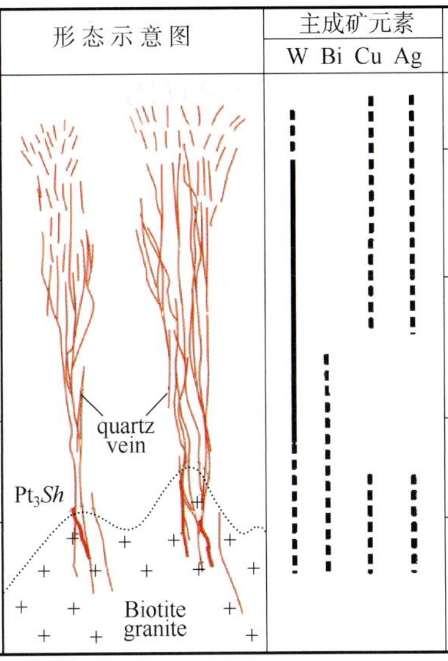


图2　赣西北地区石英脉型黑钨矿成矿模式图

该矿床的成因类型为岩浆期后高中温热液矿床，其工业类型为石英脉型黑钨矿，具有工业价值的矿体主要位于细脉带和中脉带中。经资源储量评审备案（赣国土资备字〔2017〕12号），探明钨矿333及以上资源储量（$WO_3$）21.4万吨，平均品位0.448%。

**三、成果意义**

东坪大型黑钨矿的发现，改变了江西省乃至全国钨矿格局，在赣西北白钨矿（大湖塘）和赣东北白钨矿（朱溪）、赣南黑钨矿"三足鼎立"格局基础上，形成黑钨矿赣南、赣西北并举格局，对赣西北地区乃至长江中下游成矿带地质找矿具有重要的指导意义。

一是发现了我国规模最大的黑钨矿。东坪黑钨矿资源储量

（$WO_3$）21.4 万吨，储量规模超过福建行洛坑、湖南瑶岗仙和江西西华山等钨矿，成为目前我国资源储量规模最大的黑钨矿，实现了石英脉型黑钨矿找矿重大突破。

二是拓展了长江中下游成矿带钨矿找矿空间。赣西北地区黑钨矿产于隐伏岩体外围远离接触带的构造蚀变带内，与赣南牛角窝、老庵里等矿床相似。该矿的发现丰富和完善了“五层楼”成矿理论和成矿规律认识，拓展了区域找矿思路和找矿方向。

三是巩固了我国钨矿资源优势地位。我国钨矿资源储量虽然丰富，但绝大多数是品位低、采选成本较高的白钨矿。本次发现的黑钨矿具有品位高、易采易选等特点，是我国开采的主要工业类型，该矿的发现对进一步巩固我国钨矿资源优势具有重要意义。

**四、下一步工作建议**

一是加强区域成矿规律总结。深入研究湘东北-赣西北-赣东北-皖南地区钨铜矿成矿规律，开拓思路、扩大视野，除地表出露的燕山期岩体外，应关注加里东期甚至时代更早的大岩基；除斑岩型和矽卡岩型外，应关注破碎蚀变岩型和角砾岩型等新类型，重视黑钨矿找矿工作。

二是加强公益性矿产地质调查。潜力评价成果显示，江西东坪-香炉山、大湖圹-狮子崖等地区钨矿资源潜力较大，应尽快启动东坪钨（铜）矿外围杨芳林、宝石河、沙洲店、港口、三都、澧溪等图幅 1∶5 万矿产地质调查工作，为后续勘查提供一批找矿靶区。

三是加强深部找矿勘查示范。落实“三深一土”国土资源科技创新战略，利用地物化多种手段查明沙店隐伏岩体的形态、规模及其与成矿的关系，圈定深部找矿靶区，促进公益性地质调查成果转化应用，力争取得更大的找矿突破。

---

报送：部领导，部有关司局

分送：局领导，各直属单位，各部室

本期印制 70 份

# 中国地质学会文件

地会字〔2018〕4号

## 关于公布2017年度十大地质科技进展和十大地质找矿成果的通知

各常务理事单位，各分支机构、省级地质学会：

中国地质学会分别于2018年1月18日、2月2日召开了2017年度“十大地质科技进展十大地质找矿成果”初评、终评会议。经过专家认真、严谨的评审和投票，评选出了中国地质学会2017年度“十大地质科技进展、十大地质找矿成果”项目。并于2月2日—2月8日在中国地质学会网站进行了为期五个工作日的公示，公示期间未收到异议。

获奖项目是从中国地质学会常务理事单位、分支机构、省级地质学会推荐的96个有效候选项目中评选产生的，现予以公布。获奖项目名单见附件。

特此通知。

**附件 2**

# 中国地质学会 2017 年度“十大地质找矿成果”

（项目排名不分先后）

| 序号 | 项目名称 | 项目主要完成单位 | 主要完成人 |
| --- | --- | --- | --- |
| 01 | 湖南省平江县仁里发现超大型铌钽多金属矿 | 湖南省核工业地质局三一一大队 | 周芳春、刘翔、黄志飚、周厚祥、李建康、肖国强、包云河、谭黎明、陈虎、苏俊男、汪宣民、林跃、黄小强、王箭、邹猛秋 |
| 02 | 福建省建瓯市井后探明超大型优质叶蜡石矿 | 中化地质矿山总局福建地质勘查院 | 卢林、黄富荣、林子华、原小阳、洪志谋、郑响、潘潘、罗碧娟、许志华、翁福林、张宁、潘耀明、谢晓亮、范云虎、张铭政 |
| 03 | 内蒙古自治区乌拉特中旗石哈河首次发现大型砾岩型砂金矿 | 内蒙古第三地质矿产勘查开发有限责任公司 | 冯硕颖、李云刚、宋国龙、王忠、王全旗、庄云、王磊磊、王超、包翔、石国强、马瑞琴、陈重阳、段晓飞、邓永永、向淑敏 |
| 04 | 塔里木中西部顺北地区探明超深层大型油气田 | 中石化西北油田分公司 | 焦方正、刘宝增、胡广杰、漆立新、胡文革、张平、黄太柱、袁斌、陈惠超、张梦华、云露、鲁新便、李宗杰、王建峰、何伟国 |
| 05 | 准噶尔盆地玛湖凹陷南斜坡二叠系探明大型油田 | 中国石油新疆油田分公司 | 何海清、支东明、赵邦六、王小军、郭绪杰、甘仁忠、唐勇、宋永、郭旭光、娄兵、黄卫东、黄立良、郭华军、邓勇、赵长永 |
| 06 | 甘肃省西和县大桥探明超大型金矿 | 甘肃省地质调查院 | 张忠平、李通国、尤关进、孙新春、何进忠、余超、王伟、朱永新、宋小兵、钟永正、牛鹏飞、刘如珍、阎成云、刘甲成、郭俊湖 |
| 07 | 江西省武宁县东坪发现超大型钨矿 | 江西省地质调查研究院 | 楼法生、李吉明、李永明、胡正华、钟起泓、刘细元、易永清、杨细浩、朱庆敏、沙珉、文亮先、胡文洁、朱昌杰、龚良信、蒋金明 |

# 自然资源部通报

第 5 期

自然资源部办公厅　　　　　　　　　　　　2021 年 2 月 25 日

## 关于找矿突破战略行动优秀找矿成果的通报

2011 年，找矿突破战略行动组织实施以来，取得了一系列重大成果，为保障国家能源资源安全作出了重大贡献。根据《自然资源部办公厅关于开展找矿突破战略行动优秀找矿成果评选工作的通知》（自然资办函〔2020〕2061 号），评选确定“黑龙江省林口县五义屯石墨矿勘探”等 284 个找矿成果为找矿突破战略行动优秀找矿成果，现予以通报。

附件：找矿突破战略行动优秀找矿成果名单

# 附件

| 序号 | 成果名称 | 矿种 | 完成单位 |
|---|---|---|---|
| 65 | 新疆尼勒克县尼勒克矿区六井田煤炭勘探 | 煤 | 福建省 121 地质大队、新疆地质矿产局第一地质大队 |
| 66 | 江西省浮梁县朱溪外围钨铜矿找矿成果 | 钨 | 江西省地质勘查基金管理中心、江西省地质矿产勘查开发局九一二大队、自然资源部中央地质勘查基金管理中心 |
| 67 | 江西省武宁县大湖塘北区钨矿找矿成果 | 钨 | 江西省地质矿产勘查开发局九一六大队、江西省地质矿产勘查开发局赣西北大队 |
| 68 | 江西省石城县楂山里矿区萤石矿找矿成果 | 萤石 | 江西省地质矿产勘查开发局赣南地质调查大队 |
| 69 | 江西省瑞昌市武山矿区铜矿找矿成果 | 铜 | 江西省地质矿产勘查开发局赣西北大队、江西铜业股份有限公司武山铜矿 |
| 70 | 江西省武宁县东坪矿区钨矿找矿成果 | 钨 | 江西省地质调查研究院 |
| 71 | 江西省安远县园岭寨钼矿找矿成果 | 钼 | 江西省地质矿产勘查开发局赣南地质调查大队 |
| 72 | 江西省于都县坳脑矿区萤石矿找矿成果 | 萤石 | 江西省核工业地质局二六四大队 |
| 73 | 江西省武宁县大湖塘南区钨矿找矿成果 | 钨 | 江西省地质矿产勘查开发局赣西北大队、江西巨通实业有限公司 |
| 74 | 江西省崇仁县聚仁矿区钨矿找矿成果 | 钨 | 江西有色地质勘查一队 |
| 75 | 江西省靖安县大雾塘矿区钨矿找矿成果 | 钨 | 江西钨业控股集团有限公司、江西省地质矿产勘查开发局赣西北大队、江西弘达矿业有限公司 |